集成电路科学与工程丛书

纳米集成电路 FinFET 器件物理与模型

[美] 萨马·K. 萨哈（Samar K. Saha）著

丁扣宝 译

机 械 工 业 出 版 社

集成电路已进入纳米世代，为了应对集成电路持续缩小面临的挑战，鳍式场效应晶体管（FinFET）应运而生，它是继续缩小和制造集成电路的有效替代方案。本书讲解 FinFET 器件电子学，介绍 FinFET 器件的结构、工作原理和模型等。

本书主要内容有：主流 MOSFET 在 22nm 节点以下由于短沟道效应所带来的缩小限制概述；基本半导体电子学和 pn 结工作原理；多栅 MOS 电容器系统的基本结构和工作原理；非平面 CMOS 工艺中的 FinFET 器件结构和工艺技术；FinFET 基本理论；FinFET 小尺寸效应；FinFET 泄漏电流；FinFET 寄生电阻和寄生电容；FinFET 工艺、器件和电路设计面临的主要挑战；FinFET 器件紧凑模型。

本书内容详实，器件物理概念清晰，数学推导详尽严谨。本书可作为高等院校微电子学与固体电子学、电子科学与技术、集成电路科学与工程等专业的高年级本科生和研究生的教材和参考书，也可供相关领域的工程技术人员参考。

译 者 序

集成电路是电子信息技术的基础,深刻影响了现代社会的运转形态。金属 – 氧化物 – 半导体场效应晶体管(MOSFET)是构成当今集成电路的最基本器件结构。MOSFET 器件进入量产以来,尺寸持续缩小一直是集成电路性能提升的最重要手段。但由于短沟道效应(SCE)等基本物理的限制,MOSFET 的持续缩小面临严峻挑战。

为应对 MOSFET 持续缩小的挑战,鳍式场效应晶体管(FinFET)应运而生,与 MOSFET 相比,FinFET 栅控能力更强,它是继续缩小和制造集成电路的有效替代方案。本书从基本半导体电子学开始,介绍了 FinFET 器件的基本结构、工作原理和模型,它们是理解超大规模集成(VLSI)电路和系统的设计与制造所必需的。

本书作者 Samar K. Saha 博士是 Prospicient Devices 的首席研究科学家,也是美国加利福尼亚州圣塔克拉拉大学电气工程系的兼职教授、美国电气电子工程师学会(IEEE)会士、英国工程技术学会(IET)会士和 IEEE EDS 杰出讲师。在工业界,Saha 博士在半导体工艺与器件结构及器件建模领域工作了 30 余年;在学术界,他讲授器件和工艺物理及器件建模课程 20 多年。本书内容详实,器件物理概念清晰,数学推导详尽严谨,对微电子相关专业高年级本科生和研究生及工程技术人员具有较高的参考价值。

本书由浙江大学信息与电子工程学院丁扣宝翻译,由于译者水平有限,译文难免有不妥和错漏之处,敬请读者指正。

丁扣宝

于浙江大学求是园

前　言

　　作为互联网、社会媒体和网络互联或者称为物联网（IoT）的基础，硅集成电路（IC）极大地影响了现代社会。新兴的互联网技术提供了人与人、人与机器和机器与机器的通信，使设备和服务能够实现通知、安全、节能、自动化、电信、医疗保健、计算机、娱乐等功能。物联网集成到一个单一的生态系统中，以创建具有共享用户界面的智能环境。由于金属 - 氧化物 - 半导体（MOS）场效应晶体管（FET）或 MOSFET 器件的不断小型化，提供了低成本、高密度、高速和低功耗集成电路，使得智能环境和集成生态系统的不断进步成为可能。创建智能网络或"智能事物"以实现智能环境和集成生态系统需要"智能"电子产品，然而，由于短沟道效应（SCE）等基本物理的限制，设计和制造这些"智能"电子产品的 MOSFET 的性能已接近极限。在 10nm 世代，缩小 MOSFET 器件沟道长度会降低器件性能，包括亚阈值摆幅的退化和器件开启电压的降低。通过降低导致过大泄漏电流的栅极电压并不易将尺寸缩小的 MOSFET 关断。而且，由于短沟道效应的存在，器件特性对工艺波动变得越来越敏感，这对平面 MOSFET 持续向纳米节点缩小提出了严峻的挑战。此外，当栅长小于 22nm 时，无论栅氧化层厚度如何，亚表面泄漏路径都会受到栅极的弱控制，通过耦合到漏极的增强电场的作用，漏极偏置可以很容易地降低其势垒。因此，为了应对 MOSFET 持续缩小的挑战，鳍式场效应晶体管（FinFET）应运而生，它是继续缩小和制造集成电路的真正替代方案，从而能创造智能事物，实现智能环境和集成生态系统。本书介绍了 Fin-FET 器件的基本结构和工作原理，它们是理解超大规模集成（VLSI）电路和系统的设计与制造所必需的。

　　市面上已有关于器件工艺和 FinFET 建模的大量研究论文和一些书籍。大多数研究论文都是为该领域的专家撰写的。另一方面，关于 FinFET 的现有书籍，要么是专注于用于集成电路设计的器件建模，要么是研究和开发方面的研究论文集，而没有提供 FinFET 器件工作的基本原理，也没有足够的背景知识来帮助初学者以及正在转向 FinFET 器件技术的一线工程师和专家理解新采用的主流器件技术。在工业界，我在半导体工艺、器件结构与器件建模领域工作了 30 余年，在学术界，我讲授器件和工艺物理及器件建模课程 20 多年，在这之后，我觉得需要一本全面讲解 FinFET 器件电子学的图书，以便于理解纳米级 FinFET 集成电路的设计与制造。本书为读者提供了 FinFET 的基本结构和理论，以持续将器件缩小至 VLSI 电路制造技术的最终缩小极限。本书从基本半导体电子学开始，介绍了 FinFET 工作原理和建模。因此，本书对初学者和微电子器件与设计工程领域的专家了解 FinFET 器件的理论和工作很有用。

　　本书面向在电子器件领域工作的研究人员和从业者以及电气和电子工程专业的高年级本科生和研究生。然而，即使对不怎么熟悉半导体物理的本科生，本书的写作方式也能让他们理解 FinFET 的基本概念。

第 1 章介绍了在纳米节点 VLSI 电路和系统中作为主流 MOSFET 和平面 CMOS 工艺的替代者的 FinFET 器件。本章概述了主流 MOSFET 在 22nm 节点以下由于短沟道效应所带来的缩小限制，讨论了用于 22nm 以下节点的 VLSI 电路和系统的尺寸缩小的非传统平面 MOSFET 和非平面 FinFET 器件；并介绍了多栅超薄体 FinFET 器件在克服亚 22nm 世代 VLSI 电路制造中的短沟道效应方面的优势。此外，还介绍了用于非平面 CMOS 工艺的 FinFET 的产生和发展的详尽历史。

第 2 章简要介绍了基本的半导体电子学和 pn 结工作原理，作为理解 FinFET 器件的背景材料。

第 3 章介绍了多栅 MOS 电容器系统的基本结构和工作原理，作为 FinFET 器件理论发展的基础；推导了多栅 MOS 电容器系统的解析表达式，由此讨论了多栅 MOS 电容器系统在积累、耗尽和反型模式下的工作；建立了统一的表面势函数，用以分析适用于 FinFET 器件的多栅 MOS 电容器的特性。文中还导出了一个统一的反型电荷表达式，用以解释多栅 MOS 电容器中的衬底掺杂效应，可用于 FinFET 电流的计算。

第 4 章概述了非平面 CMOS 工艺中的 FinFET 器件结构、工艺技术和典型的 FinFET 制造工艺；综述了在体硅衬底和 SOI 衬底上制备 FinFET 的工艺流程，重点介绍了各种工艺的复杂性和优点。

第 5 章介绍了 FinFET 的基本理论、表面势的计算方法以及长沟道器件的静电行为；采用一组简化的假设推导了适用于所有器件工作区域的长沟道器件的连续漏极电流表达式；另外，从连续漏极电流表达式得到了线性、饱和和亚阈值等各个工作区的漏极电流表达式，可用于器件性能的直观分析。

第 6 章介绍了 FinFET 中的小尺寸效应，以精确表征实际的器件效应；给出了短沟道效应的数学表达式，包括 V_{th} 滚降、DIBL、量子力学效应、低场迁移率、速度饱和、沟道长度调制和输出电阻等。

第 7 章讨论了在 VLSI 电路和系统中，FinFET 器件泄漏电流不同分量的物理机制和数学表达式。这些泄漏电流分量包括由于漏极与源极接近而产生的亚阈值泄漏电流、由于带 – 带隧穿而产生的栅致漏和源泄漏电流、源漏 pn 结泄漏电流和栅极隧穿电流。

第 8 章概述了 FinFET 的寄生电阻和寄生电容组成，寄生电阻包括接触电阻、扩展电阻、凸起的源漏串联电阻的源漏延伸电阻分量以及栅极电阻，寄生电容包括覆盖电容、边缘电容和源漏 pn 结电容。

第 9 章概述了 FinFET 工艺、器件和电路设计面临的主要挑战。

第 10 章概述了公共多栅 FinFET 器件目前最先进的紧凑模型。器件模型包括一个大尺寸器件核心模型和短沟道器件的模型，以精确分析物理和几何尺寸效应对实际器件的影响。该模型包括 FinFET 器件的电流 – 电压和电容 – 电压公式。此外，还建立了一个工艺波动模型来估计掺杂涨落对 FinFET 器件的影响。

本书每章最后都提供了大量的参考文献，以帮助读者了解 FinFET 和纳米级集成电路 FinFET 制造技术的演变和发展。

Samar K. Saha

作者简介

    Samar K. Saha 从印度 Gauhati 大学获得物理学博士学位，在美国斯坦福大学获得工程管理硕士学位。目前，他是加利福尼亚州圣塔克拉拉大学电气工程系的兼职教授，也是 Prospicient Devices 的首席研究科学家。自 1984 年以来，他在美国国家半导体、LSI 逻辑、德州仪器、飞利浦半导体、Silicon Storage Technology、新思、DSM Solutions、Silterra USA 和 SuVolta 担任各种技术和管理职位。他还曾在南伊利诺伊大学卡本代尔分校、奥本大学、内华达大学拉斯维加斯分校以及科罗拉多大学科罗拉多泉分校担任教员。他撰写了 100 多篇研究论文。他还撰写了一本书 *Compact Models for Integrated Circuit Design*：*Conventional Transistors and Beyond*（CRC 出版社，2015 年）；撰写了关于 TCAD 的书 *Technology Computer Aided Design*：*Simulation for VLSI MOSFET*（C. K. Sarkar 主编，CRC 出版社，2013 年）中的一章 "Introduction to Technology Computer – Aided Design"；拥有 12 项美国专利。他的研究兴趣包括纳米器件和工艺体系结构、TCAD、紧凑型建模、可再生能源器件、TCAD 和研发管理。

    Saha 博士曾担任美国电气电子工程师学会（IEEE）电子器件分会（EDS）2016 ~ 2017 年会长，目前担任 EDS 高级前任会长、J. J. Ebers 奖委员会主席和 EDS 评审委员会主席。他是美国电气电子工程师学会（IEEE）会士、英国工程技术学会（IET）会士、IEEE EDS 杰出讲师。此前，他曾担任 EDS 的前任初级会长；EDS 颁奖主席；EDS 评审委员会成员；EDS 当选会长；EDS 出版部副总裁；EDS 理事会的当选成员；IEEE *QuestEDS* 主编；EDS George Smith 和 Paul Rappaport 奖主席；5 区和 6 区 EDS 通讯编辑；EDS 紧凑模型技术委员会主席；EDS 北美西部区域/分会小组委员会主席；IEEE 会议出版委员会成员；IEEE TAB 期刊委员会成员；圣克拉拉谷旧金山 EDS 分会财务主管、副主席、主席。

    Saha 博士担任 IEEE Transactions on Electron Devices（T – ED）专刊（SI）*Advanced Compact Models and 45 – nm Modeling Challenges and Compact Interconnect Models for Giga Scale Integration* 的首席特约编辑；并作为 T – ED 专刊 *Advanced Modeling of Power Devices and their Applications* 和 IEEE Journal of Electron Devices Society（J – EDS）2018 年 IFETC 的精选扩展论文专刊 *Flexible Electronics* 特约编辑。他还担任了由科学研究出版社（SCIRP）出版的 *World Journal of Condensed Matter Physics*（WJCMP）的编辑委员会成员。

目　　录

第1章

概　　述

1.1　鳍式场效应晶体管（FinFET）

  FinFET 或"Fin"场效应晶体管（FET）是一种金属－氧化物－半导体（MOS）器件，其中栅极放置在位于衬底上的薄的垂直半导体的两侧。这种新型器件由 Yutaka Hayashi 于 1980 年在日本 Tsukaba 的电工实验室发明[1]，而器件制造工艺则是加州大学伯克利分校胡正明领导的研究小组于 20 世纪 90 年代末开发的[2]。首字母缩略词 FinFET 中的"Fin（鳍）"描述了半导体材料（例如硅）的超薄体"Fin"作为 FET 器件的沟道。在 FinFET 器件结构中，栅极可以放置在超薄体 Fin 的两个、三个、四个侧面或四周以提高器件性能，并且器件可以在硅或绝缘体上硅（SOI）衬底上制造[3,4]。与主流金属－氧化物－半导体场效应晶体管（MOSFET）相比，FinFET 提供了显著优越的器件性能，包括更快的开关速度和更大的电流驱动能力[3-7]。因此，考虑到 FinFET 相对于传统 MOSFET 的优势，英特尔公司在 2011 年率先将三栅 FinFET 技术导入到 22nm 节点的大规模生产[8]。本章简要介绍 FinFET 器件技术及其发展历史。

  在介绍 FinFET 结构之前，1.2 节简要概述了用于集成电路（IC）制造技术的主流 MOS-FET 器件、它们的局限性和缩小挑战，以及对替代器件（如用于纳米节点集成电路制造技术的 FinFET）的需求。

1.2　集成电路制造中的 MOSFET 器件概况

  在过去的 50 年中，硅基微电子器件已经彻底改变了人类社会，并将持续对现代社会的方方面面产生前所未有的影响[7,9-11]。集成电路的基本组成部分是导体、半导体和绝缘体材料，它们可创造出所需要的电学性质以设计出超大规模集成（VLSI）电路，这是所有现代电子设备和系统的核心器件。这些电子设备和系统赋能了通信、军事、安全、医疗保健、节能、工业自动化、运输、自动车辆、娱乐、信息娱乐和数字社会等[10-12]。这场微电子革命始于 1947 年贝尔实验室的 W. Shockley、J. Bardeen 和 W. Brattain 发明了双极结晶体管（BJT）[13,14]，随后是 Texas 仪器（TI）公司的 J. Kilby 于 1958 年 9 月发明了第一个能实际工作的集成电路。接着，1959 年 4 月，Fairchild 公司的 Robert Noyce 为大批量制造的实用单片集成电路技术申请了专利[17]。BJT 和集成电路的发明为 20 世纪 50 年代末在单片硅衬底上实现完整的有源和无源集成电路铺平了道路。而且，在 20 世纪 60 年代，集成电路或微电子工业一直由 BJT 制造技术主导。

20 世纪 50 年代末，半导体公司开始开发 J. E. Lilienfeld 于 1926 年发明的 MOSFET 器件的制造技术[18]。1960 年，D. Kahng 和 M. M. Atalla 制造了可工作的 MOSFET，并展示了第一个 MOSFET 放大器，在单一硅芯片上经济高效地实现了大量 MOSFET 与互连的集成[19,20]。1963 年，F. Wanlass 发明了互补 MOS（CMOS）器件结构，用 n 型和 p 型 MOSFET 器件建立了两个输入作用于一个输出的反相器电路[21]。1965 年，Fairchild 公司的 Gordon Moore 估计，每个芯片的晶体管数量大约每两年就会翻一番，后来形成了一个称为"摩尔定律"的定律[22]。摩尔定律背后的基本思想是，更小的器件几乎改善了集成电路工作的各个方面，包括降低每个晶体管的成本和开关功耗，以及提高内存容量和速度。

20 世纪 70 年代初，MOSFET 器件技术的成功发展和大量器件在集成电路芯片中的高性价比集成开启了 MOSFET 技术的发展进程。之后，在 20 世纪 70 年代，MOSFET 技术在功能复杂性和集成度方面开始超过 BJT 技术。摩尔定律成为 MOSFET 器件尺寸缩小的指导原则，以利用每一代新技术制造出成本更低、功耗更低、运算速度更快的集成电路芯片。1974 年，为了帮助摩尔定律对器件缩小进行精确估计，IBM 公司的罗伯特·登纳德等对集成电路工艺设计的缩小规则进行了量化[23]。这些缩小规则加速了缩小器件物理尺寸和制造更复杂 VLSI 电路的全球竞争，使得摩尔定律提出的集成密度能够不断增加，从而以更低的成本实现数字 MOS 电路的更快速度和更低功耗。高速和低功耗成为微电子工业在接下来的每一代集成电路技术中实现更高 MOSFET 集成密度的驱动力[24]。因此，自 20 世纪 80 年代起，CMOS 技术及其经济高效的技术解决方案成为集成电路的普及技术[9]。

图 1.1 描绘了用于制造 VLSI 电路的 CMOS 技术的一个理想的传统 MOSFET 器件结构。如图 1.1 所示，MOSFET 器件由沟道长度 L_g、沟道宽度 W、栅氧化层厚度 T_{ox}、衬底掺杂 N_b 和源漏结深度 X_j 表征。在 VLSI 电路中，NMOS（p 型衬底、源漏 n^+）和 PMOS（n 型衬底、源漏 p^+）FET 器件集成在一起，称为 CMOS 晶体管。在器件工作的情况下，MOSFET 是具有栅极、源极、漏极和衬底或体区的四端口器件，相应的端电压分别为 V_g、V_s、V_d 和 V_b，如图 1.1 所示[9]。该器件是对称的，没有外加的偏压就无法分辨源漏极。当栅极偏压 V_g 高于某一阈值电压 V_{th} 时，在衬底的硅/二氧化硅（SiO_2）界面处的源极和漏极之间产生导电沟道，漏极偏压 V_d 用于产生器件的电流 – 电压特性。体端允许从栅极以及体区对反型层进行调制，以在电路工作中提供更灵活的器件性能。MOSFET 器件的基本工作原理在大多数关于半导体器件的书中都有阐述[9,25,26]。

根据 MOSFET 缩小规则[23]，当 L_g 缩小时，T_{ox} 要成比例地缩小，以使得相对于其他晶体管端口，在反型沟道和栅极之间保持强电容耦合。这样能够控制短沟道效应（SCE），包括阈值电压（V_{th}）滚降、亚阈值摆幅（S）退化和漏致势垒降低（DIBL），它们共同作用增加了晶体管关态泄漏电流（I_{off}）[9,27]。此外，缩小 L_g 伴随着体掺杂浓度 N_b 的相应增加和源漏结深度 X_j 的减小，以缩减沟道反型层下方的亚表面泄漏路径。因此，全球范围内继续致力于 MOSFET 和 CMOS 技术的微小化，以在每个新的技术节点上提供更高的计算能力、更低的

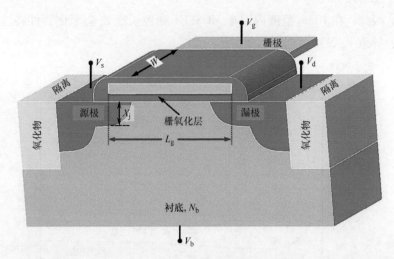

图 1.1 先进的四端口体 MOSFET 器件的理想三维结构，图中 V_g、V_s、V_d 和 V_b 分别是在
栅极、源极、漏极和体端施加的偏压；W 和 L_g 分别是器件的沟道宽度和沟道长度；X_j 是源漏结深度

功耗和成本的集成电路芯片[24,28]。

随着 MOSFET 的极端缩小，晶体管的尺寸很快就达到了有关物理效应和掺杂分布的一
阶假设开始瓦解的地步。对于 MOSFET，诸如输出电导、速度饱和及亚阈值行为等固有的器
件问题的研究都得到了极大的重视[9,29]。为了继续按照摩尔定律实现器件小型化，美国半
导体工业协会（SIA）于 1994 年制定了国家半导体技术路线图（NTRS），并于 2000 年过渡
为国际半导体技术路线图（ITRS），将全球半导体公司纳入其中[30,31]。ITRS 通过遵循摩尔
定律和登纳德缩小规则，为下一代技术提供了全面的指导方针。这种缩小方法在几代 VLSI
技术中都非常行之有效。然而，对于 32nm 平面 CMOS 技术和更高级的技术，由于 1.2.1 节
中描述的无法克服的挑战[32-34]，传统的 MOSFET 缩小规则不再能够提供摩尔定律所设定的
器件性能的积极改善。

1.2.1 纳米级 MOSFET 缩小的挑战

传统 MOSFET 器件和平面 CMOS 技术不断小型化，以实现性能改进，降低功耗和高密度
集成，由于器件物理基本原理（如 SCE）施加的一些限制，以摩尔定律的相同速率变得更
具挑战性[32-37]。在亚 32nm 世代，MOSFET 器件缩小的主要限制因素包括泄漏电流的恶化
和工艺偏差引起的器件参数变化[9,26,27]。

1.2.1.1 短沟道 MOSFET 中的泄漏电流

随着 MOSFET 器件缩小至纳米尺度，器件性能越来越依赖于栅极长度 L_g[9,26,27]。随着
L_g 减小，体掺杂浓度 N_b 根据缩小规则增加，以抑制源漏穿通和亚表面泄漏电流（由于
DIBL）[38]。由于垂直电场增强，N_b 的增加导致载流子迁移率的降低，导致缩小器件的电流
驱动退化[9]。由于高的 N_b，源漏结处的高垂直电场也增加了带–带隧穿，从而增加了关态

泄漏电流 I_{off}。因此，在 10nm 范围内缩小 MOSFET 栅极长度 L_g 会恶化器件特性和亚阈值摆幅并降低 V_{th}，导致 V_{th} 滚降，如图 1.2 所示[9,35]。

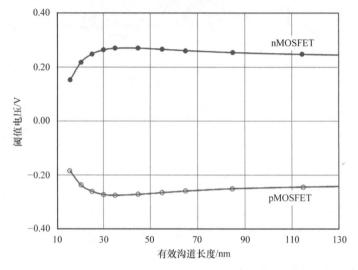

图 1.2   有效氧化层厚度 T_{ox}（有效）＝1.5nm 的典型 40nm CMOS 工艺 nMOSFET 和 pMOSFET 器件阈值电压 V_{th} 滚降随有效沟道长度 L_{eff} 的变化（V_{th} 被定义为栅极偏压，V_{gs} 用于在 MOSFET 的源极和漏极之间产生导电沟道，从而使器件中的电流流动）

由于短沟道效应，随着 L_g 的减小，亚阈值摆幅 S 退化和 V_{th} 滚降，对控制 32nm 以上工艺节点的器件泄漏电流提出了严峻的挑战[9,35]。这意味着，即使按照缩小规则将栅极介电厚度按 L_g 的比例减小[9,27]，由于短沟道效应，也无法通过降低栅极电压 V_g 轻易关断缩小后的 MOSFET。因此，传统体 MOSFET 持续缩小的一个主要限制是控制缩小的器件中的泄漏电流[9,27,38]，如图 1.3 所示。在纳米技术节点，硅/栅 - 介质界面以下数纳米的泄漏路径是引起缩小器件中观察到的泄漏电流的主要原因[27]。L_g 减小这一挑战导致在沟道剖面工程、浅源漏延伸（SDE）和 SDE 周围的晕状（halo）注入[4,39-44]方面做了巨大努力，以继续在纳米节点上缩小 MOSFET。然而，对于 20nm 以下的传统 MOSFET，无法通过将栅极 - 介质厚度降低到尽可能低的值来控制亚表面泄漏，即使厚度为零[27]。

1.2.1.2   MOSFET 性能波动

随着 MOSFET 器件的不断小型化[23,31,42-44]，工艺偏差引起的 MOSFET 性能波动已成为使用缩小 CMOS 技术设计 VLSI 电路的关键问题[45,46]。缩小的 CMOS 技术中的工艺可变性严重影响了 VLSI 器件、电路和系统中的延迟和功率变化，并且随着 MOSFET 器件和 CMOS 技术的不断缩小，这种影响不断增加[45-51]。由于 SCE，器件特性对 L_g 的变化变得越来越敏感，因此，工艺引起的变化对传统 MOSFET 的持续缩小提出了严峻挑战[45-47]。随着 L_g 的减小，与缩小规则一致，N_b 增加以抑制源漏穿通和亚表面泄漏电流。体区重掺杂 N_b 的存在以随机离散掺杂（RDD）的形式加剧了器件间的随机可变性[46-48]。而且，在按比例缩小的

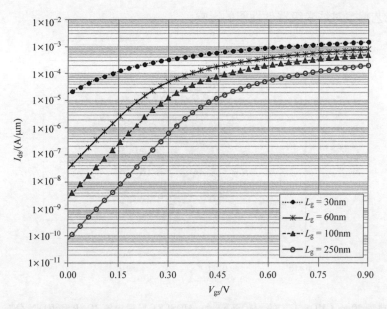

图 1.3　典型 65nm CMOS 工艺的传统 nMOSFET 器件的漏极电流 I_{ds} - V_{gs} 特性，是栅极长度的函数；这里的数值模拟数据说明了在栅极长度低于 60nm 时，关态泄漏电流持续增加

MOSFET 中，RDD 是由于 V_{th} 变化所致器件性能总体变化的主要因素，如图 1.4 所示[9]。

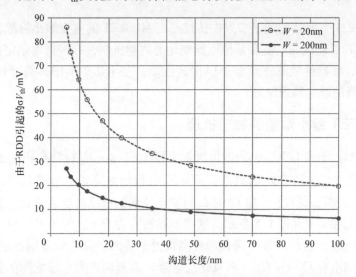

图 1.4　典型 20nm 体 CMOS 工艺的 MOSFET 器件的阈值电压变化与器件沟道长度的关系，沟道宽度为 20nm 和 200nm；图中，σV_{th} 是由于 RDD 引起的阈值电压的变化；所有数据均取自参考文献 [9]

　　如图 1.5 所示，V_{th} 变化的影响在纳米节点处引起传统 CMOS 技术器件性能的变化。图 1.5分别显示了传统 20nm nMOSFET 和 pMOSFET 的导通电流 IONN 和 IONP 的分布。其中，IONN 和 IONP 是在 1V 的电源偏置下提取的。图 1.5 中的 IONN 对 IONP 的分布清晰地

表明了整个工艺偏差对纳米级器件性能的影响。

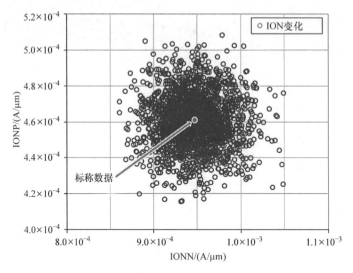

图 1.5　典型 20nm CMOS 工艺的 pMOSFET 和 nMOSFET 导通电流 IONP 和 IONN 分布，显示了
工艺偏差对器件性能的影响。图中还显示了 IONP 和 IONN 的标称值。所有数据均使用业内标准的
电路仿真工具，采用统计器件模型，$L_{eff} = 20nm$；$W_{eff} = 1000nm$；
T_{ox}（有效）$= 1.1nm$，栅极偏压 $V_{gs} = 1V = V_{ds}$（漏极偏压）

　　为了克服 1.2.1 节所述的纳米节点中传统平面 MOSFET 的主要缩小挑战，重要的是要了解 L_g 减小时，SCE 引起泄漏电流和器件性能变化的物理机制，并根据摩尔定律讨论抑制 SCE 的替代器件结构，使器件能够连续缩小以提高性能。在 1.2.2 节中，简要讨论了上述传统 MOSFET 缩小挑战的基本物理原理。

1.2.2　MOSFET 缩小难题的物理机理

　　如图 1.3 所示，平面 CMOS 工艺的传统 MOSFET 的 $I_{ds} - V_{gs}$ 特性在两个主要方面随着 L_g 的缩小而恶化。首先，S 随着 L_g 的减小而退化，V_{th} 也随之降低，也就是说，器件不能轻易地通过降低 V_{gs} 而关断。其次，S 和 V_{th} 对 L_g 的变化越来越敏感，也就是说，器件性能的变化变得更为棘手，如图 1.4 和图 1.5 所示。这些问题被称为 SCE，传统 MOSFET 中 SCE 的起因可以从图 1.6 中理解。通常，当 V_g 降低和升高沟道电势时，晶体管分别导通和关断；因此，通过栅极与沟道间电容 C_g（$\sim C_{ox}$，栅氧化层电容）调制沟道和源极之间的势垒。在理想晶体管中，沟道电势仅由 V_g 和 C_g 控制。然而，在实际 MOSFET 器件中，通过沟道 - 漏极耦合电容 C_{dsc}，沟道电势也受 V_d 的影响，如图 1.6 所示。对于 L_g 较大的器件，C_{dsc} 明显小于 C_g。因此，V_{ds} 对调制沟道的影响不大，V_{gs} 单独控制沟道电势。随着 L_g 的减小，C_d 的有效值增大[9,52,53]，V_{gs} 失去了对沟道的绝对控制。在极端情况下，V_{gs} 的控制小于 V_{ds} 的控制，晶体管只能通过 V_{ds} 开启，如图 1.3 所示的 30nm MOSFET 器件。在达到极端情况（$L_g = 30nm$）

之前，我们在图 1.3 中观察到随着 L_g 从 250nm 及以下减小，亚阈值器件性能逐渐恶化。

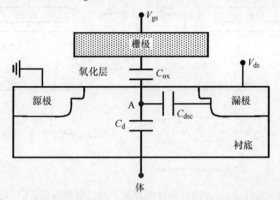

图 1.6 一个传统 MOSFET 器件，显示了栅极电容 C_{ox}、体电容 C_d 和源漏沟道耦合电容 C_{dsc}；随着 L_g 的缩小，C_{dsc} 的增加导致 C_d 的增加，控制了纳米节点器件的沟道电势；图中，A 表示 C_{ox} 与 C_d 和 C_{dsc} 的有效电容之间的电容分压节点

增加栅极对沟道控制的理想 MOSFET 缩小规则是与 L_g 等比例地降低 T_{ox} 值以增加 C_g[23]。然而，传统的缩小规则仅限于在 20nm 以上区域改善 MOSFET 沟道和泄漏电流的 V_{gs} 控制，即使是采用了由于基本物理限制的尽可能低的 T_{ox}，如图 1.7 中理想平面 MOSFET 的二维（2D）横截面图所示[27]。从图 1.7 可以看出，远离栅极的泄漏路径比表面泄漏路径更糟糕，因为它们仅受到 V_{gs} 的弱控制。因而，通过 L_g 较小器件中的较大 C_{dsc}，V_{ds} 可以很容易地降低沿这些弱控制路径的势垒，如图 1.8 所示[9,27,38]。

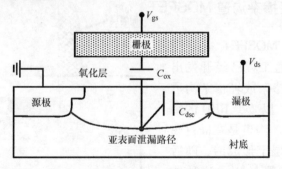

图 1.7 显示了源极和漏极之间亚表面泄漏路径的传统 MOSFET 器件；在纳米节点器件中，由于 C_{dsc} 比 C_{ox} 更能控制沟道电势，因此通过调整栅氧化层厚度无法控制亚表面泄漏电流

有两种可能的选择来克服在纳米节点平面 CMOS 技术中传统 MOSFET 中的上述缩小限制。第一种选择是在传统的平面体 MOSFET 中引入新技术和新材料，以允许进一步缩小并提高缩小晶体管的性能[54,55]。第二种选择是替代晶体管结构，如超薄体场效应晶体管和多栅场效应晶体管，其对反型沟道具有固有的优越静电控制能力[9,27]，如 1.3 节所述。

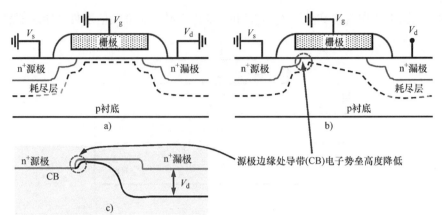

图 1.8　由于漏极偏压 V_{ds}，n 沟道器件中源极 – 沟道电势降低：a) $V_{gs}=0$，$V_{ds}=0$；
b) $V_{gs}=0$，$V_{ds}=$ 电源电压 V_{dd}；c) 零偏压（上曲线）和漏极偏压条件（下曲线）
下沿器件长度的导带图

1.3　替代器件概念

为了克服传统平面 MOSFET 器件持续缩小中不断增长的挑战，过去 20 年的主要研究和开发工作是探索纳米节点 VLSI 电路制造技术的替代器件结构[9,27,56-61]。在 1.3.1 节中，我们简要回顾了平面 CMOS 技术持续缩小的器件选项以及作为传统平面 CMOS 技术替代方案的薄体器件。

1.3.1　无掺杂或轻掺杂沟道 MOSFET

1.3.1.1　深耗尽沟道 MOSFET

最近，先进的沟道工程已经开发出来，用于设计具有无掺杂或轻掺杂沟道的纳米 MOSFET 器件，以减少 RDD 的影响，如图 1.9 所示[62]。沟道是在硅衬底上生长的无掺杂外延层上形成的，随后是标准 CMOS 工艺步骤[62,63]。这种体 MOSFET 结构称为深耗尽沟道（DDC）MOSFET[62]。

图 1.9 所示的 DDC 器件使用无掺杂或轻掺杂沟道来控制工艺可变性，并采用深入沟道的重掺杂沟道类型掺杂层 2 和 3 来减少 C_{dsc} 以抑制亚表面泄漏电流[62]。

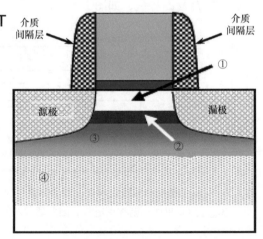

图 1.9　深耗尽沟道 MOSFET：在本示意图中，区域 1 是器件的无掺杂沟道，而区域 2、3 和 4 分别是 V_{th} 控制、SCE 抑制和抗穿通沟道型掺杂杂质层

1—无掺杂沟道　2—V_{th} 控制层　3—SCE 控制层　4—抗穿通

1.3.1.2　埋晕 MOSFET

在平面 CMOS 技术中，轻掺杂沟道与重掺杂沟道型注入（称为"晕掺杂"）一起用于源漏极周围，以减少亚表面泄漏[9]。报道的数据显示，在纳米器件中，使用两个晕掺杂剖面的器件结构，称为"双晕 MOSFET"，减少了泄漏电流，并控制了 V_{th} 的变化[5,9,42-44]。最近，已经发明了图 1.10 所示的能耐受可变性的双晕 MOSFET 器件结构，用于在无掺杂外延层上设计无掺杂或轻掺杂沟道 MOSFET，以抑制 SCE 并降低平面 CMOS 技术器件中工艺可变性的风险[64,65]。这种新的双晕结构称为"埋晕（Buried - Halo）MOSFET"（BH - MOS-FET）。如图 1.10 所示的 BH - MOSFET 结构中，在生长外延沟道层前，在体硅衬底上进行阱、可选 V_{th} 调整和多晕注入，并且在外延之后执行栅极图形化和源漏极工艺步骤[64,65]。有关 V_{th} 变化的报告数据清楚地表明，与传统 MOSFET 器件相比，纳米级 BH - MOSFET 中 RDD导致的 V_{th} 变化显著减少[9,47,64]。

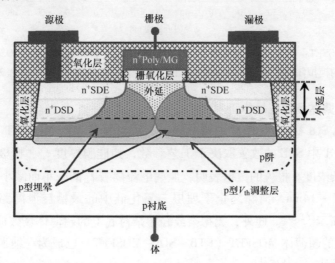

图 1.10　硅衬底非掺杂外延层中多个晕注入剖面向上扩散形成的埋晕 MOSFET 器件结构；
在制造工艺中，在源漏极延伸（SDE）区域周围使用重掺杂第一晕以抑制靠近栅极的硅表面
附近的泄漏路径，并且在深源漏极（DSD）区域周围使用轻掺杂第二晕以抑制远离栅极的
泄漏路径，而非掺杂外延沟道降低了器件的工艺可变性

图 1.11 显示了 L_g 低至 5nm 的典型 20nm 平面 CMOS 工艺的传统和 BH - MOSFET 器件的 V_{th} 估计变化率[9,47,64]。数据清楚地表明，与传统的 MOSFET 器件相比，纳米级 BH - MOS-FET 中 RDD 引起的 V_{th} 变化显著减小。

1.3.2　薄体场效应晶体管

确保场效应晶体管器件较大沟道栅控能力的一种新型器件结构是采用薄体硅作为沟道。有两种方法可以增强体区的栅控能力并减少沟道和 C_{dsc} 的漏极控制能力：①1.3.2.1 节所描述的 SOI 衬底上的超薄体；②1.3.2.2 节所描述的超薄体硅沟道环绕多个栅极[27]。

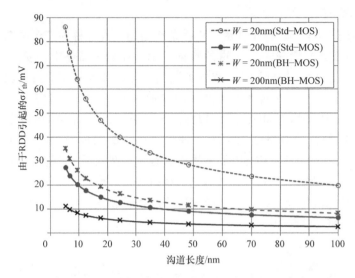

图 1.11   埋晕 MOSFET：典型 20nm 体 CMOS 工艺的传统（Std – MOS）和 BH – MOSFET（BH – MOS）
器件的模拟阈值电压变化与沟道长度的关系比较，沟道宽度为 20nm 和 200nm

1.3.2.1   单栅超薄体场效应晶体管

通过使用超薄 SOI 衬底[66]使硅更接近栅极，可以显著抑制 MOSFET 中的 SCE。然而，SOI 衬底上 MOSFET 中 SCE 的改善取决于工艺参数，如硅膜厚度 t_{si}、栅极 – 介质（二氧化硅）厚度和体掺杂浓度。报告的数据表明，泄漏电流随着 t_{si} 的减小而减小[67,68]。并且，通过将 t_{si} 降低到仅 7 ~ 14nm，消除终止于埋层二氧化硅中的最糟糕泄漏路径，显著抑制了 SCE，如图 1.12 所示[67,68]。此外，无掺杂或轻掺杂衬底上的超薄体场效应晶体管降低了可变性。SOI 衬底上的超薄体 MOSFET（UTB – SOI – MOSFET）已成为在纳米节点下先进 VLSI 电路最有前途的器件之一[66-71]。

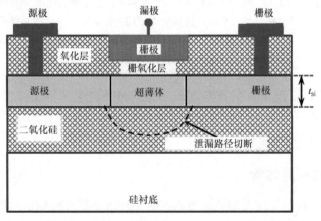

图 1.12   SOI 衬底上的超薄体 MOSFET：该结构显示，对于适当厚度 t_{si} 的硅体，
亚表面泄漏路径终止于埋层氧化物中，从而抑制泄漏电流

1.3.2.2 多栅场效应晶体管

通过使用多个栅极，即 MOS-FET 硅体或沟道周围的多栅，可以更有效地控制 SCE。图 1.13 显示了一个典型的 MOSFET 器件，它有一个薄的体硅和两个栅极，一个在体区上方，另一个在体区下方。对于图 1.13 所示的薄体双栅（DG）MOSFET 器件，远离顶栅的潜在泄漏路径更接近底栅，消除了远离顶栅的潜在亚表面泄漏；

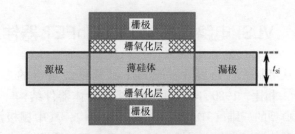

图 1.13 双栅 MOSFET：薄硅体，硅体的顶部和底部有栅极，它们从顶部和底部对硅体提供完整的栅极控制，从而消除亚表面泄漏路径。图中 t_{si} 是硅体的厚度

远离底栅的泄漏路径更接近顶栅，消除了远离底栅的潜在亚表面泄漏路径或亚表面泄漏。因此，DG – MOSFET 通过体硅上方和下方的栅极提供更强的反型沟道静电控制能力。因此，与体衬底上的平面 CMOS 器件相比，减少了 SCE，使多栅 MOSFET 更具可缩小性[72,73]。

薄体结构（见图 1.13）也消除了沟道重掺杂以抑制 SCE 的要求，这与传统的缩小原理相反。可选的沟道掺杂可以用来将 V_{th} 调整到目标规格，取代栅金属功函数工程[9,27]。作为沟道的无掺杂或轻掺杂薄体区降低了多栅 MOSFET 中的 RDD，因此器件性能的变化可被消除。此外，无掺杂或轻掺杂体区降低了沟道中的平均电场，这转化为载流子迁移率、栅极泄漏电流和器件可靠性的改善。这潜在地改善了偏置温度稳定性（负偏置温度不稳定性和正偏置温度不稳定性）以及栅极 – 介质隧穿泄漏和损伤[27]。轻的体掺杂和薄体的结合提供了更陡的亚阈值摆幅及更低的结电容和体电容[27]。

根据以上讨论，我们发现，通过保持栅极靠近体硅并减少工艺偏差，图 1.13 所示的薄体 DG – MOSFET 结构显示出控制 SCE 和抑制泄漏电流的巨大潜力。然后将 DG 结构旋转 90°，使其成为一个位于硅或 SOI 衬底上的垂直 DG – MOSFET，就有可能用自对准栅极实现尽可能小的栅极泄漏电流。如图 1.14 所示和 1.4 节所述，这种具有薄 "Fin" 状体结构的垂直 DG – MOSFET 称为 "FinFET"。

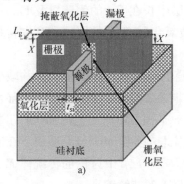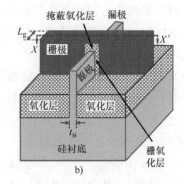

a)   b)

图 1.14 理想的三维超薄体 DG – FinFET 器件结构：a）在绝缘体上硅（SOI）衬底上；b）在体硅衬底上。图中，L_g 和 t_{si} 分别是栅极长度和薄体硅 "Fin" 厚度；XX' 表示用于说明 3D 器件的 2D 横截面的剖面线

1.4　VLSI 电路和系统中的 FinFET 器件

从可制造性角度看，FinFET 结构是最可行的多栅结构之一。与经典的单栅平面器件[9,27] 相比，1980 年发明的这种多栅薄体器件结构[1] 具有更大的抗 SCE 能力。图 1.14 显示了典型的三维（3D）DG – FinFET 结构，其中栅极沿 Fin 的硅侧壁控制沟道。在 FinFET 中，硅体可以由两个栅极、三个栅极或四个栅极控制。栅极的数目越高，对沟道的静电控制就越强，但需要权衡相应的工艺复杂性。FinFET 可以构建在 SOI 衬底上，如图 1.14a 所示，也可以构建在体硅衬底上，如图 1.14b 所示。在 DG – FinFET 结构中，栅氧化层生长在 Fin 体的侧壁上，而厚的掩蔽氧化层生长在 Fin 的顶部，如图 1.14 所示。图 1.15a、b 分别显示了沿图 1.14a、b 中 3D 结构的剖面线 XX' 的 2D 横截面。这里，源漏区垂直于表面。

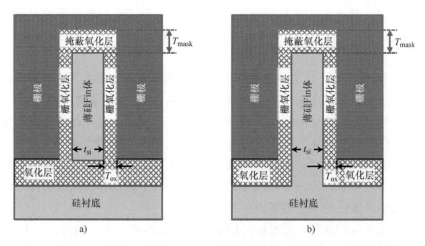

图 1.15　理想 DG – FinFET 器件的 2D 截面图：a）在 SOI 衬底上；b）在体硅衬底上。

图中，源漏区垂直于表面；t_{si} 是硅体的厚度，T_{mask} 是硅体顶部氧化层的厚度

在三栅 FinFET 结构中，相同厚度的栅氧化层生长在 Fin 的侧壁以及 Fin – 沟道的顶部，如图 1.16 所示。因此，在三栅 FinFET 中，掩蔽氧化层 T_{mask} 的厚度和介电材料与侧壁栅极氧化层 T_{ox} 的相同。

多栅 MOSFET 的多个栅极提供了对反型沟道的强大静电控制能力，并减少了亚阈值区源极和漏极之间的耦合[74,75]。首先，通过使用非掺杂沟道，多栅 MOSFET 显示出减轻工艺可变性风险的巨大潜力。其次，在可比较的 32nm 平面 CMOS 工艺的 MOSFET 器件上，观察到多栅器件的泄漏电流减少了 4 个数量级[8]。因此，多栅 MOSFET 适用于在纳米节点处的先进 VLSI 电路的大规模制造[8,74-77]。通过克服 1.2.1 节中讨论的传统体 MOSFET 的 SCE 和 RDD 等主要缩小限制，超薄体区实现了 MOSFET 的持续缩小。

因此，FinFET 是位于平面衬底上的 3D 垂直结构。由于栅极环绕着沟道，它提供了对从

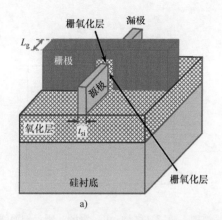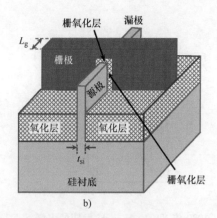

图 1.16　理想的 3D 三栅 FinFET 器件结构：a）在 SOI 衬底上；b）在体硅衬底上。
图中，L_g 和 t_{si} 分别是栅极长度和 Fin 厚度；$T_{mask} = T_{ox}$

源极到漏极的导电沟道的唯一控制。因此，通过体区的关态泄漏电流微不足道。报道的数据表明，FinFET 栅极长度的缩小与沟道的厚度有关[9,78]。

　　尽管 FinFET 器件技术在 2011 年初被用于制造[8,74-76]，但是 FinFET 类型的多栅器件结构的研究和开发工作始于 20 世纪 80 年代初，如 1.5 节所述。

1.5　FinFET 器件简史

　　如 1.4 节所讨论的，FinFET 在缩小的器件中提供了极好的抗 SCE 性，使器件尺寸朝着接近 3nm 区域的基本极限持续缩小成为可能[78]。虽然 FinFET 器件技术在 2011 年被引入到 VLSI 电路的制造中，但是双栅 MOSFET 的研发工作始于 20 世纪 80 年代初[1]。FinFET 型的多栅 MOSFET 器件结构最初由 Yutaka Hayashi 于 1980 年在日本 Tsukuba 电工实验室发明[1]，如图 1.17 所示。原专利于 1980 年 6 月 24 日在日本专利局提交，指定申请号为 S55-85706，并于 1982 年 1 月 20 日以公告号 S57-10973 在审查前公布，经专利审查，第二个公告号：H05-4822，1993 年 1 月 20 日。Hayashi 的专利于 1993 年 10 月 14 日授予，专利号为 JP，1791730，B。Hayashi 注意到，横向或平面 DG 结构的 2D 截面图类似于希腊字母"Ξ"（xi），以沟道为中心杆，两个栅为上下两个杆，对应于英文字母"X"。因此，在后来的报告中，Hayashi 将横向双栅结构命名为"XMOS"[79]。

　　Hayashi 的垂直沟道多栅 MOSFET 专利申请自 1982 年 1 月以来一直处于不受专利权限制状态。1987 年，K. Heida 等人报道了一种三栅垂直 MOSFET 器件，该器件具有全耗尽硅体区和硅区两侧的沟槽隔离的侧壁栅[80]。Heida 等人指出，侧壁栅提高了沟道的栅控性，全耗尽硅体区由于较小的体偏压效应改善了器件的开关工作特性。

　　1989 年和 1990 年，D. Hisamoto 等人报道了一种三栅结构的垂直沟道超薄体 SOI 晶体管，称为 DELTA（depleted lean-channel transistor，耗尽的贫沟道晶体管），硅体厚度为 200nm，以及用于器件制造的简单工艺流程[81,82]。作者利用实验和模拟数据表明，DELTA

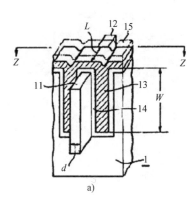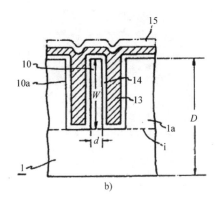

图 1.17   1980 年 Yutaka Hayashi 发明的多栅垂直器件结构：a) 3D 结构；b) 沿图 a 所示剖面线 ZZ 的
2D 截面图。图中，L、W 和 d 分别是沟道长度、硅体高度（区域 10）和体厚度；区域 1 和 1a 分别是
氧化物和硅，i 是硅和氧化物之间的边界；10a 为硅/二氧化硅界面；11 和 12 分别是源极和漏极；
13 和 14 分别是栅极和栅极氧化物；15 是器件顶部的钝化层

结构的栅极提供了有效的沟道控制能力，其垂直超薄体 SOI 结构提供了优越的器件特性，包括抑制 SCE，接近理想的亚阈值摆幅（62mV/dec @ 有效沟道长度 $L_{eff} = 0.57\mu m$，$t_{si} = 0.15\mu m$，$T_{ox} = 8.5nm$）和高跨导。在 1991 年的报告中，Hisamoto 等人介绍了详细的制造工艺以及 DELTA 器件性能的简单数学公式[83]。

薄体多栅 MOSFET 结构（新的缩写词为 FinFET）的真正发展始于 20 世纪 90 年代末的加州大学伯克利分校。1996 年，在美国国防部高级研究计划局（DARPA）的先进微电子（AME）项目资助下，胡正明领导的伯克利研究小组从事 FinFET 器件技术的开发。在 1998 年 DARPA AME 资助的这个项目下，Hisamoto 等人报告了一种折叠沟道 MOSFET，使用基于间隔层的工艺在 SOI 衬底上使 L_g 降低到 17nm[84]。这是第一份将 "Fin" 称为 n 沟道 MOSFET 器件体区的报告。1999 年，Huang 等人报道了第一个具有 SiGe 栅、多晶硅 – Ge 源漏和氮化物间隔层的 p 沟道 FinFET[2]。2001 年，Choi 等人展示了亚 20nm CMOS FinFET 器件（$t_{si} = 10nm$，$T_{ox} = 2.1nm$），使用间隔层定义的光刻技术和具有优良器件特性的 Ge 凸起源漏技术，并讨论了间隔层定义的光刻技术与传统光刻技术相比，在使 Fin 密度加倍方面的优势[85]。

随后，来自工业界和学术界的器件研究人员开始在全球范围内从事 FinFET 器件和技术的研究。2001 年，Kedzierski 等人使用可缩放光刻技术，将高角度的源漏延伸注入与选择性硅外延相结合，以制造具有低寄生串联电阻的凸起源漏 MOSFET，证明了用于特大规模集成（ULSI）电路的 FinFET 最终集成的可行性[86]。他们表明，对于 $L_{eff} = 30nm$、$t_{si} = 20nm$ 和低外部电阻 R_{ext} 的全耗尽对称 DG – FinFET，在 1.5V 电源电压下，n 型和 p 型器件的大导通电流分别约为 $1.3mA/\mu m$ 和 $0.85mA/\mu m$，两种器件的 I_{off} 约为 $200nA/\mu m$。

2002 年，Kedzierski 等人报道了采用全栅硅化物的金属栅无掺杂沟道 FinFET 器件[87]。作者证明了具有双功函数的金属栅通过金属功函数工程提供了 V_{th} 可控性，而 $L_g = 100nm$、

$t_{si} = 25nm$ 和 $T_{ox} = 1.6nm$ 的硅化物栅薄体 MOSFET 具有更高的迁移率、更低的栅极泄漏、更高的栅极电容和近乎理想的亚阈值摆幅。同年，Yu 等人报告了互补 FinFET 器件特性，证明了使用改进的双多晶硅栅 CMOS 制造工艺，SOI 衬底上的 FinFET 可缩小至 10nm[88]。同样在 2002 年，Yang 等人展示了高性能、低泄漏和低动态功率的 25nm FinFET 型多栅结构，其顶部栅极、侧壁栅极和硅体下方的栅极延伸看起来像 Ω 形的结构[89]。

2003 年，Doyle 等人报道了 SOI 衬底上全耗尽的高性能三栅 MOSFET[90,91]。作者表明，可以制备出 $L_g = 60nm$、$t_{si} = 55nm$、Fin 高度 $H_{fin} = 36nm$、$T_{ox} = 1.5nm$ 的高性能非平面 CMOSFET 器件，具有目标阈值电压。同年，Park 等人报告了制造高性能 60nm 体绑式（body – tied）FinFET 或 Ω – FET 的制造工艺，其 Fin 顶厚度为 30nm，Fin 底厚度为 61nm，$H_{fin} = 99nm$，$T_{ox} = 20nm$[92]。

2004 年，Lee 等人展示了一种高度可制造的动态随机存取存储器（DRAM），这种存储器在体硅衬底上具有体绑式 FinFET 单元阵列，$t_{si} = 80nm$、$H_{fin} = 100nm$ 和 $L_g = 90nm$[93]。同年，Ha 等人展示了有效氧化层厚度低至 1.72nm 的 HfO_2 高 k 栅介质和钼（Mo）金属栅 Fin-FET 器件技术，它具有小栅极泄漏电流、可比载流子迁移率以及通过氮注入的功函数工程调整 V_{th} 的可行性[94]。2004 年，Yang 等人报告了 FinFET 可缩小到 10 ~ 5nm 的能力[95]。

2005 年，Yang 等人用 3D 数值器件模拟研究了无掺杂体多栅 MOSFET 和完全耗尽单栅 SOI – MOSFET 的可行性以评估 SCE 和栅极版图面积[6]。研究表明，DG – FinFET 比多栅 MOSFET 和单栅全耗尽 SOI – MOSFET（FDSOI – MOSFET）具有更好的可缩小性，在纳米级 VLSI 工艺上是可行的。已经报道了类似的基于模拟的研究，将 20nm FinFET 与传统的高性能 MOSFET 进行比较，表明 FinFET 提供了比体 MOSFET 更好的性能矩阵[5]。而且，工业界、学术界和研究实验室的研究和开发工作仍在继续。

Rainey 等人于 2002 年首次报道的 FinFET 电路是在 1.5V 下工作的四级反相器链，使用了 300 多个 Fin，$L_g = 200nm$，$t_{si} = 60nm$，$T_{ox} = 2.2nm$[96]。Nowak 等人 2002 年报道了 Fin-FET 静态随机存取存储器（SRAM）[97]，2003 年报道了 FinFET 环形振荡器[98]。2004 年，Choi 等人展示了基于三栅 MOSFET 的 20MB SRAM 阵列的可制造性[99]。随后，FinFET 被用于各种逻辑和存储器应用，包括高速数字集成电路[100,101]、模拟集成电路[102,103]、SRAM[104 - 106]、闪存[107 - 111] 和 DRAM[93,112 - 114]。英特尔公司率先将三栅 FinFET 技术引入 22nm 及更高技术的大规模生产中[8]，随后是其他主要的半导体制造公司，包括台积电、三星和格芯，用于制造 ULSI 电路[74 - 76]。

1.6 小结

本章概述了作为主流 MOSFET 的替代、用于制造 22nm 及更高节点的 VLSI 电路和系统的 FinFET 器件。首先，讨论了 20 世纪 80 年代以来作为集成电路制造普及技术的 MOSFET 和 CMOS 技术的兴起。结果表明，MOSFET 和 CMOS 工艺可以按照摩尔定律和登纳德缩放比例定律不断缩小，以降低的成本提高集成电路的速度和性能。然而，由于基本物理原理的限制，对于纳米区域的小尺寸器件，MOSFET 按摩尔定律的缩小不可持续。由于这些限制，超过 22nm 节点的小尺寸 MOSFET 的开关性能无法控制到目标电路和系统的规格。此外，还讨论了可缩小的、以便在纳米范围内继续缩小以提高 VLSI 电路和系统性能的替代器件结构。结果表明，由于 FinFET 的超薄体和多栅结构，它可以克服体 MOSFET 的缩小限制，可以作为亚 22nm 技术节点 MOSFET 的替代。最后，简要讨论了 FinFET 器件技术和集成电路的产生和发展历史。

参 考 文 献

1. Y. Hayashi, "MOS field effect transistor," JP Patent Application S55-85706, June 24, 1980.
2. X. Huang, W.-C. Lee, C. Kuo, *et al.*, "Sub 50-nm FinFET: PMOS." In: *IEEE International Electron Devices Meeting Technical Digest*, pp. 67–70, 1999.
3. J.-P. Colinge (ed.), *FinFETs and Other Multi-Gate Transistors*, Springer, New York, 2008.
4. J.P. Colinge, M.H. Gao, A. Romano-Rodriguez, H. Maes, and C. Clays, "Silicon-on-insulator 'Gate-all-around device.'" In: *IEEE Electron Devices Meeting Technical Digest*, pp. 595–598, 1990.
5. S. Saha, "Device characteristics of sub-20-nm silicon nanotransistors." In: *Proceedings of the SPIE Conference on Design and Process Integration for Microelectronic Manufacturing*, vol. 5042, pp. 172–180, 2003.
6. J.-W. Yang and J.G. Fossum, "On the feasibility of nanoscale triple-gate CMOS transistors," *IEEE Transactions on Electron Devices*, 52(6), pp. 1159–1164, 2005.
7. J.G. Fossum and V.P. Trivedi, *Fundamentals of Ultra-Thin-Body MOSFETs and FinFETs*, Cambridge University Press, Cambridge, UK, 2013.
8. J. Markoff, *Intel Increases Transistor Speed by Building Upward*, May 4, 2011. www.nytimes.com/2011/05/05/science/05chip.html.
9. S.K. Saha, *Compact Models for Integrated Circuit Design: Conventional Transistors and Beyond*, CRC Press, Taylor & Francis Group, Boca Raton, FL, 2015.
10. S.K. Saha, "Transitioning semiconductor companies enabling smart environments and integrated ecosystems," *Open Journal of Business & Management*, 6(2), pp. 428–437, 2018.
11. O. Vermesan and P. Friess (eds.), *Internet of Things – Converging Technologies for Smart Environments and Integrated Ecosystems*, River Publishers, Denmark, 2013.
12. S.K. Saha, "Emerging business trends in the microelectronics industry," *Open Journal of Business & Management*, 4(1), pp. 105–113, 2016.
13. W. Shockley, "Semiconductor amplifier," US Patent 2502488, April 4, 1950.
14. J. Bardeen and W.H. Brattain, "Three-electrode circuit element utilizing semiconductor materials," US Patent 2,524,035, October 3, 1950.
15. J.S. Kilby, "Miniaturized electronics circuits," US Patent 3138743, June 23, 1964.
16. J.S. Kilby, "Invention of the integrated circuit," *IEEE Transactions on Electron Devices*, 23(7), pp. 648–654, 1976.
17. R.N. Noyce, "Semiconductor device-and-lead structure," US Patent 2981877, April 26, 1961.
18. J.E. Lilienfeld, "Method and apparatus for controlling electric currents," US Patent 1,745,175, January 28, 1930.
19. D. Kang and M.M. Atalla, "Silicon-silicon dioxide field induced surface device." In: *IRE Solid Sate Device Research Conference*, Carnegie Institute of Technology, Pittsburgh, PA, 1960.

20. D. Kahng, "Electric field controlled semiconductor device," US Patent 3,102,230, August 27, 1963.
21. F.M. Wanlass, "Low stand-by power complementary field effect circuitry," US Patent 3,358,858, December 5, 1967.
22. G.E. Moore, "Cramming more components onto integrated circuits," *Electronics*, 38(8), pp. 114–117, 1965.
23. R.H. Dennard, F.H. Gaensslen, H.N. Yu., *et al.*, "Design of ion-implanted MOSFETs with very small physical dimensions," *IEEE Journal of Solid-State Circuits*, SC-9(5), pp. 256–268, 1974.
24. D.L. Critchlow, "MOSFET scaling - The driver of VLSI technology," *Proceedings of the IEEE*, 87(4), pp. 659–667, 1999.
25. Y. Taur and T.H. Ning, *Fundamentals of Modern VLSI Devices*, Cambridge University Press, Cambridge, 1998.
26. N. Arora, *MOSFET Models for VLSI Circuit Simulation: Theory and Practice*, Springer–Verlag, Wien, 1993.
27. Y.S. Chauhan, D.D. Lu, S. Venugopalan, *et al.*, *FinFET Modeling for IC Simulation and Design: Using the BSIM-CMG Standard*, Academic Press, San Diego, CA, 2015.
28. K.J. Kuhn, "Considerations for ultimate CMOS scaling," *IEEE Transactions on Electron Devices*, 59(7), pp. 1813–1828, 2012.
29. Y. Cheng and C. Hu, *MOSFET Modeling and BSIM3 User's Guide*, Kluwer Academic Publishers, Boston, MA / Dordrecht / London, 1999.
30. Semiconductor Industry Association, *The National Technology Roadmap for Semiconductors 1994*, http://www.rennes.supelec.fr/ren/perso/gtourneu/enseignement/roadmap94.pdf.
31. International Technology Roadmap for Semiconductors (ITRS), http://www.itrs2.net/
32. Y. Taur, D.A. Buchanan, W. Chen, *et al.*, "CMOS scaling into the nanometer regime," *Proceedings of the IEEE*, 85(4), pp. 486–504, 1997.
33. H. Iwai, "CMOS technology – Year 2010 and beyond," *IEEE Journal of Solid-State Circuits*, 34(3), pp. 357–366, 1999.
34. D.J. Frank, R.H. Dennard, E. Nowak, *et al.*, "Device scaling limits of Si MOSFETs and their application dependencies," *Proceedings of the IEEE*, 89(3), pp. 259–288, 2001.
35. G. Bertrand, S. Deleonibus, B. Previtali, *et al.*, "Toward the limits of conventional MOSFETs: Case of sub 30 nm NMOS devices," *Solid-State Electronics*, 48(4), pp. 505–509, 2004.
36. K.J. Kuhn, "Moore's law past 32nm: Future challenges in device scaling." In: *Proceedings of the 2009 13th International Workshop on Computational Electronics*, IWCE'09, pp. 1–6, 2009.
37. S.K. Saha, N.D. Arora, M.J. Deen, and M. Miura-Mattausch, "Advanced compact models and 45-nm modeling challenges," *IEEE Transactions on Electron Devices*, 53(9), pp. 1957–1960, 2006.
38. R.R. Troutman, "VLSI limitations from drain-induced barrier lowering," *IEEE Journal of Solid-State Circuits*, 14(2), pp. 383–391, 1979.
39. S. Saha, "Effects of inversion layer quantization on channel profile engineering for nMOSFETs with 0.1 μm channel lengths," *Solid-State Electronics*, 42(11), pp. 1985–1991, 1998.
40. S.K. Saha, "Method for forming channel-region doping profile for semiconductor device," US Patent 6,323,520, November 27, 2001.
41. S.K. Saha, "Drain profile engineering for MOSFET devices with channel lengths below 100 nm." In: *Proceedings of the SPIE Conference on Microelectronic Device Technology*, vol. 3881, pp. 195–204, 1999.
42. S.K. Saha, "Transistors having optimized source-drain structures and methods for making the same," US Patent 6,344,405, February 5, 2002.

43. S. Saha, "Scaling considerations for high performance 25 nm metal-oxide-semiconductor field-effect transistors," *Journal of Vacuum Science and. Technology B*, 19(6), pp. 2240–2246, 2001.

44. S. Saha, "Design considerations for 25 nm MOSFET devices," *Solid-State Electronics*, 45(10), pp. 1851–1857, 2001.

45. K.J. Kuhn, M.D. Giles, D. Becher, *et al.*, "Process technology variation," *IEEE Transactions on Electron Devices*, 58(8), pp. 2197–2208, 2011.

46. S.K. Saha, "Modeling process variability in scaled CMOS technology," *IEEE Design & Test of Computers*, 27(2), pp. 8–16, 2010.

47. S.K. Saha, "Compact MOSFET modeling for process variability-aware VLSI circuit design," *IEEE Access*, 2, pp. 104–115, 2014.

48. A. Asenov, "Random dopant induced threshold voltage lowering and fluctuations in sub-0.1 μm MOSFET's: A 3-D 'atomistic' simulation study," *IEEE Transactions on Electron Devices*, 45(12), pp. 2505–2513, 1998.

49. C.M. Mezzomo, A. Bajolet, A. Cathignol, R. Di Frenza, and G. Ghibaudo, "Characterization and modeling of transistor variability in advanced CMOS technologies," *IEEE Transactions on Electron Devices*, 58(8), pp. 2235–2248, 2011.

50. K. Bernstein, D.J. Frank, A.E. Gattiker, *et al.*, "High-performance CMOS variability in the 65-nm regime and beyond," *IBM Journal of Research & Development*, 50(4/5), pp. 433–449, 2006.

51. S.K. Springer, S. Lee, N. Lu, *et al.*, "Modeling of variation in submicrometer CMOS ULSI technologies," *IEEE Transactions on. Electron Devices*, 53(9), pp. 2168–2178, 2006.

52. C.C. Hu, *Modern Semiconductor Devices for Integrated Circuits*, Prentice Hall, Upper Saddle River, NJ, 2010.

53. Z.H. Liu, C. Hu, J.-H. Huang, *et al.*, "Threshold voltage model for deep-submicrometer MOSFETs," *IEEE Transactions on Electron Devices*, 40(1), pp. 86–95, 1993.

54. M. Radosavljevic, B. Chu-Kung, S. Corcoran, *et al.*, "Advanced high-K gate dielectric for high-performance short-channel $In_{0.7}Ga_{0.3}As$ quantum well field effect transistors on silicon substrate for low power logic applications." In: *IEEE International Electron Devices Meeting Technical Digest*, pp. 319–322, 2009.

55. M. Caymax, G. Eneman, F. Bellenger, *et al.*, "Germanium for advanced CMOS anno 2009: A SWOT analysis." In: *IEEE International Electron Devices Meeting Technical Digest*, pp. 461–464, 2009.

56. F. Schwierz, "Graphene transistors," *Nature Nanotechnology*, 5(7), pp. 487–496, 2010.

57. B. Radisavljevic, A. Radenovic, J. Brivio, V. Giacometti, A. Kis, "Single-layer MoS2 transistors," *Nature Nanotechnology*, 6(3), pp. 147–150, 2011.

58. J. Kanghoon, L. Wei-Yip, P. Patel, *et al.*, "Si tunnel transistors with a novel silicided source and 46mV/dec swing." In: *Symposium on VLS Technology*, pp. 121–122, 2010.

59. A.I. Khan, D. Bhowmik, P. Yu, *et al.*, "Experimental evidence of ferroelectric negative capacitance in nanoscale heterostructures," *Applied Physics Letters*, 99(11), p. 113501-1–113501-3, 2011.

60. M. Radosavljevic, G. Dewey, D. Basu, *et al.*, "Electrostatics improvement in 3-D tri-gate over ultra-thin body planar InGaAs quantum well field effect transistors with high-K gate dielectric and scaled gate-to-drain/gate-to-source separation." In: *IEEE International Electron Devices Meeting Technical Digest*, pp. 765–768, 2011.

61. K. Tomioka, M. Yoshimura, and T. Fukui, "Steep-slope tunnel field-effect transistors using III-V nanowire/si-heterojunction." In: *Symposium on VLS Technology*, pp. 47–48, 2012.

62. K. Fujita, Y. Tori, M. Hori, *et al.*, "Advanced channel engineering achieving aggressive reduction of VT variation for ultra-low-power applications." In: *IEEE International Electron Devices Meeting Technical Digest*, pp. 749–752, 2011.

63. J.D. Plummer, M.D. Deal, and P.B. Griffin, *Silicon VLSI Technology: Fundamentals, Practice and Modeling*, Prentice Hall, Upper Saddle River, NJ, 2000.

64. S.K. Saha, "Transistor structure and method with an epitaxial layer over multiple halo implants," US Patent 9,299,702, March 29, 2016.

65. S.K. Saha, "Transistor structure and fabrication methods with an epitaxial layer over multiple halo implants," US Patent No. 9,768,074, September 19, 2017.

66. S. Cristoloveanu and F. Balestra, "Introduction to SOI technology and transistors." In: *Physics and Operation of Silicon Devices and Integrated Circuits*, J. Gautier, (ed.), ISTE-Wiley, London, UK, New York, 2009.

67. Y.-K. Choi, K. Asano, N. Lindert, *et al.*, "Ultrathin-body SOI MOSFET for deep-subtenth micron era," *IEEE Electron Device Letters*, 21(5), pp. 254–255, 2000.

68. Q. Liu, A. Yagishita, N. Loubet, *et al.*, "Ultra-thin-body and BOX (UTBB) fully depleted (FD) device integration for 22nm node and beyond." In: *Symposium on VLSI Technology*, pp. 61–62, 2010.

69. V. Barral, T. Poiroux, F. Andrieu, *et al.*, "Strained FDSOI CMOS technology scalability down to 2.5nm film thickness and 18nm gate length with a TiN/HfO$_2$ gate stack." In: *IEEE International Electron Devices Meeting Technical Digest*, pp. 61–64, 2011.

70. K. Cheng, A. Khakifirooz, P. Kulkarni, *et al.*, "Fully depleted extremely thin SOI technology fabricated by a novel integration scheme featuring implant-free, zero-silicon-loss, and faceted raised source/drain," *Symposium on VLSI Technology*, pp. 212–213, 2009.

71. O. Faynot, F. Andrieu, O. Weber, *et al.*, "Planar fully depleted SOI technology: A powerful architecture for the 20nm node and beyond." In: *IEEE International Electron Devices Meeting Technical Digest*, pp. 50–53, 2010.

72. H.-S.P. Wong, D.J. Frank, and P.M. Solomon, "Device design considerations for double-gate, ground plane and single-gate ultra-thin SOI MOSFETs at the 25nm channel length consideration." In: *IEEE International Electron Devices Meeting Technical Digest*, pp. 407–410, 1998.

73. K. Suzuki, T. Tanaka, Y. Tosaka, H. Horie, and Y. Arimoto, "Scaling theory for double-gate SOI MOSFETs," *IEEE Transactions on Electron Devices*, 40(12), pp. 2326–2329, 1993.

74. C. Auth, C. Allen, A. Blattner, *et al.*, "A 22-nm-high performance and low-power CMOS technology featuring fully-depleted tri-gate transistors, self-aligned contacts and high density MIM capacitors." In: *Symposium on VLS Technology*, pp. 131–132, 2012.

75. R. Merritt, *TSMC Taps ARM's V8 on Road to 16-nm FinFET*, October 16, 2012. www.eetimes.com/document.asp?doc_id=1262655.

76. D. McGrath, *Globalfoundries Looks to Leapfrog Fab Rival with New Process*, September 20, 2012. www.eetimes.com/document.asp?doc_id=1262552.

77. D. Hisamoto, W.-C. Lee, J. Kedzierski, *et al.*, "FinFET - A self-aligned double gate MOSFET scalable to 20 nm," *IEEE Transactions on Electron Devices*, 47(12), pp. 2320–2325, 2000.

78. P. Clarke, *KAIST Claims Record Size 3-nm FinFETs*, March 14, 2006. www.eetimes.com/document.asp?doc_id=1160025.

79. T. Sekigawa and Y. Hayashi, "Calculated threshold-voltage characteristics of an XMOS transistor having an additional bottom gate," *Solid-State Electronics*, 27(8–9), pp. 827–828, 1984.

80. K. Hieda, F. Horiguchi, H. Watanabe, *et al.*, "New effect of trench isolated transistor using side-wall gates." In: *IEEE International Electron Devices Meeting Technical Digest*, pp. 736–739, 1987.

81. D. Hisamoto, T. Kaga, Y. Kawamoto, and Takeda Eiji, "A fully depleted lean-channel transistor (DELTA) – a novel vertical ultra thin SOI MOSFET." In: *IEEE International Electron Devices Meeting Technical Digest*, pp. 833–836, 1989.

82. D. Hisamoto, T. Kaga, Y. Kawamoto, and Takeda Eiji, "A fully depleted lean-channel transistor (DELTA) – a novel vertical ultrathin SOI MOSFET," *IEEE Electron Device Letters*, 11(1), pp. 36–38, 1990.

83. D. Hisamoto, T. Kaga, and Takeda Eiji, "Impact of the vertical SOI 'DELTA' structure on planar device technology," *IEEE Transactions on Electron Devices*, 38(6), pp. 1419–1424, 1991.

84. D. Hisamoto, W.-C. Lee, J. Kedzierski, *et al.*, "A folded-channel MOSFET for deep-sub-tenth micron era." In: *IEEE International Electron Devices Meeting Technical Digest*, pp. 1032–1034, 1998.

85. Y.-K. Choi, N. Lindert, P. Xuan, *et al.*, "Sub-20nm CMOS FinFET technologies." In: *IEEE International Electron Devices Meeting Technical Digest*, pp. 421–424, 2001.

86. J. Kedzierski, D.M. Fried, E.J. Nowak, *et al.*, "High-performance symmetric-gate and CMOS-compatible Vt asymmetric-gate FinFET devices." In: *International Electron Devices Meeting Technical Digest*, pp. 437–440, 2001.

87. J. Kedzierski, D.M. Fried, E.J. Nowak, *et al.*, "Metal-gate FinFET and fully-depleted SO1 devices using total gate silicidation." In: *International Electron Devices Meeting Technical Digest*, pp. 247–250, 2002.

88. B. Yu, L. Chang, S. Ahmed, *et al.*, "FinFET scaling to 10nm gate length." In: *International Electron Devices Meeting Technical Digest*, pp. 251–254, 2002.

89. F.-L. Yang, H.-Y. Chen, F.-C. Chen, *et al.*, "25 nm CMOS Omega FETs." In: *International Electron Devices Meeting Technical Digest*, pp. 255–258, 2002.

90. B. Doyle, S. Datta, M. Doczy, *et al.*, "High performance fully-depleted tri-gate CMOS transistors," *IEEE Electron Device Letters*, 24(4), pp. 263–265, 2003.

91. B. Doyle, B. Boyanov, S. Datta, *et al.*, "Tri-gate fully-depleted CMOS transistors: Fabrication, design and layout." In: *Symposium on VLSI Technology*, pp. 133–134, 2003.

92. T. Park, S. Choi, D.H. Lee, *et al.*, "Fabrication of body-tied FinFETs (Omega MOSFETs) using Bulk Si Wafers." In: *Symposium on VLSI Technology*, pp. 135–136, 2003.

93. C.H. Lee, J.M. Yoon, C. Lee, *et al.*, "Novel body tied FinFET cell array transistor DRAM with negative word line operation for sub 60nm technology and beyond." In: *Symposium on VLSI Technology*, pp. 130–131, 2004.

94. D. Ha, H. Takeuchi, Y.-K. Choi, *et al.*, "Molybdenum-gate HfO_2 CMOS FinFET technology." In: *International Electron Devices Meeting Technical Digest*, pp. 643–646, 2004.

95. F.-L. Yang, D.-H. Lee, H.-Y. Chen, *et al.*, "5nm-gate nanowire FinFET." In: *Symposium on VLSI Technology*, pp. 196–197, 2004.

96. B.A. Rainey, D.M. Fried, M. Ieong, *et al.*, "Demonstration of FinFET CMOS circuits." In: *IEEE Device Research Conference Digest*, pp. 47–48, 2002.

97. E.J. Nowak, B.A. Rainey, D.M. Fried, *et al.*, "A functional FinFET-DGCMOS SRAM cell." In: *International Electron Devices Meeting Technical Digest*, pp. 411–414, 2002.

98. E.J. Nowak, T. Ludwig, I. Aller, *et al.*, "Scaling beyond the 65 nm node with FinFET-DGCMOS." In: *Proceedings of the IEEE Custom Integrated Circuits Conference*, pp. 339–342, 2003.

99. J.A. Choi, K. Lee, Y.S. Jin, *et al.*, "Large scale integration and reliability consideration of triple gate transistors." In: *International Electron Devices Meeting Technical Digest*, pp. 647–650, 2004.

100. W. Rosner, E. Landgraf, J. Kretz, *et al.*, "Nanoscale FinFETs for low power applications," *Solid-State Electronics*, 48(10–11), pp. 1819–1823, 2004.

101. K. von Arnim, E. Augendre, C. Pacha, *et al.*, "A low-power multi-gate FET CMOS technology with 13.9 ps inverter delay, large-scale integrated high performance digital circuits and SRAM." In: *Symposium on VLSI Technology*, pp. 106–107, 2007.

102. P. Wambacq, B. Verbruggen, K. Scheir, *et al.*, "Analog and RF circuits in 45 nm CMOS and below: Planar bulk versus FinFET." In: *Proceedings of the European Solid-State Device Research Conference Technical Digest*, pp. 53–56, 2006.

103. J.-P. Raskin, T.M. Chung, V. Kilchytska, D. Lederer, D. Flandre, "Analog/RF performance of multiple gate SOI devices: Wideband simulations and characterization," *IEEE Transactions on Electron Devices*, 53(5), pp. 1088–1095, 2006.
104. Z. Guo, S. Balasubramanian, R. Zlatanovici, *et al.*, "FinFET-based SRAM design." In: *Proceedings of the International Symposium on Low Power Electronics and Design Technical Digest*, pp. 2–7, 2005.
105. H. Kawauka, K. Okano, A. Kaneko, *et al.*, "Embedded bulk FinFET SRAM cell technology with planar FET peripheral circuit for hp 32 nm node and beyond." In: *Symposium on VLSI Technology*, pp. 86–87, 2006.
106. T. Park, H.J. Cho, J.D. Chae, *et al.*, "Characteristics of the full CMOS SRAM cell using body-tied TG MOSFETs (bulk FinFETs)," *IEEE Transactions on Electron Devices*, 53(3), pp. 481–487, 2006.
107. I.H. Cho, T.-S. Park, S.Y. Choi, *et al.*, "Body-tied double-gate SONOS flash (omega flash) memory device built on bulk Si wafer." In: *Proceedings of the Device Research Conference Technical Digest*, pp. 133–134, 2003.
108. T.-H. Hsu, H.-T. Lue, E.-K. Lai, *et al.*, "A high-speed BE-SONOS NAND flash utilizing the field enhancement effect of FinFET." In: *Symposium on VLSI Technology*, pp. 913–916, 2007.
109. C. Gerardi, S. Lombardo, G. Cina, *et al.*, "Highly manufacturable/low aspect ratio Si nano floating gate FinFET memories: High speed performance and improved reliability." In: *Proceedings of the Non-Volatile Semiconductor Memory Workshop Technical Digest*, pp. 44–45, 2007.
110. J.-R. Hwang, T.-L. Lee, H.-C. Ma, *et al.*, "20 nm gate bulk-FinFET SONOS flash." In: *IEEE Electron Devices Meeting Technical Digest*, pp. 154–157, 2005.
111. E.S. Cho, T.-Y. Kim, B.K. Cho, *et al.*, "Technology breakthrough of body-tied FinFET for sub 50 nm NOR flash memory." In: *Symposium on VLSI Technology*, pp. 110–111, 2006.
112. C. Lee, J.-M. Yoon, C.-H. Lee, *et al.*, "Enhanced data retention of damascene-finFET DRAM with local channel implantation and ⟨100⟩ fin surface orientation engineering." In: *IEEE Electron Devices Meeting Technical Digest*, pp. 61–64, 2004.
113. Y.-S. Kim, S.-H. Lee, S.-H. Shin, *et al.*, "Local-damascene-FinFET DRAM integration with p+ doped poly-silicon gate technology for sub-60 nm device generations." In: *IEEE Electron Devices Meeting Technical Digest*, pp. 315–318, 2005.
114. D.-H. Lee, S.-G. Lee, J.R. Yoo, *et al.*, "Improved cell performance for sub-50 nm DRAM with manufacturable bulk FinFET structure." In: *Symposium on VLSI Technology*, pp. 165–167, 2007.

第 2 章

半导体物理基础

2.1　简介

用于集成电路（IC）器件制造的基本材料是导体、半导体和绝缘体，它们产生所需的电性能，以制造具有目标性能的超大规模集成（VLSI）电路。因此，集成电路器件的特性取决于其组成材料的特性及其几何和结构信息。而且，在原子水平上，集成电路器件的特性是由载流物质的基本成分（称为电子和空穴）的传输来调节的。同样，半导体的电性质主要取决于多数载流子电子或空穴的传输。多数载流子为电子的半导体称为 n 型，而多数载流子为空穴的半导体称为 p 型。因此，为了理解集成电路晶体管，特别是"Fin"场效应晶体管（FinFET）器件的性能，有必要了解 n 型和 p 型半导体的基本物理特性以及电子和空穴在构建集成电路器件中的传输特性。尽管有许多已出版的书籍可供参考[1-16]，但本章的目的是简要概述半导体物理、n 型和 p 型半导体的基础，以及接触形成 pn 结的 n 型和 p 型半导体的特性，这是理解 VLSI 电路和系统中 FinFET 器件的理论和工作所必需的。

2.2　半导体物理

晶体硅广泛用作制造 VLSI 器件和片上系统（SoC）的起始半导体材料。因此，除非另有说明，否则在本书中，半导体物理是参照硅材料来描述的。集成电路制造过程中使用的薄硅片与 <111> 或 <100> 晶面平行切割。然而， <100> 材料是最常用的材料，因为在集成电路制造过程中， <100> 晶片在硅/二氧化硅（Si/SiO_2）界面产生的电荷量最低，并提供更高的载流子迁移率[17,18]。因此，研究硅原子中电子与空穴如何结合，了解它们在硅晶体中的输运机制，具有十分重要的意义。因此，本节讨论电子和空穴的能带模型和输运性质。

2.2.1　能带模型

在硅晶体中，每个原子有四个价电子和四个最近的相邻原子。每一个原子与它的四个相邻原子以一种称为共价键的成对结构共享其价电子。量子力学（QM）预言固体中电子的允许能级分为两个带，称为价带（VB）和导带（CB），如图 2.1 所示。这些能带被固体中的电子不能拥有的能量范围分隔开，称为禁带或带隙。价带是最高的能带，它的能级大多充满了形成共价键的电子。导带是下一个最高的能带，其能级几乎为空。占据导带能级的电子称为自由电子或传导电子。

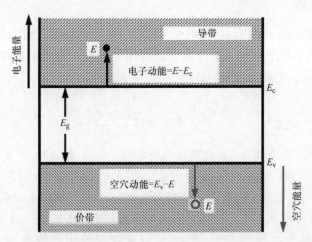

图 2.1 硅之类的半导体的能带图：E_c 是导带的下边缘，E_v 是价带的上边缘，
它们被一个能隙 $E_g = E_c - E_v$ 隔开；图中，"●" 代表电子，"○" 代表空穴

通常，能量是三维空间中动量的复杂函数，硅中大量电子的允许能级很多，因此，能带图也很复杂[19]。为了描述的简单性，在能带图中只显示了每个允许能带的边缘能级（见图 2.1）。在图 2.1 中，E_c 和 E_v 分别是导带的下边缘和价带的上边缘；E_g 是分开 E_c 和 E_v 的带隙能量。在任何环境温度 T （K）下，E_g 由下式给出：

$$E_g = E_c - E_v \tag{2.1}$$

当一个价电子被给予足够的能量（$\geqslant E_g$）时，它可以摆脱化学键状态，激发到导带中，成为一个自由电子，在价带中留下空位或者说空穴。空穴与正电荷有关，因为净正电荷与电子从中脱离的原子相联系。注意，电子和空穴是由单个事件同时产生的。电子在导带中自由移动，空穴在价带中自由移动。在硅中，带隙很小（约 1.12eV），因此，即使在室温下，也有一小部分价电子被激发到导带中，产生电子和空穴。这使得从导带中的电子和价带中的空穴的运动中发生有限的导电性。如图 2.1 所示，当导带中的电子获得能量时，它向上移动到能级 $E > E_c$，而当价带中的空穴获得能量时，它向下移动到能级 $E < E_v$。因此，导带中电子的能量向上增加，而价带中空穴的能量向下增加。

室温（300K）下硅的带隙 E_g 约为 1.12eV。随着温度的升高，由于热膨胀导致晶格间距增大，大多数半导体的 E_g 值减小。对于硅，300K 温度下 E_g 的温度系数为[20] $dE_g/dT \cong -2.73 \times 10^{-4} \text{eV} \cdot \text{K}^{-1}$。可以使用对不同温度范围有效的多项式函数来模拟硅 E_g 的温度依赖性[16,20]。然而，在像 SPICE 这样的电路仿真工具中[21]，E_g 的温度依赖性模型[22]

$$E_g(T) = 1.160 - \frac{7.02 \times 10^{-4} T^2}{1108 + T} \tag{2.2}$$

式中，T 是温度（K）；E_g（T）是能隙（eV）。

2.2.2   载流子统计

半导体的电性能决定于可供传导的载流子数量。这个数量由态密度和这些态被载流子占据的概率决定。在热平衡条件下，能量为 E 的可用态被电子占据的概率用费米 – 狄拉克概率密度函数 $f(E)$ 表示，也称为费米函数[1-12]，由下式给出：

$$f(E) = \frac{1}{1 + \exp\left(\dfrac{E - E_f}{kT}\right)} \qquad (2.3)$$

式中，E_f 是费米能量或费米能级；k 是玻耳兹曼常数，$k = 1.38 \times 10^{-23} \, \text{J} \cdot \text{K}^{-1}$。

从式（2.3）中，我们发现在任何 $T > 0$ 时，当 $E = E_f$：$f(E) = 1/2$，也就是说，电子的能量高于 E_f 和低于 E_f 的概率相同。因此，费米能级可以定义为在任何 $T > 0\text{K}$ 时，在这个能量处发现电子的概率正好为一半。同样，在绝对零度（$T = 0\text{K}$）下，对于 $E < E_f$，$f(E) = 1$，表示在 E_f 以下找到电子的概率为 1，而在 E_f 以上找到电子的概率为 0 ［即对于 $E > E_f$，$f(E) = 0$］。换句话说，在 $T = 0\text{K}$ 时，E_f 以下的所有能级都被填满，E_f 以上的所有能级都是空的。在任何有限温度下，E_f 以上的一些态被填满，E_f 以下的一些态变为空的。在绝对零度以上当 T 增加时，函数 $f(E)$ 的变化如图 2.2 所示。因此，E_f 以上能级被填充的概率随着温度的升高而增大。需要注意的是，费米函数或费米能量仅适用于平衡条件。

因此，式（2.3）描述了 $E > E_f$ 的电子占据允许能态的概率。然后，一个状态不被电子占据的概率（$E < E_f$）由下式给出：

$$1 - f(E) = \frac{1}{1 + \exp\left(-\dfrac{E - E_f}{kT}\right)} \qquad (2.4)$$

换句话说，式（2.4）描述了硅中存在空穴的概率函数。

同样，我们从图 2.2 中观察到，随着能量在费米能级上的增加，概率分布 $f(E)$ 从 1 平滑地过渡到零。这一过渡的宽度由热能 kT 决定。室温下的热能值约为 26mV。因此，对于 E_f 以上至少几 kT（约 $3kT$）的任何能量，式（2.3）和式（2.4）中的函数 $f(E)$ 可近似为

$$f(E) \cong \exp\left(-\frac{E - E_f}{kT}\right), \text{对于} \ E > E_f \qquad (2.5)$$

和

$$1 - f(E) \cong \exp\left(-\frac{E_f - E}{kT}\right), \text{对于} \ E < E_f \qquad (2.6)$$

式（2.5）和式（2.6）与经典气体粒子的麦克斯韦 – 玻耳兹曼（M – B）密度函数相同[19]。对于室温下的大多数器件应用，式（2.5）给出的函数 $f(E)$ 是一个很好的近似，如图 2.2 所示。

费米能级可以看作是电子和空穴的化学势。由于任何系统处于平衡状态的条件是整个系统的化学势必须是常量，由此可见，在处于平衡状态的整个半导体中，费米能级必须是不变的。

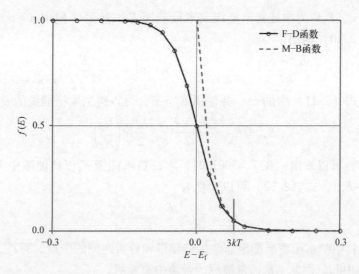

图 2.2　半导体中的费米 – 狄拉克 (F – D) 和麦克斯韦 – 玻耳兹曼 (M – B) 分布函数：此曲线图显示，当 $E - E_f > 3kT$ 时，在任何温度 T 下，F – D 分布可以近似为 M – B 分布

2.2.3　本征半导体

本征半导体是没有杂质或晶格缺陷的完美单晶半导体。在这种材料中，价带完全填满了电子，而导带完全是空的。因此，0K 时在本征半导体中没有载流子。然而，在较高温度下，当价带电子通过带隙被热激发到导带时，就产生电子 – 空穴对。因此，在本征半导体中，导带中的所有电子来自于价带的热激发。换句话说，本征半导体在给定的温度下，价带中的空穴数等于导带中的电子数。因此，如果 n 和 p 分别是自由电子和空穴的浓度，那么

$$n = p = n_i \tag{2.7}$$

或

$$np = n_i^2 \tag{2.8}$$

式中，n_i 称为本征载流子浓度，是本征半导体中的自由电子（或空穴）浓度。

2.2.3.1　本征载流子浓度

从有效载流子密度和概率分布函数出发，可推导出半导体中本征载流子浓度的表达式。如此，由式 (2.5) 可以得出导带中电子浓度的表达式为

$$n \cong N_c \exp\left(-\frac{E_c - E_f}{kT} \right) \tag{2.9}$$

类似地，由式 (2.6) 可以得到价带中空穴浓度的表达式为

$$p \cong N_v \exp\left(-\frac{E_f - E_v}{kT} \right) \tag{2.10}$$

式中，N_c 和 N_v 分别是导带和价带中的有效态密度。

N_c 和 N_v 的表达式是考虑了 QM 的因素而得出的[2]。N_c 和 N_v 都与 $T^{3/2}$ 成比例。对于本征

半导体，$n = p = n_i$，E_f 称为本征费米能级或本征能级 E_i。然后（使用 $n = p = n_i$）可以根据式（2.9）和式（2.10）写出

$$N_c \exp\left(-\frac{E_c - E_f}{kT}\right)\bigg|_{n = n_i, E_f = E_i} = N_v \exp\left(-\frac{E_f - E_v}{kT}\right)\bigg|_{p = n_i, E_f = E_i} \tag{2.11}$$

现在，求解式（2.11）中的 E_f，并使用 $E_f = E_i$，可以得到本征能级的表达式为

$$E_i = E_f = \frac{E_c + E_v}{2} - \frac{kT}{2}\ln\left(\frac{N_c}{N_v}\right) \tag{2.12}$$

从式（2.12）可以看出，在 $T = 300\text{K}$ 时，本征费米能级 E_i 仅比能隙中央低约 7.3meV。由于 $kT \ll (E_c + E_v)$，式（2.12）可以简化为

$$E_i = E_f \cong \frac{E_c + E_v}{2} \tag{2.13}$$

因此，半导体材料中的本征费米能级非常接近导带和价带之间的中点。而且，实际上可以假设 E_i 处于带隙的中间。因此，E_i 通常被称为带隙中央能级。

现在，为了得到本征载流子浓度作为 T 函数的表达式，我们将式（2.9）和式（2.10）相乘，得到

$$np = n_i^2(T) = N_c N_v \exp\left(-\frac{E_c - E_v}{kT}\right) = N_c N_v \exp\left(-\frac{E_g(T)}{kT}\right)$$

$$n_i(T) = CT^{3/2} \exp\left(-\frac{E_g(T)}{2kT}\right) \tag{2.14}$$

式中，C 是常数；$E_g(T)$ 是式（2.1）中定义的与温度相关的带隙能量；k 是玻耳兹曼常数（$8.62 \times 10^{-5}\text{eV} \cdot \text{K}^{-1}$）。

kT 项具有能量的单位，称为热能，在 $T = 300\text{K}$ 时等于 25.86meV。将 N_c 和 N_v 的值代入[6,9]，可以将式（2.14）表示为

$$n_i(T) = 3.9 \times 10^{16} T^{3/2} \exp\left(-\frac{E_g(T)}{2kT}\right) \tag{2.15}$$

现在，如果 $E_g(T_{\text{NOM}})$ 和 $n_i(T_{\text{NOM}})$ 分别表示标称或参考温度 T_{NOM} 下的 E_g 和 n_i，那么可以得到

$$n_i(T) = n_i(T_{\text{NOM}}) \cdot \left(\frac{T}{T_{\text{NOM}}}\right)^{3/2} \exp\left(-\frac{E_g(T)}{2kT} + \frac{E_g(T_{\text{NOM}})}{2kT_{\text{NOM}}}\right) \tag{2.16}$$

式中，$E_g(T)$ 由式（2.2）给出。式（2.16）用于计算任何温度 T 下的 n_i，$T = 300\text{K}$ 时 $n_i = 1.45 \times 10^{10}\text{ cm}^{-3}$[9]。

2.2.3.2 电子和空穴的有效质量

导带中的电子和价带中的空穴像自由粒子一样在晶体中自由移动，只是偶尔受到晶体中杂质和缺陷的散射。归因于在规则晶格上的主原子的带电原子核，自由电子受到库仑力的作用，产生了周期性的势能。晶格的周期电势对导带中电子和价带中空穴运动的影响分别用电子的有效质量（m_n^*）和空穴的有效质量（m_p^*）表示。在实践中，对于给定的材料和载流

子类型，有几种类型的质量[1-12]。计算载流子（电子和空穴）浓度所需的有效质量称为态密度有效质量，而计算载流子迁移率所需的有效质量称为电导有效质量。这些有效质量取决于温度。已报告的 m_n^* 和 m_p^* 值变化很大[20]。表 2.1[9] 给出了室温下电子和空穴有效质量的常用值。

表 2.1 300K 硅的有效质量比（自由电子质量 $m_0 = 9.11 \times 10^{-31}$ kg）

载流子	态密度有效质量	电导有效质量
电子（m_n^*/m_0）	1.08	0.26
空穴（m_p^*/m_0）	0.81	0.386

2.2.4 非本征半导体

非本征半导体是一种添加了被称为掺杂剂的元素杂质的半导体材料。正如我们在 2.2.3 节中所讨论的，室温下的本征半导体具有极低的自由载流子浓度，从而提供的电导率极低。因此，添加的杂质在禁带中引入额外的能级，并且可以容易地电离以增加导带中的电子或价带中的空穴，这取决于杂质的类型和硅中的杂质能级，如下所述。

我们知道，硅是元素周期表中的第Ⅳ主族元素，每个原子有四个价电子。硅中有两种具有电活性的杂质：来自第Ⅴ主族的杂质，如砷（As）、磷（P）和锑（Sb）；来自第Ⅲ主族的杂质，如硼（B）。如图 2.3a 所示，硅晶格中的 Ⅴ 族原子在与硅原子形成共价键后，往往会有一个额外的电子的结合较松。在大多数情况下，室温下的热能足以使杂质原子电离，并将这个额外的电子释放到导带中。这类杂质（P、Sb 和 As）称为施主原子，因为它们给晶格提供一个电子，然后自身变得带正电。因此，P、Sb 和 As 掺杂的硅被称为 n 型材料，其中包含多余的电子，其导电性由导带中的电子控制。另一方面，如图 2.3b 所示，当硅晶格中的Ⅲ族杂质原子与其他硅原子形成共价键时，往往缺少一个电子。这样的杂质（B）原子也可以通过接受来自价带的电子而电离，留下一个自由移动的空穴来增加导电性。这些杂质（例如 B）称为受主，因为它们接受价带中的电子，而掺杂的硅称为 p 型，其中包含多余的空穴。

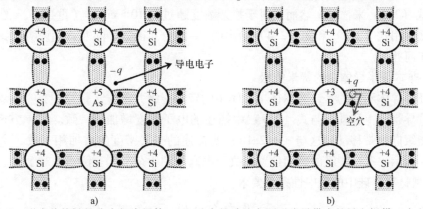

图 2.3 形成共价键的非本征半导体：a）硅中的砷施主原子为导带中的导电提供一个电子；
b）硅中的硼受主原子在价带中形成用于导电的空穴；图中，"●"代表电子，"○"代表空穴

因此，从图 2.3 可以明显看出，施主原子和受主原子占据取代晶格位置，多余的电子或空穴结合非常松散，即可以分别容易地移动到导带或价带。从能带图角度看，施主在靠近导带边的带隙中加入了允许的电子态，如图 2.4a 所示，而受主在价带边的正上方加入了允许的电子态，如图 2.4b 所示。此外，图 2.4 显示了施主（见图 2.4c）和受主（见图 2.4d）引起的费米能级的位置。施主能级在电离（空）时包含正电荷。当电离（填满）时，受主能级包含负电荷。图 2.4a 所示的施主能级 E_d 是从导带的底部度量的，而图 2.4b 所示的受主能级 E_a 是从价带的顶部度量的。施主和受主的电离能分别为（$E_c - E_d$）和（$E_a - E_v$）。

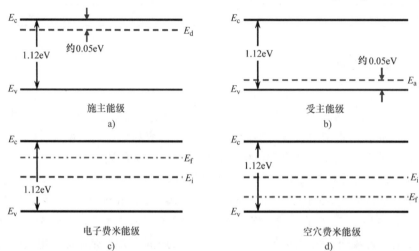

图 2.4　非本征半导体的能带图表示：硅中 a）施主能级 E_d 和 b）受主能级 E_a；
c）n 型半导体的本征能级 E_i 和费米能级 E_f；d）p 型半导体的本征能级 E_i 和费米能级 E_f

如果硅被掺杂致使 $p = n$，则称为补偿硅。在实际中，一种杂质占主导地位，因此半导体是 n 型或 p 型。再者，如果费米能级位于带隙中，距离任何一个带边都超过几 kT（约 $3kT$），那么半导体就称为非简并的。相反地，如果费米能级在距任何一个带边的几 kT（约 $3kT$）范围内，半导体就称为简并的。在非简并情形，载流子浓度可用 M – B 统计及式（2.5）和式（2.6）来描述。然而，对于掺杂浓度超过约 10^{18} cm^{-3}（重掺杂）的简并掺杂情况，必须使用式（2.3）和式（2.4）给出的 F – D 分布函数。除非特别说明，我们将假定半导体是非简并的。

2.2.4.1　非本征半导体中的费米能级

与本征半导体不同的是，非本征半导体中的费米能级并不位于带隙中央。n 型硅中的费米能级朝着导带向上移动，与式（2.9）中描述的电子密度增加相一致。另一方面，p 型硅中的费米能级向价带移动，这与式（2.10）所描述的空穴密度的增加相一致。这些情形如图 2.4c、d 所示。费米能级的确切位置取决于电离能和掺杂浓度。例如，对于施主杂质浓度为 N_d 的 n 型材料，硅中的电中性条件要求

$$n = N_d^+ + p \tag{2.17}$$

式中，N_d^+ 是电离施主密度。

现在，利用式（2.4），可以写出

$$N_d^+ = N_d[1 - f(E_d)] = N_d\left\{1 - \frac{1}{1 + (1/2)\exp[(E_d - E_f)/kT]}\right\} \tag{2.18}$$

式中，$f(E_d)$ 是施主态被电子正常占据的概率；E_d 是施主能级的能量。

在式（2.18）中，$f(E_d)$ 分母中的因子 1/2 来自于与电离能级相关的可用电子态的自旋简并度（上或下）[23]。现在，用式（2.9）和式（2.10）分别代替 n 和 p，用式（2.18）代替 N_d^+，代入式（2.17），可以得到

$$N_c\exp\left(-\frac{E_c - E_f}{kT}\right) = \frac{N_d}{1 + 2\exp[-(E_d - E_f)/kT]} + N_v\exp\left(-\frac{E_f - E_v}{kT}\right) \tag{2.19}$$

然后用式（2.19）可以求解出 E_f。对于 n 型半导体，$n \gg p$，因此，式（2.19）右侧的第二项可以忽略。现在，如果我们假设 $(E_d - E_f) \gg kT$，那么 $\exp(-(E_d - E_f)/kT) \ll 1$。因此，在简化式（2.19）后，可以得到

$$E_c - E_f \cong kT\ln\left(\frac{N_c}{N_d}\right) \tag{2.20}$$

在这种情况下，费米能级至少比 E_d 低几 kT，并且基本上所有的施主能级都是电离的，也就是说，对于 n 型半导体，$n = N_d = N_d^+$。然后根据式（2.8），n 型半导体中的空穴密度由下式给出：

$$p = \frac{n_i^2}{N_d} \tag{2.21}$$

类似地，对于具有浅受主浓度 N_a 的 p 型硅，费米能级由下式给出：

$$E_f - E_v = kT\ln\left(\frac{N_v}{N_a}\right) \tag{2.22}$$

在这种情况下，空穴密度为 $p = N_a^- = N_a$，电子密度为

$$n = \frac{n_i^2}{N_a} \tag{2.23}$$

式（2.20）和式（2.22）也可用式（2.9）和式（2.10）表示为 E_f 和 E_i 的形式。因此，根据式（2.9），本征载流子浓度可表示为

$$n_i \cong N_c\exp\left(-\frac{E_c - E_i}{kT}\right) \tag{2.24}$$

或

$$E_c = E_i + kT\ln\left(\frac{N_c}{n_i}\right) \tag{2.25}$$

然后将式（2.25）中的 E_c 代入式（2.20），得到 n 型硅

$$E_f - E_i = kT\ln\left(\frac{N_d}{n_i}\right) \tag{2.26}$$

类似地，使用式（2.10），可以将 p 型硅的式（2.22）表示为

$$E_i - E_f = kT\ln\left(\frac{N_a}{n_i}\right) \tag{2.27}$$

式 (2.26) 和式 (2.27) 分别是相对于 n 型和 p 型半导体的带隙中央能级的费米能级的量度。

2.2.4.2　简并掺杂半导体中的费米能级

对于重掺杂硅,杂质浓度 N_d 或 N_a 可以超过有效态密度 N_c 或 N_v,因此根据式 (2.20) 和式 (2.22), $E_f \geqslant E_c$ 和 $E_f \leqslant E_v$。换句话说,对于 n^+ 硅,费米能级移进导带,对于 p^+ 硅,费米能级移进价带。此外,当杂质浓度高于 10^{18} cm $^{-3}$ 时,施主 (或受主) 能级展宽成条带。这导致电离能的有效降低,直到杂质带最终与导带 (或价带) 合并,电离能则变为零。在这种情况下,硅被称为简并的。严格地说,当 $(E_c - E_f) \leqslant kT$ 时,电子浓度的计算应该使用费米统计[23]。在所有实际应用中,在几 kT 范围内假设简并 n^+ 硅的费米能级在导带边,而简并 p^+ 硅的费米能级在价带边,是一个很好的近似。

2.2.4.3　半导体中的静电势和载流子浓度

传统上,半导体中的静电势 ϕ 是依据本征费米能级 (E_i) 来定义,因而

$$\phi = -\frac{E_i}{q} \tag{2.28}$$

式中, q 是电子电荷量, $q = 1.6 \times 10^{-19}$ C。

式 (2.28) 中的负号是由于 E_i 被定义为电子能量,而 ϕ 的定义是针对正电荷的。

现在,在 n 型非简并半导体中,费米能级 E_f (或费米势 $\phi_f = -E_f/q$) 位于本征能级 E_i (或本征势 $\phi_i = -E_i/q$) 之上,如图 2.4c 所示。由式 (2.26) 可以写出

$$N_d = n_i\exp\left(\frac{E_f - E_i}{kT}\right) = n_i\exp\left[\frac{q}{kT}(\phi_i - \phi_f)\right] \tag{2.29}$$

类似地,在 p 型非简并半导体中,费米能级 E_f (或费米势 ϕ_f) 低于本征能级 E_i (或本征势 ϕ_i),如图 2.4d 所示。从式 (2.27) 可以看出

$$N_a = n_i\exp\left(\frac{E_i - E_f}{kT}\right) = n_i\exp\left[\frac{q}{kT}(\phi_f - \phi_i)\right] \tag{2.30}$$

在室温下,由于电离能低,可用热能足以使几乎所有的受主和施主原子电离。因此,在室温下的非简并硅中,我们可以安全地将载流子浓度近似为

$$n \approx N_d \quad (\text{n 型}) \tag{2.31}$$

$$p \approx N_a \quad (\text{p 型}) \tag{2.32}$$

在 n 型材料中, $N_d \gg n_i$,电子是多数载流子,其浓度由式 (2.31) 给出。并且,空穴浓度 p_n (表示 n 型材料中 p 的浓度) 可使用式 (2.8) 和式 (2.31) 获得,并由下式给出:

$$p_n \cong \frac{n_i^2}{N_d} \tag{2.33}$$

因此,在 n 型半导体中空穴浓度 p_n 远小于 n_n ($\cong N_d$)。因此,空穴是 n 型半导体中的少数载流子。类似地,在 $N_a \gg n_i$ 的 p 型半导体中,空穴是多数载流子,由式 (2.32) 给出;

而少数载流子电子浓度由下式给出:

$$n_{\mathrm{p}} \cong \frac{n_{\mathrm{i}}^2}{N_{\mathrm{a}}} \qquad (2.34)$$

由于 $n_{\mathrm{p}} \ll p$,电子是 p 型半导体中的少数载流子。因此,我们经常使用多数和少数载流子这一术语。

根据式 (2.29),可以写出 n 型半导体

$$\phi_{\mathrm{i}} - \phi_{\mathrm{f}} = \frac{kT}{q}\ln\left(\frac{N_{\mathrm{d}}}{n_{\mathrm{i}}}\right) = v_{\mathrm{kT}}\ln\left(\frac{N_{\mathrm{d}}}{n_{\mathrm{i}}}\right) \equiv -\phi_{\mathrm{B}} \qquad (2.35)$$

式中,ϕ_{B} 称为体电势,$\phi_{\mathrm{B}} \equiv (\phi_{\mathrm{f}} - \phi_{\mathrm{i}})$ 对于 n 型半导体为负的;v_{kT} 称为热电压,$v_{\mathrm{kT}} = kT/q$。

类似地,根据式 (2.30),可以写出 p 型半导体

$$\phi_{\mathrm{f}} - \phi_{\mathrm{i}} = v_{\mathrm{kT}}\ln\left(\frac{N_{\mathrm{a}}}{n_{\mathrm{i}}}\right) \equiv \phi_{\mathrm{B}} \qquad (2.36)$$

因此,可以把半导体体势的一般表达式写成

$$\phi_{\mathrm{B}} = (\phi_{\mathrm{f}} - \phi_{\mathrm{i}}) = \pm v_{\mathrm{kT}}\ln\left(\frac{N_{\mathrm{b}}}{n_{\mathrm{i}}}\right) \qquad (2.37)$$

式中,符号 "+" 用于 $N_{\mathrm{b}} = N_{\mathrm{a}}$ 的 p 型半导体;符号 "−" 用于 $N_{\mathrm{b}} = N_{\mathrm{d}}$ 的 n 型半导体。

注意,费米势 ϕ_{f} 不仅是载流子浓度的函数,而且还通过 n_{i} 依赖于温度。从式 (2.37) 中,我们观察到,根据式 (2.15),由于 n_{i} 随温度升高,因此 ϕ_{B} 的数值减小,并且随着 n_{i} 接近 N_{b},ϕ_{f} 接近 ϕ_{i}。因此,随着温度的升高,费米能级接近带隙中央位置,即本征费米能级。这意味着半导体在高温下变为本征的。因此,如果温度足够高,掺杂或非本征硅将变为本征硅。发生这种情况的温度取决于掺杂浓度。当材料变为本征时,器件不能再正常工作,因此,在器件工作中要避免出现本征区[1]。

通过对式 (2.37) 进行微分,可得出 ϕ_{f} 的温度系数

$$\frac{\mathrm{d}\phi_{\mathrm{f}}}{\mathrm{d}T} = \frac{1}{T}\left[\phi_{\mathrm{f}} - \left(\frac{E_{\mathrm{g}}}{2} + \frac{3}{2}v_{\mathrm{kT}}\right)\right] \qquad (2.38)$$

由式 (2.38),可以得出 $\mathrm{d}\phi_{\mathrm{f}}/\mathrm{d}T \sim 1\mathrm{mV} \cdot \mathrm{K}^{-1}$。如果我们将 $\phi_{\mathrm{i}} = 0$ 设为参考势,并将式 (2.15) 中的 $n_{\mathrm{i}}(T)$ 代入式 (2.37) 中,则在任何温度 T 下,ϕ_{f} 可用参考温度 T_{NOM} 表示为

$$\phi_{\mathrm{f}}(T) = \phi_{\mathrm{f}}(T_{\mathrm{NOM}}) \cdot \left(\frac{T}{T_{\mathrm{NOM}}}\right) - v_{\mathrm{kT}}\left[\frac{3}{2}\ln\left(\frac{T}{T_{\mathrm{NOM}}}\right) + \left(-\frac{E_{\mathrm{g}}(T)}{2kT} + \frac{E_{\mathrm{g}}(T_{\mathrm{NOM}})}{2kT_{\mathrm{NOM}}}\right)\right] \quad (2.39)$$

式 (2.39) 应用于电路模拟工具中,可用来模拟 ϕ_{f} 的温度依赖性。

2.2.4.4 准费米能级

在热平衡条件下,电子和空穴浓度分别由式 (2.29) 和式 (2.30) (使用 $n = N_{\mathrm{d}}$ 和 $p = N_{\mathrm{a}}$) 给出,保持条件 $pn = n_{\mathrm{i}}^2$。然而,当载流子注入半导体或从半导体中取出时,平衡条件被打破。在非平衡条件:①注入,$np > n_{\mathrm{i}}^2$ 或②抽取,$np < n_{\mathrm{i}}^2$ 下,我们不能使用式 (2.29) 和式 (2.30)。而且,载流子密度不再可以用系统中的常数费米能级来描述。因此,我们定义准费米能级,以便式 (2.29) 和式 (2.30) 在非平衡条件下成立,由下式给出:

$$n = n_i \exp\left(\frac{E_{fn} - E_i}{kT}\right) = n_i \exp\left[\frac{q}{kT}(\phi_i - \phi_n)\right] \tag{2.40}$$

$$p = n_i \exp\left(\frac{E_i - E_{fp}}{kT}\right) = n_i \exp\left[\frac{q}{kT}(\phi_p - \phi_i)\right] \tag{2.41}$$

式中，E_{fn} 和 E_{fp} 分别是电子和空穴的准费米能级；$\phi_n \equiv (-E_{fn}/q)$ 和 $\phi_p \equiv (-E_{fp}/q)$ 分别是电子和空穴准费米势。

需要注意的是，E_{fn} 和 E_{fp} 是数学实体；其值的选择是为了在非平衡情况下可以量化准确的载流子浓度。一般来说，$E_{fn} \neq E_{fp}$。

根据式（2.40）和式（2.41），可以得到

$$pn = n_i^2 \exp\left(\frac{E_{fn} - E_{fp}}{kT}\right) \tag{2.42}$$

在平衡条件下，$E_{fn} = E_{fp} = E_f$ 和 $\phi_n = \phi_p$，因此式（2.40）和式（2.41）分别与 $n = N_d$ 和 $p = N_a$ 时的式（2.29）和式（2.30）相同。并且，式（2.42）变为 $pn = n_i^2$。

2.2.5　半导体中的载流子输运

在热平衡条件下，可动（导带）电子在300K下以平均速度 $v_{th} \cong 1 \times 10^7 \text{cm} \cdot \text{s}^{-1}$ 作随机热运动。然而，由于电子的随机热运动，没有净电流流过材料。另一方面，在电场 E 的作用下，电子沿与 E 相反的方向运动。这个过程被称为电子漂移，并导致净电流流过材料。此外，如果材料中存在载流子的浓度梯度，则载流子从高浓度区域往低浓度区域扩散，从而在半导体中产生净电流。因此，半导体中的载流子输送或电流流动是两种不同机制作用的结果：

1）由电场引起的载流子（电子和空穴）漂移；

2）半导体中电子或空穴浓度梯度引起的载流子扩散。

我们现在将考虑半导体中载流子的漂移和扩散机制。

2.2.5.1　载流子漂移：载流子在电场中的运动

材料中载流子的漂移取决于晶体结构、杂质水平和电场强度，电场强度决定了载流子的迁移率、材料的电导率和载流子的速度饱和。

载流子的迁移率：当电场作用于含有自由载流子的导电介质时，载流子与电场力成比例地加速。然而，半导体中的加速载流子将与各种散射中心发生碰撞，包括主晶格的原子（晶格散射）、杂质原子（杂质散射）和其他载流子（载流子散射）。在电子情形，这些不同的散射机制倾向于改变它的动量方向，并且在很多情况下，往往耗散掉从电场中获得的能量。因此，在均匀电场的影响下，从电场中获得能量和散射引起的能量损失过程相互平衡，载流子获得恒定的平均速度，称为漂移速度（v_d）。在低电场下，v_d 与电场强度 E 成正比，并表示为

$$v_d = \mu E \tag{2.43}$$

式中，μ 是比例常数，称为载流子迁移率（$\text{cm}^2 \cdot \text{V}^{-1} \cdot \text{s}^{-1}$）。

迁移率与碰撞的时间间隔成正比，与载流子的有效质量成反比。总迁移率由不同散射机制的迁移率的结合来确定，例如晶格散射 μ_L 引起的迁移率、电离杂质散射 μ_I 引起的迁移率等。假设不同的散射机制相互独立，我们可以用 Matthiessen 规则写出总迁移率的表达式

$$\frac{1}{\mu} = \frac{1}{\mu_L} + \frac{1}{\mu_I} + \cdots \tag{2.44}$$

测量数据表明，n 型硅的电子迁移率 μ_n 约为 p 型硅空穴迁移率 μ_p 的 3 倍。这是由于导带中电子的有效质量比价带中空穴的有效质量要轻很多（见表 2.1）。

体硅中的载流子迁移率是掺杂浓度的函数。图 2.5 显示了室温下硅中电子和空穴迁移率随掺杂浓度的变化曲线。从图中可以看出，在低杂质水平下，载流子的迁移率主要受载流子与硅晶格或声子碰撞的限制。当掺杂浓度超过 $1 \times 10^{15}/\mathrm{cm}^3$ 时，由于库仑相互作用导致的与带电（电离）杂质原子的碰撞增加，迁移率降低。在高温下，迁移率往往受到晶格散射的限制，并且与 $T^{-3/2}$ 成正比，对掺杂浓度相对不敏感。在低温下，迁移率较高；然而，由于更受杂质散射的限制，迁移率强烈依赖于掺杂浓度。迁移率的详细温度依赖性见参考文献 [16, 24]。

上面讨论的载流子迁移率是体迁移率，适用于远离表面的硅衬底中的传导。在场效应晶体管（FET）器件的沟道区，电流由表面迁移率决定。表面迁移率远低于体迁移率，这归因于在垂直于沟道的高电场存在下，硅/栅极 – 介质界面处载流子的额外散射机制[15]。

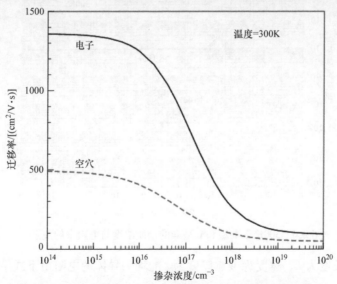

图 2.5　300K 时体硅中电子和空穴迁移率与掺杂浓度的关系

电导率：电荷载流子在外加电场 E 下的漂移产生一种电流，称为漂移电流。如果在均匀 n 型硅中，每单位体积有 n 个电子，每个电子携带电荷 q，以漂移速度 v_d 流动，则电子漂移电流密度由下式给出：

$$J_{n,drift} = qnv_d = qn\mu_n E \tag{2.45}$$

式中，$v_d = \mu_n E$；μ_n 是电子迁移率。

根据欧姆定律，我们知道导电材料的电阻率 ρ 定义为 E/J_n；因此，根据式 (2.45)，由电子电流产生的电阻率 ρ_n 由下式给出：

$$\rho_n = \frac{1}{qn\mu_n} \tag{2.46}$$

类似地，对于 p 型硅，空穴漂移电流密度 $J_{p,drift}$ 和电阻率 ρ_p 由下式给出：

$$J_{p,drift} = qpv_d = qp\mu_p E \tag{2.47}$$

$$\rho_p = \frac{1}{qp\mu_p} \tag{2.48}$$

式中，μ_p 是空穴迁移率。

如果硅同时掺杂施主和受主，那么总电阻率可以表示为

$$\rho = \frac{1}{qn\mu_n + qp\mu_p} \tag{2.49}$$

因此，半导体的电阻率取决于电子和空穴的浓度及其相应的迁移率。对于均匀掺杂的硅衬底，300K 时电阻率与杂质浓度的关系如图 2.6 所示。由于电子迁移率高于空穴迁移率，n型掺杂硅的电阻率 [式 (2.46)] 低于 p 型掺杂硅的电阻率 [式 (2.48)]，如图 2.6 所示。

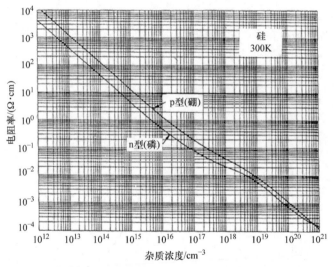

图 2.6　300K 下 n 型和 p 型硅的杂质浓度与电阻率的关系[2]

方块电阻：长度为 L、宽度为 W、厚度为 t 的均匀导体的电阻由下式给出：

$$R = \rho \frac{L}{tW} \tag{2.50}$$

式中，ρ 是导体的电阻率 ($\Omega \cdot cm$)。

通常，在集成电路技术中，扩散区域的厚度 t 是均匀的，并且远小于该区域的 L 和 W。因此，定义一个新参数 ρ_{sh} 是有好处的，称为方块电阻 (Ω)，由下式给出：

$$\rho_{sh} = \frac{\rho}{t} \tag{2.51}$$

然后式 (2.50) 变成

$$R = \rho_{sh} \frac{L}{W} \tag{2.52}$$

由式 (2.52) 可知,当 $L = W$ 时,扩散层变成正方形,其电阻 $R = \rho_{sh}$。因此,扩散线的总电阻可简单地用 ρ_{sh} 乘以电流路径中的方块数表示,ρ_{sh} 以 Ω/方块 ($\Omega/\square$) 为单位。确定某一层的方块电阻的工艺参数为该层的 ρ 和 t [式 (2.51)]。由于电阻率是载流子浓度和迁移率的函数,两者又都是温度的函数,因此 ρ_{sh} 与温度有关。

速度饱和:迁移率方程 (2.43) 假设 E 与 v_d 之间是线性关系。然而,这种线性关系仅适用于低电场 ($< 1 \times 10^4$ V·cm^{-1}),并且载流子与晶格处于平衡状态。在更高的电场下,平均载流子能量增加,它们通过光学声子的发射损失能量几乎与从电场中获得能量一样快。随着电场的增加,这导致 μ 从其低场值开始减小,直到漂移速度最终达到一个极限值 v_{sat},称为饱和速度。这种现象称为速度饱和。对于硅,电子的 v_{sat} 的典型值 $= 1.07 \times 10^7$ cm·s^{-1},并且发生在约 2×10^4 V·cm^{-1} 的电场下。空穴的对应值为 $v_{sat} \cong 8.34 \times 10^6$ cm·s^{-1} 和 $E \cong 5.0 \times 10^4$ V·cm^{-1}。

观察到硅中电子和空穴漂移速度的测量值是外加电场 E 的函数,并可以用以下经验关系式来近似[15,16,25]:

$$v_d = v_{sat} \frac{E/E_{sat}}{[1 + (E/E_{sat})^\beta]^{1/\beta}} \tag{2.53}$$

式中,E_{sat} 是载流子速度饱和的临界电场。

式 (2.53) 中的参数 v_{sat}、E_{sat} 和 β 由表 2.2 给出。

表 2.2　300K 下硅中漂移速度与电场依赖关系中的参数

载流子	v_{sat}/ (cm·s^{-1})	E_{sat}/ (V·cm^{-1})	β
电子	1.07×10^7	6.91×10^3	1.11
空穴	8.34×10^6	1.45×10^4	2.637

图 2.7 显示了硅中电子和空穴在 300K 时的漂移速度的计算值,是由式 (2.53) 获得的外加电场 E 的函数。在低场下,载流子速度随电场线性增加,表明迁移率为常量。当电场超过 2×10^4 V·cm^{-1} 时,载流子开始与光学声子散射而失去能量,其速度饱和。当电场超过 100kV·cm^{-1} 时,载流子从电场中获得的能量比散射损失的能量还要多。因此,它们相对于导带底部(对于电子)或价带顶部(对于空穴)的能量开始增加。载流子不再与晶格处于热平衡。由于它们获得的能量高于热能 (kT),因此被称为热载流子。正是这些热载流子降低了高场迁移率。对于掺杂较重的材料,由于杂质散射,低场迁移率较低。然而,v_{sat} 保持不变,与杂质散射无关。另外,v_{sat} 对温度的依赖性很弱,随着温度的升高而略有下降[16]。图 2.7 显示了 300K 时载流子速度与硅中电场的函数关系。从图中可以看出,在低电场下,载流子速度呈线性增加,然后随着电场的增加,载流子速度的增加逐渐放慢,最终在某一临界电场以上,载流子速度达到饱和。

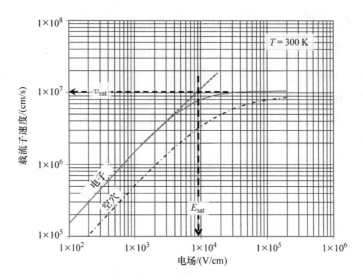

图 2.7　室温下硅中电子和空穴的漂移速度与外加电场的关系，显示在高电场下速度饱和

2.2.5.2　载流子扩散

　　除了电场影响下的电子漂移外，如果半导体中的载流子浓度不均匀，载流子也会扩散。这带来了与浓度梯度成比例的附加电流分量，称为扩散电流。因此，扩散是一个梯度驱动的运动，从高浓度区域往低浓度区域发生，如图 2.8 所示。

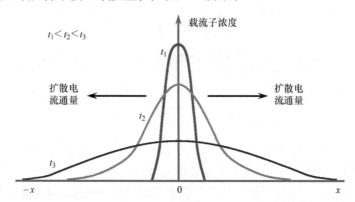

图 2.8　由于在时间间隔 $t_1 < t_2 < t_3$ 上显示的浓度梯度，载流子从高浓度区域
向低浓度区域的扩散；t_1 是初始时间，背景浓度 ≈ 0

　　为了计算扩散电流，我们考虑沿 x 方向的浓度梯度 $\mathrm{d}C/\mathrm{d}x$ 引起的扩散流 F。现在，根据菲克第一定律[26]

$$F = -D\frac{\mathrm{d}C}{\mathrm{d}x} \tag{2.54}$$

式中，D 是扩散常数；C 是载流子密度。

　　式（2.54）右侧的负号是由于载流子在空间中从高浓度流向低浓度，即 $\mathrm{d}C/\mathrm{d}x$ 为负。

如果半导体材料中的载流子流是电子，则根据式（2.54），由电子浓度梯度 dn/dx 引起的扩散电流可由下式给出：

$$J_{n,diff} = qD_n \frac{dn}{dx} \tag{2.55}$$

类似地，由空穴浓度梯度 dp/dx 引起的空穴扩散电流由下式给出：

$$J_{p,diff} = -qD_p \frac{dp}{dx} \tag{2.56}$$

式中，D_n 是电子的扩散率或扩散常数；D_p 是空穴的扩散率或扩散常数。

式（2.56）中的负号表示空穴电流以与空穴浓度梯度相反的方向流动。并且，D_n 和 D_p 通过关系式[9]与各自的迁移率相关：

$$\frac{D_n}{\mu_n} = \frac{D_p}{\mu_p} = \frac{kT}{q} \equiv v_{kT} \tag{2.57}$$

式（2.57）常被称为爱因斯坦关系式。对于室温下的轻掺杂硅（例如，$N_d \cong 1 \times 10^{15} cm^{-3}$），$D_n = 38\ cm^2 \cdot s^{-1}$，$D_p = 13 cm^2 \cdot s^{-1}$。

非均匀掺杂半导体和内建电场：我们考虑一种施主原子非均匀掺杂 N_d 的 n 型材料，如图 2.9 所示。考虑到施主原子完全电离，我们得到 $n = N_d^+ = N_d$。

由于浓度梯度的存在，电子从高浓度区向低浓度区扩散。然后，根据式（2.54），由电子产生的扩散流由下式给出：

$$F_{n,diff} = -D_n \frac{dn(x)}{dx} \tag{2.58}$$

式中，下标 n 代表对应于电子的参数。

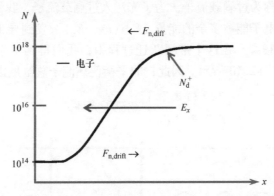

图 2.9　非均匀掺杂 n 型半导体中载流子的漂移和扩散：$F_{n,diff}$ 是电子从高浓度区到低浓度区的扩散通量，$F_{n,drift}$ 是由于电离施主和扩散电子在半导体中建立的内建电场而产生的电子漂移通量

当电子移动（扩散）离开时，它们留下带正电荷的施主离子 N_d^+，试图将电子拉回来，引发电子从低浓度区往高浓度区的漂移流。电子从低浓度区往高浓度区的漂移，形成了从高浓度区到低浓度区的电场 E_x，如图 2.9 所示。然后，根据式（2.45），由电子产生的漂移流由下式给出：

$$F_{n,drift} = n(x)v_d = n\mu_n E_x \qquad (2.59)$$

当扩散 = 漂移时，就建立起了平衡。这里 $n(x)$ 是分布中任意点 x 处扩散流中的电子数，且 $\neq N_d(x)$。因此，建立了阻碍电子进一步扩散的内建电场。然后，根据式（2.58）和式（2.59），我们得到了 n 型非均匀掺杂衬底中电子的内建电场的表达式为

$$E_x = -\frac{D_n}{\mu_n}\frac{1}{n}\frac{dn(x)}{dx} = -v_{kT}\frac{1}{n}\frac{dn(x)}{dx} \qquad (2.60)$$

类似地，非均匀 p 型衬底中空穴的内建电场由下式给出：

$$E_x = \frac{D_p}{\mu_p}\frac{1}{p}\frac{dp(x)}{dx} = v_{kT}\frac{1}{p}\frac{dp(x)}{dx} \qquad (2.61)$$

在式（2.60）和式（2.61）中，我们使用了式（2.57）中给出的爱因斯坦关系式。这种内建电场有利于由外源产生的少数载流子的传输。

2.2.6 载流子的产生 – 复合

在热平衡的半导体中，载流子具有与环境温度相对应的平均热能。这种热能激发一些价带电子到导带。一个电子从价带向导带的向上跃迁在价带中留下了一个空穴，产生了一个电子空穴对。这个过程称为载流子产生（G）。另一方面，当电子从导带跃迁到价带时，电子 – 空穴对就消失了。这一反向过程称为载流子复合（R）。在热平衡下，G = R，这样载流子浓度保持不变，$pn = n_i^2$ 的条件保持不变。热 G – R 过程如图 2.10 所示。

半导体的平衡状态被光或电引入的超过其热平衡值的自由载流子所干扰，导致 $pn > n_i^2$，或被电去除载流子所干扰而导致 $pn < n_i^2$。引入超过热平衡值的载流子的过程称为载流子注入，这些额外的载流子称为过剩载流子。为了光注入过剩载流子，我们用能量 $E = h\nu > E_g$ 光照射本征半导体，使价电子能被多余的能量 $\Delta E = (h\nu - E_g)$ 激发到导带中，其中 h 和 ν 分别是普朗克常数和入射光频率。在这个带间跃迁过程中，我们得到了半导体中光生过剩电子（n_L）和空穴（p_L），如图 2.10 所示。因此，非平衡值载流子总浓度由下式给出：

$$\left.\begin{array}{l} n = n_i + n_L \\ p = n_i + p_L \end{array}\right\} \text{载流子光注入} \qquad (2.62)$$

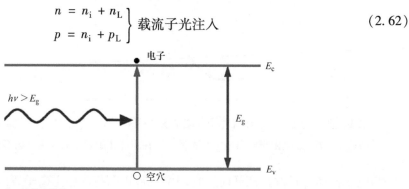

h = 普朗克常数
ν = 入射光频率

图 2.10 光子能量为 $h\nu$ 的光照下电子 – 空穴对的带间产生；其中 h 和 ν 分别是普朗克常数和入射光频率；符号"●"代表电子，"○"代表空穴

2.2.6.1　注入水平

在载流子注入半导体的情况下，我们从式（2.62）中观察到 n 和 p 都大于半导体的本征载流子浓度，因此 $pn > n_i^2$。如果注入的载流子密度低于平衡时的多数载流子密度，使后者基本保持不变，而少数载流子密度等于过剩载流子密度，则该过程称为小注入。如果注入的载流子密度相当于或超过多数载流子密度的平衡值，则称为大注入。

为了说明注入水平，我们考虑一个 $N_d = 1 \times 10^{15}\,\mathrm{cm}^{-3}$ 的 n 型非本征半导体。然后，根据 2.2.4.1 节，平衡多数载流子电子浓度由 $n_{n0} = 1 \times 10^{15}\,\mathrm{cm}^{-3}$ 给出，而根据式（2.21），少数载流子空穴浓度由 $p_{n0} = 1 \times 10^{5}\,\mathrm{cm}^{-3}$ 给出。此处，n_{n0} 和 p_{n0} 分别定义了 n 型材料中电子和空穴的平衡浓度。现在，我们用光照射样品，使材料中产生 $1 \times 10^{13}\,\mathrm{cm}^{-3}$ 电子 – 空穴对。然后使用式（2.62），电子总数 $n_n \cong 1 \times 10^{15}\,\mathrm{cm}^{-3} = n_{n0}$，$p_n = 1 \times 10^{13}\,\mathrm{cm}^{-3}$。因此，多数载流子浓度 n_n 保持不变，而少数载流子浓度 p_n 显著增加。这是小注入的一个例子。另一方面，如果入射光产生 $1 \times 10^{17}\,\mathrm{cm}^{-3}$ 的电子 – 空穴对，则由式（2.62）得到 $n_n \cong 1 \times 10^{17}\,\mathrm{cm}^{-3}$ 和 $p_n = 1 \times 10^{17}\,\mathrm{cm}^{-3}$，改变了半导体中的电子和空穴浓度，从而产生大注入。关于大注入的数学较为复杂，因此，我们只考虑小注入。

2.2.6.2　复合过程

在载流子注入的情况下，通过注入的少数载流子与多数载流子的复合，或者在抽取载流子的情况下通过产生电子 – 空穴对，半导体材料恢复到平衡状态。电子 – 空穴的复合过程是通过电子从导带到价带的跃迁而发生的。在像 GaAs 这样的直接带隙半导体中，导带的最小值与价带的最大值在一条直线上，导带中的电子可以释放其能量向下移动以占据价带中的空态（空穴），而不改变动量，如图 2.11a 所示。由于动量（k）在任何能级跃迁中都必须守恒，GaAs 中的电子很容易通过 E_g 直接从 E_c 跃迁到 E_v。这称为直接或带到带复合。当发生直接复合时，电子所释放的能量将以光子的形式发射出来，这使其适用于发光二极管。

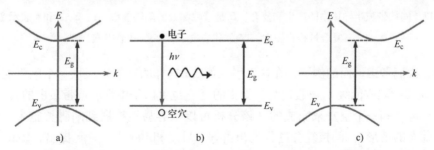

图 2.11　半导体中的带隙：a）直接带隙；b）直接带隙半导体中的带间复合；c）间接带隙

现在，如果入射光以 G_L 的速率产生过剩载流子（Δn，Δp），那么对于小注入，我们得到 $\Delta p = \Delta n = U\tau = G_L\tau$；其中 U 是净复合速率，τ 是过剩载流子寿命。如果 p_0 和 n_0 分别是电子和空穴的平衡浓度，p 和 n 是各自的总浓度（由于有产生），则 $\Delta p = p - p_0$ 和 $\Delta n = n - n_0$，并且由于直接复合而产生的净复合率由下式给出：

$$U = \frac{\Delta n}{\tau_n} = \frac{\Delta p}{\tau_p} \tag{2.63}$$

式中，τ_n 和 τ_p 分别是过剩载流子电子寿命和空穴寿命。

值得注意的是，对于带间复合，电子的过剩载流子寿命等于空穴的过剩载流子寿命，因为单一现象同时湮灭电子和空穴。对于间接带隙半导体，如硅和锗（见图 2.11c），直接复合的概率非常低。物理上，这意味着 E_c 和 E_v 之间的最小能隙不会出现在动量空间的同一点上，如图 2.11c 所示。在这种情况下，电子要到达价带，必须要经历动量和能量的变化才能满足守恒原理。这可以通过中间陷阱能级的复合过程来实现，称为间接复合，如图 2.12 所示。

在间接带隙半导体中，在能隙深处形成电子态的杂质有助于电子和空穴的复合。这里，"深"这个词表示态远离带边，靠近能隙中心。这些深能级态通常被称为复合中心或陷阱。这种复合中心通常是非故意的杂质，在室温下不一定电离。这些深能级杂质的浓度远远低于具有浅能级的施主或受主杂质的浓度。例如，金（Au）是一种深能级杂质，可有目的地用于硅中以提高复合率。这种通过深能级杂质或陷阱的复合通常被称为间接复合，如图 2.12 所示。图 2.12 所示的 G-R 过程包括①电子被未被占据的中心俘获；②已被占据的中心发射电子；③已被占据的中心俘获空穴；④未被占据的中心发射空穴。

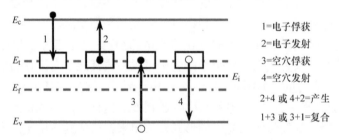

图 2.12　间接带隙半导体中的产生和复合；E_t 是带隙深处的陷阱能级；1、2、3 和 4 表示产生和复合过程；图中，"●"代表电子，"○"代表空穴

现在，我们考虑下面的例子，在这里引入像 Au 这样的杂质来提供一个陷阱能级或一组能量 E_t 的允态。陷阱能级 E_t 被假定为类受主的（它也可以是中性的或带负电的）。复合是通过俘获一个电子和一个空穴来完成的（该分析可以很容易地扩展到陷阱类施主，即正电荷或中性电荷态的情形）。间接复合过程最初由 Shockley 和 Read[27] 一起提出，Hall[28] 也独立地提出来，因此通常称为 Shockley-Read-Hall（SRH）复合。通过考虑图 2.12 所示的跃迁过程，Shockley、Read 和 Hall 证明，对于小注入，净复合率如下所示：

$$U = \frac{v_{th}\sigma N_t(pn - n_i^2)}{n + p + 2n_i\cosh\left[\dfrac{E_t - E_i}{kT}\right]} \tag{2.64}$$

式中，v_{th} 是载流子热速度（$\approx 1 \times 10^7\,\text{cm}\cdot\text{s}^{-1}$）；$\sigma$ 是载流子俘获截面（$\approx 10^{-15}\,\text{cm}^2$）；$N_t$ 是陷阱中心的密度；$v_{th}\sigma N_t$ 是俘获概率或俘获截面。

从式（2.64）中，我们观察到以下情况：

1）复合率的"驱动力"与 $pn - n_i^2$，也即与平衡条件的偏离成正比；

2）当 $np = n_i^2$ 时，即在平衡条件下，$U = 0$；

3）当 $E_t = E_i$ 时，U 最大，即带隙中央附近的陷阱能级是最有效的复合中心。

现在，为便于理解，我们考虑一下 $E_t = E_i$ 的情形。那么，根据式（2.64），净复合率由下式给出：

$$U = \frac{v_{th}\sigma N_t(pn - n_i^2)}{n + p + 2n_i} \tag{2.65}$$

对于小注入的 n 型半导体，$n \gg p + 2n_i$，将 $p = p_n$ 作为总过剩少子浓度，$p_{n0} - n_i^2/n$ 为平衡少子浓度，对式（2.65）进行简化后得到

$$U = v_{th}\sigma N_t(p_n - p_{n0}) = \frac{\Delta p}{\tau_p} \tag{2.66}$$

式中，τ_p 是 n 型半导体中的少数载流子空穴寿命，由下式给出：

$$\tau_p = \frac{1}{v_{th}\sigma_p N_t} \tag{2.67}$$

在 n 型材料中，有许多电子可用于俘获。因此，式（2.66）表明，少数载流子空穴寿命 τ_p 是 n 型材料复合过程的限制因素。

类似地，对于 p 型半导体，我们可以从式（2.65）中看出，电子的净复合率由下式给出：

$$U = \frac{\Delta n}{\tau_n} \tag{2.68}$$

式中，τ_n 是 p 型半导体中的少数载流子电子寿命，由下式给出：

$$\tau_n = \frac{1}{v_{th}\sigma_n N_t} \tag{2.69}$$

因此，对于 p 型半导体，少数载流子电子寿命是复合过程中的限制因素。

硅中另一种不依赖于深能级杂质并限制寿命上限的复合过程是俄歇复合。在这个过程中，电子和空穴在没有陷阱能级的情况下复合，释放的能量（能隙的数量级）被转移给另一个多数载流子（p 型硅中的空穴和 n 型硅中的电子）。通常，当由于高掺杂浓度或大注入而导致载流子浓度非常高（$> 5 \times 10^{18} \mathrm{cm}^{-3}$）时，俄歇复合很重要。

2.2.7　半导体基本方程

2.2.7.1　泊松方程

泊松方程是控制集成电路器件工作的一个非常普遍的微分方程，建立在麦克斯韦场方程的基础上，将电荷密度与电势联系起来。我们知道，半导体中的电场 E 等于静电势 ϕ 的负梯度，这样

$$E = -\frac{\mathrm{d}\phi}{\mathrm{d}x} \tag{2.70}$$

在数学上，泊松方程（对于硅）表示为

$$\frac{\mathrm{d}E}{\mathrm{d}x} = \frac{\rho(x)}{K_{\mathrm{si}}\varepsilon_0} \tag{2.71}$$

或者，使用式（2.70）可得

$$\frac{\mathrm{d}^2\phi}{\mathrm{d}x^2} = -\frac{\rho(x)}{K_{\mathrm{si}}\varepsilon_0} \tag{2.72}$$

式中，$\rho(x)$ 是任意点 x 处的净电荷密度；ε_0（$= 8.854 \times 10^{-14}$ F·cm^{-1}）是真空介电常数；K_{si}（$=11.8$）是硅的相对介电常数。

现在，如果 n 和 p 分别是自由电子和空穴的浓度，分别对应于硅中电离的施主浓度 N_{d}^+ 和受主浓度 N_{a}^-，那么我们可以将式（2.72）表示为

$$\frac{\mathrm{d}^2\phi}{\mathrm{d}x^2} = -\frac{\mathrm{d}E}{\mathrm{d}x} = -\frac{q}{K_{\mathrm{si}}\varepsilon_0}\left\{\left[p(x) - n(x)\right] + \left[N_{\mathrm{d}}^+(x) - N_{\mathrm{a}}^-(x)\right]\right\} \tag{2.73}$$

假设掺杂剂完全电离，$N_{\mathrm{d}}^+ = N_{\mathrm{d}}$，$N_{\mathrm{a}}^- = N_{\mathrm{a}}$，我们可以将泊松方程写成

$$\frac{\mathrm{d}^2\phi}{\mathrm{d}x^2} = -\frac{q}{K_{\mathrm{si}}\varepsilon_0}\left\{\left[p(x) - n(x)\right] + \left[N_{\mathrm{d}}(x) - N_{\mathrm{a}}(x)\right]\right\} \tag{2.74}$$

式（2.74）是一维（1D）方程，可以很容易地延伸到三维（3D）空间。1D 泊松方程足以描述大多数基本器件的工作。然而，对于像 FinFET 这样的小尺寸先进器件，必须使用 2D（二维）或 3D 泊松方程。

泊松方程的另一种形式是高斯定律，它是通过积分方程（2.71）得到的，由下式给出：

$$E = \frac{1}{K_{\mathrm{si}}\varepsilon_0}\int\rho(x)\,\mathrm{d}x = \frac{Q_{\mathrm{s}}}{K_{\mathrm{si}}\varepsilon_0} \tag{2.75}$$

需要注意的是，半导体作为一个整体是电中性的，也即 ρ 必须为零。然而，当空间电荷中性不适用时，必须用泊松方程来描述半导体中电荷和静电势的分布。

2.2.7.2 传输方程

在 2.2.5.1 节中，我们已经证明了归因于外加电场引起电子漂移的电子电流密度 $J_{\mathrm{n,drift}}$，由式（2.45）给出。另一方面，如 2.2.5.2 节所述，归因于半导体中浓度梯度的电子扩散电流密度 $J_{\mathrm{n,diff}}$ 由式（2.55）给出。因此，当除了浓度梯度外还存在电场时，漂移电流和扩散电流都将流过半导体。那么，任意点 x 处的总电子电流密度 J_{n} 简单地等于漂移电流和扩散电流之和，即 $J_{\mathrm{n}}(= J_{\mathrm{n,drift}} + J_{\mathrm{n,diff}})$。因此，半导体中的总电子电流由下式给出：

$$J_{\mathrm{n}} = qn\mu_{\mathrm{n}}E + qD_{\mathrm{n}}\frac{\mathrm{d}n}{\mathrm{d}x} \tag{2.76}$$

类似地，总空穴电流密度 $J_{\mathrm{p}}(= J_{\mathrm{p,drift}} + J_{\mathrm{p,diff}})$ 由下式给出：

$$J_{\mathrm{p}} = qp\mu_{\mathrm{p}}E - qD_{\mathrm{p}}\frac{\mathrm{d}p}{\mathrm{d}x} \tag{2.77}$$

因此总电流密度 $J = J_{\mathrm{n}} + J_{\mathrm{p}}$。式（2.76）和式（2.77）所示电流方程通常被称为载流子的输运或漂移 – 扩散方程。

在热平衡下，没有电流在半导体内部流动，因此，$J_{\mathrm{n}} = J_{\mathrm{p}} = 0$。然而，在非平衡条件下，

J_n 和 J_p 可分别用式（2.76）和式（2.77）中电场的准费米势 ϕ_n 和 ϕ_p 表示，得到

$$J_n = -qn\mu_n \frac{\mathrm{d}\phi_n}{\mathrm{d}x}$$

$$J_p = -qp\mu_p \frac{\mathrm{d}\phi_p}{\mathrm{d}x} \tag{2.78}$$

所有参数都具有前面定义的习惯含义。

2.2.7.3 连续性方程

当载流子扩散通过半导体的特定体积时，离开该体积的电流密度可能更小或更大，这取决于在该体积内发生的复合或产生。我们考虑图 2.13 所示半导体的小长度 Δx，在 xy 平面内的横截面积为 A。

从图 2.13 可以看出，进入体积 $A\Delta x$ 的空穴电流密度为 $J_p(x)$，而离开的空穴电流密度为 $J_p(x+\Delta x)$。从电荷守恒出发，空穴浓度在该体积中的变化率等于以下两项之和：①流出该体积的净空穴流；②净复合率，即

$$-\frac{\partial p}{\partial t}\Delta x = \left[\frac{1}{q}J_p(x+\Delta x) - \frac{1}{q}J_p(x)\right] + (G_p - R_p)\Delta x \tag{2.79}$$

负号是由于复合导致空穴减少；G_p 和 R_p 分别是该体积中空穴的产生率和复合率。从式（2.79）我们可以看出

$$-\frac{\partial p}{\partial t} = \frac{1}{q}\frac{\partial J_p}{\partial x} + (G_p - R_p) \tag{2.80}$$

类似地，对于电子，我们可以看到

$$-\frac{\partial n}{\partial t} = -\frac{1}{q}\frac{\partial J_n}{\partial x} + (G_n - R_n) \tag{2.81}$$

式中，G_n 和 R_n 分别是电子的产生率和复合率。

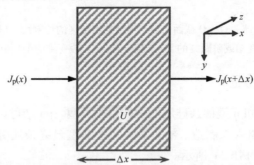

图 2.13 半导体中的电流连续性：$J_p(x)$ 是流入半导体微元长度 Δx 的空穴电流，
$J_p(x+\Delta x)$ 是微元长度内部载流子产生复合过程后流出的净电流；U 是净复合率

式（2.80）和式（2.81）分别称为空穴和电子的连续性方程，描述了电流密度、复合率和产生率以及空间之间的时间依赖关系。它们用于处理瞬态现象和伴有载流子复合–产生的扩散。

式（2.74）、式（2.78）、式（2.80）和式（2.81）构成了一套完整的 1D 方程，用于描述

半导体中的载流子、电流和场分布；然而，它们也很容易推广到 3D 空间。给定适当的边界条件，我们可以对任意器件结构进行求解。一般来说，我们可以基于物理近似来简化它们。

2.3　n 型和 p 型半导体接触理论

在 2.2.3 节和 2.2.4 节中，我们分别讨论了本征半导体、n 型半导体和 p 型半导体的基本理论。在本节中，我们将讨论半导体衬底的基本物理，其中 n 型和 p 型区域彼此相邻，形成称为 pn 结，或者说是 pn 结二极管或简称二极管的结。实际上，硅 pn 结是通过在掺杂硅的较大区域的局部区域进行相反掺杂而形成的，如图 2.14 所示。pn 结是所有先进半导体器件的基础。因此，理解它们的工作原理是掌握 FinFET 以及最先进的集成电路器件的基础。

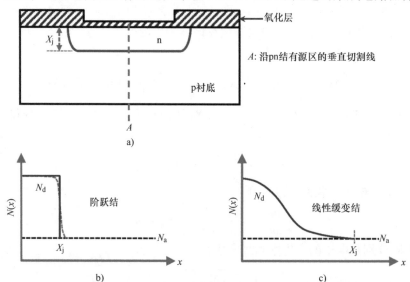

图 2.14　典型的 pn 结：a）2D 截面，显示沿结构有源区的切割线，以获得 1D 掺杂分布；
b）突变结或阶跃结的 1D 掺杂分布；c）缓变结的 1D 掺杂分布

2.3.1　pn 结的基本特征

硅 pn 结结构是 p 型和 n 型掺杂硅层的一种替代类型。pn 结可以通过多种技术在硅衬底上利用光掩模→注入→驱入来制造。沿有源区域的典型最终杂质分布可简化为余误差函数 erfc 或高斯分布，如图 2.14b、c 所示。

图 2.14a 中典型 pn 结的 2D 截面显示了在 p 型衬底上的 n 型掺杂区域的基本结构。图 2.14a 中的线 A 显示了沿着 pn 结本征区或有源区的垂直切割线。图 2.14b、c 显示了沿有源器件切割线 A 的 1D 掺杂分布。冶金结结深 X_j 指出了这样的点，在该点处施主和受主杂质净浓度相等或补偿。为了对 pn 结进行数学分析，实际杂质分布用图 2.14b 所示的浅结的阶跃或突变（高低）掺杂分布，或图 2.14c 所示的线性缓变分布（深结）来近似。阶跃掺杂分布的特征在于，浓度为 N_a 的恒定 p 型掺杂以阶跃方式随位置改变为浓度为 N_d 的恒定 n 型

掺杂，反之亦然。

从图 2.14b、c 中的 1D 杂质分布图中，我们发现在结处存在很大的载流子浓度梯度，导致载流子扩散。空穴从 p 侧扩散到 n 侧，留下带负电荷的受主离子（N_a^-）；电子从 n 侧扩散到 p 侧，留下带正电荷的施主离子（N_d^+）。因此，形成了空间电荷区（p 侧的负电荷和 n 侧的正电荷），从而产生电场 E，并由此而产生电势差，如图 2.15 所示。电场的方向（n 区到 p 区）致使它阻止载流子的进一步扩散，因此，在热平衡中，载流子的净流量为零，也就是说，建立了一个电场，它倾向于把电子和空穴拉回到原来的位置。结两侧之间的内部电势差称为内建电势或势垒高度 ϕ_{bi}。冶金结两侧的空间电荷区通常称为耗尽区，因为该区域耗尽了自由载流子，或称为过渡区，或者称为空间电荷区。

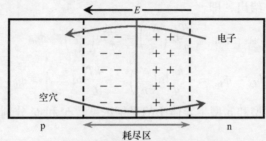

图 2.15　pn 结两侧可动载流子从高浓度区向低浓度区扩散后，
留下的空间电荷形成内建电场 E

图 2.16a 显示了孤立的 p 型和 n 型硅材料的能带图。如 2.2.4.1 节所述，p 型硅的费米能级接近其价带，n 型硅的费米能级接近其导带。此外，半导体的费米能级是平坦的，也就是说，当半导体中没有电流流动时，费米能级在空间上是恒定的[1]。因此，当 p 型区和 n 型区结合在一起形成 pn 结时，如果没有电流流入和穿过结，费米能级必须在整个结构上保持平坦。这导致了如图 2.16b 所示的能带弯曲。因此，内建电势 ϕ_{bi} 是 pn 结 p 侧和 n 侧能带之间的电势差，如图 2.16b 所示。

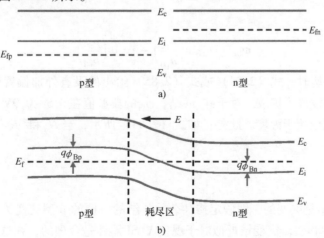

图 2.16　pn 结平衡时的能带图：a）孤立的 n 区和 p 区；b）p 区和 n 区接触形成
pn 结。图中，ϕ_{Bp} 和 ϕ_{Bn} 分别是 p 型和 n 型硅的体势

2.3.2 内建电势差

在平衡态的 pn 结中，载流子的扩散与内建电场引起的载流子漂移相平衡。为了同时清楚地描述 pn 结的 p 侧和 n 侧，我们将向与 p 侧的参数相关联的符号添加下标 p，并向与 n 侧的参数相关联的相应符号添加下标 n。例如，E_{fp} 和 E_{fn} 分别表示 p 侧和 n 侧的费米能级。类似地，n_p 和 p_p 分别表示 p 侧的电子浓度和空穴浓度，n_n 和 p_n 分别表示 n 侧的电子浓度和空穴浓度。因此，p_p 和 n_n 具体指定多数载流子浓度，而 n_p 和 p_n 具体指定少数载流子浓度。

现在，我们考虑热平衡下的 pn 结。如果 n 侧和 p 侧分别浓度为 N_d 和 N_a 的非简并掺杂，那么，与其费米能级（该能级在结上是平坦的）及相应本征能级之间分离相关的势由式（2.29）和式（2.30）给出，即

$$\phi_{in} - \phi_{fn} = \frac{kT}{q}\ln\left(\frac{N_d}{n_i}\right) = \frac{kT}{q}\ln\left(\frac{n_{n0}}{n_i}\right) \equiv \phi_n$$

$$\phi_{fp} - \phi_{ip} = -\frac{kT}{q}\ln\left(\frac{N_a}{n_i}\right) = -\frac{kT}{q}\ln\left(\frac{p_{p0}}{n_i}\right) \equiv \phi_p \tag{2.82}$$

式中，n_{n0} 和 p_{p0} 分别是 n 型和 p 型半导体中的平衡浓度；ϕ_n 和 ϕ_p 分别是 n 型和 p 型区域耗尽中性边缘的电势。

由于在平衡状态下，E_f 在整个 pn 结中是常数，也就是说，$\phi_{fp} = \phi_{fn}$，因此，pn 结上的内建电势是图 2.16b 中所示的本征能级之间的差值。然后，根据式（2.82）中的表达式，pn 结上的内建电势由下式给出：

$$\phi_{bi} = \phi_n - \phi_p = \frac{kT}{q}\ln\left(\frac{n_{n0}p_{p0}}{n_i^2}\right) \tag{2.83}$$

根据式（2.8），pn 乘积 $p_{n0}n_{n0} = n_i^2 = p_{p0}n_{p0}$，因此，式（2.83）也可写成

$$\phi_{bi} = \frac{kT}{q}\ln\left(\frac{n_{n0}p_{p0}}{n_i^2}\right) = v_{kT}\ln\left(\frac{N_a N_d}{n_i^2}\right) \tag{2.84}$$

或者

$$\phi_{bi} = v_{kT}\ln\left(\frac{n_{n0}}{n_{p0}}\right) = v_{kT}\ln\left(\frac{p_{p0}}{p_{n0}}\right) \tag{2.85}$$

因此，在热平衡时，式（2.84）或式（2.85）给出的没有外加偏置的 ϕ_{bi} 存在于 pn 结上来抵消穿过结的载流子扩散。对于硅 pn 结，ϕ_{bi} 的典型值在 $0.5 \sim 0.9V$ 之间，并且由于依赖于 n_i，因此强烈依赖于温度。此外，如式（2.84）所示，当 N_d 和/或 N_a 增加时，pn 结的 ϕ_{bi} 增加。

2.3.3 突变结

如果假定 pn 结是突变的，即假定掺杂杂质从结的一侧的 p 型突变为另一侧的 n 型，则 pn 结的分析要简单得多。突变结近似对于现代 VLSI 器件是合理的，在这种情况下，结区离子注入掺杂，随后是扩散和/或退火的低热循环，会导致相当突变的结。此外，突变结近似

往往导致解析形式的解，利于理解器件物理。

2.3.3.1 静电学

使用耗尽近似，如图 2.17 所示，pn 结近似为三个区域，对突变结的分析会变得更加简单。在图 2.17 中，假设体 p 区 $x < -x_p$ 和体 n 区 $x > x_n$ 为电中性；而过渡区 $-x_p < x < x_n$，假设可动电子和空穴耗尽。耗尽区的宽度 W_d 可通过求解泊松方程（2.74）获得，如下所述：

$$\frac{\mathrm{d}^2\phi}{\mathrm{d}x^2} = -\frac{q}{K_{si}\varepsilon_0}\left[(p(x) - n(x)) + (N_d(x) - N_a(x))\right] \tag{2.86}$$

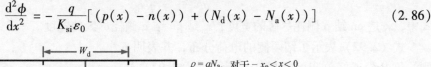

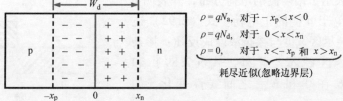

图 2.17 耗尽近似下 pn 结中三个不同区域中的电荷条件：平衡耗尽区分别以 p 区 $-x_p$ 和 n 区 x_n 为边界，p 和 n 中性区；假设耗尽区没有可动载流子，$\rho = 0$

现在，在由 $-x_p$ 和 x_n 界定的耗尽区宽度所定义的整个区域上，即 $N_d \gg n_n$ 或 p_n 以及 $N_a \gg p_p$ 或 n_p 的区域上，与固定电离杂质 $N_d^+ \cong N_d$ 和 $N_a^- \cong N_a$ 相比，我们假设自由载流子浓度 n 和 p 可以忽略不计，如图 2.17 所示。这一假设通常被称为耗尽近似。在开发器件的解析模型的过程中经常使用。

为了简化数学公式，我们将假设耗尽区内的所有施主原子和受主原子全部电离，并且结是突变的，没有补偿，也即 p 侧没有施主杂质，n 侧没有受主杂质。通过这些假设，式（2.86）变为

$$\frac{\mathrm{d}^2\phi}{\mathrm{d}x^2} = \frac{qN_a(x)}{K_{si}\varepsilon_0}, \text{对于} -x_p < x < 0 \tag{2.87}$$

和

$$\frac{\mathrm{d}^2\phi}{\mathrm{d}x^2} = -\frac{qN_d(x)}{K_{si}\varepsilon_0}, \text{对于} 0 < x < x_n \tag{2.88}$$

然后将式（2.87）从 $x = -x_p$ 到点 $x = -x$ 积分，式（2.88）从点 $x = x > 0$ 到 $x = x_n$ 积分，$x = -x_p$ 和 $x = x_n$ 处的边界条件为 $\mathrm{d}\phi/\mathrm{d}x = 0$，我们可以得到耗尽区的电场分布。因此，假设一个阶跃 pn 结，使得 N_a 和 N_d 分别在 p 区和 n 区均匀分布，并使用耗尽近似，我们在 $x = -x_p$ 和 $x = x_n$ 的边界条件 $\mathrm{d}\phi/\mathrm{d}x = -E(x) = 0$ 下，对式（2.87）和式（2.88）进行第一次积分后得到

$$E(x) = -\frac{qN_a}{K_{si}\varepsilon_0}(x_p - x), \quad \text{对于} \quad -x_p < x < 0 \tag{2.89}$$

$$E(x) = -\frac{qN_d}{K_{si}\varepsilon_0}(x_n - x), \quad \text{对于} \quad 0 < x < x_n \tag{2.90}$$

由于电场在 $x = 0$ 处必须是连续的，我们从式（2.89）和式（2.90）得到，最大电场 $E_{\max}$ 为

$$E_{\max} = -\frac{qN_a}{K_{si}\varepsilon_0}x_p = -\frac{qN_d}{K_{si}\varepsilon_0}x_n \qquad (2.91)$$

或

$$qN_a x_p = qN_d x_n \qquad (2.92)$$

式中，x_p 是 pn 结 p 侧耗尽区的宽度；x_n 是 pn 结 n 侧耗尽区的宽度。

式（2.92）表示了结两侧的电荷分布，并表明 p 侧的负电荷正好等于 n 侧的正电荷。式（2.92）还表明，结两侧的耗尽区宽度与掺杂浓度成反比：掺杂浓度越高，耗尽区越窄。此外，式（2.89）和式（2.90）表明 E 在 0 和 $E_{\max}$ 之间线性变化，如图 2.18 所示。

设 ϕ_m 为 pn 结上的总电势降，即 $\phi_m = [\phi(x_n) - \phi(x_p)]$。那么，从式（2.70）中得到从 $x = -x_p$ 到 $x = x_n$ 的 pn 结上总电势降，由下式给出：

$$\phi_m = \int_{-x_p}^{x_n} d\phi(x) = -\int_{-x_p}^{x_n} E(x)\,dx = -\frac{E_{\max}(x_n + x_p)}{2}$$

$$= -\frac{E_{\max}}{2}W_d \qquad (2.93)$$

式中，W_d 是耗尽层的总宽度，$W_d = (x_n + x_p)$；$E_{\max}(x_n + x_p)/2$ 是 $E(x)$ 对 x 曲线图的面积。

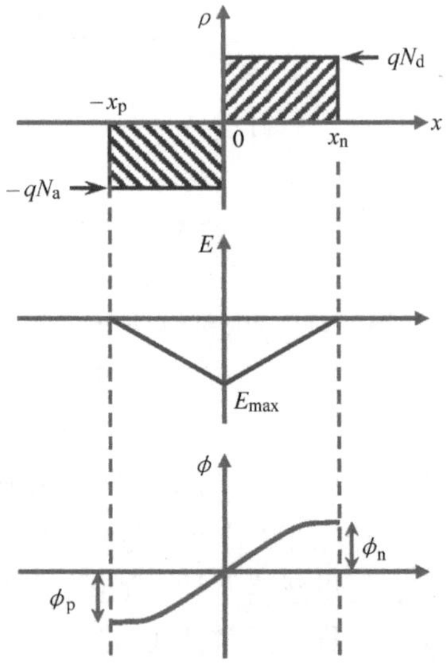

图 2.18　pn 结的耗尽近似：电荷 ρ、电场 E 以及耗尽区内的静电势 ϕ 的平衡分布

因此，从式（2.93）中可以看到，ϕ_m 等于图 2.18 中 $E(x)$ 对 x 曲线图的面积。然后从式（2.91）和式（2.93）中消去 $E_{\max}$，可以得到

$$W_d = \sqrt{\frac{2\varepsilon_0 K_{si}(N_a + N_d)}{qN_a N_d}\phi_m} \qquad (2.94)$$

在式（2.94）中，$\phi_m = \phi_{bi}$ 是无外部偏压的平衡条件下 pn 结 p 侧和 n 侧之间的电势差。因此，我们可以从式（2.94）中估算 W_d。

为了导出估算 x_p 和 x_n 的表达式，我们通过代换 $E = -d\phi/dx$［式（2.70）］来积分式（2.89）和式（2.90）。然后，我们利用边界条件 $\phi(-x_p) = \phi_p$ 和 $\phi(0) = \phi_p(0)$，将式（2.89）从 $x = -x_p$ 到 $x = 0$ 进行积分；利用边界条件 $\phi(0) = \phi_n(0)$ 和 $\phi(x_n) = \phi_n$，将式（2.89）从 $x = 0$ 到 $x = x_n$ 进行积分。然后，考虑到 $\phi_p(0) = \phi_n(0)$，因为在 p/n 界面处的静电势必须相同，并且 $\phi_{bi} = \phi_n - \phi_p \equiv \phi_m$，我们可以在简化后得到

$$x_p = \sqrt{\frac{2K_{si}\varepsilon_0}{q}\frac{N_d}{N_a(N_a + N_d)}\phi_{bi}} \qquad (2.95)$$

和

$$x_n = \sqrt{\frac{2K_{si}\varepsilon_0}{q} \frac{N_a}{N_d(N_a + N_d)}\phi_{bi}} \tag{2.96}$$

因此，总耗尽宽度 $W_d(=x_p + x_n)$ 变为

$$W_d = \sqrt{\frac{2K_{si}\varepsilon_0}{q}\left(\frac{1}{N_a} + \frac{1}{N_d}\right)\phi_{bi}} \tag{2.97}$$

式（2.97）表明，W_d 强烈依赖于轻掺杂侧的掺杂，特别地，W_d 与轻掺杂侧掺杂浓度的二次方根成反比。此外，式（2.97）给出的 W_d 是在没有任何外部电压施加到 pn 结的情况下的热平衡值。

现在，我们从式（2.91）和式（2.92）中知道，耗尽区两侧单位面积上的耗尽电荷由下式给出：

$$Q_{dep} = qN_d x_p = qN_d x_n = E_{max}K_{si}\varepsilon_0 \tag{2.98}$$

然后在式（2.98）中分别代入式（2.93）和式（2.94）中的 E_{max} 和 W_d，单位面积的耗尽层电容可以表示为

$$C_d = \frac{d|Q_{dep}|}{d\phi_m} = \frac{K_{si}\varepsilon_0}{W_d} \tag{2.99}$$

式（2.99）表明，pn 结的耗尽电容相当于间距为 W_d、介电常数为硅 K_{si} 的平行板电容。在物理上，这是因为只是耗尽层边缘的可动电荷，而不是耗尽区内的空间电荷，对外加电压的变化做出响应。

2.3.4　外加偏压下的 pn 结

我们在 2.3.1 节中讨论了在没有外部偏压的平衡条件下，费米能级在 pn 结空间上是常数。然而，在 pn 结上施加电压 V_d 会使中性 n 体区的费米能级相对于中性 p 体区的费米能级发生偏移。也就是说，总电势降是内建电势和外施电势之和，即

$$\phi_m = \phi_{bi} \pm V_d \tag{2.100}$$

式中，"＋"号表示结为反向偏置且 $\phi_m > \phi_{bi}$ 的情况；"－"号表示结为正向偏置且 $\phi_m < \phi_{bi}$ 的情况。因此，当 pn 结处于非平衡状态，施加电压 V_d 时，如前所述，势垒高度变为 $\phi_{bi} - V_d$，因此，作为电压函数的耗尽宽度 [式（2.97）] 变为

$$W_d = \sqrt{\frac{2K_{si}\varepsilon_0}{q}\left(\frac{1}{N_a} + \frac{1}{N_d}\right)\cdot(\phi_{bi} - V_d)} \tag{2.101}$$

这表明正向偏压 V_d（$\equiv V_f$）将由于势垒高度的降低而导致耗尽宽度的减小，而反向偏压 $-V_d$（$\equiv V_r$）将由于更高的势垒高度而导致耗尽宽度的增大，如图 2.19 所示。

现在，在式（2.91）中，用式（2.95）计算 x_p，或用式（2.96）计算 x_n，耗尽区的最大电场 E_{max} 变为

$$E_{max} = \sqrt{\frac{2q}{K_{si}\varepsilon_0}\frac{N_aN_d}{(N_a + N_d)}(\phi_{bi} - V_d)} \tag{2.102}$$

式（2.102）表明，反向电压（例如 $-V_d$）越高，pn 结上的电场越强。

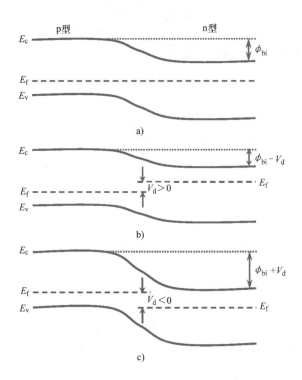

图 2.19　典型 pn 结在不同偏置条件下的能带图：a) 平衡态；b) 正向偏置；c) 反向偏置

2.3.4.1　单边突变结

如果 pn 结一侧的杂质浓度远高于另一侧，则称为单边突变结。在这种情况下，耗尽区几乎完全扩展在轻掺杂侧。例如，在 n^+p 结（$N_d \gg N_a$）的情形下，我们从式（2.95）和式（2.96）中发现 $x_n \ll x_p$ 并且耗尽宽度 W_d 几乎完全在 p 侧。因此，从式（2.101）中，我们可以证明单边突变结 W_d 的一般表达式为

$$W_d = \sqrt{\frac{2K_{si}\varepsilon_0}{qN_b} \cdot (\phi_{bi} \pm V_d)} \qquad (2.103)$$

式中，$N_b = N_a$，对于 n^+p 结；$N_b = N_d$，对于 p^+n 结。

如图 2.20 中的虚线所示，通过考虑多数载流子分布尾或溢出（由德拜长度 L_d 表示的 n 侧电子和 p 侧空穴），可以获得更精确的耗尽宽度结果。每一个溢出都对 ϕ_{bi} 增加一个修正系数 v_{kT}。除了用（$\phi_{bi} - 2v_{kT}$）代替 ϕ_{bi}，耗尽宽度仍然由式（2.103）给出，这样，单边突变结 W_d 的更精确表达式变为

$$W_d = \sqrt{\frac{2K_{si}\varepsilon_0}{qN_b} \cdot (\phi_{bi} - 2v_{kT} \pm V_d)} \qquad (2.104)$$

式（2.104）用于精确估计单边突变 pn 结中的 W_d。然而，对于现代 VLSI 电路中使用的偏置范围，式（2.103）的精度在 3% 以内。

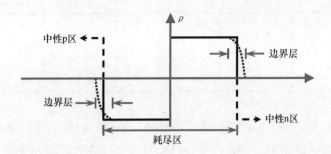

图 2.20　大部分载流子溢出（虚线）到耗尽区外，在中性体区边界形成一个宽度
约 $3L_d$ 的边界层；L_d 是定义接合处突变性的德拜长度

注：$\rho \approx 0$，耗尽区外；$\rho \approx |N_a - N_d|$，耗尽区内；边界层扩展 $\approx 3L_d$。

2.3.5　pn 结上的载流子输运

在考虑 pn 结的 $I-V$ 特性时，用准费米势代替本征势更为方便。在 2.2.7.2 节中，掺杂半导体的电子和空穴电流密度 J_n 和 J_p 分别用准费米势 [式（2.78）] 表示，如下所示：

$$J_n = -qn\mu_n \frac{d\phi_n}{dx}$$

$$J_p = -qp\mu_p \frac{d\phi_p}{dx} \tag{2.105}$$

式中，ϕ_n 和 ϕ_p 分别是式（2.40）和式（2.41）中定义的电子和空穴的准费米势，由下式给出：

$$\phi_n = \phi_i - v_{kT}\ln\left(\frac{n}{n_i}\right)$$

$$\phi_p = \phi_i + v_{kT}\ln\left(\frac{p}{n_i}\right) \tag{2.106}$$

2.3.5.1　少数载流子浓度与结电势的关系

在正向偏压 V_d 下，对多数载流子流的势垒减小，电子从 n 区注入 p 区，空穴从 p 区注入 n 区。从 n 区到 p 区的电子在 p 区变为少数载流子。类似地，从 p 区到 n 区的空穴在 n 区变为少数载流子。因此，少数载流子行为对于理解 pn 结的行为具有十分重要的意义。如果给予足够的时间，穿过势垒注入的少数载流子将趋向于复合。它们也会倾向于扩散离开结区。

为了计算热平衡条件下的 pn 结电流，我们考虑 n_{n0} 和 p_{p0} 分别作为中性 n 区和 p 区的平衡多数载流子浓度；n_{p0} 和 p_{n0} 分别是中性 p 区和 n 区的平衡少数载流子电子和空穴浓度，如图 2.21 所示。然后，根据在 2.2.4.3 节中对载流子浓度的讨论，我们得到在中性 n 区

$$n_{n0} \cong N_d; \quad p_{n0} \cong \frac{n_i^2}{N_d} \tag{2.107}$$

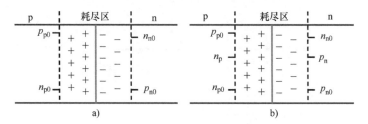

图 2.21 小注入下耗尽区边缘的载流子浓度：a）平衡态 pn 结，其中 p_{p0} 和 n_{n0} 分别是
p 型和 n 型区的平衡多子空穴和电子浓度，而 n_{p0} 和 p_{n0} 分别是 p 型和 n 型区的平衡少子电子和空穴浓度；
b）在 p 体区和 n 体区分别注入少子 n_p 和 p_n 后的 pn 结

在中性 p 区

$$p_{p0} \cong N_a; \quad p_{p0} \cong \frac{n_i^2}{N_a} \tag{2.108}$$

现在，根据式（2.85），pn 结中的平衡载流子浓度由下式给出：

$$\phi_{bi} = \begin{cases} v_{kT} \ln\left(\dfrac{n_{n0}}{n_{p0}}\right), & \text{按电子浓度} \\[3mm] v_{kT} \ln\left(\dfrac{p_{p0}}{p_{n0}}\right), & \text{按空穴浓度} \end{cases} \tag{2.109}$$

然后，由式（2.109），可以写出平衡态下 pn 结的多数载流子表达式

$$n_{n0} = n_{p0} \exp\left(\frac{\phi_{bi}}{v_{kT}}\right)$$

$$p_{p0} = p_{n0} \exp\left(\frac{\phi_{bi}}{v_{kT}}\right) \tag{2.110}$$

现在，在所施加的偏压 V_d 下，我们用（$\phi_{bi} \pm V_d$）代替 ϕ_{bi}；因此，根据式（2.110），非平衡载流子浓度由下式给出：

$$n_n = n_p \exp\left(\frac{\phi_{bi} - V_d}{v_{kT}}\right)$$

$$p_p = p_n \exp\left(\frac{\phi_{bi} - V_d}{v_{kT}}\right) \tag{2.111}$$

式中，n_p 是中性 p 区耗尽区边缘的非平衡少数载流子电子浓度，如图 2.21b 所示；p_n 是中性 n 区耗尽区边缘的非平衡少数载流子空穴浓度，如图 2.21b 所示。

现在，我们进一步假设小注入，即注入的载流子密度低于背景浓度（$n_p \ll p_{p0}$，$p_n \ll n_{n0}$；），因此 $n_n = n_{n0}$ 和 $p_p = p_{p0}$。然后，由式（2.110）和式（2.111）得到

$$n_p = n_{p0} \exp\left(\frac{V_d}{v_{kT}}\right)$$

$$p_n = p_{n0} \exp\left(\frac{V_d}{v_{kT}}\right) \qquad (2.112)$$

在式（2.112）中，n_p 和 p_n 分别是在 p 区和 n 区耗尽区边缘处注入的少数载流子浓度。式（2.112）中的每个表达式定义了在施加偏压下空间电荷区边缘的少数载流子密度，并且是控制 pn 结的最重要的边界条件。每一个都将耗尽层边界处的少数载流子浓度与其热平衡值和结上的外加电压联系起来。式（2.112）既适用于正向偏置（$V_d > 0$）结，在 $x = -x_p$ 处产生 $n_p \gg n_{p0}$，在 $x = x_n$ 处产生 $p_n \gg p_{n0}$，也适用于反向偏置（$V_d < 0$）结，在 $x = -x_p$ 处产生 $n_p \ll n_{p0}$，在 $x = x_n$ 处产生 $p_n \ll p_{n0}$。式（2.112）中的表达式也可以表示为

$$n_p = \frac{n_i^2}{p_{p0}} \exp\left(\frac{V_d}{v_{kT}}\right)$$
$$\qquad (2.113)$$
$$p_n = \frac{n_i^2}{n_{n0}} \exp\left(\frac{V_d}{v_{kT}}\right)$$

同样，对于 p 区的小注入：$p_{p0} = p$，$n_p = n$；类似地，在 n 区：$n_{n0} = n$，$p_n = p$。因此，由式（2.113）得出

$$pn = n_i^2 \exp\left(\frac{V_d}{v_{kT}}\right) \qquad (2.114)$$

式（2.114）定义了如图 2.21 所示的外加电压 V_d 下耗尽边缘载流子的 pn 乘积。因此，pn 结中的外加偏置建立了如图 2.22 所示的以下过程：

- 中性 n 区和 p 区中注入的载流子瞬间与每个区域中各自的多数载流子建立起电场；
- 每个瞬时场在各自的区域吸引多数载流子；
- 这些多数载流子中和注入的载流子，并重新建立起电中性；
- 当这个过程继续进行时，注入的少数载流子扩散到 n 区和 p 区，也就是说，复合过程在一定距离内发生。

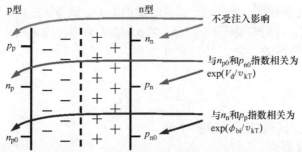

图 2.22　外加偏置下 pn 结中的载流子，显示了对内建电势和外加偏置的相应依赖性；假设为小注入

pn 结各区域载流子分布如图 2.23 所示。虚线所示的多数载流子浓度保持不变，而少数载流子浓度呈指数衰减，并在结的每一侧接近平衡浓度。

注入的过剩载流子在过剩载流子浓度区产生瞬时电场 E。那么，n 区中由该漂移电场产生的电流为 $J_{n,drift} = q\mu_n nE$ ［式（2.45）］，对于多数载流子电子；以及 $J_{p,drift} = q\mu_p pE$ ［式

(2.47)]，对于少数载流子空穴。因为在 n 区，$n \gg p$，所以空穴漂移电流在中性 n 区可以忽略不计。同样，在中性 p 区，电子漂移电流可以忽略不计。因此，注入的少数载流子主要通过扩散移动，而多数载流子通过漂移被拉到结上。由于注入的少数载流子控制着 pn 结中的电流，pn 结中的电流可看作仅为扩散电流。因此，我们看到少数载流子确实控制了 pn 结的行为。

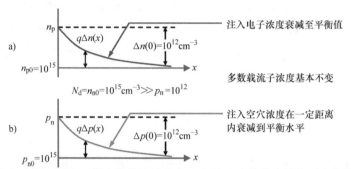

图 2.23　小注入时外加偏置 pn 结中的载流子分布：a) 注入少数载流子电子在中性 p 区的衰减；b) 注入少数载流子空穴在中性 n 区的衰减；注入载流子浓度 $1 \times 10^{12}\,\mathrm{cm}^{-3}$ 远低于多数载流子浓度 $1 \times 10^{15}\,\mathrm{cm}^{-3}$

2.3.6　pn 结 $I-V$ 特性

我们在 2.3.1 节中讨论了平衡 pn 结上电子和空穴浓度梯度引起的载流子扩散被耗尽区内建电场抵消。结果，由于内建电场引起的电流漂移分量被通过结的电流扩散分量完全平衡，pn 结中的净电流为零。然而，当施加外部电压时，这些电流分量不再平衡，有净电流在 pn 结中流动。如果载流子是由光或其他外部方法产生的，热平衡就会受到干扰，电流也会在 pn 结中流动。在本节中，将论述在 pn 结中归因于外部施加电压的电流流动。

我们考虑正向偏压 pn 结（在 p 区施加正偏压，在 n 区施加负偏压）。那么，电子从 n 侧注入 p 侧，空穴从 p 侧注入 n 侧。如果耗尽区的产生和复合可以忽略不计，则离开 p 侧的空穴电流与进入 n 侧的空穴电流相同。类似地，离开 n 侧的电子电流等于进入 p 侧的电子电流。为了确定 pn 结中的总电流，我们需要确定进入 pn 结 p 侧的空穴电流或进入 n 侧的电子电流。

描述 pn 结 $I-V$ 特性的出发点是连续性方程。根据式（2.81），电子连续性方程如下所示：

$$-\frac{\partial n}{\partial t} = -\frac{1}{q}\frac{\partial J_n}{\partial x} + (G_n - R_n) \tag{2.115}$$

式中，R_n 和 G_n 分别是电子的复合率和产生率。

式（2.115）可改写为

$$\frac{\partial n}{\partial t} = \frac{1}{q}\frac{\partial J_n}{\partial x} - \frac{n - n_0}{\tau_n} \tag{2.116}$$

式中，τ_n 是用过剩电子浓度定义的电子寿命；n 大于式（2.63）和式（2.69）中的热平衡值 n_0，并由下式给出：

$$\tau_n \equiv \frac{n - n_0}{R_n - G_n} \tag{2.117}$$

现在，将式（2.76）中的 J_n 代入式（2.116）中，可以得到

$$\frac{\partial n}{\partial t} = n\mu_n \frac{\partial E}{\partial x} + \mu_n E \frac{\partial n}{\partial x} + D_n \frac{\partial^2 n}{\partial x^2} - \frac{n - n_0}{\tau_n} \tag{2.118}$$

式（2.118）是一般公式，它可在适当的边界条件下求解，以导出在外加偏压下通过 pn 结的电子电流的表达式。

现在，为了计算 pn 结中的电流，我们假设注入的少数载流子仅通过扩散离开耗尽区，即扩散近似。此外，我们还做出以下假设来计算 pn 结电流：

1）突变结分布适用；

2）耗尽近似有效；

3）体区保持低注入；

4）在耗尽区没有发生产生 – 复合；

5）在体区中没有电压降，所以 V_d 作用在整个耗尽区上；

6）耗尽区外的体 p 区和 n 区的宽度分别比空穴和电子的少子扩散长度 L_p 和 L_n 长得多（长基二极管）。

在上述简化假设下，通过理想 pn 结的电流可以表示为

$$I_d = I_s \left[\exp\left(\frac{V_d}{v_{kT}} \right) - 1 \right] \tag{2.119}$$

式（2.119）中的参数 I_s 称为反向饱和电流，由下式给出：

$$I_s = \begin{cases} qA_d n_i^2 \left[\dfrac{D_p}{N_d L_p} + \dfrac{D_n}{N_a L_a} \right]; & W_n > L_p \text{ 和 } W_p > L_n \\[3mm] qA_d n_i^2 \left[\dfrac{D_p}{N_d W_n} + \dfrac{D_n}{N_a W_p} \right]; & W_n < L_p \text{ 和 } W_p < L_n \end{cases} \tag{2.120}$$

式中，A_d 是 pn 结的有效面积；W_n 和 W_p 分别是中性 n 区和 p 区的宽度；D_n 和 D_p 分别是少数载流子电子和空穴的扩散系数；L_n 和 L_p 分别是少数载流子电子和空穴扩散长度。

实际的 pn 结可能是处于两者中间的情况，即 $W_n > L_p$ 并且 $W_p < L_n$，反之亦然。不论是哪种情形，结的轻掺杂侧在很大程度上决定了式（2.119）中的二极管电流 I_d。图 2.24 显示了 pn 结的典型 $I - V$ 特性。

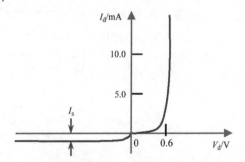

图 2.24　典型 pn 结的电流 – 电压特性：I_s 是反向饱和电流；器件传导需要外加约 0.6V 的电压来克服内建电势

2.3.6.1　pn 结泄漏电流的温度依赖性

从式（2.120）中，我们看到电子和空穴扩散电流的温度依赖性由参数 n_i^2 的温度依赖性决定，该参数与 $\exp(-E_g/kT)$ 成正比，如式（2.14）所示，其中 E_g 是带隙能量。然后将式（2.14）中的 $n_i(T)$ 代入式（2.120），我们可以得到 I_s 相对于参考温度 T_{NOM} 的温度依赖性为

$$I_s(T) = I_s(T_{NOM}) \left(\frac{T}{T_{NOM}} \right)^3 \exp\left(\frac{E_g(T_{NOM})}{kT_{NOM}} - \frac{E_g(T)}{kT} \right)$$

$$= I_s(T_{NOM}) \left(\frac{T}{T_{NOM}} \right)^{XTI} \exp\left(\frac{E_g(T_{NOM})}{kT_{NOM}} - \frac{E_g(T)}{kT} \right) \qquad (2.121)$$

式中，$XTI = 3$ 用作拟合参数，用以解释 pn 结性能与理想公式的任何偏差。

为了简化 pn 结模型以便用于电路分析，式（2.121）表示为

$$I_s(T) = I_s(T_{NOM}) \cdot \exp\left[\frac{\dfrac{E_g(T_{NOM})}{kT_{NOM}} - \dfrac{E_g(T)}{kT} + XTI\ln\left(\dfrac{T}{T_{NOM}}\right)}{NJ} \right] \qquad (2.122)$$

式中，XTI 和 NJ 是温度指数系数拟合参数，用以优化 pn 结在相对于参考温度 T_{NOM} 的任意温度 T 下的性能。

2.3.6.2　pn 结电流方程的局限性

由式（2.119）给出的 pn 结电流的理想表达式准确地描述了 pn 结在一定外加电压范围内的特性。然而，在正向和反向偏置两种模式下，理想方程（2.119）都会在一个很大范围内变得不准确。

正向偏置硅 pn 结二极管的电流 - 电压特性如图 2.25 所示，其中理想二极管电流用虚线表示。图中显示了两个不同的非理想行为区域，这归因于实际的器件效应。在推导式（2.119）时，我们假设所有少数载流子都会通过耗尽区（假设 4）。然而，在实际器件中，其中一些载流子通过陷阱中心复合掉，这一点必须考虑到。然后，利用 SRH 产生和复合理论，可以证明空间电荷复合电流 I_{rec} 为

$$I_{rec} = \frac{qA_d n_i W}{2\tau_{rec}} \exp\left(\frac{V_d}{2v_{kT}} \right) \qquad (2.123)$$

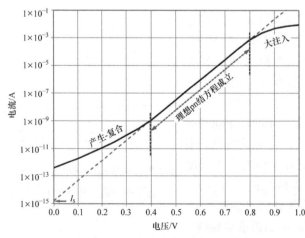

图 2.25　实际 pn 结的正向特性：该图分别显示了由于产生 - 复合和大注入，
在小电流和大电流下理想电流方程的偏离

在式（2.123）中，τ_{rec}是与耗尽区过剩载流子复合相关的寿命。这里，τ_{rec}与中性区中的τ_n和τ_p（2.2.6.2 节）相似，但通常大于τ_n和τ_p，约等于$2\sqrt{\tau_p\tau_n}$。因此，pn 结的总饱和电流是式（2.120）和式（2.123）中给出的电流之和。结果是总电流比理想方程（2.119）预测的大，特别是在小电流水平下。一般来说，中性区扩散电流将小于I_{rec}，直到V_d达到约 0.4V 为止。因此，在非常小的电流水平下，I_{rec}在硅二极管中占主导地位，而在更大的电流水平下，I_{rec}可以忽略不计。

在大电流水平下，注入的少数载流子密度与多数载流子浓度相当（大注入），因而，假设 3 是无效的。对于大注入，多数载流子浓度显著增加，超过其平衡值，从而引起了一个电场。因此，在这种情况下，必须同时考虑电流的漂移和扩散分量。电场的存在会导致该区域的电压降，从而降低结上的有效外加电压，使得电流比预期的更低。可以看出，在大注入条件下，二极管电流I_d由下式给出：

$$I_d = \frac{qA_d n_i D_p}{W}\exp\left(\frac{V_d}{2v_{kT}}\right)\quad（大注入）\tag{2.124}$$

式（2.124）表明大电流取决于（1/2）v_{kT}而不是 $1/v_{kT}$，如图 2.25 所示。因此，根据施加的正向电压的大小，通过 pn 结的电流可以用经验表达式表示为

$$I_d = I_s\left[\exp\left(\frac{V_d}{n_E v_{kT}}\right)-1\right]\tag{2.125}$$

式中，n_E被称为理想因子，是实际和理想的$I-V$曲线偏差的量度。

在式（2.125）中，当复合电流占主导地位或存在大注入时，$n_E = 2$；当扩散电流占主导地位时，$n_E = 1$。

在反向偏置 pn 结的情况下，图 2.26 显示了通过 pn 结的电流，其中I_s是归因于理想 pn 结式（2.119）的电流。很明显，实际 pn 结中的电流并不像式（2.119）所预测的那样饱和于$-I_s$。这是因为当 pn 结反向偏置时，耗尽区会产生电子－空穴对，而这一点在理想 pn 结式中被忽略了。实际上，因为载流子浓度小于它们的热平衡值，所以产生电流占主导地位。再次，利用 SRH 理论，可以证明产生电流I_{gen}是

$$I_{gen} = \frac{qA_d n_i W_d}{2\tau_{gen}}\tag{2.126}$$

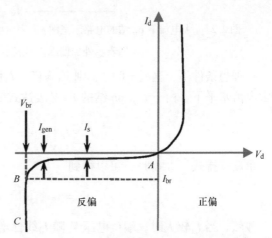

图 2.26　实际 pn 结的反向特性：V_{br}和I_{br}分别为击穿电压和击穿电流；I_s是理想的反向饱和电流；I_{gen}是耗尽区的产生电流

式中，τ_{gen}是耗尽区载流子的产生寿命，当$\tau_p = \tau_{gen}$时，约等于$2\tau_p$。注意，虽然I_s与n_i^2成比例，但I_{gen}仅与n_i成比例。因此，当n_i较小时，I_{gen}将占主导地位，在室温和低温下也是如此。此外，由于空间电荷宽度

W_d 随着反向偏置的二次方根而增加 [式（2.103）]，因此产生电流随着反向偏置电压而增加，如图 2.26 所示。因此，将 I_{gen} 考虑在内，总反向电流 I_r 变为 $I_r \equiv -I_d = -(I_s + I_{gen})$。该 I_r 值与反向电流的测量值非常吻合，并且在实际制造的平面硅 pn 结中提供了正确的反向电流 - 电压关系。

在实际 pn 结中，有第三个泄漏电流分量，称为表面泄漏电流 I_{sl}。这种电流可以被视为 I_{gen} 在表面处的特例，在氧化物 - 硅界面上的高浓度位错，通常称为快表面态，比体区存在的位错提供了更多的产生中心。它与工艺高度相关，是造成泄漏电流变化很大的原因。与体复合 - 产生率相比，表面的工艺缺陷和电致缺陷通常会增加一个数量级的产生率。在这种情况下，I_{sl} 控制着 I_r 的其他成分，因此与 I_{gen} 和 I_s 之和预测的相比，I_{sl} 是造成 pn 结中更大泄漏电流的原因。由于 n_i 项的存在，泄漏电流与温度高度相关。此外，请注意，产生限制泄漏电流与 n_i 成正比，而扩散限制泄漏电流与 n_i^2 成正比。

2.3.6.3 体电阻

在大电流水平下，体电阻和金属硅接触电阻会产生显著的电压降（使假设 5 失效），使 pn 结上的电压变小，从而产生较小的电流。在理论分析中，通常将体电阻和接触电阻合并成一个电阻，称为串联电阻 r_s。因此，如果 V_d 是施加在 pn 结端口上的电压，V_d' 是产生电流 I_d 的结电压，如图 2.27 所示，我们得到

$$V_d = V_d' + r_s I_d \tag{2.127}$$

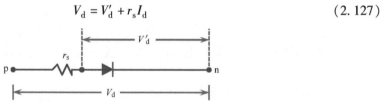

图 2.27　大电流下 pn 结的电路示意图：r_s 表示由于接触区和中性体区引起的器件总电阻，
V_d 表示外加偏压，V_d' 表示通过 pn 结的电压降

在理想条件下，当 $r_s = 0$ 时，则 $V_d = V_d'$，I_d 由式（2.119）或式（2.125）给出。然而，在大电流水平下，由于 r_s，pn 结的 $I-V$ 表达式变为

$$I_d = I_s \left[\exp\left(\frac{V_d - I_d r_s}{n_E v_{kT}} \right) - 1 \right] \tag{2.128}$$

重新安排式（2.128），可以得到

$$V_d = n_E v_{kT} \ln\left(1 + \frac{I_d}{I_s} \right) + I_d r_s \tag{2.129}$$

显然，当 I_d 较大时，端口电压 V_d 随 I_d 线性增加，因为 pn 结中性区的电压降 $I_d r_s$ 的增加快于式（2.129）中的对数项。

2.3.6.4 结击穿电压

从式（2.126）可以看出，pn 结的反向（或泄漏）电流取决于 W_d，而 W_d 又取决于反向偏压 $V_d = V_r$ [式（2.101）]。此外，我们从式（2.102）中注意到，耗尽区的电场随着 V_r 的增加而增加。当电场达到与反向电压 $V_r = V_{br}$（称为击穿电压）相对应的某个临界值 E_c 时，

反向偏压的小幅度增加会导致电流的极大增加, 如图 2.26 (区域 BC) 所示。这种现象通常被称为击穿条件, 是器件设计中要考虑的最重要因素。当通过耗尽区的载流子获得足够的能量, 碰撞电离产生新的电子-空穴对时, 就会发生击穿[24,29,30]。新产生的电子-空穴对还可以从电场中获得足够的能量来产生额外的电子-空穴对。由于电子和空穴的运动方向相反, 载流子在到达接触电极之前, 可以在耗尽区倍增几次。这个倍增过程产生雪崩效应。由此产生的击穿电压 V_{br} 称为雪崩击穿电压, 并可使用 $V_d = -V_r$ 从式 (2.102) 中获得, 这样

$$E_{max} = \sqrt{\frac{2q}{K_{si}\varepsilon_0}\frac{N_a N_d}{(N_a + N_d)}(\phi_{bi} + V_r)} \tag{2.130}$$

在击穿条件下: $E_{max} = E_c$ 是发生击穿的临界电场, $V_r = V_{br}$; 由于 $V_{br} >> \phi_{bi}$, 我们可以安全地忽略式 (2.130) 中的 ϕ_{bi}, 以获得 pn 结的击穿电压表达式

$$V_{br} = \frac{K_{si}\varepsilon_0 E_c^2}{2q}\left(\frac{1}{N_a} + \frac{1}{N_d}\right) \tag{2.131}$$

式 (2.131) 表明, 无论是 n 区还是 p 区掺杂的任何增加, 都会导致击穿电压 V_{br} 的降低。此外, 还表明 V_{br} 受掺杂区 N_b 浓度的控制, 并与 $1/N_b$ 成正比。在特定的 pn 结中, V_{br} 通常随 $N_b^{-2/3}$ 变化[14]。对于中等掺杂硅 ($1 \times 10^{14} \sim 1 \times 10^{16} cm^{-3}$), E_c 约为 $4 \times 10^5 V \cdot cm^{-1}$, 并且对于一级近似, V_{br} 的值与掺杂无关[31]。

如果 pn 结两侧都是重掺杂 ($N_b > 1 \times 10^{18} cm^{-3}$), 则耗尽层非常窄。载流子不能在耗尽区获得足够的能量, 因此不可能发生雪崩击穿。然而, 在耗尽区, 电场很高, E_{max} 值接近 $1 \times 10^6 V \cdot cm^{-1}$。在这种反向偏压下的重掺杂 p^+n^+ 结中, p^+ 侧价带中的电子通过禁带隧穿进入 n^+ 侧的导带中。这种隧穿过程可以用一个粒子穿过一个三角形势垒来近似, 这个势垒的高度比它的能量要高出半导体带隙 E_g[15,32,33]。这种隧穿过程增加了电流, 导致结击穿。这种击穿机制称为齐纳击穿。然而, 在 FinFET 器件的源漏 pn 结中, 雪崩击穿占主导地位[15]。

2.3.7 pn 结动态特性

pn 结经常受到变化电压的影响。在这种动态工作中, pn 结中的电荷会发生变化, 从而产生额外的电流, 由于存储的电荷, 静态电流 [式 (2.125)] 无法预测这一额外电流。pn 结中存储的电荷有两种: ①由于结两侧的耗尽区或空间电荷区而产生的电荷 Q_{dep}; ②由于少数载流子注入而产生的电荷 Q_{dif}。后者由代表 p_n (或 n_p) 的曲线与平衡 p_{n0} (或 n_{p0}) 之间的面积给出, 如图 2.23 所示。这两种类型的存储电荷产生两种类型的电容, 即 Q_{dep} 引起的结电容 C_j 和 Q_{dif} 引起的扩散电容 C_{dif}, 分别在下面的 2.3.7.1 节和 2.3.7.2 节中讨论。

2.3.7.1 结电容

在 pn 结中, 施加电压的微小变化引起耗尽电荷 Q_{dep} 的增量变化, 这归因于耗尽宽度的相应变化。如果施加的电压恢复到原来的值, 载流子的流动方向使得先前的电荷增量被抵消。pn 结对增量电压的响应因此产生有效电容 C_j, 称为过渡电容、结电容或耗尽层电容。我们知道单位面积电容定义为由外加电压 dV_d 引起的单位面积电荷增量 dQ_{dep}。因此, 可以写出

$$C_j = \frac{\mathrm{d}Q_{\mathrm{dep}}}{\mathrm{d}V_d} \qquad (2.132)$$

根据式（2.92），考虑到 $Q_{\mathrm{dep}} = qN_a x_p = qN_d x_n$，可以得到

$$C_j = qN_a \frac{\mathrm{d}x_p}{\mathrm{d}V_d} = N_d \frac{\mathrm{d}x_n}{\mathrm{d}V_d} \qquad (2.133)$$

然后使用式（2.95）或式（2.96），单位面积的 pn 结电容可以表示为

$$C_j = \sqrt{\frac{qK_{si}\varepsilon_0}{2(\phi_{bi} - V_d)}\left(\frac{N_a N_d}{N_a + N_d}\right)} \qquad (2.134)$$

式（2.134）是根据 pn 结的物理参数计算阶跃分布的二极管电容的表达式。然而，式（2.134）适用于 $V_d < \phi_{bi}$，即仅适用于反向偏压。比较式（2.134）和式（2.101），可以得出 C_j 的表达式为

$$C_j = \frac{K_{si}\varepsilon_0}{W_d} \qquad (2.135)$$

式（2.135）说明结电容相当于平行板电容器的结电容［式（2.99）］，硅作为电介质，间隔距离为耗尽宽度 W_d。尽管式（2.134）的推导是基于阶跃分布，但可以证明该关系对任何任意掺杂分布都是有效的。

需要指出的是，虽然 pn 结电容可以用平行板电容公式计算，但这两种电容器之间存在差异。实际的平行板电容与施加的电压无关，而式（2.134）给出的 pn 结电容通过 W_d 变得与电压有关［式（2.101）］。因此，pn 结中的总电荷不能简单地用电容乘以外加电压来获得，尽管用电压的微小变化乘以瞬时电容值仍然可以获得电荷的微小变化。另一个区别是在 pn 结中，过渡区的偶极子在 n 侧耗尽区带正电荷，在 p 侧耗尽区带负电荷，而在平行板电容器中，偶极子中电荷之间的间隔要小得多，并且它们均匀地分布在整个介质中。

对于单边突变结，例如 $N_d \gg N_a$ 的 $\mathrm{n}^+\mathrm{p}$ 二极管，式（2.134）可简化为

$$C_j = \sqrt{\frac{qK_{si}\varepsilon_0 N_a}{2(\phi_{bi} - V_d)}} \qquad (2.136)$$

为了简化 pn 结电容估计，用平衡态下与偏置无关的参数 C_{j0} 来表示 C_j 是很方便的，即在 $V_d = 0$ 时的估计值。然后，由式（2.134）可以得出

$$C_{j0} = \sqrt{\frac{qK_{si}\varepsilon_0}{2\phi_{bi}}\left(\frac{N_a N_d}{N_a + N_d}\right)} \qquad (2.137)$$

然后将式（2.137）代入式（2.134），pn 结的结电容由下式给出：

$$C_j = \frac{C_{j0}}{\sqrt{1 - (V_d/\phi_{bi})}} \qquad (2.138)$$

在集成电路 pn 结中，掺杂分布既不是突变的，也不是在 C_j 推导中假设的线性缓变的，因此，为了计算实际器件的电容，我们用 m_j（称为结缓变系数）替换式（2.138）分母中的二分之一次幂，以获得 pn 结 C_j 的以下广义表达式：

$$C_j = \frac{C_{j0}}{[1 - (V_d/\phi_{bi})]^{m_j}} \tag{2.139}$$

对于集成电路 pn 结，m_j 的值在 0.2～0.6 之间。图 2.28 显示了结电容 C_j 与通过式（2.139）获得的外加偏压 V_d 之间的函数关系图。从图 2.28 可以看出，电容 C_j 随着反向偏压 $|V_d|$ 的增加而减小（$V_d < 0$）。然而，当 pn 结正向偏压（$V_d > 0$）时，电容 C_j 增加，并在 $V_d = \phi_{bi}$ 时变为无穷大，如图 2.28（曲线 1）所示。这是因为由于耗尽近似变得无效，式（2.139）不再适用。为了简化 VLSI 电路的计算机辅助设计（CAD），式（2.139）中导出的正向偏置 pn 结电容通过将分母级数展开进行简化，并由参考文献 [15，34] 给出

$$\left(1 - \frac{V_d}{\phi_{bi}}\right)^{-m_j} = 1 + m_j \frac{V_d}{\phi_{bi}} + \cdots \tag{2.140}$$

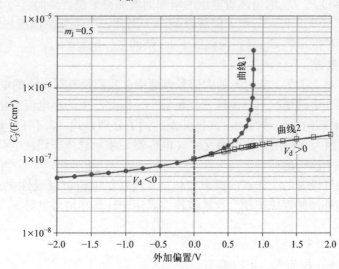

图 2.28　通过使用式（2.141）中的表达式获得的 pn 结结电容图：为确保 pn 结正向偏置时电路模拟的收敛性，使用解析表达式获得反向偏置和 $V_d < \phi_{bi}$ 时的曲线 1 以及正向偏置的曲线 2

然后，忽略式（2.140）中的高阶项，我们可以将 pn 结的 C_j 在整个外加偏压 V_d 范围内表示为

$$C_j = \begin{cases} C_{j0}\left(1 - \dfrac{V_d}{\phi_{bi}}\right)^{m_j}, & V_d < 0 \\[3mm] C_{j0}\left(1 + m_j \dfrac{V_d}{\phi_{bi}}\right), & V_d > 0 \end{cases} \tag{2.141}$$

2.3.7.2　扩散电容

pn 结的扩散电容 C_{dif} 是由于与体区过剩载流子注入相关的存储电荷密度 Q_{dif} 随外加正向偏压的增量变化。C_{dif} 被称为扩散电容，因为少数载流子通过扩散通过体区。由于 Q_{dif} 与电流 I_d 成正比，对于 $n^+ p$ 结，可以写出

$$Q_{\text{dif}} = \frac{1}{A_d}\tau_p I_d \tag{2.142}$$

式中，τ_p 是少数载流子空穴寿命。

对于短基 pn 结，用 pn 结的载流子渡越时间 τ_t 代替 τ_p。然而，在长基 pn 结的情况下，渡越时间是过剩的少数载流子寿命。对式（2.142）进行微分，可以得到

$$C_{\text{dif}} = \frac{\mathrm{d}Q_{\text{dif}}}{\mathrm{d}V_d} = \frac{\tau_p I_s}{A_d v_{kT}}\exp\left(\frac{V_d}{v_{kT}}\right) \tag{2.143}$$

在推导式（2.143）中单位面积的 C_{dif} 时，我们使用了式（2.119）作为 I_d。更精确的推导表明，C_{dif} 的值是式（2.143）得出的值的一半。

应该注意的是，与 C_j [式（2.141）] 相比，在正向偏压 V_d（$=V_f$）下，由于对 V_d 的指数依赖 [式（2.143）]，C_{dif} 的值随着电压的增加而增加得更快。然而，与 C_{dif} 相比，在反向偏压下，C_j 随着 V_d（$=-V_r$）的增大而缓慢减小。因此，C_j 是反向偏压和低正向偏压下 pn 结的主导电容，而扩散电容 C_{dif} 是正向偏压下 pn 结的主导电容。

2.3.7.3 小信号电导

在 2.3.7.1 节和 2.3.7.2 节讨论的大信号模型中，我们没有对允许的电压变化施加任何限制。然而，在某些电路情况下，电压变化足够小，因此产生的小电流变化可以用线性关系表示。这被称为 pn 结的小信号行为。线性关系的例子分别是式（2.141）和式（2.143）中的电容 C_j 和 C_{dif}，因为它们用线性电路元件（电容器）表示总体非线性电荷存储效应，尽管我们没有给它们贴上这样的标签。

对于由直流条件设置的工作点的微小变化，非线性结电流可以线性化，使得 pn 结中的增量电流与增加的外加偏置成正比。这种线性关系用于计算小信号电导 g_d

$$g_d = \frac{\mathrm{d}I_d}{\mathrm{d}V_d} \tag{2.144}$$

使用式（2.119）作为 I_d，可以得到

$$g_d = \frac{I_s}{v_{kT}}\exp\left(\frac{V_d}{v_{kT}}\right) = \frac{1}{v_{kT}}(I_d + I_s) \tag{2.145}$$

式（2.145）清楚地表明，g_d 与工作点的直流特性斜率成正比。当二极管正向偏置时，I_d 比 I_s 大得多，因此 g_d 与 I_d 成正比。然而，当二极管反向偏置时，$I_d = -I_s$，因此，根据式（2.145），g_d 变为零。在实际 pn 结中，在反向偏压条件下，$g_d \neq 0$，这是由于产生电流 I_{gen} [式（2.126）] 是主要的导电机制。

2.3.8 pn 结等效电路

图 2.29 显示了 pn 结的典型小信号等效电路。在图 2.29 中，r_s 表示中性 n 区和 p 区欧姆降引起的串联电阻，C_j 是结电容，C_d 是少数载流子通过中性区扩散引起的扩散电容，g_d 是 pn 结的小信号电导。

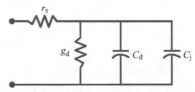

图 2.29   显示了相关电路元件的 pn 结等效电路：r_s 是中性 n 区和 p 区的串联电阻；C_j 是结电容；C_d 是扩散电容；g_d 是小信号电导

2.4　小结

　　本章简要介绍了基本的半导体物理和非本征半导体形成 pn 结的理论，以便对 FinFET 器件和技术有基本的理解。首先，讨论了本征半导体材料的基本性质，包括键和能带结构、本征载流子浓度和能级。然后介绍了非本征半导体的行为、电子和空穴的载流子统计、载流子输运和半导体基本方程。在讨论了 p 型和 n 型半导体之后，简要介绍了 n 型和 p 型半导体形成 pn 结的工作原理。然后讨论了 pn 结的静电特性和动态特性。最后给出了一个典型 pn 结的基本等效电路模型。

物理常数

物理量	符号	数值	单位
电子电荷	q	1.602×10^{-19}	C
自由电子质量	m	9.11×10^{-28}	g
玻尔兹曼常数	k	1.38×10^{-23}	$J \cdot K^{-1}$
		8.62×10^{-5}	$eV \cdot K^{-1}$
普朗克常数	h	6.25×10^{-34}	$J \cdot s$
真空介电常数	ε_0	9.854×10^{-14}	$F \cdot cm^{-1}$
300K 热电压	$kT/q = v_{kT}$	0.02586	V
300K 热能	kT	0.02586	eV

参 考 文 献

1. B.G. Streetman and S.K. Banerjee, *Solid State Electronic Devices*, 7th edition, Prentice Hall, Englewood Cliffs, NJ, 2014.
2. S.M. Sze and K.K. Ng, *Physics of Semiconductor Devices*, John Wiley & Sons, New York, 2007.
3. Y. Taur and T.H. Ning, *Fundamentals of Modern VLSI Devices*, Cambridge University Press, Cambridge, 1998.
4. M. Shur, *Physics of Semiconductor Devices*, Prentice Hall, Englewood Cliffs, NJ, 1990.
5. M. Zambuto, *Semiconductor Devices*, McGraw-Hill, New York, 1989.
6. S. Wang, *Fundamentals of Semiconductor Theory and Devices*, Prentice Hall, Englewood Cliffs, NJ, 1989.
7. E.S. Yang, *Microelectronic Devices*, McGraw-Hill, New York, 1988.
8. R.F. Pierret, *Advanced Semiconductor Fundamentals*, Addison-Wesley, Reading, MA, 1987.
9. R.S. Muller and T.I. Kamins, *Device Electronics for Integrated Circuits*, John Wiley & Sons, New York, 1986.
10. R.M. Warner, Jr. and B.L. Grung, *Transistors–Fundamentals for the Integrated Circuit Engineer*, John Wiley & Sons, New York, 1983.
11. R.A. Smith, *Semiconductors*, 2nd edition, Cambridge University Press, London, 1978.
12. A.S. Grove, *Physics and Technology of Semiconductor Devices*, John Wiley & Sons, New York, 1967.
13. G.W. Neudeck, *The PN Junction Diode*, Addison-Wesley, Reading, MA, 1989.

14. D.J. Roulston, *Bipolar Semiconductor Devices*, McGraw-Hill, New York, 1990.
15. S.K. Saha, *Compact Models for Integrated Circuit Design: Conventional Transistors and Beyond*, CRC Press, Taylor & Francis Group, Boca Raton, 2015.
16. N. Arora, *MOSFET Models for VLSI Circuit Simulation: Theory and Practice*, Springer–Verlag, Vienna, 1993.
17. P. Balk, P.G. Burkhardt, and L.V. Gregor, "Orientation dependence of built-in surface charge on thermally oxidized silicon," *IEEE Proceedings*, 53(12), pp. 2133–2134, 1965.
18. M. Aoki, K. Yano, T. Masuhara, S. Ikeda, and S. Meguro, "Optimum crystallographic orientation of submicron CMOS devices." In: *International Electron Devices Meeting Technical Digest*, pp. 577–580, 1985.
19. S.O. Kasap, *Principles of Electronic Materials and Devices*, 4th edition, McGraw Hill Education, New York, 2018.
20. M.A. Green, "Intrinsic concentration, effective density of states, and effective mass in silicon," *Journal of Applied Physics*, 67(6), pp. 2944–2954, 1990.
21. L. Nagel and D. Pederson, "Simulation program with integrated circuit emphasis," University of California, Berkeley, Electronics Research Laboratory Memorandum No. UCB/ERL M352, 1973.
22. Y.P. Varshni, "Temperature dependence of energy gap in semiconductors," *Physica*, 34(1), pp. 149–154, 1967.
23. S.K. Ghandhi, *The Theory and Practice of Microelectronics*, Wiley, New York, 1984.
24. N.D. Arora, J.R. Hauser, and D.J. Roulston, "Electron and hole mobilities in silicon as a function of concentration and temperature," *IEEE Transactions on Electron Devices*, 29(2), pp. 292–295, 1982.
25. C. Jaconi, C. Canali, G. Ottaviani, and A.A. Quaranta, "A review of some charge transport properties of silicon," *Solid-State Electronics*, 20(2), pp. 77–89, 1977.
26. A. Fick, "Ueber Diffusion," *Annalen der Physik und Chemie*, 170(1), pp. 59–86, 1855.
27. W. Shockley and W.T. Read, "Statistics of the recombination of holes and electrons," *Physical Review*, 87(5), pp. 835–842, 1952.
28. R.N. Hall, "Electron-hole recombination in germanium," *Physical Review*, 87(2), pp. 387, July 1952.
29. S. Saha, C.S. Yeh, and B. Gadepally, "Impact ionization rate of electrons for accurate simulation of substrate current in submicron devices," *Solid-State Electronics*, 36(10), pp. 1429–1432, 1993.
30. S. Saha, "Extraction of substrate current model parameters from device simulation," *Solid-State Electronics*, 37(10), pp. 1786–1788, 1994.
31. G.W. Neudeck, *The PN Junction Diode*, vol. II, 2nd edition, Modular Series on Solid-State Devices, Addison-Wesley, Reading, MA, 1987.
32. C. Zener, "A theory of electrical breakdown of solid dielectrics," *Proceedings of the Royal Society of London*, A145(8555), pp. 523–529, 1934.
33. E.O. Kane, "Zener tunneling in semiconductors," *Journal of Physics and Chemistry of Solids*, 12(2), pp. 181–188, 1960.
34. N. Paydavosi, T.H. Morshed, D.L. Lu, *et al.*, *BSIM4v4.8.0 MOSFET Model User's Manual*, University of California, Berkeley, CA, 2013.

第 3 章

多栅金属－氧化物－半导体（MOS）系统

3.1 简介

金属－氧化物－半导体（MOS）结构，通常称为 MOS 电容器系统或 MOS 电容器，是一个双端器件，其中一个电极连接到金属，另一个电极连接到半导体，形成一个电压依赖型电容器。典型的 MOS 电容器可以是单栅（SG）或多栅系统。一种多栅结构，下文中称为"多栅"MOS 电容器，包含一个由栅极堆叠包围的半导体体区。栅极可以连接在一起，也可以电隔离。根据栅介质厚度的不同，这种结构可以是双栅（DG）、三栅（TG）或全围栅（GAA）MOS 系统[1]。最简单的多栅结构是由金属－氧化层－半导体－氧化层－金属结构构成的，即两个 MOS 电容器与一个顶栅、一个底栅和一个共用的半导体区并联。MOS 电容器是评价 Fin 场效应晶体管（FinFET）集成电路（IC）制造工艺和预测晶体管性能的一种非常有用的器件。因此，MOS 电容器结构被纳入用于集成电路工艺和器件表征的测试芯片中。

MOS 电容器一直是众多研究的热门课题，早期进展的详细描述可在参考文献［2］中找到。本章的主要目的是为本书第 5 章和第 10 章中描述的 FinFET 器件工作和数学公式的基本理解奠定基础。为了实现这一目标，我们首先讨论了多栅 MOS 电容器的行为，然后建立了电荷－电压（$Q-V$）关系，用于详细阐述 FinFET 器件性能和用于超大规模集成电路（VLSI）计算机辅助设计（CAD）的模型。除非另有规定，我们将假设 MOS 电容器的衬底是无掺杂（然而，不是本征）或轻掺杂硅。

3.2 平衡态下多栅 MOS 电容器

典型的多栅 MOS 电容器结构如图 3.1 所示。图 3.1a 显示了一种理想的多栅 MOS 电容器结构，其硅体厚度为 t_{si}，由栅氧化层和栅金属组成的栅堆包围；而图 3.1b 显示了一个 DG－MOS 电容器的理想二维（2D）结构，具有硅体、顶部金属栅（MG）极的顶栅氧化层，以及具有底部 MG 极的底栅氧化层。在图 3.1b 中，L_g 是 DG－MOS 电容器结构的栅极长度。在本章中，我们将使用图 3.1b 所示的 DG－MOS 电容器结构来发展多栅 MOS 电容器的基本理论。

为了讨论 MOS 电容器的基本工作，我们考虑理想 SG－MOS 电容器结构的 2D 横截面，

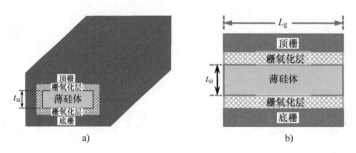

a)   b)

图 3.1   典型的多栅 MOS 电容器结构：a）一种理想的三维（3D）MOS 电容器系统，其硅体被包括栅氧化层和金属栅极的栅堆包围；b）在硅体的顶部和底部具有栅堆的理想二维（2D）MOS 电容器系统；t_{si} 是硅体的厚度

如图 3.2 所示。该结构包括 p 型（或 n 型）半导体衬底（例如硅）、介电层［如二氧化硅（SiO_2）栅介质］、金属或多晶硅栅，以及栅极（G）和体（背或块）电极（B），栅极和体电极分别用于在目标外加偏压 V_g 和 V_b 处使 MOS 电容器工作。通常，SiO_2 层在硅衬底上热生长，其典型厚度在 1～100nm 之间。栅极金属通过掩蔽、光刻和退火工艺形成在栅电介质的顶部[3-7]。体电极通过淀积熔敷金属获得，以实现欧姆接触。如果衬底导电足以支持位移电流，则图 3.2 中的结构形成平行板电容器，其中 G 为一个电极，B 为第二个电极，SiO_2 为电介质。这种结构称为 MOS 电容器系统。该系统在施加静态偏压的情况下处于热平衡状态，如果电压变化足够慢，则近似为常数。因此，使用平行板电容公式，我们可以将金属和硅表面之间每单位面积的氧化层电容（C_{ox}）写为

$$C_{ox} = \frac{\varepsilon_0 K_{ox}}{T_{ox}} = \frac{\varepsilon_{ox}}{T_{ox}} \qquad (3.1)$$

式中，ε_0 是自由空间或真空的介电常数；K_{ox} 是氧化层的介电常数；T_{ox} 是栅氧化层厚度；ε_{ox} 是氧化层的介电常数，$\varepsilon_{ox} = \varepsilon_0 K_{ox}$。

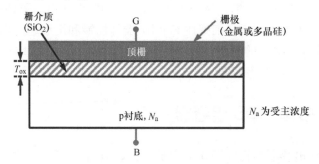

图 3.2   在掺杂浓度为 N_a 的均匀掺杂 p 型衬底上仅使用顶栅的理想 MOS 电容器结构的
2D 截面图；图中，G 和 B 分别表示用于对栅极和衬底体区施加偏置的栅端和体端

在本章中，我们将互换着使用 ε_{ox} 或 $\varepsilon_0 K_{ox}$ 来描述氧化层的介电常数，以便在适用的情况下简化数学表示。

为了研究 MOS 电容器的物理特性，首先，我们将在 3.2.1 节中讨论在形成 MOS 系统之

前的每种材料的特性。

3.2.1　孤立的金属、氧化物和半导体材料的特性

我们先考虑一下孤立的金属、氧化物和半导体（p 型硅）材料，然后再将它们接触形成 MOS 系统。每种材料的能带图如图 3.3 所示，其中 E_0 表示实用的参考能级，称为真空或自由电子能级。实际上，E_0 是孤立正电荷的库仑势变为零的能级。为了讨论 SiO_2 的材料特性，需要注意的是，SiO_2 层的带隙能量的报告值是在 $8.0 \sim 9.0\mathrm{eV}^{[2,5-10]}$ 的范围内。在图 3.3 中，我们使用 $8.0\mathrm{eV}$ 作为 SiO_2 的带隙能量来讨论 MOS 电容器的行为。形成 MOS 电容器的金属、氧化层和半导体的相关材料参数如图 3.3 所示，金属和半导体的功函数见 3.2.1.1 节。

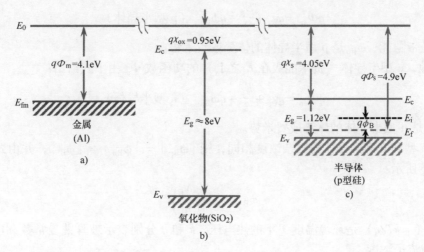

图 3.3　形成 MOS 电容器的三种不同材料的能带图：a）金属；b）理想 SiO_2；c）p 型硅衬底，$N_a = 1 \times 10^{15}\mathrm{cm}^{-3}$。
图中，E_0 是真空能级（参考能）；E_{fm} 是金属中的费米能级；Φ_m 是金属功函数；E_c 是导带的下边缘；
E_v 是价带的上边缘；E_f 是硅的费米能级；E_g 是禁带宽度（能隙）；E_i 是硅的本征能级；
χ_s 是硅中的电子亲和能；χ_{ox} 是氧化物中的电子亲和能；Φ_s 是半导体功函数；
ϕ_B 是半导体体势；q 是电子电荷

3.2.1.1　功函数

参考图 3.3a，Φ_m 被定义为以伏特（V）为单位的金属功函数（或以能量 eV 为单位的 $q\Phi_m$，其中 q 是电子电荷）。物理上，$q\Phi_m$ 是电子从费米能级 E_{fm} 到 E_0，穿过金属表面势垒所需的能量。由于金属的费米能级 E_{fm} 位于其导带（CB）能级 E_c，$q\Phi_m$ 是 E_0 和 E_{fm} 之间的能量差，即

$$q\Phi_m = E_0 - E_{fm} \tag{3.2}$$

对于没有杂质和沾污的纯金属，Φ_m 的值仅取决于原子核的电荷分布或所涉及的原子类型。对于 FinFET，双功函数金属栅（MG）的设计目标值为 $\Phi_m \cong 4.05\mathrm{V}$，以使 E_{fm} 与 MOS 电容器的 p 型硅衬底硅导带的底部边缘对齐，而 $\Phi_m \cong 5.17\mathrm{V}$ 的值设计为使 E_{fm} 与 MOS 电容

器的 n 型硅衬底硅价带（VB）的上边缘对齐[11]。由于铝的 $\Phi_m = 4.10V$，因此，我们将使用铝 MG 来讨论 p 型衬底上 MOS 电容器的基本特性，如图 3.3 所示。

在氧化层和半导体中，表面能垒的高度分别由电子亲和势 χ_{ox} 和 χ_s 来定义，如图 3.3b、c 所示。在图 3.3b、c 中，χ 是真空能级 E_0 和表面处导带底边 E_c 之间的能量差。因此，$\chi_s = E_0 - E_c$，其中 χ_s 是一个基本的材料参数，与杂质或缺陷的存在无关，仅随原子类型的不同而变化，或随合金成分的变化而变化。与金属不同，半导体中的费米能级 E_f 不是一个常数，它取决于杂质的掺杂浓度。由于功函数是将电子从 E_f 带到 E_0 所需的能量，所以用电子亲和势 χ_s 来定义半导体中的功函数 Φ_s。因此，对于 p 型半导体（见图 3.3c），功函数（Φ_{sp}）如下所示：

$$q\Phi_{sp} = q\chi_s + \frac{E_g}{2} + q\phi_{Bp} \quad （p 型半导体） \tag{3.3}$$

式中，E_g 是带隙能；ϕ_{Bp} 是 p 型半导体的体势或费米势。

类似地，n 型半导体（费米能级在 E_i 之上）的功函数 Φ_{sn} 由下式给出：

$$q\Phi_{sn} = q\chi_x + \frac{E_g}{2} - q\phi_{Bn} \quad （n 型半导体） \tag{3.4}$$

式中，ϕ_{Bn} 是 n 型半导体的体势或费米势。

如果 n 型和 p 型半导体的掺杂浓度相同，则 $|\phi_{Bp}| = |\phi_{Bn}| \equiv |\phi_B|$，并由式（2.37）给出，如下所示：

$$\phi_B = v_{kT}\ln\left(\frac{N_b}{n_i}\right) \tag{3.5}$$

式中，v_{kT}（$= kT/q$）是环境温度 T 下的热电压，k 和 q 分别表示玻耳兹曼常数和电子电荷；n_i 是本征载流子浓度。

为了计算 Φ_s 的值，根据式（3.5）计算 ϕ_B 的大小。因此，对于 $N_b = N_a = 1 \times 10^{15}$ cm^{-3} 的 p 型硅，在室温 300K 下，$v_{kT} \cong 0.0259V$ 和 $n_i = 1.45 \times 10^{10}$ cm^{-3}，我们可以证明，$\phi_B \cong 0.29V$ 的值。然后利用 $q\chi_s = 4.05eV$ 和 $E_g = 1.12eV$，由式（3.3）得到 p 型硅的 $q\Phi_{sp} \equiv q\Phi_s \cong 4.90eV$。因为对于铝 $q\Phi_m = 4.10eV$，所以对于 p 型衬底上的铝 MG - MOS 电容器，$\Phi_m < \Phi_s$，即从 p 型硅中释放电子所需的能量高于从金属中释放电子所需的能量。

在平面 CMOS 工艺中，使用简并（重）掺杂多晶硅栅。在这种情况下，Φ_s 的计算假设费米能量位于带边，即对于 n 型多晶硅，$E_f = E_c$；对于 p 型多晶硅，$E_f = E_v$[6,8]。对于 Fin-FET 技术，功函数工程用于实现 MG 功函数的目标值[11]。集成电路工艺常用栅极材料的功函数见表 3.1[5,9]。

表 3.1　用于多栅 MOS 电容器系统栅极的不同材料功函数

材料	功函数/eV	材料	功函数/eV
Al	4.10	费米能级与硅带隙中央一致的金属	4.61
Au	5.27	n 型简并掺杂多晶硅	4.05
MoSi$_2$	4.73	p 型简并掺杂多晶硅	5.17
TiSi$_2$	3.95		

3.2.2　接触形成 MOS 系统中的金属、氧化物和半导体材料

现在，我们来考虑一下图 3.3 中分别显示的三种材料的能带是如何接触形成 MOS 电容器的，如图 3.4 所示。可以看出，当不同材料相互接触时，其两端之间的功函数仅取决于第一种和最后一种材料[10]。因此，对于 MOS 电容器，金属和半导体之间的功函数差决定了系统的行为。两种材料在接触过程中的功函数之差可视为它们之间的接触电势。对于 MOS 电容器，金属和半导体之间的功函数差 Φ_{ms}（$= \Phi_m - \Phi_s$）会导致系统能带结构变形，如图 3.4a 所示。这是因为当三种材料接触时，E_f 在平衡时是恒定的，E_0 是连续的；在接触时，空穴从 p 型半导体流向金属，电子从金属流向 p 型半导体，直到建立一个电势来抵消功函数的差异。然而，通过 SiO_2 的电流非常小。因此，从一个区域到另一个区域的静电电势存在变化，导致氧化层和硅中能带弯曲。因为金属是一个等电势体，所以金属中没有能带弯曲。由于能带弯曲，Φ_{ms} 在氧化层和邻近的硅表面引起电势降（V_{ox}）。我们可以通过施加一个外部电压 $V_{fb} = \Phi_{ms}$ 来补偿这个能带弯曲，这个电压首要的是引起了能带弯曲。这里，V_{fb} 被称为平带电压，图 3.4b 显示了 MOS 电容器在平带条件下的能带结构。因此，Si/SiO_2 界面处的平带电压条件由下式给出：

$$V_{fb} = \Phi_m - \Phi_s \equiv \Phi_{ms} \tag{3.6}$$

式中，Φ_{ms} 是 MG 极和体硅之间的功函数差（V）。

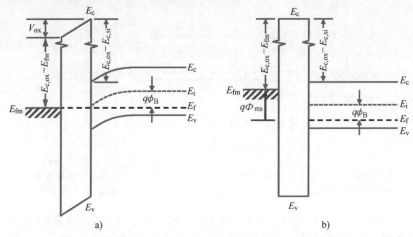

图 3.4　外加栅压 $V_g = 0$ 的平衡铝 – SiO_2 –（p 型）硅 MOS 电容器系统：a）金属与 p 型硅之间 Φ_{ms} 引起的表面能带弯曲；b）如图 a 所示结构的平带条件；这里，假设氧化物不带任何电荷。图中，$E_{c,ox}$ 和 $E_{c,si}$ 分别代表氧化层和硅的导带边缘；V_{ox} 是氧化层中由于能带弯曲而产生的电势降

3.2.2.1　金属栅功函数位于硅带隙边缘的 MOS 系统

在 FinFET 技术中，功函数工程用于实现双功函数 MG – MOS 电容器系统，使得 E_{fm} 对准 p 衬底上 MG – MOS 电容器的硅导带的下边缘，而 E_{fm} 对准 n 型衬底上 MG – MOS 电容器的硅

价带的上边缘。因此，对于 p 型硅体上的 MG – MOS 电容器系统，E_{fm} 与硅导带的底部边缘对齐，金属功函数 Φ_m 由下式给出：

$$q\Phi_m = \mathcal{X}_s \tag{3.7}$$

另一方面，p 型硅体的硅功函数 Φ_s 由下式给出：

$$q\Phi_s = \left(\mathcal{X}_s + \frac{E_g}{2} + q\phi_B \right) \tag{3.8}$$

在式（3.7）和式（3.8）中，所有参数都具有前面定义的通常含义。因此，金属和 p 型硅之间的功函数差 Φ_{ms} 由下式给出：

$$q\Phi_{ms} = \mathcal{X}_s - \left(\mathcal{X}_s + \frac{E_g}{2} + q\phi_B \right) = -\left(\frac{E_g}{2} + q\phi_B \right) \tag{3.9}$$

现在，在 3.2.1.1 节中，对于 $N_a = 1 \times 10^{15}$ cm^{-3} 的轻掺杂硅体，给出了 $\phi_B \cong 0.29$V。然后利用 $\mathcal{X}_s = 4.05$eV、$E_g = 1.12$eV、$q\phi_B = 0.29$eV，我们分别从式（3.7）和式（3.8）得到 $q\Phi_m = 4.05$eV 和 $q\Phi_s = 4.90$eV。因此，对于 $E_{fm} = \mathcal{X}_s$ 且 $\Phi_m < \Phi_s$ 的 p 型硅衬底上的 MG – MOS 电容器，$q\Phi_{ms} = -0.85$eV。由于在平衡状态下，E_f 是连续的，因此，氧化层和表面附近硅中的能带向下弯曲，如图 3.5 中 DG – MOS 电容器系统所示。

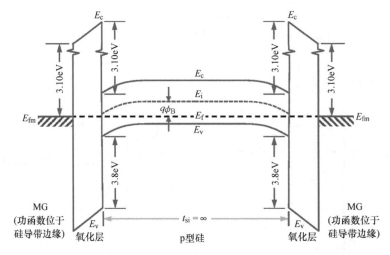

图 3.5   理想 MG – SiO$_2$ – （p 型）硅 DG – MOS 电容器在外加栅压 $V_g = 0$ 时的平衡能带图，金属功函数位于硅导带边缘底部，显示了由于 MG 和 p 型硅之间的 Φ_{ms} 导致的表面能带弯曲；图中，t_{si} 是硅体的厚度

MG/SiO$_2$ 界面处 MG 的 E_{fm} 与氧化层导带（$E_{c,ox}$）之间的差值由（$q\Phi_m - \mathcal{X}_{ox}$）eV = 3.10eV 给出。同样地，硅/SiO$_2$ 界面处的硅导带（$E_{c,si}$）和氧化层导带之间的差值为 3.10eV。因此，由于导带能级（$E_{c,ox}$，$E_{c,si}$）之间的差异，如图 3.5 所示，材料界面处的 E_c 和 E_v 能级发生了突变。由于能带弯曲，MG 和 p 型硅衬底之间的功函数差 Φ_{ms} 导致氧化层和硅表面附近的电势降。氧化层的典型电势降约为 0.4V。这种电势降取决于硅中的掺杂水平，并且由于没有电流流过氧化层，因此可以得到维持。图 3.5 所示的氧化层和硅中的能带弯曲值是通过假设氧化层是无任何电荷的理想绝缘体获得的。如图 3.4b 所示，我们可以通

过外加 $V_{fb} = \Phi_{ms}$ 来补偿该能带弯曲。

现在，对于 MG 功函数 $\Phi_m = \chi_s$ 的 MG – SiO$_2$ –（p 型）硅系统，Φ_{ms} 由式（3.9）给出。然后考虑图 3.3c 所示硅的材料参数值，由式（3.9）得出

$$q\Phi_{ms} = -(0.56 + q\phi_B) \tag{3.10}$$

对于衬底浓度 $N_b = 1 \times 10^{15}\,\mathrm{cm^{-3}}$，$\phi_B \cong 0.29\mathrm{V}$，因此 Φ_{ms} 为负数。

类似地，对于 MG – SiO$_2$ –（n 型）硅系统，金属 E_{fm} 与硅价带的上边缘对齐，使得 $\Phi_m = \chi_s + E_g$，Φ_{ms} 由下式给出：

$$q\Phi_{ms} = (\chi_s + E_g) - \left(\chi_s + \frac{E_g}{2} - q\phi_B\right) \tag{3.11}$$

$$q\Phi_{ms} = 0.56 + q\phi_B \tag{3.12}$$

值得注意的是，对于先进的 FinFET 技术，沟道是无掺杂（然而，不是本征）或轻掺杂（Φ_B 约为 0），因此，对于 p 型硅上 $\Phi_m = \chi_s$ 的 MOS 电容器，从式（3.10）可以看出 Φ_{ms} 约为 $-0.56\mathrm{V}$，而对于 n 型硅上 $\Phi_m = \chi_s + E_g$ 的 MOS 电容器，Φ_{ms} 约为 0.56V。

3.2.2.2　金属栅功函数位于硅带隙中央的 MOS 系统

对于硅带隙中央 MG 功函数，金属费米能级 E_{fm} 与硅本征能级 E_i 对齐。因此，对于 p 型硅衬底上这样的 MG – MOS 电容器，金属功函数 Φ_m 由下式给出：

$$q\Phi_m = \left(\chi_s + \frac{E_g}{2}\right) \tag{3.13}$$

另一方面，硅功函数 Φ_s 为

$$q\Phi_s = \left(\chi_s + \frac{E_g}{2} + q\phi_B\right) \tag{3.14}$$

因此，p 型衬底 MOS 电容器上的硅带隙中央 MG 的 Φ_{ms} 是

$$q\Phi_{ms} = \left(\chi_s + \frac{E_g}{2}\right) - \left(\chi_s + \frac{E_g}{2} + q\phi_B\right) = -q\phi_B \tag{3.15}$$

因此，对于 p 型衬底上的硅带隙中央 MG 功函数 MOS 电容器，我们可以从式（3.13）中看出，$q\Phi_m = 4.61\mathrm{eV}$。并且，考虑 $N_b = 1 \times 10^{15}\,\mathrm{cm^{-3}}$ 和 $q\phi_B \approx 0.29\mathrm{eV}$ 的轻掺杂 p 型衬底，从式（3.14）得到 $q\Phi_s = 4.90\mathrm{eV}$。然后，对于 p 型硅衬底上具有硅带隙中央 MG 功函数的 MG – MOS 电容器，$\Phi_m < \Phi_s$，$q\Phi_{ms} = -q\phi_B$。因此，氧化层和表面附近的硅的能带向下弯曲，如图 3.6 所示。

现在，按照 3.2.2.1 节中描述的程序，我们可以证明在 MG/SiO$_2$ 界面处，MG 的 E_{fm} 与氧化层导带之间的差值为 3.66eV。并且，硅/SiO$_2$ 界面处的硅和氧化层导带之间的差值为 3.10eV。因此，由于导带能级之间的这些差异，如图 3.6 所示，材料界面处的 E_c 和 E_v 能级发生突变。

通常，衬底为无掺杂或轻掺杂（$\phi_B \approx 0$），因此，对于硅带隙中央 MG – MOS 电容器，Φ_{ms} 小到可以忽略不计，并且衬底中的能带几乎平坦，如图 3.6 中的能带图所示。

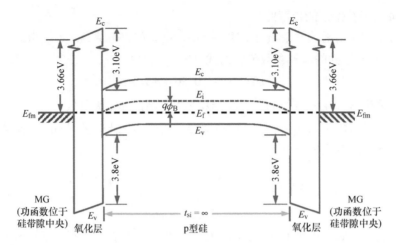

图 3.6　在外加栅压 $V_g = 0$ 时的平衡 MG – SiO$_2$ –（p 型）硅 DG – MOS 电容器系统，MG 功函数位于

硅带隙中央，显示由于 MG 和 p 型硅之间的 Φ_{ms} 导致的表面能带弯曲；图中，t_{si} 是硅体的厚度

同样地，对于 n 型硅衬底上的具有硅带隙中央功函数的 MG – MOS 电容器，Φ_{ms} 是

$$q\Phi_{ms} = \left(\chi_s + \frac{E_g}{2}\right) - \left(\chi_s + \frac{E_g}{2} - q\phi_B\right) = q\phi_B \qquad (3.16)$$

同样，由于衬底是无掺杂或轻掺杂的，式（3.16）意味着对于 n 型衬底上的硅带隙中央 MG – MOS 电容器，Φ_{ms} 的值很小，因此，衬底中的能带几乎是平坦的。p 型和 n 型衬底上 n$^+$ 和 p$^+$ 多晶硅栅的功函数可以按照上述程序计算[12,13]。

在我们的讨论中，我们假设理想的 SiO$_2$ 层没有任何电荷和沾污。实际上，氧化层中包含好几种电荷，会影响 MOS 电容器的性能。在 3.2.3 节中，我们将讨论非理想氧化层对 MOS 电容器的影响。

3.2.3　氧化层电荷

在氧化层生长过程或随后的集成电路制造工艺步骤中，一些杂质或缺陷被无意地引入进氧化层中。结果，氧化层被各种电荷和陷阱所沾污。通常，在硅表面热生长的氧化层中发现了四种不同类型的电荷，如图 3.7 所示[14]。这些电荷是①界面陷阱电荷 Q_{it}、②固定氧化层电荷 Q_f、③氧化层陷阱电荷 Q_{ot} 和④可动离子电荷 Q_m。所有这些电荷都依赖于集成电路制造工艺步骤。参考文献 [2，15] 详细描述了不同氧化层电荷的来源和测量技术。下一节将介绍这些电荷的基本性质。

3.2.3.1　界面陷阱电荷

界面陷阱电荷密度 Q_{it}，也称为表面态、快态或界面态，存在于硅/SiO$_2$ 界面，如图 3.7 所示。它是由界面上的缺陷引起的，这些缺陷在硅带隙中产生电荷陷阱或电子能级，具有电子能态 E_s，可以捕获或发射可动载流子。这些电子态是由于界面上的晶格失配、悬挂键、外部杂质原子在硅表面的吸附以及辐射或任何键断裂过程引起的其他缺陷造成的。Q_{it} 是最

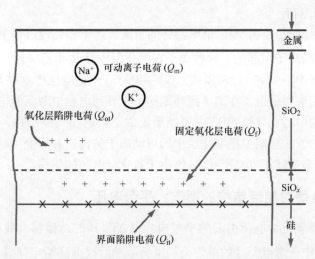

图 3.7　与硅上热生长二氧化硅（SiO_2）相关的电荷类型和位置

重要的电荷类型，因为它对器件特性有着广泛且为退化的影响。在平衡条件下，界面态或陷阱的占有取决于费米能级的位置。

通常，密度为 D_{it}（陷阱 $cm^{-2} \cdot eV^{-1}$）的界面陷阱能级分布在硅能隙内的能级上[2,5-7]。不同工艺的 D_{it} 差异很大，取决于晶向。在硅上热生长的 SiO_2 中，大部分界面俘获电荷被低温（≤500℃）氢退火中和。D_{it} 与表面有效键的密度有关。因此，在表面具有较低硅原子密度（有效键）的 <100> 晶向中，D_{it} 大约比表面具有较高有效键的 <111> 晶向的硅小一个数量级。对于现代 MOS VLSI 电路工艺中的 <100> 晶向硅，带隙中央处的 D_{it} 值可低至 5×10^9 $cm^{-2} \cdot eV^{-1}$。较高的 D_{it} 值会导致 MOS 晶体管行为的不稳定性。

3.2.3.2　固定氧化层电荷

固定电荷密度 Q_f 是始终存在的不可移动电荷，位于硅和非化学计量比 SiO_x 层之间边界处氧化硅（SiO_x）的 1nm 过渡层内，如图 3.7 所示。一般来说，Q_f 是正的，似乎是由不完整的硅 – 硅键引起的，取决于氧化气氛、温度和退火条件以及硅的晶向。由于硅晶体表面的原子密度取决于晶向，因此 <111> 硅中的 Q_f 高于 <100> 硅。然而，它与硅中掺杂类型和浓度、氧化层厚度和氧化时间无关。Q_f 可通过在惰性气氛中，例如氩气，在超过 900℃ 的温度下退火来最小化。仔细处理的硅/SiO_2 系统的 <100> 表面的 Q_f 典型值约为 1×10^{10} cm^{-2}。由于 Q_{it} 和 Q_f 值较小，硅 MOSFET 首选 <100> 晶向。

3.2.3.3　氧化层陷阱电荷

氧化层陷阱电荷密度 Q_{ot} 与 SiO_2 中的缺陷有关。Q_{ot} 位于分布于整个氧化层的陷阱中。氧化层陷阱通常是电中性的，通过注入离子、X 射线、电子束等电离辐射，将电子和空穴引入氧化层中，从而带电。Q_{ot} 的大小取决于辐照剂量和能量的大小以及辐照过程中氧化层上的电场。像 Q_{it} 一样，Q_{ot} 可以是正的（俘获空穴）或负的（俘获电子）。Q_{ot} 类似于 Q_f，因为它的大小不是硅表面电势的函数，也没有与之相关的电容。

3.2.3.4 可动离子电荷

可动离子电荷密度 Q_m 是由于在 MOS 器件的清洗、加工和处理过程中进入氧化层中的钠（Na$^+$）或其他碱金属离子引起的。这些离子在氧化层中移动非常缓慢；它们的传输强烈依赖于外加电场（约 1MV · cm^{-1}）和温度（30 ~ 400℃）。正电压将这些离子推向硅/SiO$_2$ 界面，而负电压将它们推向栅极。在离子漂移期间，在外部电路中观察到电流。离子的漂移改变了氧化层中电荷的中心，导致 MOS 电容器系统的平带电压发生漂移，可能导致器件意外失效。可使用不同的方法来减少栅氧化层中的可动离子沾污，并降低可动离子引起器件失效的风险[2,5]。3.2.4 节描述了 Φ_ms 所致 V_fb 值由于氧化层电荷的偏移。

3.2.4 氧化层电荷对能带结构的影响：平带电压

为了确定由各种氧化物电荷引起的平带电压（ΔV_fb）的总偏移，我们考虑 $Q_\mathrm{ox}(x)$ 作为厚度为 T_ox 的氧化层中任意点 x 处的单位面积电荷。然后根据高斯定律［式（2.75）］，可以得到

$$E = -\frac{\mathrm{d}V}{\mathrm{d}x} = -\frac{\sum Q_\mathrm{ox}(x)}{K_\mathrm{ox}\varepsilon_0}$$

或

$$\mathrm{d}V = -\frac{1}{K_\mathrm{ox}\varepsilon_0}\int_0^{T_\mathrm{ox}} Q_\mathrm{ox}(x)\,\mathrm{d}x = -\frac{1}{C_\mathrm{ox}}\int_0^{T_\mathrm{ox}}\frac{1}{T_\mathrm{ox}}Q_\mathrm{ox}(x)\,\mathrm{d}x \tag{3.17}$$

式中，C_ox 是式（3.1）中定义的单位面积氧化层电容，$C_\mathrm{ox} = K_\mathrm{ox}\varepsilon_0/T_\mathrm{ox}$；$\mathrm{d}V$ 是氧化层中由于氧化层电荷引起的电压降。

电压降 $\mathrm{d}V$ 定义了 MOS 电容器的平带电压 V_fb 的偏移，由下式给出：

$$\Delta V_\mathrm{fb} = -\frac{1}{K_\mathrm{ox}\varepsilon_0}\int_0^{T_\mathrm{ox}} Q_\mathrm{ox}(x)\,\mathrm{d}x = -\frac{1}{C_\mathrm{ox}}\int_0^{T_\mathrm{ox}}\frac{1}{T_\mathrm{ox}}Q_\mathrm{ox}(x)\,\mathrm{d}x \tag{3.18}$$

式中

$$Q_\mathrm{ox}(x) = Q_\mathrm{it}(x) + Q_\mathrm{f}(x) + Q_\mathrm{ot}(x) + Q_\mathrm{m}(x)$$

Q_f 和 Q_it 位于硅/SiO$_2$ 界面处或附近（$x = T_\mathrm{ox}$）。另一方面，$Q_\mathrm{ot}(x)$ 和 $Q_\mathrm{m}(x)$ 分布在整个氧化层中。因此，经过整合，得到

$$\Delta V_\mathrm{fb} = -\frac{Q_\mathrm{it} + Q_\mathrm{f}}{C_\mathrm{ox}} - \frac{1}{C_\mathrm{ox}}\int_0^{T_\mathrm{ox}}\frac{1}{T_\mathrm{ox}}\big[Q_\mathrm{ot}(x) + Q_\mathrm{m}(x)\big]\,\mathrm{d}x \tag{3.19}$$

为使电路 CAD 简单，式（3.19）表示为

$$\Delta V_\mathrm{fb} = -\frac{Q_\mathrm{o}}{C_\mathrm{ox}} \tag{3.20}$$

式中，Q_o 是位于硅/SiO$_2$ 界面上的等效界面电荷，与分布未知的实际电荷产生相同的效应。

p 型和 n 型衬底的 Q_o 总是阳性的。ΔV_fb 是使 Q_o 在栅极中成像所需的栅极电压，以使得硅中什么也不产生。然而，当栅极"浮动"或栅极不存在时，氧化层电荷将在硅中寻找其所有像电荷。

在图 3.4a、图 3.5 和图 3.6 中，我们展示了由于金属和半导体之间的功函数差而导致的 MOS 电容器的能带弯曲。相应的平带电压由式（3.6）给出。现在，由氧化层电荷引起的附加能带弯曲而导致的功函数变化由式（3.20）给出。然后，结合式（3.6）和式（3.20），由 Φ_{ms} 和 Q_o 引起的整个 V_{fb} 由下式给出：

$$V_{fb} = \Phi_{ms} - \frac{Q_o}{C_{ox}} \tag{3.21}$$

通常，Q_o/C_{ox} 比式（3.21）中的 Φ_{ms} 小得多。因此，对于 p 型衬底上的 MOS 电容器，MG 功函数的值接近硅导带边缘，V_{fb} 的值是负数，因为根据式（3.10），Φ_{ms} 是负数。另一方面，对于具有 n 衬底和 MG 功函数接近硅价带边缘的 MOS 电容器，V_{fb} 为正，因为根据式（3.12），Φ_{ms} 为正。

由于 V_{fb} 的在硅/SiO$_2$ 界面处的能带弯曲，在硅/SiO$_2$ 界面处的衬底上产生了一个称为表面电势的电势。表面势是讨论场效应晶体管（FET）器件性能和数学分析的重要参数。在 3.2.5 节中，定义了 MOS 电容器的表面势。

3.2.5　表面势

现在，考虑一个 MG – SiO$_2$ –（p 型）硅 MOS 电容器来讨论硅表面的能带弯曲对 MOS 电容器表面行为的影响。我们知道 p 型衬底中空穴的浓度（假设受主原子完全电离）由式（2.30）和式（2.32）给出

$$p = n_i \exp\left(\frac{E_i - E_f}{kT}\right) \tag{3.22}$$

系统的能带结构如图 3.8 所示。由于 E_f 在系统内是连续的，从图 3.8 可以明显看出，当能带向下弯曲时，当我们从体区（$x = \infty$）接近硅表面 $x = 0$ 时，能量差（$E_i - E_f$）逐渐减小。然后，根据式（3.22），$E_i - E_f$ 的降低导致空穴浓度 p 的降低。这意味着，对于 $\Phi_{ms} < \Phi_s$ 的 MOS 系统，空穴在表面被耗尽，从而产生空间电荷区。另一方面，在具有 $\Phi_m > \Phi_s$ 的 MOS 电容器的情况下，能带向上弯曲，因此，$E_i - E_f$ 的值在表面处增加，导致在表面处空穴浓度（累积）的增加。

从式（3.22）可以看出，即使没有外加电压，由于 Φ_{ms} 和 Q_o，MOS 电容器表面的载流子浓度也不同于体区中的载流子浓度。这种浓度的变化在硅表面形成电场，从而在硅表面和体区之间形成电压差。该电压差被称为表面势 ϕ_s，并表示从体区本征能级 E_i 测量的表面静电势，如图 3.8 所示。因此，ϕ_s 是表面 E_i（$x = 0$）与衬底深处 E_i（$x = \infty$）之间的差值。如图 3.8 所示，ϕ_s 是硅表面总能带弯曲量的量度。并且，在表面深度为 x 处，电势由 $\phi(x)$ 给出。

上述能带弯曲可通过施加外部栅极电压 V_{fb} 进行补偿，在 3.2.4 节中定义为平带电压，由式（3.21）给出。在表面形成平带的条件称为平带条件。因此，V_{fb} 是为了实现零表面电势的外加栅极电压，以使整个半导体表面上具有平坦能带。平带条件通常用作参考态，同时 V_{fb} 用作参考电压，因此可以被认为是 MOS 电容器系统的重要品质因数。

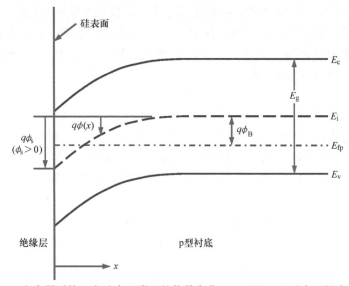

图 3.8   MOS 电容器系统：在硅表面附近的能带弯曲，显示了 p 型硅表面的表面电势 ϕ_s；

图中，x 是从绝缘层/衬底界面，$x=0$ 到衬底的距离

3.3   外加偏压下的 MOS 电容器

在 3.2 节中，我们描述了 MOS 电容器在没有任何外加偏压的情况下的行为。现在，我们来讨论 MOS 电容器在外加栅极偏压 V_g 下的行为，如图 3.9 所示。施加的 V_g 分摊在氧化层电压降 V_ox、表面电势 ϕ_s 以及金属和半导体之间的功函数差 $\varPhi_\text{ms}$ 上。因此

$$V_\text{g} = \begin{cases} V_\text{ox} + \phi_\text{s} + \varPhi_\text{ms}, & \text{对于 } Q_\text{o}=0 \\ V_\text{ox} + \phi_\text{s} + V_\text{fb}, & \text{对于 } Q_\text{o} \neq 0 \end{cases} \tag{3.23}$$

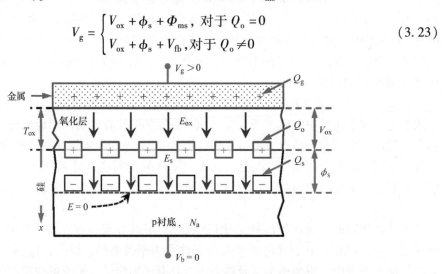

图 3.9   外加栅极偏压 V_g 下的 MOS 电容器，显示了各种电荷、电场和电势；

E_ox 是氧化层中的电场，E_s 是衬底中的表面电场

关于电荷，在施加的 V_g 下 MOS 电容器包含三种不同的电荷，例如：①由于施加在栅极上的 V_g 而产生的栅极电荷 Q_g；②如 3.2.4 节所讨论的非理想绝缘体硅/SiO_2 界面上的有效界面电荷 Q_o；③栅氧化层下方硅中的感应电荷 Q_s。然后从电中性条件得到

$$Q_g + Q_o + Q_s = 0 \tag{3.24}$$

如果外加电压 $V_g > 0$，则电场 E_s 指向界面处的硅表面，并在硅中产生电荷 Q_s。在硅/SiO_2 界面单位面积感生电荷 Q_s 的密度可用高斯定律 [式（2.75）] 计算。因此，单位面积的 Q_s 由下式给出：

$$Q_s = \varepsilon_0 K_{si} E_s = \varepsilon_{si} E_s = -\varepsilon_{si} \frac{d\phi}{dx}\Big|_{x=0} \tag{3.25}$$

式中，K_{si} 是硅的相对介电常数；ε_{si} 是硅的介电常数，$\varepsilon_{si} = K_{si}\varepsilon_0$；$E_s$ 是表面电场，给出硅表面 $x = 0$ 处电势梯度 $\dfrac{d\phi}{dx}\Big|_{x=0}$。

同样，在本章中，我们将使用 ε_{si} 或 $\varepsilon_0 K_{si}$ 来互换地描述硅的介电常数，以便在适用的情况下简化数学表示。

同样地，在 MG/SiO_2 界面上应用高斯定律，我们得到了单位面积的栅极电荷 Q_g 为

$$Q_g = \varepsilon_{ox} E_{ox} = \varepsilon_0 K_{ox} E_{ox} \tag{3.26}$$

在式（3.26）中，所有参数都具有前面定义的通常含义。

电场 E_{ox} 和 E_s 与式（3.24）给出的端电荷有关。现在我们知道，对于理想氧化物，$Q_o = 0$，因此，由式（3.24）可得

$$Q_g = -Q_s \tag{3.27}$$

然后将式（3.26）中 Q_g 的表达式代入式（3.27），得到

$$Q_s = -\varepsilon_0 K_{ox} E_{ox} = -\varepsilon_0 K_{ox}\left(\frac{V_{ox}}{T_{ox}}\right) \tag{3.28}$$

或者

$$Q_s = -C_{ox} V_{ox}$$

式中，$E_{ox} = V_{ox}/T_{ox}$；V_{ox} 是栅氧化层中的电压降；C_{ox} 是式（3.1）中定义的单位面积的栅氧化层电容，$C_{ox} = \varepsilon_0 K_{ox}/T_{ox}$。

因此，由式（3.28）得到

$$V_{ox} = -\frac{Q_s}{C_{ox}} \tag{3.29}$$

现在，将式（3.29）的 V_{ox} 代入式（3.23）中，得到

$$V_g = V_{fb} + \phi_s - \frac{Q_s}{C_{ox}} \tag{3.30}$$

式（3.30）将外加偏压 V_g 与表面电势 ϕ_s 联系起来。由于在平带条件下，$\phi_s = 0$，$Q_s = 0$，因此，式（3.30）表明在 MOS 电容器的平带条件下，$V_g = V_{fb}$。并且，在所施加的栅极偏压的范围内，$0 > V_g > 0$ 的不同的表面条件导致如 3.3.1 节 ~3.3.3 节所讨论的 MOS 电容器。

3.3.1　积累

为了继续对 $\Phi_{ms}<0$ 的 $MG-SiO_2-$（p 型）硅 MOS 电容器的讨论，我们施加栅极电压 $V_g<0$，并使体区接地，这样，$V_g<V_{fb}$。如图 3.10a 所示，栅极处的负电压在衬底与金属之间产生向上的电场 E_{ox}。由于施加的负电压降低了金属相对于衬底的静电电势，因此金属中的电子能量相对于衬底升高。因此，金属的费米能级 E_{fm} 向上移动，高过平衡位置 qV_g，如图 3.10b 所示。由于 Φ_m 和 Φ_s 不随 V_g 变化，相对于 E_f 向上移动 E_{fm} 会导致氧化物导带向上弯曲，与电场 E_{ox} 的方向一致，从而引起能带出现梯度[6,8,16]。

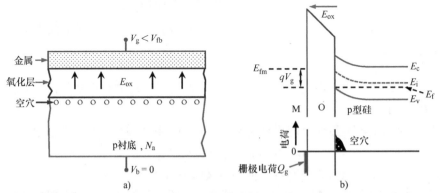

图 3.10　外加电压 $V_g<V_{fb}$ 对 $\Phi_{ms}<0$ 的 p 型硅 MOS 电容器的影响：a) 负偏压 $V_g<V_{fb}$ 引起硅
表面空穴积累；b) 对应的能带向上弯曲的能带图

关于电荷，栅极上的负电压导致栅极上出现负电荷（$Q_g<0$）。这继而又在硅表面产生等量的正电荷 Q_s。p 型硅中的这些正电荷量意味着在表面产生了过剩的空穴浓度，如图 3.10a 所示。这些空穴在表面积累，称为积累电荷。从式（3.22）得知，随着表面空穴浓度的增加，E_i-E_f 增加，导致能带向上弯曲，如图 3.10b 所示。因此，对于积累态下在 p 型硅衬底上的 MOS 电容器，我们有

$$积累\begin{cases} V_g<V_{fb} \\ \phi_s<0 \\ Q_s>0 \end{cases} \tag{3.31}$$

式（3.31）给出的偏压条件有助于表征积累中的 MOS 电容器系统。

3.3.2　耗尽

现在，在体区接地的情况下施加一个正栅极电压 $V_g>V_{fb}$。该正 V_g 将产生一个向下的电场 E_{ox}，从栅极进入衬底，如图 3.11a 所示。正的栅极电压提高了栅极的电势，将费米能级 E_{fm} 降低了 qV_g。在能量上相对于 E_f 向下移动 E_{fm} 会导致氧化物导带中的能带向下弯曲，与 E_{ox} 的方向一致。

同样，关于电荷，栅极处的正电压在栅极上存有正电荷（$Q_g>0$）。由于 $V_g>0$，空穴被

排斥出硅表面，留下带负电荷的受主离子。因此，栅极上的正电荷在表面引发负电荷 Q_s，由于空穴的耗尽，产生了宽度 X_d 的耗尽区。这就是所谓的耗尽状态。由于表面的空穴浓度降低，那么根据式（3.22），$E_i - E_f$ 必须降低。结果，E_i 慢慢接近 E_f，从而使能带向下弯曲靠近表面，如图 3.11b 所示。因此，耗尽条件由下式给出：

$$\text{耗尽}\begin{cases} V_g > V_{fb} \\ \phi_s > 0 \\ Q_s < 0 \end{cases} \tag{3.32}$$

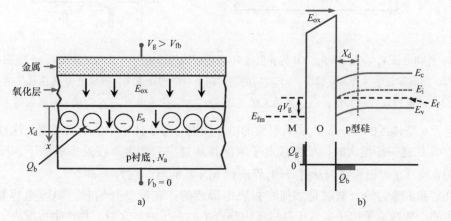

图 3.11　外加电压 $V_g > V_{fb}$ 对 $\Phi_{ms} < 0$ 的 p 型硅 MOS 电容器的影响：a）外加的正偏压 $V_{gt} = (V_g - V_{fb})$
耗尽了硅表面的空穴；b）对应的能带向下弯曲的能带图。图中，Q_b 是耗尽或体电荷；
Q_g 是栅极电荷；X_d 是耗尽区宽度；"⊖"代表电离的受主原子

3.3.3　反型

如果我们进一步增加正栅极电压，能带的向下弯曲将进一步加剧。如图 3.12a 所示，在足够高的 $V_g \gg V_{fb}$ 下，能带弯曲可将能隙中央能级 E_i 拉低至低于硅表面的恒定 E_f，也就是说，$E_f > E_i$。在这种条件下，表面表现为 n 型材料，根据式（2.29），其电子浓度为

$$n = n_i \exp\left(\frac{E_f - E_i}{kT}\right) \tag{3.33}$$

因此，由于所施加的栅极电压，p 型衬底反型，形成了 n 型表面，这称为反型状态，如图 3.12b 所示。在反型状态，半导体中的总电荷 Q_s 由耗尽电荷 Q_b 和反型电荷 Q_i 组成。p 型衬底上 MOS 电容器的反型条件由下式确定：

$$\text{反型}\begin{cases} V_g \gg V_{fb} \\ \phi_s > 0 \\ Q_s < 0 \end{cases} \tag{3.34}$$

在外加 $V_g \gg V_{fb}$ 下，只要 E_i 被拉到 E_f 以下，p 型表面就会反型。然而，对于小的 $E_f - E_i$，电子浓度仍然很小，反型很弱。这被称为弱反型区。如果我们增加 V_g，使得表面的

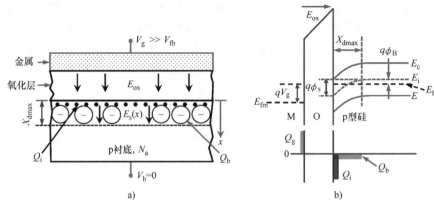

图 3.12 外加电压 $V_g \gg V_{fb}$ 对 $\Phi_{ms} < 0$ 的 p 型硅 MOS 电容器的影响：a) 大的正偏压 $V_g \gg V_{fb}$ 引起 p 型表面反型，形成除耗尽区外的 n 型层；b) 对应的能带向下弯曲的能带图。栅极电荷 Q_g 由耗尽电荷 Q_b 和半导体中的反型电荷 Q_i 补偿；X_{dmax} 是最大耗尽宽度；"●"代表电子，"⊖"代表电离的受主原子

$E_f - E_i$ 等于 p 型体区的 $E_i - E_f$，那么表面的电子浓度将等于体区中的空穴浓度。这被称为强反型区。当 V_g 进一步增大时，反型区电子浓度将超过空穴浓度。在反型状态下，反型区进入衬底的宽度 X_{inv} 可以定义为从硅/SiO₂ 界面到 $E_f = E_i$ 的点，约为 3nm[5,8]。

现在，我们来讨论反型层是如何在衬底中形成的。在反型开始时，MOS 电容器系统 p 型衬底中的少数载流子电子来自于耗尽区内热产生的电子 - 空穴对。热产生率取决于少数载流子寿命，其数量级为微秒。研究发现，在表面形成反型层所需的时间约为 0.2s[7]。因此，与空穴（多数载流子）从流出或流入硅表面所需的皮秒量级的时间相比，反型层的形成是相对缓慢的过程。一旦反型层形成，它就屏蔽了其下的耗尽层，从而限定了耗尽层的最大宽度 X_{dmax}。

到目前为止，我们已经对 MOS 电容器系统的基本工作进行了定性概述。在下一节中，我们将发展 MOS 电容器理论，在本书的后续章节中可以延伸发展 FinFET 器件的工作理论。

3.4 多栅 MOS 电容器系统：数学分析

在本节中，将通过求解 MOS 电容器的硅衬底表面区域附近电势（ϕ）的泊松方程，导出表面电势（ϕ_s）、电场（E_s）和电荷（Q_s）之间的关系。一维（1D）泊松方程 [式 (2.72)] 如下所示：

$$\frac{d^2\phi}{dx^2} = -\frac{1}{K_{si}\varepsilon_0}\rho(x) \tag{3.35}$$

式中，$\rho(x)$ 是沿衬底深度靠近表面的任意点 x 处的电荷密度。

同样，电荷密度 $\rho(x)$ 由下式给出：

$$p(x) = q[p(x) - n(x) + N_d^+(x) - N_a^-(x)] \tag{3.36}$$

式中，$p(x)$ 是空穴浓度；$n(x)$ 是电子浓度；$N_d^+(x)$ 是半导体衬底中的电离施主浓度；

$N_a^-(x)$ 是半导体衬底中的电离受主浓度。

然后将式 (3.36) 中的 $\rho(x)$ 代入式 (3.35), 得到

$$\frac{d^2\phi}{dx^2} = -\frac{q}{K_{si}\varepsilon_0}\left[p(x) - n(x) + N_d^+(x) - N_a^-(x)\right] \quad (3.37)$$

为了求解式 (3.37) 中靠近衬底表面区域的任意点 x 上的 $\phi(x)$, 需要用 $\phi(x)$ 表示 $p(x)$ 和 $n(x)$, 如下节所述。

3.4.1 泊松方程

为了求解式 (3.37) 中靠近衬底表面的任意点 x 处的静电电势 $\phi(x)$, 我们用本征电势 ϕ_i、费米电势 ϕ_f 和 $\phi(x)$ 对式 (3.37) 进行改写。我们知道, 在掺杂浓度为 N_d 的 n 型半导体中, 由式 (2.29) 和式 (2.31) 可得多数载流子电子浓度 n 为

$$n \cong N_d^+ = n_i\exp\left(\frac{E_f - E_i}{kT}\right) = n_i\exp\left(\frac{q(\phi_i - \phi_f)}{kT}\right) \quad (3.38)$$

式中, ϕ_f 是费米势 $\phi_f = -E_f/q$; ϕ_i 是本征势 $\phi_i = -E_i/q$。

由式 (2.33) 可得 n 型半导体中的少数载流子浓度 p_n 为

$$p_n \cong \frac{n_i^2}{N_d^+} \quad (3.39)$$

类似地, 由式 (2.30) 和式 (2.32) 可得掺杂浓度为 N_a 的 p 型半导体中的多数载流子浓度为

$$p \cong N_a^- = n_i\exp\left(\frac{E_i - E_f}{kT}\right) = n_i\exp\left(\frac{q(\phi_f - \phi_i)}{kT}\right) \quad (3.40)$$

以及由式 (2.34) 可得 p 型半导体中的少数载流子浓度 n_p 为

$$n_p \cong \frac{n_i^2}{N_a^-} \quad (3.41)$$

为了发展 n 型和 p 型衬底上 MOS 电容器的一般理论, 我们定义 N_b 作为衬底浓度, 这样

$$N_b = \begin{cases} N_a, \text{对 p 型衬底} \\ N_d, \text{对 n 型衬底} \end{cases} \quad (3.42)$$

然后, 从式 (3.38) 和式 (3.40) 可以看出, 体势是

$$\phi_B = |\phi_f - \phi_i| = v_{kT}\ln\left(\frac{N_b}{n_i}\right)$$

或者

$$V_b = n_i\exp\left(\frac{\phi_B}{v_{kT}}\right) \quad (3.43)$$

请注意, 体势 ϕ_B 也被称为费米势, 参考势 $\phi_i = 0$。

现在, 为了用能带弯曲 $\phi(x)$ 表示在靠近半导体表面的任意点 x 处的 $\rho(x)$, 我们考虑 MG – SiO$_2$ – (p 型) 硅 MOS 电容器的能带结构, 如图 3.13 所示。

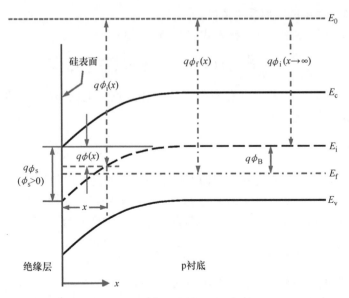

图 3.13　p 型 MOS 电容器的平衡能带结构，显示了衬底中的能带弯曲；这里，$x=0$ 在硅/SiO_2 界面处，并且随着进入衬底的深度而增加；ϕ_s 是表面势，表示表面相对于平带的能带总弯曲量；ϕ_B 是体势，$\phi_B = (\phi_f - \phi_i)$

从图 3.13 可以看出，相对于真空能级 E_0，靠近半导体表面的任意点 x 处的能带弯曲量如下所示：

$$\phi(x) = \phi_i(x) - \phi_i(x \to \infty) \tag{3.44}$$

式中，$\phi(x=0)$ 是 $x=0$ 时的表面电势，$\phi(x=0) = \phi_s$；$\phi_i(x \to \infty)$ 是 $x \to \infty$ 处（深入衬底深处）的本征势，$\phi_i(x \to \infty) = \phi_i$。

从图 3.13 中可以观察到，当能带在氧化层/衬底界面附近向下弯曲时，$\phi_i(x) > \phi_i$，导致 $\phi(x) > 0$。因此，很明显，当能带在耗尽和反型条件下向下弯曲时，$\phi(x) > 0$；而当能带在积累条件下向上弯曲时，$\phi(x) > 0$。

现在，我们用势 $\phi(x)$ 来表示泊松方程（3.37）中的 $p(x)$、$n(x)$、$n_d^+(x)$ 和 $n_a^-(x)$，以求解多栅 MOS 电容器衬底表面的 ϕ_s 和 E_s。对于 p 型衬底，通过将式（3.44）中的 $\phi_i(x)$ 代入式（3.40）获得任意点 x 处的多数载流子浓度 $p(x)$，从而

$$p(x) = n_i \exp\left(\frac{(\phi_f - \phi_i(x))}{v_{kT}}\right) = n_i \exp\left[\frac{\phi_f - (\phi_i(x \to \infty) + \phi(x))}{v_{kT}}\right] \tag{3.45}$$

由于 $[\phi_f - \phi_i(x \to \infty)] = \phi_f - \phi_i = \phi_B$，那么可以将式（3.45）表示为

$$p(x) = n_i \exp\left[\frac{(\phi_f - \phi_i) - \phi(x)}{v_{kT}}\right] = n_i \exp\left(\frac{\phi_B - \phi(x)}{v_{kT}}\right) \tag{3.46}$$

现在，根据式（3.43）和式（3.46），我们可以用本征载流子浓度 n_i 和衬底掺杂浓度 N_a 来表示 p 型衬底中任意点 x 处的多数载流子浓度为

$$p(x) = \begin{cases} n_i \exp\left(\dfrac{\phi_B - \phi(x)}{v_{kT}}\right), & \text{与 } n_i \text{ 相关} \\[3mm] N_a \exp\left(-\dfrac{\phi(x)}{v_{kT}}\right), & \text{与 } N_a \text{ 相关} \end{cases} \tag{3.47}$$

然后，将式（3.47）代入式（3.41），我们得到 p 型衬底表面附近任意点 x 的少子电子浓度为

$$n(x) \cong \frac{n_i^2}{p(x)} = \frac{n_i^2}{N_a} \exp\left(\frac{\phi(x)}{v_{kT}}\right) \tag{3.48}$$

同样，根据式（3.43），我们可以证明，对于 p 型衬底

$$\frac{n_i^2}{N_a} = \begin{cases} n_i \exp\left(-\dfrac{\phi_B}{v_{kT}}\right), & \text{与 } n_i \text{ 相关} \\[3mm] N_a \exp\left(-\dfrac{2\phi_B}{v_{kT}}\right), & \text{与 } N_a \text{ 相关} \end{cases} \tag{3.49}$$

因此，由式（3.48）给出的 p 型衬底中的少数载流子浓度也可以写成

$$n(x) = \begin{cases} n_i \exp\left(\dfrac{\phi(x) - \phi_B}{v_{kT}}\right), & \text{与 } n_i \text{ 相关} \\[3mm] N_a \exp\left(\dfrac{\phi(x) - 2\phi_B}{v_{kT}}\right), & \text{与 } N_a \text{ 相关} \end{cases} \tag{3.50}$$

现在，将式（3.47）和式（3.50）中 $p(x)$ 和 $n(x)$ 的表达式分别代入式（3.36），可以得到

$$\rho(x) = q\left[n_i e^{-\frac{(\phi(x) - \phi_B)}{v_{kT}}} - n_i e^{\frac{\phi(x) - \phi_B}{v_{kT}}} + N_d^+(x) - N_a^-(x) \right] \tag{3.51}$$

同样，假设受主原子完全电离，对于 p 型衬底，我们分别从式（3.42）得到 $p \cong N_a^- \equiv N_a$ 以及 $n \cong N_d^+ \equiv N_d$。因此，对于均匀掺杂的衬底，总电荷密度由下式给出：

$$\rho(x) = q\left[\left(n_i e^{-\frac{\phi(x) - \phi_B}{v_{kT}}} - N_a(x) \right) - \left(n_i e^{\frac{\phi(x) - \phi_B}{v_{kT}}} - N_d(x) \right) \right] \tag{3.52}$$

应注意，式（3.52）中 $\rho(x)$ 方括号内的第一项表示由于多数载流子浓度而导致的 p 型衬底中的电荷密度，第二项表示由于少数载流子浓度而导致的电荷密度。现在，将式（3.52）代入式（3.37），我们得到了泊松方程，用 p 型衬底表面附近深度 x 处的能带弯曲势 $\phi(x)$ 表示为

$$\frac{d^2\phi(x)}{dx^2} = -\frac{q}{\varepsilon_0 K_{si}}\left[\left(n_i e^{-\frac{\phi(x) - \phi_B}{v_{kT}}} - N_a(x) \right) - \left(n_i e^{\frac{\phi(x) - \phi_B}{v_{kT}}} - N_d(x) \right) \right] \tag{3.53}$$

我们将求解式（3.53）中的 $\phi(x)$ 以表征不同工作条件下的多栅 MOS 电容器行为。同样，我们从式（3.53）中注意到，方括号内的第一项是由于半导体衬底中的多数载流子电荷密度，而第二项是由于半导体衬底中的少数载流子。

3.4.2 静电势和电荷分布

3.4.2.1 半导体中的感生电荷

为了解式（3.53）中的 $\phi(x)$，我们假设多栅 MOS 电容器的衬底无掺杂或轻掺杂，以致多数载流子浓度比少数载流子浓度小到可以忽略不计。此外，我们假设衬底的电离掺杂浓度显著高于相反类型的掺杂，即对于 p 型衬底，$N_a \gg N_d$。因此，对于 $N_b = N_a(x)$ 的均匀掺杂 p 型衬底，我们可以安全地只考虑式（3.53）给出的表面附近任意点 x 处的少数载流子项和受主掺杂浓度 N_a。然后，对于图 3.1b 所示的 DG – MOS 电容器，我们可以将泊松方程（3.53）表示为

$$\frac{d^2\phi(x)}{dx^2} = \frac{q}{K_{si}\varepsilon_0}\left[n_i e^{\frac{\phi(x)-\phi_B}{v_{kT}}} + N_b \right]$$

或者

$$\frac{d^2\phi(x)}{dx^2} = \frac{qn_i}{K_{si}\varepsilon_0}\left[e^{\frac{\phi(x)-\phi_B}{v_{kT}}} + e^{\frac{\phi_B}{v_{kT}}} \right] \tag{3.54}$$

在式（3.54）中，我们使用了式（3.43）的 $N_b = n_i\exp(\phi_B/v_{kT})$。现在，为了解硅中电势分布的式（3.54），我们使用数学恒等式

$$\frac{d}{dx}\left(\frac{d\phi}{dx}\right)^2 = 2\frac{d\phi}{dx}\frac{d^2\phi}{dx^2} \tag{3.55}$$

然后将式（3.54）的两边乘以 $2\dfrac{d\phi(x)}{dx}$，我们得到

$$2\frac{d\phi(x)}{dx}\frac{d^2\phi(x)}{dx^2} = \frac{qn_i}{K_{si}\varepsilon_0}\left[e^{\frac{\phi(x)-\phi_B}{v_{kT}}} + e^{\frac{\phi_B}{v_{kT}}} \right]\left(2\frac{d\phi(x)}{dx} \right) \tag{3.56}$$

现在，利用式（3.55）作用于式（3.56）左边，我们得到

$$\frac{d}{dx}\left(\frac{d\phi(x)}{dx}\right)^2 = \frac{2qn_i}{K_{si}\varepsilon_0}\left[e^{\frac{\phi(x)-\phi_B}{v_{kT}}} + e^{\frac{\phi_B}{v_{kT}}} \right]\frac{d\phi(x)}{dx} \tag{3.57}$$

为了对（式 3.57）进行积分，我们考虑一个理想的对称 DG – MOS 电容器结构，其衬底厚度 t_{si}、栅氧化层厚度 T_{ox} 和具有公共栅极电压 V_g 的 MG，如图 3.14 所示。在图 3.14 中，x 是沿着结构的厚度，$x = 0$ 位于中心点，电势为 ϕ_0 $(x = 0)$，$x = \pm t_{si}/2$ 位于两个硅/SiO_2 界面，电势为 ϕ_s $(x = \pm t_{si}/2)$。

我们将式（3.57）沿厚度 t_{si} 的体区从中心点 $x = 0$ 积分到点 x，以找到沿结构厚度的电势分布。然后从图 3.14，积分的边界条件是

$$\begin{cases} \phi(x) = \phi_0, \dfrac{d\phi(x)}{dx} = 0; & x = 0 \\ \phi(x) = \phi(x), \dfrac{d\phi(x)}{dx} = \dfrac{d\phi(x)}{dx}; & x = x \end{cases} \tag{3.58}$$

现在，我们利用式（3.58）中的边界条件，从中心点 $x = 0$ 到朝向表面的任意点 x 对式（3.57）进行积分，得到

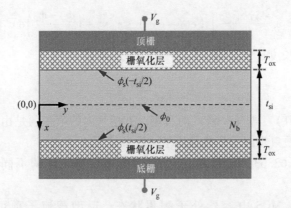

图 3.14　具有 p 型硅体区的理想对称 DG–MOS 电容器结构：t_{si}、T_{ox} 和 N_b 分别是体厚度、栅氧化层厚度和
　　　　体掺杂浓度；x 沿深度方向，$x=0$ 在体区中部，因此在顶栅的 SiO_2/硅界面处 $x=-t_{si}/2$，
　　　　底栅的硅/SiO_2 界面处 $x=t_{si}/2$；ϕ_s 是表面势；ϕ_0 是 $x=0$ 时的中心电势

$$\int_0^{\frac{d\phi(x)}{dx}} d\left(\frac{d\phi(x)}{dx}\right)^2 = \frac{2qn_i}{K_{si}\varepsilon_0}\int_{\phi_0}^{\phi(x)}\left[e^{\frac{\phi(x)-\phi_B}{v_{kT}}} + e^{\frac{\phi_B}{v_{kT}}}\right]d\phi \tag{3.59}$$

经过整合和简化，我们可以给出

$$\left(\frac{d\phi(x)}{dx}\right)^2 = \frac{2qn_i v_{kT}}{K_{si}\varepsilon_0}\left[\left(e^{\frac{\phi(x)}{v_{kT}}} - e^{\frac{\phi_0}{v_{kT}}}\right)\cdot e^{\frac{\phi_B}{v_{kT}}} + \left(\frac{\phi(x)-\phi_0}{v_{kT}}\right)e^{\frac{\phi_B}{v_{kT}}}\right] \tag{3.60}$$

或者

$$\frac{d\phi(x)}{dx} = \pm\sqrt{\frac{2qn_i v_{kT}}{K_{si}\varepsilon_0}}\left[\left(e^{\frac{\phi(x)}{v_{kT}}} - e^{\frac{\phi_0}{v_{kT}}}\right)\cdot e^{\frac{\phi_B}{v_{kT}}} + \left(\frac{\phi(x)-\phi_0}{v_{kT}}\right)e^{\frac{\phi_B}{v_{kT}}}\right] \tag{3.61}$$

式中，"＋"符号适用于 $0 \leqslant x \leqslant t_{si}/2$；"－"符号适用于 $-t_{si}/2 \leqslant x \leqslant 0$。

我们知道，在 $x = \pm t_{si}/2$ 时，$\phi(x) = \phi_s$ 以及 $-d\phi/dx = E_s$（表面电场）；因此，从表面
势 ϕ_s 角度，可以将式（3.61）写成

$$\left.\frac{d\phi(x)}{dx}\right|_{x=\pm t_{si}/2} = \pm\sqrt{\frac{2qn_i v_{kT}}{\varepsilon_0 K_{si}}}\left[\left(e^{\frac{\phi_s}{v_{kT}}} - e^{\frac{\phi_0}{v_{kT}}}\right)\cdot e^{-\frac{\phi_B}{v_{kT}}} + \left(\frac{\phi_s-\phi_0}{v_{kT}}\right)e^{\frac{\phi_B}{v_{kT}}}\right]^{1/2} = E_s(x) \equiv E_s$$

$$\tag{3.62}$$

然后从式（3.62）中，可通过高斯定律 $Q_s = -\varepsilon_0 K_{si} E_s$，得出硅中单位面积感应的总电
荷（与金属栅极上的电荷相等且相反）。因此，MOS 电容器衬底表面的单位面积电荷由下式
给出：

$$Q_s = \pm\sqrt{2qK_{si}\varepsilon_0 n_i v_{kT}}\left[\left(e^{\frac{\phi_s}{v_{kT}}} - e^{\frac{\phi_0}{v_{kT}}}\right)\cdot e^{-\frac{\phi_B}{v_{kT}}} + \left(\frac{\phi_s-\phi_0}{v_{kT}}\right)e^{\frac{\phi_B}{v_{kT}}}\right]^{1/2} \tag{3.63}$$

式（3.63）适用于多栅 MOS 电容器工作的所有区域：积累、耗尽和反型。正号 ＋ 表示
积累态下 p 型衬底中感应电荷为正，负号 － 是对耗尽和反型态电荷。式（3.63）也可表
示为

$$Q_s = \pm \frac{2v_{kT}K_{si}\varepsilon_0}{L_{di}} \left[\left(e^{\frac{\phi_s}{v_{kT}}} - e^{\frac{\phi_0}{v_{kT}}} \right) \cdot e^{-\frac{\phi_B}{v_{kT}}} + \left(\frac{\phi_s - \phi_0}{v_{kT}} \right) e^{\frac{\phi_B}{v_{kT}}} \right]^{1/2} \quad (3.64)$$

式中，L_{di} 是固有德拜长度，定义为

$$L_{di} = \sqrt{\frac{2K_{si}\varepsilon_0 v_{kT}}{qn_i}} \quad (3.65)$$

同样，在式（3.61）~ 式（3.64）的右侧，方括号内的第一项是由于 p 型衬底中的少数载流子电荷，而第二项只是由于多数载流子体掺杂浓度 $N_b = N_a$。

我们可以使用式（3.63）定性地描述在 MOS 电容器工作的不同区域中 Q_s 对 ϕ_s 的依赖性。

1）当 $\phi_s < 0$ 时，MOS 电容器处于积累状态，反型载流子项可忽略不计。那么式（3.63）中的主导项是 $\sqrt{(\phi_s - \phi_0)/v_{kT}}$。因此，$Q_s$ 随 ϕ_s 的变化而变化，为

$$Q_s \approx \sqrt{2qK_{si}\varepsilon_0 n_i (\phi_s - \phi_0)} \exp\left(\frac{\phi_B}{2v_{kT}}\right), （积累） \quad (3.66)$$

因为是对于轻掺杂体（$\phi_B \approx 0$），所以我们得到

$$Q_s \approx \sqrt{2qK_{si}\varepsilon_0 n_i (\phi_s - \phi_0)}, （积累） \quad (3.67)$$

为了进一步简化 Q_s（积累），我们将 E_{avg} 定义为 $x = t_{si}/2$ 到中心点 $x = 0$ 之间区域的平均电场，然后利用高斯定律，可以写出

$$E_{avg} = -\frac{d\phi(x)}{dx} = \frac{Q_s}{K_{si}\varepsilon_0} \quad (3.68)$$

然后假设对于一个超薄体全耗尽衬底，ϕ_s 从 ϕ_0（$x = 0$）到 ϕ_s（$x = t_{si}/2$）间呈线性变化，可以将式（3.68）写成

$$\frac{d\phi(x)}{dx} = \frac{\phi_s - \phi_0}{t_{si}/2} = \frac{Q_s}{K_{si}\varepsilon_0}$$

或者

$$\phi_s - \phi_0 = \frac{Q_s t_{si}}{2K_{si}\varepsilon_0} \quad (3.69)$$

现在，将式（3.69）中的 $\phi_s - \phi_0$ 代入式（3.66），并使用式（3.43）中的表达式 $N_b = n_i \exp(\phi_B/v_{kT})$，可以在简化后写出

$$Q_s \approx qN_b t_{si}, （积累） \quad (3.70)$$

因此，积累电荷与超薄体 DG - MOS 电容器的厚度成正比。

2）当 $V_{fb} < \phi_s < 2\phi_B$ 使得 DG - MOS 电容器处于耗尽和弱反型状态时，支配式（3.63）的项为 $\sqrt{\phi_s}$，因此 Q_s 随 ϕ_s 的变化如下：

$$Q_s \sim \sqrt{(\phi_s - \phi_0) e^{\frac{\phi_B}{v_{kT}}}}, （耗尽和弱反型） \quad (3.71)$$

对于无掺杂或轻掺杂衬底（$\phi_B \approx 0$）和超薄体对称 DG - MOS 电容器，假设 $\phi_s \gg \phi_0$，Q_s 随 ϕ_s 变化如下：

$$Q_s \sim \sqrt{\phi_s}, \text{（耗尽和弱反型）} \tag{3.72}$$

3）当 $\phi_s > 2\phi_B$ 时，DG – MOS 电容器结构处于强反型区，并且在一级近似下，可忽略式（3.63）中由于 N_a 引起的多数载流子项，对于轻掺杂衬底，$\phi_B \approx 0$。因此，Q_s 随 ϕ_s 的变化如下：

$$Q_s \sim \sqrt{e^{\phi_s / v_{kT}} - e^{\phi_0 / v_{kT}}}, \text{（强反型）} \tag{3.73}$$

由式（3.67）、式（3.72）和式（3.73）分别描述的积累、耗尽和反型条件适用于 p 型衬底。对于 n 型衬底，这些条件将相反。

3.4.2.2　表面势公式

为了确定 DG – MOS 电容器体内的电势分布，我们考虑图 3.14 所示的对称结构。然后我们求解式（3.54）给出的泊松方程，重写如下：

$$\frac{d^2 \phi(x)}{dx^2} = \frac{q}{K_{si} \varepsilon_0} \left[n_i \exp\left(\frac{\phi(x) - \phi_B}{v_{kT}} \right) + N_b \right] \tag{3.74}$$

如果硅体厚度 t_{si} 小于耗尽区的宽度，那么对于特定的栅极偏压 V_g，整个 t_{si} 被完全耗尽，因此，反型载流子遍布整个体区。这样，$Q_i \gg Q_b$，因此，我们可以安全地忽略式（3.74）中包含 N_b 的项。然后，通过求解如下所示的简化泊松方程，可以得到沿衬底厚度方向任意点 x 处的电势 $\phi(x)$：

$$\frac{d^2 \phi(x)}{dx^2} = \frac{q n_i}{K_{si} \varepsilon_0} \exp\left(\frac{\phi(x) - \phi_B}{v_{kT}} \right) \tag{3.75}$$

同样，为了求解式（3.75）中的 $\phi(x)$，使用式（3.55）给出的数学恒等式得到

$$\frac{d}{dx} \left(\frac{d\phi(x)}{dx} \right)^2 = \frac{2q n_i}{K_{si} \varepsilon_0} \left[e^{\frac{\phi(x) - \phi_B}{v_{kT}}} \right] \frac{d\phi(x)}{dx} \tag{3.76}$$

现在，我们从中心点 $x = 0$ 到点 x 对式（3.76）进行积分，以找到沿结构厚度的电势分布，如图 3.14 所示。因为对于对称 DG – MOS 电容器，电场的垂直分量，在中心 $x = 0$，其 $\phi(x = 0) = \phi_0$ 处，$E(x) = 0 = d\phi/dx$，我们使用以下边界条件 [式（3.58）] 进行积分：

$$\begin{cases} \phi(x) = \phi_0, \dfrac{d\phi(x)}{dx} = 0; & x = 0 \\[2mm] \phi(x) = \phi(x), \dfrac{d\phi(x)}{dx} = \dfrac{d\phi(x)}{dx}; & x = x \end{cases} \tag{3.77}$$

然后，利用式（3.77）给出的边界条件，可以将式（3.76）表示为

$$\int_0^{\frac{d\phi}{dx}} d\left(\frac{d\phi(x)}{dx} \right)^2 = \frac{2q n_i}{K_{si} \varepsilon_0} \int_{\phi_0}^{\phi(x)} e^{\frac{\phi(x) - \phi_B}{v_{kT}}} d\phi(x) \tag{3.78}$$

对式（3.78）进行积分，利用式（3.49）中的 $n_i \exp(-\phi_B / v_{kT}) = n_i^2 / N_b$，得到

$$\left(\frac{d\phi(x)}{dx} \right)^2 = \frac{2q}{K_{si} \varepsilon_0} v_{kT} \frac{n_i^2}{N_b} \left(e^{\frac{\phi(x)}{v_{kT}}} - e^{\frac{\phi_0}{v_{kT}}} \right) \tag{3.79}$$

或者

$$\frac{\mathrm{d}\phi(x)}{\mathrm{d}x} = \pm \sqrt{\frac{2v_{kT}q}{K_{si}\varepsilon_0}\frac{n_i^2}{N_b}\left(\mathrm{e}^{\frac{\phi(x)}{v_{kT}}} - \mathrm{e}^{\frac{\phi_0}{v_{kT}}}\right)} \tag{3.80}$$

式中，"+"符号表示 $x>0$；"-"符号表示 $x<0$。

通过对式（3.80）的第二次积分，我们可以得到 $\phi(x)$。为了对式（3.80）进行积分，我们考虑简化泊松方程（3.75）的一般数学解。微分方程（3.75）有两个数学解：一个是三角函数（与 $1/\cos^2\xi$ 成比例），另一个是双曲函数[17]。现在，我们考虑简化泊松方程（3.75）的三角函数解[18]，如下所示：

$$\mathrm{e}^{\frac{\phi(x)}{v_{kT}}} = \mathrm{e}^{\frac{\phi_0}{v_{kT}}}\sec^2\xi \tag{3.81}$$

式中，ξ 是一个空间参数 $f(x)$。

然后将式（3.81）代入式（3.80），简化后即得

$$\frac{\mathrm{d}\phi(x)}{\mathrm{d}x} = \pm \sqrt{\frac{2v_{kT}q}{K_{si}\varepsilon_0}\frac{n_i^2}{N_b}\mathrm{e}^{\frac{\phi_0}{v_{kT}}}(\sec^2\xi - 1)}$$

或者

$$\frac{\mathrm{d}\phi(x)}{\mathrm{d}x} = \pm \sqrt{\frac{2v_{kT}q}{K_{si}\varepsilon_0}\frac{n_i^2}{N_b}\mathrm{e}^{\frac{\phi_0}{v_{kT}}}\tan^2\xi} \tag{3.82}$$

其中

$$\sec^2\xi - 1 = \tan^2\xi$$

我们还可以通过将（三角函数解）式（3.81）对 x 微分，获得 $\mathrm{d}\phi(x)/\mathrm{d}x$ 的表达式，得到

$$\frac{\mathrm{d}}{\mathrm{d}x}\left(\mathrm{e}^{\frac{\phi(x)}{v_{kT}}}\right) = \frac{\mathrm{d}}{\mathrm{d}x}\left(\mathrm{e}^{\frac{\phi_0}{v_{kT}}}\sec^2\xi\right) \tag{3.83}$$

经过微分和简化，可以得到

$$\frac{1}{v_{kT}}\mathrm{e}^{\frac{\phi(x)}{v_{kT}}}\frac{\mathrm{d}\phi(x)}{\mathrm{d}x} = \mathrm{e}^{\frac{\phi_0}{v_{kT}}}\sec^2\xi\tan\xi\frac{\mathrm{d}\xi}{\mathrm{d}x}\times2 \tag{3.84}$$

现在，将式（3.81）中的 $\mathrm{e}^{\frac{\phi(x)}{v_{kT}}} = \mathrm{e}^{\frac{\phi_0}{v_{kT}}}\sec^2\xi$ 代入式（3.84），简化后得到

$$\frac{\mathrm{d}\phi(x)}{\mathrm{d}x} = 2v_{kT}\tan\xi\frac{\mathrm{d}\xi}{\mathrm{d}x} \tag{3.85}$$

式（3.82）和式（3.85）中的 $\mathrm{d}\phi(x)/\mathrm{d}x$ 表达式是从同一个式（3.80）的解得到的，因此相等。然后将式（3.82）和式（3.85）等价，简化后得到

$$2v_{kT}\tan\xi\frac{\mathrm{d}\xi}{\mathrm{d}x} = \pm \sqrt{\frac{2v_{kT}q}{K_{si}\varepsilon_0}\frac{n_i^2}{N_b}\mathrm{e}^{\frac{\phi_0}{v_{kT}}}\tan^2\xi} \tag{3.86}$$

因此，经过简化后，我们可以将式（3.86）表示为

$$\frac{\mathrm{d}\xi}{\mathrm{d}x} = \pm \sqrt{\frac{q}{2v_{kT}K_{si}\varepsilon_0}\frac{n_i^2}{N_b}\mathrm{e}^{\frac{\phi_0}{v_{kT}}}} \tag{3.87}$$

现在，我们从 $x=0$ 到任意点 x 对式（3.87）进行积分；由于 $\xi=f(x)$，因此，在 $x=0$

时，$\xi = 0$；在 $x = x$ 时，$\xi = \xi$。这样，得到

$$\int_0^{\xi} \mathrm{d}\xi = \sqrt{\frac{q}{2v_{kT}K_{si}\varepsilon_0} \frac{n_i^2}{N_b} \mathrm{e}^{\frac{\phi_0}{v_{kT}}}} \int_0^x \mathrm{d}x \tag{3.88}$$

$$\xi = \sqrt{\frac{q}{2v_{kT}K_{si}\varepsilon_0} \frac{n_i^2}{N_b} \mathrm{e}^{\frac{\phi_0}{v_{kT}}}} \cdot x \tag{3.89}$$

同样，根据式（3.81），得到

$$\mathrm{e}^{\frac{\phi(x)}{v_{kT}}} = \frac{\mathrm{e}^{\frac{\phi_0}{v_{kT}}}}{\cos^2 \xi} \tag{3.90}$$

所以

$$\cos\xi = \frac{1}{\sqrt{\mathrm{e}^{\frac{\phi(x) - \phi_0}{v_{kT}}}}} \tag{3.91}$$

或者

$$\xi = \cos^{-1}\left(\frac{1}{\sqrt{\mathrm{e}^{\frac{\phi(x) - \phi_0}{v_{kT}}}}}\right) \tag{3.92}$$

然后可以用式（3.89）和式（3.92）消去 ξ，得到

$$\cos^{-1}\left(\frac{1}{\sqrt{\mathrm{e}^{\frac{\phi(x) - \phi_0}{v_{kT}}}}}\right) = \sqrt{\frac{q}{2v_{kT}K_{si}\varepsilon_0} \frac{n_i^2}{N_b} \mathrm{e}^{\frac{\phi_0}{v_{kT}}}} \cdot x$$

或者

$$\frac{1}{\sqrt{\mathrm{e}^{\frac{\phi(x) - \phi_0}{v_{kT}}}}} = \cos\left[\sqrt{\frac{q}{2v_{kT}K_{si}\varepsilon_0} \frac{n_i^2}{N_b} \mathrm{e}^{\frac{\phi_0}{v_{kT}}}} \cdot x\right] \tag{3.93}$$

或者

$$\frac{1}{\mathrm{e}^{\frac{\phi(x) - \phi_0}{v_{kT}}}} = \left\{\cos\left[\sqrt{\frac{q}{2v_{kT}K_{si}\varepsilon_0} \frac{n_i^2}{N_b} \mathrm{e}^{\frac{\phi_0}{v_{kT}}}} \cdot x\right]\right\}^2$$

或者

$$\mathrm{e}^{\frac{\phi(x) - \phi_0}{v_{kT}}} = \left\{\cos\left[\sqrt{\frac{q}{2v_{kT}K_{si}\varepsilon_0} \frac{n_i^2}{N_b} \mathrm{e}^{\frac{\phi_0}{v_{kT}}}} \cdot x\right]\right\}^{-2} \tag{3.94}$$

对式（3.94）两边取自然对数，简化后的 $\phi(x)$ 表达式为

$$\phi(x) = \phi_0 - 2v_{kT}\ln\left[\cos\left(\sqrt{\frac{q}{2K_{si}\varepsilon_0 v_{kT}} \frac{n_i^2}{N_b} \exp\left(\frac{\phi_0}{v_{kT}}\right)} \cdot x\right)\right] \tag{3.95}$$

式中，ϕ_0 是体区中心的电势，如图 3.14 所示。

式（3.95）适用于 $-t_{si}/2 \leqslant x \leqslant t_{si}/2$ 的整个范围。注意，式（3.95）的右边总是正的。根据式（3.95），表面电势 $\phi_s \equiv \phi(x = \pm t_{si}/2)$ 由下式给出：

$$\phi_s\left(x = \frac{t_{si}}{2}\right) = \phi_0 - 2v_{kT}\ln\left[\cos\left(\sqrt{\frac{q}{2K_{si}\varepsilon_0 v_{kT}}\frac{n_i^2}{N_b}\exp\left(\frac{\phi_0}{v_{kT}}\right)} \cdot \frac{t_{si}}{2}\right)\right] \tag{3.96}$$

为了根据 DG – MOS 电容器的外加栅极偏压 V_g 和栅氧化层厚度 T_{ox} 表示 ϕ_s，我们在图 3.14所示的结构的硅/SiO₂界面处，使用式（3.27）中高斯定律给出的边界条件。因此，在 $x = \pm t_{si}/2$ 时，得到

$$K_{ox}\varepsilon_0 E_{ox} = K_{si}\varepsilon_0 E_s \tag{3.97}$$

在式（3.97）中，所有参数都具有前面定义的通常含义。式（3.97）可写成

$$K_{ox}\varepsilon_0 \frac{V_{ox}}{T_{ox}} = \pm K_{si}\varepsilon_0 \left.\frac{d\phi}{dx}\right|_{x = \pm t_{si}/2} \tag{3.98}$$

同样，由（式3.23）得到

$$V_{ox} = V_g - V_{fb} - \phi_s \tag{3.99}$$

因此，将式（3.99）中的 V_{ox} 代入式（3.98），可以将边界条件写成

$$K_{ox}\varepsilon_0 \frac{V_g - V_{fb} - \phi_s}{T_{ox}} = \pm K_{si}\varepsilon_0 \left.\frac{d\phi}{dx}\right|_{x = \pm t_{si}/2}，（按相对介电常数）$$

或者

$$\varepsilon_{ox}\frac{V_g - V_{fb} - \phi_s}{T_{ox}} = \pm \varepsilon_{si}\left.\frac{d\phi}{dx}\right|_{x = \pm t_{si}/2}，（按介电常数）\tag{3.100}$$

现在，用式（3.80）中的 $d\phi/dx$ 在 $x = \pm t_{si}/2$ 处代入式（3.100）中，得到

$$K_{ox}\varepsilon_0 \frac{V_g - V_{fb} - \phi_s}{T_{ox}} = K_{si}\varepsilon_0 \sqrt{\frac{2v_{kT}q}{K_{si}\varepsilon_0}\frac{n_i^2}{n_b}\left(e^{\frac{\phi_s}{v_{kT}}} - e^{\frac{\phi_0}{v_{kT}}}\right)} \tag{3.101}$$

需要注意的是，$V_{fb} = \Phi_{ms} - Q_0/C_{ox}$ [式（3.21）]，其中 Φ_{ms} 是栅极和本征硅之间的功函数差。因为对于无掺杂或轻掺杂衬底，$\phi_B \approx 0$，对于理想栅氧化层，界面电荷 $Q_0 = 0$，那么 $V_{fb} \approx \Phi_{ms}$ [式（3.21）]，所以

$$V_{fb} \cong \Phi_{ms} = \begin{cases} -E_g/2q, & \text{MG 导带与本征硅导带对齐 [式（3.10）]} \\ +E_g/2q, & \text{MG 导带与本征硅价带对齐 [式（3.12）]} \\ 0, & \text{带隙中央功函数 [式（3.15）]} \end{cases}$$

对于任何给定的 V_g，式（3.96）和式（3.101）是耦合方程，可求解 ϕ_s 和 ϕ_0。

在推导 p 型衬底中少数载流子浓度 $n(x)$ 的式（3.48）、$d\phi/dx$ 的式（3.80）、$\phi(x)$ 的式（3.95）、ϕ_s 的式（3.96）以及 ϕ_s 作为 V_g 函数的解的边界条件（3.101）时，我们使用了体势 ϕ_B。然而，对于 DG – MOS 电容器，通常，衬底是无掺杂或轻掺杂的并且 $\phi_B \approx 0$ [式（3.43）]导致 $n_i^2/N_b = n_i$ [式（3.49）]。因此，对于无掺杂或轻掺杂 p 型衬底上的DG – MOS 电容器，相关的数学表达式可以写成

$$n(x) \cong n_i\exp\left(\frac{\phi(x)}{v_{kT}}\right) \tag{3.102}$$

$$\frac{d\phi(x)}{dx} = \pm\sqrt{\frac{2v_{kT}qn_i}{K_{si}\varepsilon_0}\left(e^{\frac{\phi(x)}{v_{kT}}} - e^{\frac{\phi_0}{v_{kT}}}\right)} \tag{3.103}$$

$$\phi(x) = \phi_0 - 2v_{kT}\ln\left[\cos\left(\sqrt{\frac{qn_i}{2K_{si}\varepsilon_0 v_{kT}}\exp\left(\frac{\phi_0}{v_{kT}}\right)} \cdot x\right)\right] \tag{3.104}$$

$$\phi_s\left(x = \frac{t_{si}}{2}\right) = \phi_0 - 2v_{kT}\ln\left[\cos\left(\sqrt{\frac{qn_i}{2K_{si}\varepsilon_0 v_{kT}}\exp\left(\frac{\phi_0}{v_{kT}}\right)} \cdot \frac{t_{si}}{2}\right)\right] \tag{3.105}$$

$$K_{ox}\varepsilon_0\frac{V_g - V_{fb} - \phi_s}{T_{ox}} = K_{si}\varepsilon_0\sqrt{\frac{2v_{kT}qn_i}{K_{si}\varepsilon_0}\left(e^{\frac{\phi_s}{v_{kT}}} - e^{\frac{\phi_0}{v_{kT}}}\right)} \tag{3.106}$$

同样，对于任何给定的 V_g，式（3.105）和式（3.106）是耦合方程，可以用于求解 Φ_s 和 ϕ_0。

上述方程的数值解已有报道[19]。对于 $t_{si}=20\text{nm}$、$T_{ox}=2\text{nm}$ 和 $V_{fb}=0$ 的 DG－MOS 电容器，图 3.15 给出了在三个不同的 ϕ_0 值下，电势 $\phi(x)$ 和电子体密度 $n(x)$ 随无掺杂硅体中位置 x 变化的曲线图。

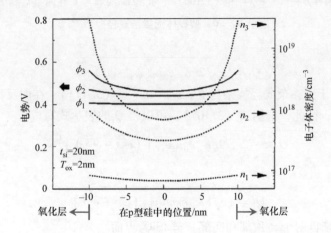

图 3.15　三个不同的 ϕ_0 值下，电势 $\phi(x)$ 和电子体密度 $n(x)$ 随硅体内位置变化的曲线图；
相应的栅极电压为：对于 ϕ_1 和 n_1，$V_{g1} - V_{fb} = 0.412\text{V}$；对于 ϕ_2 和 n_2，$V_{g2} - V_{fb} = 0.573\text{V}$；
对于 ϕ_3 和 n_3，$V_{g3} - V_{fb} = 0.845\text{V}$[19]

图 3.16 给出了 ϕ_s 和 ϕ_0 的解作为 V_g 函数的曲线图。

3.4.2.3 阈值电压

为了导出阈值电压（V_{th}）的表达式，我们使用式（3.63）给出的半导体中总电荷的表达式计算反型电荷（Q_i），并重写如下：

$$Q_s = \pm\sqrt{2qK_{si}\varepsilon_0 n_i v_{kT}\left[\left(e^{\frac{\phi_s}{v_{kT}}} - e^{\frac{\phi_0}{v_{kT}}}\right) \cdot e^{-\frac{\phi_B}{v_{kT}}} + \left(\frac{\phi_s - \phi_0}{v_{kT}}\right)e^{\frac{\phi_B}{v_{kT}}}\right]^{1/2}} \tag{3.107}$$

如 3.4.2.1 节所述，式（3.107）方括号内的第一项是由于少数载流子引起的，表示反型电荷；而第二项是由于多数载流子掺杂原子 N_b 引起的，表示体电荷 Q_b。因此，根据式（3.107），总体电荷 Q_b 由下式给出：

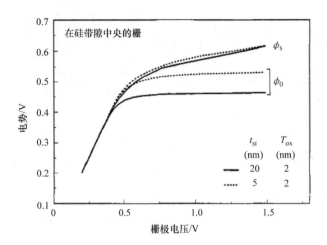

图 3.16　显示了耦合方程（3.105）和（3.106）中 ϕ_s 和 ϕ_0 的解与 V_g 在两组 t_{si} 和 T_{ox} 值下的关系图；这里 $V_{fb} = 0$，假设体无掺杂或轻掺杂[19]

$$Q_b = \pm \sqrt{2qK_{si}\varepsilon_0 n_i (\phi_s - \phi_0) e^{\frac{\phi_B}{v_{kT}}}} \tag{3.108}$$

我们知道，对于无掺杂或轻掺杂衬底，$\phi_B \approx 0$［式（3.43）］，在弱反型区，半导体表面的体电荷 $Q_b \ll Q_i$；因此，根据式（3.107），可以将 Q_i 的表达式写成

$$Q_i \cong -2\sqrt{2qK_{si}\varepsilon_0 n_i v_{kT}} \left[\left(e^{\frac{\phi_s}{v_{kT}}} - e^{\frac{\phi_0}{v_{kT}}} \right) \right]^{1/2}$$

或者

$$Q_i = -\sqrt{8K_{si}\varepsilon_0 q n_i v_{kT} \left(e^{\frac{\phi_s}{v_{kT}}} - e^{\frac{\phi_0}{v_{kT}}} \right)} \tag{3.109}$$

式中，因子"2"来自两个（顶部和底部）硅/SiO$_2$ 界面。

同样，由式（3.28）可得

$$C_{ox} V_{ox} = Q_s \cong Q_i$$

$$\therefore V_{ox} = \frac{Q_i}{C_{ox}} \tag{3.110}$$

然后将式（3.110）中的 V_{ox} 代入式（3.99），可以得出

$$\phi_s \cong V_g - V_{fb} + \frac{Q_i}{C_{ox}} \tag{3.111}$$

因为对于低于阈值电压 V_{th} 的任何 V_g 值，可动电荷密度 Q_i 都很低，所以根据式（3.109），我们得到 $\phi_s \approx \phi_0$。然后，由式（3.111）得到

$$\phi_s \approx \phi_0 \approx V_g - V_{fb} \tag{3.112}$$

因此，在弱反型区，ϕ_s 和 ϕ_0 都紧随 V_g，并且栅极下的整个衬底都反型。这称为体反型[20]。然而，式（3.111）表明，随着 V_g 的增加，ϕ_s 和总 Q_i 随着 V_g 以 60mV/dec 的斜率倒数指数增加，如图 3.17 所示[19]。

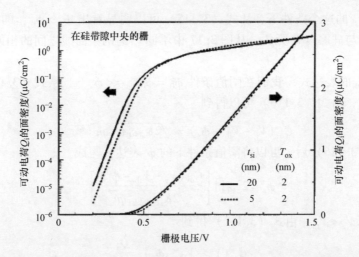

图 3.17　在对数（左）和线性（右）标度下，由式（3.109）给出的可动电荷 Q_i 的面密度与栅极电压 V_g 在两组 t_{si} 值下的关系；这里，我们假设 $V_{fb} = 0$ [19]

当无掺杂体区的导带弯曲接近硅能隙中央 MG 导带或约为 $E_g/2$ 时，式（3.105）和式（3.106）右侧少数载流子引起的项不再可忽略。当硅表面附近的可动电荷从硅薄膜的中心屏蔽栅极场时，ϕ_s 和 ϕ_0 变得去耦合，也即没有进一步的体反型。图 3.15 中的 ϕ_3 和 n_3 以及图 3.16 中 $V_g > 0.5V$ 时的 ϕ_s 和 ϕ_0 行为说明了这一点。由于式（3.105）中余弦函数的角度不能超过 $\pi/2$，因此将 ϕ_0 钉扎在上限 $\phi_{0,sat}$，由下式给出：

$$\sqrt{\frac{qn_i}{2K_{si}\varepsilon_0 v_{kT}}\exp\left(\frac{\phi_{0,sat}}{v_{kT}}\right)} \cdot \frac{t_{si}}{2} = \frac{\pi}{2}$$

或者

$$\frac{qn_i}{2K_{si}\varepsilon_0 v_{kT}}\exp\left(\frac{\phi_{0,sat}}{v_{kT}}\right)\frac{t_{si}^2}{4} = \frac{\pi^2}{4}$$

或者

$$\exp\left(\frac{\phi_{0,sat}}{v_{kT}}\right) = \frac{2\pi^2 K_{si}\varepsilon_0 v_{kT}}{qn_i t_{si}^2} \tag{3.113}$$

在简化式（3.113）后，可以得到

$$\phi_{0,sat} = v_{kT}\ln\left(\frac{2\pi^2 K_{si}\varepsilon_0 v_{kT}}{qn_i t_{si}^2}\right) \tag{3.114}$$

式（3.114）中推导的 $\phi_{0,sat}$ 表达式表示图 3.16 中所示的 ϕ_0 饱和条件。另一方面，ϕ_s 由式（3.106）控制继续缓慢增加，并且 $\phi_s \gg \phi_0$，然后忽略式（3.106）平方根中的 exp（ϕ_0/v_{kT}）项，得到

$$K_{ox}\varepsilon_0 \frac{V_g - V_{fb} - \phi_s}{T_{ox}} = \sqrt{2K_{si}\varepsilon_0 v_{kT}qn_i\left(e^{\frac{\phi_s}{v_{kT}}}\right)} \tag{3.115}$$

我们将 DG－MOS 电容器的阈值电压 V_{th} 定义为栅极电压 V_g，在该栅极电压 V_g 下，

$\phi_0 = \phi_{0,\text{sat}}$。在 V_{th} 的这个条件下，从式（3.115）可以明显看出 $\phi_s > \phi_{0,\text{sat}}$ 的 MOS 电容器的高于阈值的行为与硅厚度 t_{si} 无关。从图 3.17 中不同 t_{si} 的两条曲线之间的相似性也可以看出这一点。

为了推导 V_{th} 的表达式，我们在阈值条件 $\phi_0 = \phi_{0,\text{sat}} << \phi_s$ 下，从式（3.115）中确定 ϕ_s 的表达式。那么，由式（3.115）可以得到

$$C_{\text{ox}}(V_g - V_{\text{fb}} - \phi_s) = \sqrt{2K_{\text{si}}\varepsilon_0 v_{\text{kT}} q n_i}\, e^{\frac{\phi_s}{2v_{\text{kT}}}} \tag{3.116}$$

在简化式（3.116）后，可以将阈值条件下的 ϕ_s 表达式写成

$$\phi_s = 2v_{\text{kT}}\ln\left[\frac{C_{\text{ox}}(V_g - V_{\text{fb}} - \phi_s)}{\sqrt{2K_{\text{si}}\varepsilon_0 v_{\text{kT}} q n_i}}\right] \tag{3.117}$$

同样，对于 $V_g < V_{\text{th}}$，由式（3.111）得到

$$C_{\text{ox}}(V_g - V_{\text{fb}} - \phi_s) \approx \frac{Q_i}{2}$$

或者

$$V_g = \frac{Q_i}{2C_{\text{ox}}} + (V_{\text{fb}} + \phi_s) \tag{3.118}$$

式中，因子 "2" 来自两个表面（硅/SiO_2 界面）。

在式（3.118）中，$(Q_i/2C_{\text{ox}}) < (V_{\text{fb}} + \phi_s)$ 在亚阈值区的值由 $V_g \leq V_{\text{th}}$ 定义；然后在亚阈值区，由式（3.118）得到

$$V_g \approx (V_{\text{fb}} + \phi_s) \equiv V_{\text{th}} \tag{3.119}$$

现在，将式（3.117）中的 ϕ_s 表达式代入式（3.119），可以得到

$$V_{\text{th}} = V_{\text{fb}} + 2v_{\text{kT}}\ln\left[\frac{C_{\text{ox}} V_{gt}}{\sqrt{2K_{\text{si}}\varepsilon_0 v_{\text{kT}} q n_i}}\right] \tag{3.120}$$

式中，V_{gt} 是工作区域的栅极过驱动电压，$V_{gt} = V_g - (V_{\text{fb}} + \phi_s)$。

同样，由式（2.14）得到

$$n_i^2 = N_c N_v \exp(-E_g/kT) \tag{3.121}$$

式中，N_c 是导带的有效态密度；N_v 是价带的有效态密度。

然后利用式（3.121），式（3.120）给出的 DG 电容器的 V_{th} 也可根据下式计算：

$$V_{\text{th}} = V_{\text{fb}} + \frac{E_g}{2q} + 2v_{\text{kT}}\ln\left[\frac{C_{\text{ox}} V_{gt}}{\sqrt{2K_{\text{si}}\varepsilon_0 v_{\text{kT}} q}\,\sqrt{N_c N_v}}\right] \tag{3.122}$$

在 V_{th} 的式（3.120）和式（3.122）中，对于理想的无缺陷栅氧化层，$V_{\text{fb}} \cong \Phi_{\text{ms}}$。

V_{th} 的值对 V_{gt} 的精确选择不敏感。报告的数据表明，V_{th} 对 V_{gt}、T_{ox} 和环境温度都不敏感[19]。

3.4.2.4　表面势函数

在 3.4.2.2 节中，我们求解了耦合方程（3.105）和（3.106）中的表面势 ϕ_s 和中心势 ϕ_0。在本节中，我们将利用定义为 $\beta = f(\phi_s)$ 的变换变量，使用 3.4.2.2 节中导出的泊松方程的广义解，推导出表面势函数。

为了导出 β 的表达式，我们使用由式（3.95）和式（3.96）给出的泊松方程的广义解来获得栅极电压 V_g 和表面电势 ϕ_s 之间的关系

$$\phi(x) = \phi_0 - 2v_{kT}\ln\left[\cos\left(\sqrt{\frac{q}{2K_{si}\varepsilon_0 v_{kT}}\frac{n_i^2}{N_b}\exp\left(\frac{\phi_0}{v_{kT}}\right)} \cdot x\right)\right] \tag{3.123}$$

$$\phi_s\left(x = \frac{t_{si}}{2}\right) = \phi_0 - 2v_{kT}\ln\left[\cos\left(\sqrt{\frac{q}{2K_{si}\varepsilon_0 v_{kT}}\frac{n_i^2}{N_b}\exp\left(\frac{\phi_0}{v_{kT}}\right)} \cdot \frac{t_{si}}{2}\right)\right] \tag{3.124}$$

因此，为了通过单一连续方程计算表面电势，我们将变换变量 β 定义为式（3.124）中 $\phi(x = t_{si}/2)$ 中的余弦函数的参数，即

$$\beta = \sqrt{\frac{q}{2K_{si}\varepsilon_0 v_{kT}}\frac{n_i^2}{N_b}\exp\left(\frac{\phi_0}{v_{kT}}\right)} \cdot \frac{t_{si}}{2}$$

或者

$$\frac{2\beta}{t_{si}} = \sqrt{\frac{q}{2K_{si}\varepsilon_0 v_{kT}}\frac{n_i^2}{N_b}\exp\left(\frac{\phi_0}{v_{kT}}\right)} \tag{3.125}$$

现在，我们定义[18]

$$a \equiv \sqrt{\frac{q}{2K_{si}\varepsilon_0 v_{kT}}\frac{n_i^2}{N_b}} \tag{3.126}$$

$$b \equiv \sqrt{\frac{q}{2K_{si}\varepsilon_0 v_{kT}}\frac{n_i^2}{N_b}\exp\left(\frac{\phi_0}{v_{kT}}\right)} = \frac{2\beta}{t_{si}}$$

那么，由式（3.126）可以看到

$$a\exp\left(\frac{\phi_0}{2v_{kT}}\right) = b = \frac{2\beta}{t_{si}}$$

或者

$$\exp\left(\frac{\phi_0}{2v_{kT}}\right) = \frac{b}{a} = \frac{1}{a}\frac{2\beta}{t_{si}} \tag{3.127}$$

然后，由式（3.127）得到

$$\phi_0 = 2v_{kT}\ln\left(\frac{b}{a}\right) = 2v_{kT}\ln\left(\frac{1}{a}\frac{2\beta}{t_{si}}\right) \tag{3.128}$$

现在，将式（3.127）中的 a 和 b 以及式（3.128）中的 ϕ_0 代入式（3.123），可以将 $\phi(x)$ 写成

$$\phi(x) = 2v_{kT}\ln\left(\frac{1}{a}\frac{2\beta}{t_{si}}\right) - 2v_{kT}\ln\left[\cos\left(\frac{2\beta}{t_{si}} \cdot x\right)\right] \tag{3.129}$$

然后，可以进一步简化式（3.129）如下：

$$\phi(x) = -2v_{kT}\left\{-\ln\left(\frac{1}{a}\frac{2\beta}{t_{si}}\right) + \ln\left[\cos\left(\frac{2\beta}{t_{si}} \cdot x\right)\right]\right\} \tag{3.130}$$

$$= -2v_{kT}\ln\left\{a\frac{t_{si}}{2\beta}\cos\left(\frac{2\beta}{t_{si}} \cdot x\right)\right\}$$

现在，将式（3.126）中 a 的表达式代入式（3.130），可以得到

$$\phi(x) = -2v_{kT}\ln\left\{\frac{t_{si}}{2\beta}\sqrt{\frac{q}{2K_{si}\varepsilon_0 v_{kT}}\frac{n_i^2}{N_b}}\cos\left(\frac{2\beta}{t_{si}}x\right)\right\} \tag{3.131}$$

然后重新排列式（3.131），可以得到

$$\phi(x) = -2v_{kT}\left[-\ln\beta - \ln\left(\frac{2}{t_{si}}\sqrt{\frac{2K_{si}\varepsilon_0 v_{kT}}{q}\frac{N_b}{n_i^2}}\right) + \ln\left\{\cos\left(\frac{2\beta}{t_{si}}x\right)\right\}\right] \tag{3.132}$$

由式（3.132）可知，$x = \pm t_{si}/2$（硅/SiO_2 界面）处的表面电势

$$\phi\left(x = \pm\frac{t_{si}}{2}\right) = -2v_{kT}\left[-\ln\beta - \ln\left(\frac{2}{t_{si}}\sqrt{\frac{2K_{si}\varepsilon_0 v_{kT}}{q}\frac{N_b}{n_i^2}}\right) + \ln(\cos\beta)\right] \tag{3.133}$$

以及（$x = t_{si}/2$ 时）

$$\frac{d\phi(x)}{dx} = -2v_{kT}\frac{2}{t_{si}}\beta\tan\beta \tag{3.134}$$

为了推导与栅极电压 V_g 和表面电势 ϕ_s 有关的 β 表达式，可以使用式（3.100）给出的如下边界条件：

$$\varepsilon_{ox}\frac{V_g - V_{fb} - \phi(x = \pm t_{si}/2)}{T_{ox}} = -\varepsilon_{si}\frac{d\phi}{dx}\bigg|_{x = \pm t_{si}/2} \tag{3.135}$$

然后将式（3.133）中的 $\phi(x = \pm t_{si}/2)$ 和式（3.134）中的 $d\phi(x = \pm t_{si}/2)/dx$ 代入式（3.135），得到

$$\frac{\varepsilon_{ox}}{T_{ox}}\left[V_g - V_{fb} + 2v_{kT}\left\{-\ln\beta - \ln\left(\frac{2}{t_{si}}\sqrt{\frac{2K_{si}\varepsilon_0 v_{kT}}{q}\frac{N_b}{n_i^2}}\right) + \ln(\cos\beta)\right\}\right] = K_{si}\varepsilon_0\left(2v_{kT}\frac{2}{t_{si}}\beta\tan\beta\right)$$

或者

$$\frac{V_g - V_{fb}}{2v_{kT}} - \ln\beta - \ln\left(\frac{2}{t_{si}}\sqrt{\frac{2K_{si}\varepsilon_0 v_{kT}}{q}\frac{N_b}{n_i^2}}\right) + \ln(\cos\beta) = \frac{2K_{si}\varepsilon_0 T_{ox}}{K_{ox}\varepsilon_0 t_{si}}\beta\tan\beta \tag{3.136}$$

在简化式（3.136）后，可以得到

$$\frac{V_g - V_{fb}}{2v_{kT}} - \ln\left(\frac{2}{t_{si}}\sqrt{\frac{2K_{si}\varepsilon_0 v_{kT}}{q}\frac{N_b}{n_i^2}}\right) = \ln\beta - \ln(\cos\beta) + \frac{2K_{si}\varepsilon_0 T_{ox}}{K_{ox}\varepsilon_0 t_{si}}\beta\tan\beta \tag{3.137}$$

因此，通过变量变换，表面电势的表达式可以用以下函数表示：

$$f(\beta) = \ln\beta - \ln(\cos\beta) - \frac{V_g - V_{fb}}{2v_{kT}} + \ln\left(\frac{2}{t_{si}}\sqrt{\frac{2K_{si}\varepsilon_0 v_{kT}}{q}\frac{N_b}{n_i^2}}\right) + \frac{2K_{si}\varepsilon_0 T_{ox}}{K_{ox}\varepsilon_0 t_{si}}\beta\tan\beta = 0 \tag{3.138}$$

式（3.138）可用于在给定的 V_g 值下求解 β，以确定表面势和 DG – MOS 电容器的特性。我们已经证明，对于无掺杂或轻掺杂的硅衬底，$n_i^2/N_b \approx n_i$，因此，对于无掺杂或轻掺杂的衬底，式（3.138）可以表示为

$$f(\beta) = \ln\beta - \ln(\cos\beta) - \frac{V_g - V_{fb}}{2v_{kT}} + \ln\left(\frac{2}{t_{si}}\sqrt{\frac{2K_{si}\varepsilon_0 v_{kT}}{qn_i}}\right) + \frac{2K_{si}\varepsilon_0 T_{ox}}{K_{ox}\varepsilon_0 t_{si}}\beta\tan\beta = 0 \tag{3.139}$$

式（3.138）和式（3.139）用于确定 FinFET 器件性能，并对由于第 10 章[8]中讨论的

外加漏极电压引起的横向电场进行适当修正。

3.4.2.5　反型电荷密度的统一表达式

在 3.4.2.1 节中，我们推导了多栅 MOS 电容器 p 型半导体衬底中总感应电荷的表达式 [式（3.63）]，如下所示：

$$Q_s = \pm \sqrt{2qK_{si}\varepsilon_0 n_i v_{kT}} \left[\left(e^{\frac{\phi_s}{v_{kT}}} - e^{\frac{\phi_0}{v_{kT}}} \right) \cdot e^{-\frac{\phi_B}{v_{kT}}} + \left(\frac{\phi_s - \phi_0}{v_{kT}} \right) e^{\frac{\phi_B}{v_{kT}}} \right]^{1/2} \tag{3.140}$$

如 3.4.2.1 节所述，在式（3.140）的右侧，方括号内的第一项是由于 p 型衬底中的少数载流子电子，而第二项是由于多数载流子体掺杂浓度 N_a。对于轻掺杂体，体电荷 $Q_b \ll Q_i$；因此，忽略式（3.140）中的体电荷项，可以将多栅 MOS 电容器 p 型衬底中的反型电荷密度表示为

$$Q_i = \sqrt{2qK_{si}\varepsilon_0 n_i v_{kT}} \left[\left(e^{\frac{\phi_s}{v_{kT}}} - e^{\frac{\phi_0}{v_{kT}}} \right) \cdot e^{-\frac{\phi_B}{v_{kT}}} \right]^{1/2} \tag{3.141}$$

式（3.141）可进一步简化为

$$Q_i = \sqrt{2qK_{si}\varepsilon_0 n_i v_{kT}} \; e^{\frac{\phi_s - \phi_B}{2v_{kT}}} \sqrt{1 - e^{\frac{\phi_0 - \phi_s}{v_{kT}}}} \tag{3.142}$$

因此，在强反型下，$\phi_s \gg \phi_0$，因此，$\sqrt{1 - e^{\frac{\phi_0 - \phi_s}{v_{kT}}}}$ 接近 1。

在弱反型下，假设电势从 $x=0$（中心点）到 $x = \pm t_{si}/2$（表面）线性分布，我们可以简化该 $\sqrt{1 - e^{\frac{\phi_0 - \phi_s}{v_{kT}}}}$ 项。然后，如果 E_{avg} 是 $x = t_{si}/2$ 到中心点 $x=0$ 之间区域的平均电场，那么利用高斯定律 [式（3.68）] 可以得到

$$E_{avg} = -\frac{d\phi}{dx} = -\frac{Q_i}{K_{si}\varepsilon_0} \tag{3.143}$$

如果我们假设电势从中心电势 ϕ_0 到表面电势 ϕ_s 呈线性变化，则式（3.143）可表示为

$$\frac{d\phi}{dx} = \frac{\phi_s - \phi_0}{t_{si}/2} = \frac{Q_i}{K_{si}\varepsilon_0} \tag{3.144}$$

因此，反型电荷由下式给出：

$$\phi_s - \phi_0 = \frac{Q_i}{2(K_{si}\varepsilon_0/t_{si})} = \frac{Q_i}{2C_{si}} \tag{3.145}$$

式中，C_{si} 是硅体的耗尽电容，$C_{si} = K_{si}\varepsilon_0/t_{si}$。

现在，将式（3.145）代入式（3.142），可以得到

$$Q_i = \sqrt{2qK_{si}\varepsilon_0 n_i v_{kT}} \, e^{\frac{\phi_s - \phi_B}{2v_{kT}}} \sqrt{1 - e^{\frac{-Q_i}{2C_{si}v_{kT}}}} \tag{3.146}$$

在弱反型区，由于 $Q_i/(2C_{si}v_{kT}) < 1$，我们可以通过保留项 $\exp[-Q_i/(2C_{si}v_{kT})]$ 的泰勒级数展开式的一次项并忽略高阶项，来进一步简化式（3.146）。然后，可以得到

$$\sqrt{1 - e^{\frac{-Q_i}{2C_{si}v_{kT}}}} = \sqrt{1 - \frac{1}{\exp[Q_i/(2C_{si}v_{kT})]}} = \sqrt{1 - \frac{1}{1 + Q_i/(2C_{si}v_{kT}) + \cdots}} = \sqrt{\frac{Q_i}{Q_i + 2C_{si}v_{kT}}}$$

$$\tag{3.147}$$

因此，利用式（3.147），我们可以写出轻掺杂衬底的反型电荷密度 $Q_i(\text{LD})$ 的表达式如下：

$$Q_i(\text{LD}) = \sqrt{2qK_{si}\varepsilon_0 n_i v_{kT}}\, e^{\frac{\phi_s - \phi_B}{2v_{kT}}} \sqrt{\frac{Q_i}{Q_i + 2C_{si}v_{kT}}} \qquad (3.148)$$

式（3.148）是关于 Q_i 的一个隐式方程，用耦合方程（3.96）和（3.101）迭代求解，以计算反型电荷的 V_g 依赖性。据报道，数值器件模拟数据表明，式（3.148）的修正形式与 MOS 电容器的实际数据吻合较好，如下所示[23]：

$$Q_i(\text{LD}) = \sqrt{2qK_{si}\varepsilon_0 n_i v_{kT}}\, e^{\frac{\phi_s - \phi_B}{2v_{kT}}} \sqrt{\frac{Q_i}{Q_i + 5C_{si}v_{kT}}} \qquad (3.149)$$

现在，我们导出重掺杂 DG-MOS 电容器系统中 Q_i 的表达式。我们知道，式（3.140）右侧的第二项表示体电荷 Q_b，由式（3.108）给出，如下所示：

$$Q_b = \pm \sqrt{2qK_{si}\varepsilon_0 n_i(\phi_s - \phi_0) e^{\frac{\phi_B}{v_{kT}}}} \qquad (3.150)$$

在重掺杂 DG-MOS 电容器的强反型区中，ϕ_s 项较大，$Q_i \gg Q_b$。然而，在弱反型区，$Q_i \ll Q_b$，因此，$\phi_s - \phi_0$ 是总表面电势 ϕ_s 的一个小扰动，$\phi_s \gg \phi_0$。利用这个假设，我们可以将重掺杂体区的式（3.140）简化为

$$Q_s = \pm \sqrt{2qK_{si}\varepsilon_0 n_i v_{kT}\left(e^{\frac{\phi_s}{v_{kT}}}\right)\cdot e^{-\frac{\phi_B}{v_{kT}}} + 2qK_{si}\varepsilon_0 \phi_s n_i e^{\frac{\phi_B}{v_{kT}}}} \qquad (3.151)$$

和

$$Q_b = \begin{cases} -\sqrt{2qK_{si}\varepsilon_0 v_{kT}\phi_s\left(n_i e^{\frac{\phi_B}{v_{kT}}}\right)}, & \text{用 } \phi_B \text{ 和 } n_i \text{ 表示} \\ -\sqrt{2qK_{si}\varepsilon_0 v_{kT}N_a\phi_s}, & \text{用 } N_a \text{ 表示} \end{cases} \qquad (3.152)$$

在式（3.152）的第二个表达式中，我们使用式（3.43）表示 $N_a = n_i \exp\left(\frac{\phi_B}{v_{kT}}\right)$。那么我们可以将式（3.151）表示为

$$Q_s = \pm \sqrt{2qK_{si}\varepsilon_0 n_i v_{kT}\left(e^{\frac{\phi_s}{v_{kT}}}\right)\cdot e^{-\frac{\phi_B}{v_{kT}}} + Q_b^2} \qquad (3.153)$$

我们知道半导体中的总电荷由 $Q_s = Q_i + Q_b$ 给出，因此，式（3.153）可表示为

$$Q_i + Q_b = \pm \sqrt{2qK_{si}\varepsilon_0 n_i v_{kT}\left(e^{\frac{\phi_s}{v_{kT}}}\right)\cdot e^{-\frac{\phi_B}{v_{kT}}} + Q_b^2} \qquad (3.154)$$

在式（3.154）两边取二次方后，我们得到

$$(Q_i + Q_b)^2 = 2qK_{si}\varepsilon_0 n_i v_{kT}\left(e^{\frac{\phi_s}{v_{kT}}}\right)\cdot e^{-\frac{\phi_B}{v_{kT}}} + Q_b^2$$

或者
$$Q_i^2 + 2Q_iQ_b + Q_b^2 = 2qK_{si}\varepsilon_0 n_i v_{kT}\left(e^{\frac{\phi_s}{v_{kT}}}\right)\cdot e^{-\frac{\phi_B}{v_{kT}}} + Q_b^2$$

或者
$$Q_i(Q_i + 2Q_b) = 2qK_{si}\varepsilon_0 n_i v_{kT}\left(e^{\frac{\phi_s}{v_{kT}}}\right)\cdot e^{-\frac{\phi_B}{v_{kT}}}$$

或者

$$Q_i = 2qK_{si}\varepsilon_0 n_i v_{kT} \left(e^{\frac{\phi_s}{v_{kT}}} \right) \cdot e^{-\frac{\phi_B}{v_{kT}}} \cdot \frac{1}{Q_i + 2Q_b} \quad (3.155)$$

现在，将式（3.155）的两边乘以 Q_i，得到简化后的反型电荷密度为

$$Q_i(HD) \approx \sqrt{2qn_i K_{si}\varepsilon_0 v_{kT}} \cdot \exp\left(\frac{\phi_s - \phi_B}{2v_{kT}} \right) \cdot \sqrt{\frac{Q_i}{Q_i + 2Q_b}} \quad (3.156)$$

从电荷表达式的式（3.149）中 Q_i（LD）和式（3.156）中 Q_i（HD）的相似性来看，可以使用一个统一的表达式来计算器件大范围内的作为 Q_b 函数的反型电荷密度，公式如下：

$$Q_i = \sqrt{2qn_i K_{si}\varepsilon_0 v_{kT}} \cdot \exp\left(\frac{(\phi_s - \phi_B)}{2v_{kT}} \right) \sqrt{\frac{Q_i}{Q_i + Q_0}} \quad (3.157)$$

式中，$Q_0 = 2Q_b + 5C_{si}v_{kT}$，$C_{si} = K_{si}\varepsilon_0 / t_{si}$；$Q_b$ 是固定耗尽电荷，对于超薄体，由 $qN_b t_{si}$ 给出。据报道，对于大范围的体掺杂浓度，统一的电荷密度模型与用精确方程计算的反型电荷密度非常吻合[22,23]。

3.5　量子力学效应

通常，从量子力学（QM）的角度看，反型载流子必须被视为 2D 气体[1,8]。根据 QM 模型，对于单栅结构，反型层载流子占据离散的能带，如图 3.18a 所示，并且峰值分布距离表面约 1～3nm，如图 3.18b 所示。因此，在硅表面附近，反型层电荷被限制在一个势阱中，该势阱由①硅/SiO_2 界面高度约为 3.1eV 的氧化物势垒和②由于表面的硅导带弯曲所导致的、高度约为 $E_g/2$ 的势垒所限定，如图 3.18a 所示。

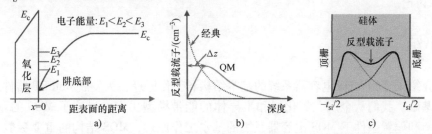

图 3.18　MOS 系统中的反型层量子化：a）在 p 型硅衬底上单栅 MOS 电容器系统的势阱中的少子电子，势阱以硅/SiO_2 界面势垒和导带弯曲为界；b）单栅结构的经典模型和 QM 模型下典型的硅表面少子电子浓度随硅深度的变化，这里，Δz 是反型电荷的质心，t_{si} 是硅体的厚度；c）由于 QM 效应，对称双栅结构的反型载流子的定性分布，实线是 DG－MOS 电容器反型载流子的分布，虚线表示归因于每个栅极的反型载流子分布

由于 p 型硅表面中反型层电子的 QM 限制，电子能级分组在能量 E_j 的离散带中，其中 $j = 1$，2，3，…量子化态如图 3.18a 所示。每个 E_j 对应于电子在法向运动的量子化能级。QM 效应的最终结果是，对于单栅 MOS 电容器结构，反型层密度峰值位于 SiO_2/硅界面以下，并且表面处约为零值，这与图 3.18b 所示的经典反型载流子分布相反。图 3.18c 显示了 DG－MOS 电容器硅体中的总反型载流子分布（实线）以及每个栅极的反型载流子分布（虚

线）。因此，为了精确计算硅表面的反型载流子分布，我们必须用边界条件自洽地求解薛定谔方程和泊松方程：对于氧化层中的 $x < 0$，$\phi(x) = 0$；对于深入硅衬底中的 $x = \infty$，$\phi(x) = 0$。

如图 3.18b、c 所示，由于反型层量子化，硅表面可动载流子耗尽。硅中的这个耗尽区可以看作是硅的绝缘层，它增加了有效栅氧化层的厚度。有效栅厚度（EOT）的增加由下式给出：

$$\Delta T_{ox} = \frac{\varepsilon_{ox}}{\varepsilon_{si}} \Delta z \qquad (3.158)$$

式中，Δz 是反型电荷的质心，即远离表面的电荷峰值。

由于 QM 效应，反型电荷的峰值远离表面，因此需要更高的 V_g 过驱动来产生与经典理论预测的相同水平的反型电荷密度。换言之，QM 效应可考虑用以降低净反型电荷密度。因此，由于有效带隙能量 E_g 增加 ΔE_g [24]，可以将反型层量子化建模为带隙展宽效应。然后，根据将 E_g 和本征载流子浓度联系起来的式（2.14），我们可以证明，由于 QM 效应，本征载流子浓度 n_i^{QM} 由下式给出：

$$n_i^{QM} = n_i^{CL} \exp\left(-\frac{\Delta E_g}{2kT} \right) \qquad (3.159)$$

式中，ΔE_g 是由于 QM 效应导致的 E_g 表观值的增加，$\Delta E_g = E_g^{QM} - E_g^{CL}$；这里，$E_g^{QM}$ 是 QM 效应引起的能隙；E_g^{CL} 和 n_i^{CL} 分别是没有 QM 效应的能隙和本征载流子浓度经典表达式。

式（3.159）表明，与经典值相比，反型层量子化降低了本征浓度。从式（3.102）和式（3.157），我们可知，反型载流子浓度以及电荷 Q_i 与 n_i 成正比。因此，由于 QM 效应，Q_i 减小。QM 效应导致的这种 Q_i 降低对 MOS 晶体管器件性能有严重影响，我们将在第 6 章和第 10 章讨论。

3.6   小结

本章介绍了多栅 MOS 电容器系统的基本结构和工作原理，为发展 FinFET 器件理论和性能打下了基础。我们从金属、氧化层和半导体的能带模型出发，讨论了 MOS 的基本结构；讨论了平衡和偏置条件下 MOS 电容器系统的基本工作原理，MOS 结构的重要参数是平带电压 V_{fb}；利用能带图清楚地讨论了 V_{fb} 以及金属和半导体间的功函数差对于 MOS 工作的重要性；导出了多栅 MOS 电容器系统的解析表达式，用于讨论 MOS 电容器结构的积累、耗尽和反型模式工作；提出了一个统一的表面势函数来分析多栅 MOS 电容器的特性；最后，给出了多栅 MOS 电容器的反型电荷统一表达式，以解释衬底掺杂效应。

参 考 文 献

1. J.-P. Colinge (ed.), *FinFETs and Other Multi-Gate Transistors*, Springer, New York, 2008.
2. E.H. Nicollian and J.R. Brews, *MOS (Metal Oxide Semiconductor) Physics and Technology*, John Wiley & Sons, New York, 1982.

3. N. Collaert (ed.), *CMOS Nanoelectronics*, Pan Stanford Publishing, Singapore, 2013.

4. J.D. Plummer, M.D. Deal, and P.B. Griffin, *Silicon VLSI Technology: Fundamentals, Practice and Modeling*, Prentice Hall, Upper Saddle River, NJ, 2000.

5. S.M. Sze, *Semiconductor Physics and Technology*, John Wiley & Sons, New York, 1982.

6. N.D. Arora, *MOSFET Models for VLSI Circuit Simulation: Theory and Practice*, Springer – Verlag, Vienna, 1993.

7. R.S. Muller and T.I. Kamins with M. Chan, *Device Electronics for Integrated Circuits*, 3rd edition, John Wiley & Sons, New York, 2003.

8. S.K. Saha, *Compact Models for Integrated Circuit Design: Conventional Transistors and Beyond*, CRC Press, Taylor & Francis Group, Boca Raton, FL, 2015.

9. T.P. Chow and A.J. Steckl, "Refractory metal silicides: Thin film properties and processing technology," *IEEE Transactions on Electron Devices*, 30(11), pp. 1480–1497, November 1983.

10. Y. Tsividis, *Operation and Modeling of the MOS Transistors*, 2nd edition, Oxford University Press, New York, 1999.

11. P. Ranade, H. Takeuchi, T.-J. King, and C. Hu, "Work function engineering of molybdenum gate electrodes by nitrogen implantation," *Electrochemical and Solid-State Letters*, 4(11), pp. G85–G87, 2001.

12. N. Lifshitz, "Dependence of the work function difference between the polysilicon gate and silicon substrate on the doping level in polysilicon," *IEEE Transactions on Electron Devices*, 32(3), pp. 617–621, 1985.

13. T. Kamins, *Polycrystalline Silicon for IC Application*, 2nd edition, Kluwer Academic Publisher, Boston, MA, 1998.

14. B.E. Deal, "Standardized terminology for oxide charge associated with thermally oxidized silicon," *IEEE Transactions on Electron Devices*, 27(3), pp. 606–608, 1980.

15. D.K. Schroder, *Semiconductor Materials and Device Characterization*, John Wiley & Sons, New York, 1990.

16. B.G. Streetman and S. Banerjee, *Solid State Electronic Devices*, 7th edition, Prentice Hall, Inc., Englewood Cliffs, NJ, 2014.

17. J. He, X. Xi, C.-H. Lin, M. Chan, A. Niknejad, and C. Hu, "A non-charge-sheet analytical theory for undoped symmetric double-gate MOSFETs from the exact solution of Poisson's equation using SPP approach," *Proceedings of the NSTI Nanotech*, 2, pp. 124–127, 2004.

18. N. Pandey and Y.S. Chauhan, Private communications, December, 2018.

19. Y.Taur, "An analytical solution to a double-gate MOSFET with undoped body," *IEEE Electron Device Letters*, 21(5), pp. 245–247, 2000.

20. F. Balestra, S. Cristoloveanu, M. Benachir, J. Brini, and T. Elewa, "Double-gate silicon-on-insulator transistor with volume inversion: A new device with greatly enhanced performance," *IEEE Electron Devices Letters*, 8(9), pp. 410–412, 1987.

21. Y.Taur, X. Liang, W. Wang, and H. Lu, "A continuous, analytical drain-current model for DG MOSFETs," *IEEE Electron Device Letters*, 25(2), pp. 107–109, February 2004.

22. M.V. Dunga, C.-H. Lin, X. Xi, D.D. Lu, A.M. Niknejad, and C. Hu, "Modeling advanced FET technology in a compact model," *IEEE Transactions on Electron Devices*, 53(9), pp. 1971–1978, 2006.

23. M.V. Dunga, "Nanoscale CMOS modeling," Ph.D. dissertation, Electrical Engineering and Computer, Science, University of California Berkeley, Berkeley, CA, 2008.

24. M.J. van Dort, P.H. Woerlee, and A.J. Walker, "A simple model for quantisation effects in heavily-doped silicon MOSFETs at inversion conditions," *Solid-State Electronics*, 37(3), pp. 411–414, 1994.

第4章

FinFET 器件工艺概述

4.1 简介

在第3章中，我们讨论了在多栅金属－氧化物－半导体（MOS）电容器系统中，通过对栅极施加一定的偏压，可以达到反型条件，从而在多数载流子（如 p 型）薄硅体中形成少数载流子浓度（如电子）。在这种反型条件下，热产生的少数载流子在超薄硅体的体积内形成反型电荷。然而，在没有稳定的载流子供给源的情况下，很难通过载流子的热产生在无掺杂或轻掺杂的多数载流子体中维持这种少数载流子电荷。因此，一种称为"源区"的重掺杂少数载流子区（例如 p 型体中的 n^+ 区）被添加到多栅 MOS 结构的硅体的一端，作为在反型条件下少数载流子的稳定供应端。并且，在多栅 MOS 电容器体的另一端添加与源区具有相同掺杂类型的另一重掺杂区，称为"漏区"，作为终端，以形成多栅 MOS 场效应晶体管（FET）或 MOSFET。这些源极和漏极端接触反型硅体的两个相反的端部，使得电势差可以施加在整个体部，并且在多栅 MOSFET 结构中引起电流流动。这种多栅 MOSFET 器件具有超薄的垂直硅体［称为"鳍（Fin）"，位于硅衬底上］、侧壁栅堆、在栅极长度两端的源极和漏极，称为"鳍式场效应晶体管（FinFET）"。因此，FinFET 包括硅衬底上的超薄垂直硅 Fin，该硅衬底具有在侧壁上生长的薄绝缘层（例如 SiO_2）、淀积在栅极氧化物顶部的导电金属层（称为栅极），以及重掺杂源区和漏区，它们分别是从 Fin 的一端到最近的栅极边缘以及从栅极的远边缘到 Fin 的远端形成的。实际上，栅极可以放置在沟道的两个、三个或四个侧面，也可以围绕在沟道周围，如第 1 章所述[1,2]。

通常，FinFET 可以设计在体硅衬底或绝缘体上硅（SOI）衬底上，如第 1.4 节[1-3]所述。体 FinFET 是一种具有栅极、源极、漏极和衬底或体区的四端器件，而 SOI－FinFET 是一种具有浮体的栅极、源极和漏极的三端器件。因此，集成电路（IC）设计工程师更熟悉体 FinFET，并且该器件的制造步骤与在体硅片上制造的传统平面互补金属－氧化物－半导体（CMOS）器件的制造步骤兼容[4]。在超大规模集成（VLSI）电路和系统中，体 FinFET 的体端为器件工作提供了更大的灵活性。体 FinFET 消除了与 SOI－FinFET 有关的问题，如昂贵的晶圆成本、高缺陷密度、浮体效应和较差的散热[5]。沟道中产生的热量可以通过与体 FinFET 衬底连接的 Fin 体传递到衬底。此外，体 FinFET 和 SOI－FinFET 都具有相同的可缩小性，而体 FinFET 的散热特性更好[5]。

FinFET 器件是对称的，没有外加的偏压就无法区分。在体 FinFET 器件结构中，浅槽隔离（STI）用于隔离在同一衬底上制作的各种器件。在先进的 VLSI 电路中，n 沟道 FinFET（源漏为 n^+，Fin 为 p 型）和 p 沟道 FinFET（源漏为 p^+，Fin 为 n 型）是一起制造的，被称为非平面 CMOS 工艺。在这一章中，对非平面 CMOS 工艺中 FinFET 器件的制造工艺进行了概述，有助于了解本书第 5 ~ 10 章中讨论的 FinFET 器件的工作。

4.2　FinFET 制造工艺

图 4.1 显示了在体硅衬底（图 4.1a）和 SOI 衬底（图 4.1b）上的理想 FinFET 结构的三维（3D）截面图，栅氧化层在超薄体 Fin 的三个侧面（侧壁和顶部）上。如图 4.1 所示，体和 SOI – FinFET 器件的基本工艺参数包括栅氧化层厚度（T_{ox}）、栅极长度（L_g）、Fin 厚度（t_{fin}）和 Fin 高度（H_{fin}）。体 FinFET 的附加工艺参数包括用于相邻器件之间隔离的场氧化层或 STI 厚度（T_{fox}）。对于 FinFET 制造，采用了现有的 CMOS 制造工艺[6-11]。然而，一些特定的工艺步骤或模块需要额外的限制和优化，例如，控制 Fin 临界尺寸（CD）和 H_{fin}。此外，体 FinFET（图 4.1a）和 SOI – FinFET（图 4.1b）的制造流程有细微差别，如图 4.2 所示。此外，每个集成电路制造商都有自己的专有制造工艺，与本章讨论的可能会不同[6-11]。

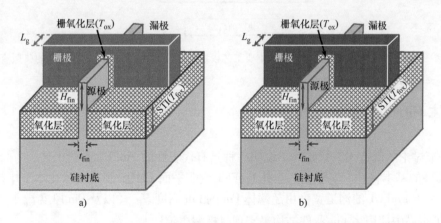

图 4.1　在超薄 Fin 体的三个侧面（侧壁和顶部）具有栅氧化层的理想三维 FinFET 器件结构：
a）硅衬底上的体 FinFET；b）绝缘体硅衬底上的 SOI – FinFET。图中，t_{fin}、H_{fin} 和 L_g
分别是器件的 Fin 厚度、Fin 高度和栅极长度；T_{ox} 是栅氧化层厚度，
T_{fox} 是用于器件间隔离的 STI 场氧化层厚度

图 4.2 显示了采用纳米节点 VLSI 工艺制造体和 SOI – FinFET 的主要工艺模块的典型流程图。除了 Fin 的图形化和阱的形成外，体和 SOI – FinFET 的主要工艺流程相同。在下一节中，我们将简要介绍一种典型的 FinFET 制造工艺。首先，综述了体 FinFET 的制造工艺。然

后重点介绍了体 FinFET 和 SOI – FinFET 制造工艺的主要不同之处。

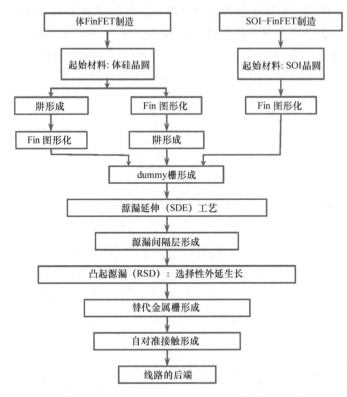

图 4.2   显示了一个代表性的 VLSI 工艺主要工艺模块的体和 SOI – FinFET 器件制造的典型流程图

4.3   体 FinFET 制造

下一节讨论的制造工艺只是为了说明一种具有代表性的 FinFET 制造工艺[7 - 12]，并强调 FinFET 器件的基本特性。实际上，互补 FinFET 或非平面 CMOS 制造技术比本节中描述的更为复杂。由于 FinFET 的沟道宽度由超薄体 Fin 的 Fin 高度 H_{fin}（以及 Fin 厚度 t_{fin}）决定，因此 FinFET 布局中使用多 Fin 器件结构来实现目标漏电流[13]。

4.3.1   起始材料

如图 4.2 所示，用于制造 FinFET 集成电路的起始材料是 < 100 > 重掺杂 p^+ 硅片。晶圆的正面是一个轻掺杂或无掺杂的外延硅层，其厚度由 FinFET 器件的目标 H_{fin} 决定。如图 4.2 中的流程图所示，清洁起始晶片，并在表面生长一层薄薄的 pad 或屏蔽氧化层，以进行阱注入工艺。

4.3.2   阱的形成

如图 4.2 所示，在 VLSI 电路的 FinFET 制造中，有两种形成阱的可选方法：①在制造过程开始时；②在 Fin 图形化之后。

4.3.2.1   p 阱的形成

在阱优先的 FinFET 制造工艺中，使用零级掩模和随后的刻蚀工艺来定义具有 pad 氧化物的晶圆中的对准切口。然后在硅片上涂上六甲基二硅烷（HMDS）以提高光刻胶的润湿性和对氧化硅表面的附着力，然后涂上光刻胶涂层和顶部抗反射涂层（TARC）。光刻胶显影后，用 p 阱掩模曝光 p 阱区进行离子注入，以下简称"注入"，并用光刻胶图形覆盖 n 阱区。然后，在晶圆的暴露 p 阱区域的沟道底部区域注入 p^+（硼）抗穿通（APT）杂质以抑制泄漏电流[14]，接着注入 p 型（硼）杂质以定义用于 n 沟道 FinFET（nFinFET）制造的 p 阱区域。

4.3.2.2   n 阱的形成

在 p 阱形成之后，剥离光致抗蚀剂并清洁晶片。然后在晶圆上涂上 HMDS，接着涂上光刻胶和 TARC。然后执行光刻和掩模步骤，使得光致抗蚀剂图形覆盖 p 阱区并曝光 n 阱区。接下来，在晶圆的暴露区域的沟道底部区域注入 n^+（磷）APT 以抑制泄漏电流[14]，接着注入 n 型杂质（磷）以定义用于 p 沟道 FinFET（pFinFET）制造的 n 阱区域。

在 n 阱离子注入处理步骤之后，剥离光致抗蚀剂并清洁晶片，随后移除生长在硅前表面上的初始 pad 氧化物。在注入清洗之后，晶片使用快速热退火（RTA）工艺进行退火以激活注入的杂质。最后，晶圆被清洁并且一个薄的 pad 氧化物层被生长在表面上以便在下一个工艺步骤中形成硅 Fin 图形。

4.3.3   Fin 图形化：间隔层刻蚀技术

阱形成后，使用间隔层刻蚀技术形成超薄硅 Fin 阵列，称为自对准双图形化（SADP）[7,13,15-17]。需要注意的是，这种超薄（约 7nm）垂直结构的尺寸超出了可用光学（193nm ArF 浸没）光刻的分辨率。尽管高分辨率极紫外（EUV）光刻步进机表现出印制如此精细线条的巨大潜力，但在大批量生产中图形化如此小的 Fin 仍然具有挑战性[17,18]。使用 SADP 技术图形化多个 Fin 的主要工艺步骤包括：①碳硬掩模或芯轴图形化；②氧化物间隔层形成；③硅 Fin 形成，如下所述。

4.3.3.1   芯轴图形化

在此工艺步骤中，在晶圆上先前生长的 pad 氧化层上淀积叠层：首先，采用化学气相沉积（CVD）工艺制备了一个厚的氮化硅（Si_3N_4）层；然后，使用 CVD 工艺淀积一个更厚的非晶碳牺牲层来支持用于 Fin 图形化的氧化物间隔层的制造，被称为"芯轴"，它在间隔层形成后移除；形成底部防反射涂层（BARC）的一个薄的介质防反射涂层；最后是光刻胶涂层和 TARC。

在晶圆上沉积上述层之后，执行光致抗蚀剂和掩蔽步骤以在晶圆的 BARC 上曝光多个光致抗蚀剂图形。如图 4.3a 所示，使用这些光刻胶条带作为掩模，使用高度各向异性刻蚀来形成非晶碳芯轴层的图形。沉积在晶圆上的 Si_3N_4 层用作刻蚀停止层（ESL），以确保刻蚀过程在 Si_3N_4 层的前表面停止。然后在电离氧等离子体中剥离光致抗蚀剂图形和 BARC，并清洁具有碳芯轴图形的晶片，以准备用于形成氧化物间隔层的顶面。

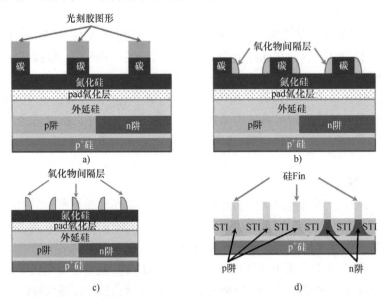

图 4.3 　用于 Fin 图形化的晶圆二维截面：a）芯轴图形化；b）在选择性氧化刻蚀后，确定由芯轴带
分隔的薄氧化物间隔层；c）移除芯轴后，露出氧化物间隔层；d）在 TEOS 刻蚀后
暴露硅 Fin 以及在 Fin 之间形成 STI

4.3.3.2 　氧化物间隔层形成

在芯轴图形化之后，使用 CVD 工艺在晶圆上沉积一层薄薄的 SiO_2 覆盖层。沉积的氧化物层包围在碳层两端的非晶碳芯轴周围。为了在氧化物间隔物的两端实现直线，使用切割掩模的光刻工艺来修整芯轴两端的氧化物间隔物。然后使用对氧化物具有选择性的高度各向异性刻蚀工艺，在非晶碳层的侧壁上形成薄氧化物间隔层，如图 4.3b 所示。

氧化物间隔层形成后，使用选择性刻蚀工艺去除氧化物间隔层之间的芯轴带，如图 4.3c 所示。氧化物间隔层和 SiCN（硅碳氮）硬掩模不受此刻蚀工艺的影响。移除芯轴后，在超声波浴中清洗晶片[19]。然后使用氧化物间隔层作为硬掩模，通过高度各向异性刻蚀工艺去除下面的 Si_3N_4 层以在衬底上形成氧化物间隔层。

4.3.3.3 　硅 Fin 形成

在去除芯轴之后，氧化物间隔层和氮化物掩模被用作各向异性刻蚀中的图形，该各向异性刻蚀向下切穿 Si_3N_4、pad 氧化物和外延硅进入形成外延硅 Fin 的阱区。刻蚀压力、速率和能量对于创建倾斜的 Fin 以实现 Fin 底部平滑的弯曲界面至关重要。此外，在 Fin 图形化过程中，氧化物间隔层被刻蚀并且氧化物间隔层下面的 Si_3N_4 硬掩模条带的形状在顶部受到影响。这种刻蚀工艺必须在没有 ESL 以利于该工艺的情况下在阱内终止，非常具有挑战性[17]。清洁晶圆后，在沟槽中生长一层称为"沟槽衬里"的超薄热 SiO_2，以释放沟槽上下角周围硅中的应力[20]。注意，Si_3N_4 是氧气的扩散屏障，阻止了其下 SiO_2 的生长。刻蚀过程之后是形成暴露的硅 Fin 和 STI。

硅 Fin 图形与 STI 形成：在各向同性刻蚀中移除氧化物沟槽衬垫。在线性氧化物刻蚀之后，晶圆的表面被清洁并且使用 CVD 工艺沉积一厚的正硅酸乙酯（TEOS）氧化层。然后通过退火晶片使 TEOS 致密化，使其更耐湿腐蚀。TEOS 致密化后，以 Si_3N_4 层为 CMP 阻挡层，采用化学机械平坦化（CMP）工艺对硅片进行抛光。

在表面平坦化之后，去除残余的 Si_3N_4 层，露出在形成阱之后在晶圆上生长的 pad 氧化层（4.3.2 节）。然后使用高选择性氧化物刻蚀将 TEOS 氧化物刻蚀回去，以去除 Fin 周围的所有氧化物，并完全露出 Fin，如图 4.3d 所示。这是一个非常具有挑战性的刻蚀过程，以确定 Fin/阱的边界[17,18]。Fin 之间的剩余氧化物形成 STI（图 4.3d）。

Fin 去除：SADP 光刻工艺在体 FinFET 阱中产生额外的 Fin，这些 Fin 被移除以在任何工艺节点上实现 FinFET 器件的目标驱动电流。为了去除任何奇数 Fin，一个超薄的热氧化物层生长在暴露的硅上，用作在刻蚀过程中的 ESL。接下来，在晶圆上沉积一薄层 SiCN 硬掩模。

在奇数 Fin 去除工艺的第一步，用光刻胶对沉积有热氧化物和 SiCN 的晶片进行图形化和显影。在光刻和掩模步骤之后，光致抗蚀剂图形将目标 Fin 暴露出来以便去除。在光刻工艺中，在 SiCN/光刻胶界面上形成一层薄的 BARC 层。然后，使用各向异性刻蚀工艺去除 BARC 层的暴露部分。在下一处理步骤中，使用湿法刻蚀［通常为四甲基氢氧化铵（TMAH）］刻蚀掉暴露的硅 Fin。最后，在各向同性刻蚀中刻蚀掉光致抗蚀剂和 BARC 层，并且在移除 Fin 的暴露硅基上生长一层氧化物。在 Fin 去除过程之后，Fin 上的 SiCN 和氧化物层被刻蚀掉。

4.3.4　非传统的阱形成工艺

在前端 FinFET 制造技术中，在 Fin 图形化之后的另一种阱形成方法使得在 STI 刻蚀后处理步骤之后能够形成均匀的 Fin 高度 H_{fin}，并且减轻阱/STI 界面匹配问题。测得的 H_{fin} 可用于精确估计阱注入能量，使注入阱顶部与 STI 顶部共面。这是在体 FinFET 工艺流程中形成阱的最常见方法[15-17]。在这个替代的阱形成工艺流程中，4.3.3 节中描述的 SADP 技术用于在起始晶圆上的屏蔽氧化物生长之后直接进行硅 Fin 图形化（4.3.1 节）。包括 APT 注入物的替代阱注入工艺的典型步骤类似于 4.3.2 节中所述的步骤，分别形成用于 nFinFET 和 pFinFET 的 p 阱和 n 阱区域。在阱形成之后，晶圆被清洁并且经受 RTA 过程以激活阱中的注入杂质。接下来，晶圆准备进行栅极定义。

4.3.5　栅极定义：多晶硅 dummy 栅形成

在奇数 Fin 移除和清洁过程（4.3.3.3 节）或替代阱形成过程（4.3.4 节）之后，Fin 涂有超薄氧化物 ESL 并清洁以定义多晶硅 FinFET 栅极。主要工艺步骤包括沉积、抛光和光刻工艺，以形成非晶硅栅极图形，如下所述。

在栅极定义的第一步中，使用 CVD 工艺在具有图形化 Fin 的衬底上沉积未掺杂非晶硅厚覆盖层。然后用 CMP 对非晶硅层进行抛光，形成光滑的平的表面。在非晶硅表面平坦化后，用 CVD 沉积了一层厚的非晶碳硬掩模。然后在晶圆上旋涂一层薄的 BARC。然后用光致抗蚀剂对晶圆进行图形化，使用栅极掩模来定义栅极。在光致抗蚀剂栅极图形化之后，使用高度各向异性刻蚀工艺来刻蚀碳硬掩模，以在硬掩模下面对光致抗蚀剂进行图形化。

在第二步中，光刻胶被刻蚀掉，晶圆被清洗。然后，使用高度各向异性刻蚀工艺来刻蚀非晶硅并将栅极图形从硬掩模转移到非晶硅中。在非晶硅刻蚀步骤之后，移除硬掩模，从而在 p 阱和 n 阱上的图形化 Fin 上产生目标数量的连续栅极。为了形成具有 nFinFET 和 pFinFET 的 CMOS 对，通过重复光刻工艺，连续栅极被终止以分别在 p 阱和 n 阱中包括目标组数的平行 Fin。

在形成 CMOS 对的这一步骤中，通过 CVD 工艺沉积了一层厚的非晶碳硬掩模层。然后在晶圆上旋涂一薄层 BARC，然后进行抗蚀剂沉积和光刻工艺。首先，光刻和光掩模工艺用于使用高度各向异性刻蚀工艺来刻蚀硬掩模。然后剥离光刻胶并清洁晶片。接下来，使用高度各向异性刻蚀配方将图形从硬掩模转移到非晶硅中。该刻蚀终止栅极以包括 n 阱和 p 阱中目标组数的 Fin 以形成 CMOS 对。注意，非晶硅栅极已经经历了光刻－刻蚀－光刻－刻蚀（LELE）过程。

非晶硅栅极的最小尺寸定义了工艺节点处 FinFET 器件的 L_g 长度。并且，FinFET 器件的宽度 W 由（$t_{fin} + 2H_{fin}$）定义。实际上，通过在多个 Fin 上使用栅极，可以增加 FinFET 的 W，从而增加晶体管驱动电流。此外，可以通过制造更高的 Fin 来增加 H_{fin}，从而增加 W。然而，H_{fin} 与 t_{fin} 的比值是影响 FinFET 器件性能的关键参数。

4.3.6   源漏延伸工艺

在形成 CMOS 对之后，从晶圆移除光致抗蚀剂、BARC 和碳硬掩模层，露出完全形成的多晶硅栅极。然后清洗晶片，在栅极上生长超薄热氧化物，然后沉积超薄（约 1.5nm）CVD 氧化物，以定义源漏延伸（SDE）偏移间隔层，用于源漏延伸工艺[21]。

4.3.6.1   nFinFET 源漏延伸形成

在氧化物间隔层形成之后，首先在晶圆上沉积光致抗蚀剂，然后在晶圆上沉积 TARC 层。接下来，用光致抗蚀剂将晶片图形化以覆盖制作 pFinFET 的 n 阱。双砷注入（通常，2E15@1keV，±10℃）用于在晶圆的 p 阱区掺杂 Fin 以形成 nFinFET 器件的 SDE 区。这种双注入过程在 +10℃ 和 -10℃ 下进行，以确保位于非常高的光刻胶涂层结构旁边的高 Fin 的充分覆盖。注入后，去除 TARC 和光刻胶层，清洗晶片，为 pFinFET SDE 的形成做准备。

4.3.6.2   pFinFET 源漏延伸形成

再次，在晶圆上沉积光致抗蚀剂和 TARC 层。然后用光刻胶对晶片进行图形化以覆盖制作 nFinFET 的 p 阱。双硼 SDE 注入物规范（通常，2E15@1keV，±10℃）用于在晶圆的 n 阱区域中对 Fin 进行掺杂以形成 pFinFET 的 SDE 区域。与 nFinFET SDE 工艺类似，pFinFET

SDE 的双注入步骤在 +10℃ 和 −10℃ 执行，以确保位于非常高的光刻胶涂层结构旁边的高 Fin 的充分覆盖。在 pFinFET SDE 注入后，移除光致抗蚀剂并清洁晶片以准备激活掺杂杂质。

为了激活 nFinFET 和 pFinFET SDE 注入的杂质，晶片经过尖峰退火，然后进行闪光或激光退火。在退火过程中，SDE 注入物也在 Fin 沟道中的多晶硅栅氧化层下方扩散一定距离，从而在多晶硅栅极两端下方的超薄 Fin 沟道中形成 SDE 注入物的交叠。这种交叠由偏移间隔层的厚度控制，偏移间隔层定义了 FinFET 器件的有效沟道长度 L_{eff}。

在 SDE 掺杂杂质激活之后，晶圆被准备用于凸起源漏（RSD）的形成，如下所述。

4.3.7 凸起源漏工艺

为了形成 RSD，在晶圆上沉积了一层厚的 Si_3N_4。然后采用高度各向异性刻蚀工艺在多晶硅栅极的侧壁上形成 Si_3N_4 间隔层。然而，即使是高度各向异性刻蚀工艺也会在栅极和 Fin 的侧壁上留下氮化物残留物。这是由于在 FinFET 制造工艺中有两个高的正交垂直结构（栅极和 Fin）。位于 Fin 上的氮化物间隔层是不需要的，为了器件的可靠性，必须将其移除[18]。最后，使用高度各向异性刻蚀去除整个水平表面上的 Si_3N_4 残余物，沿着栅极和 Fin 的侧面和端部形成氮化物侧壁间隔层。然而，将沿 Fin 边缘的残余氮化物间隔层最小化，以保持沿栅极的 Si_3N_4 间隔层的目标厚度是一个挑战。在 Si_3N_4 间隔层形成之后，两种类型的器件都形成了 RSD 区。

4.3.7.1 SiGe pFinFET 凸起源漏形成

在 Si_3N_4 间隔层刻蚀工艺之后，在晶圆表面沉积一层薄的（约 30nm）SiCN 硬掩模以覆盖其下所有结构。然后将晶片涂上 HMDS 打底，接着涂上 TARC 和光刻胶。在光刻胶显影和掩模处理之后，nFinFET 区域和 pFinFET 区域的栅极被光刻胶覆盖。在光刻工艺之后，使用各向异性 SiCN 特定刻蚀去除暴露的 pFinFET Fin 上的 SiCN，剥离光致抗蚀剂，并且清洁晶片。然后用高度各向异性刻蚀工艺刻蚀掉 Si_3N_4 间隔层外的 pFinFET Fin。SiCN 硬掩膜保护 nFinFET Fin 和 pFinFET 栅极。

在 pFinFET Fin 刻蚀之后，由于晶圆的每个其他任何部分被氮化物、氧化物或 SiCN 硬掩模覆盖，因此通过 SiGe 的选择性外延生长（SEG）在 pFinFET 源漏 Fin 的暴露硅表面上形成 SiGe 非矩形 RSD 区域。在 SiGe 生长之后，使用对 SiCN 有选择性的刻蚀剂刻蚀掉剩余的 SiCN 硬掩模，并准备晶片用于 nFinFET RSD 的形成。

4.3.7.2 SiC nFinFET 凸起源漏形成

在 pFinFET RSD 形成之后，在晶圆表面沉积一薄层 SiCN 硬掩模以覆盖其下所有结构。然后将晶片涂上 HMDS 打底，接着涂上 TARC 和光刻胶。在光刻和掩蔽处理步骤之后，pFinFET 区域和 nFinFET 区域的栅极被光刻胶覆盖。nFinFET RSD 可以通过两种不同的方式形成：①在不去除 nFinFET Fin 的情况下在 Fin 上生长外延尖端；②通过 Fin 去除，类似于 pFinFET RSD 形成过程。

Fin 顶部的外延尖端：在这种 nFinFET RSD 形成中，使用各向异性 SiCN 特定刻蚀剂去除 nFinFET Fin 的暴露硅基上的 SiCN。然后剥离光刻胶并清洁晶片。接下来，刻蚀掉 nFin-FET 散热片上的 SiO_2 层，然后使用 SEG 工艺在晶圆上沉积硅（注意，晶圆的每个其他区域都被氮化物、氧化物或 SiCN 硬掩模所掩蔽）。在 RSD 尖端形成之后，剩余的 SiCN 硬掩模被刻蚀掉。nFinFET Fin 顶部的外延硅帽旨在最大化 nFinFET Fin 的接触表面积，并为钨（W）接触提供更大的表面，从而降低接触电阻并提高晶体管速度。

SiC nFinFET RSD 形成：对于 SiC RSD 形成，SiCN 层是直接沉积的，并且用 BARC 和光刻胶图形化。然后在高度各向异性刻蚀中刻蚀掉暴露的 SiCN，以暴露其下的 nFinFET Fin。接下来，用各向同性 SiCN 特定刻蚀去除暴露的 nFinFET Fin 上的 SiCN。然后去除光刻胶并清洁晶片。清洗晶圆后，在各向异性刻蚀中刻蚀掉 Si_3N_4 间隔层外的 nFinFET Fin。SiCN 硬掩膜保护 pFinFET Fin 和 nFinFET 栅极。然后在 n 阱 Fin 的外露硅表面上形成 SiC 层以形成非矩形 nFinFET RSD。在 SiC 生长过程之后，刻蚀掉剩余的 SiCN 硬掩模，以准备晶片进行硅化。

4.3.7.3　凸起源漏硅化

对于 RSD 硅化，晶片用硅预非晶化注入剂注入。该步骤使硅的表面非晶化，并有助于在下一处理步骤中形成更均匀、低电阻的硅化物[22]。在硅预非晶化注入之后，准备晶片用于 RSD 金属化和局部接触形成。

SiGe RSD 中的铝注入：首先，除去栅极上的氧化层以及晶圆的 RSD 区域表面上的任何原生氧化物。然后用光致抗蚀剂层对晶片进行图形化，以暴露 pFinFET 器件，同时覆盖 nFinFET 器件。将 p 型掺杂铝（Al）注入已图形化的晶圆。注入能量的选择要使得 Al 位于 SiGe 和下一工艺步骤沉积的钛（Ti）层之间的界面。这种注入物降低了 pFinFET 器件的 RSD 接触电阻，因为 Al 偏聚到 SiGe 的顶部并且是 p 型掺杂剂，它降低了空穴的肖特基势垒高度（通常，从约 0.4eV 降到约 0.12eV），并将驱动电流增加了 19%[22,23]。接着剥离光刻胶层并清洁晶片。

钛硅化物形成：在 pFinFET RSD 区域上进行 Al 注入后，清洁晶片并使用物理气相沉积（PVD）在晶片上沉积一层薄的冷钛（Ti）。由于 Ti 是一种良好的吸气剂，因此氧气和其他污染物可被 Ti 层去除[24]。接下来，晶圆被快速加热以形成钛硅化物（$TiSi_2$）。在 $TiSi_2$ 形成之后，当晶圆处于高温下形成 $TiSi_2$ 时，沉积额外的 Ti 薄层。该工艺可原位生长无空隙的 Ti-Si_2，并缩短生产周期。

未反应钛去除：退火后，晶体管结构上存在两种类型的 Ti，即未反应 Ti 和反应 $TiSi_2$。采用高选择性刻蚀技术，将位于间隔层侧壁和 STI 顶部的未反应 Ti 刻蚀掉。这使得在栅极顶部和外延覆盖的源漏区上的反应硅化物不受影响。

氧化物/氮化物刻蚀停止层沉积：硅化工艺完成后，清洗晶片，沉积一层薄薄的 SiO_2 和作为 ESL 的一层薄 Si_3N_4，用于下一个替代金属栅和高 k 栅介质的处理步骤。

4.3.8　替代金属栅形成

在前面几节中，我们已经定义了栅极几何结构，并使用多晶硅栅处理了 SDE 和 RSD 区域。本节概述了用金属栅和高 k 介质栅氧化物取代多晶硅栅的工艺步骤。主要的制备工艺步骤包括：①多晶硅栅移除；②高 k 栅介质沉积；③金属栅沉积和功函数工程。

4.3.8.1 多晶硅 dummy 栅去除

在替换金属栅形成的第一步中，使用等离子体增强 CVD（PECVD）工艺在具有 ESL 的硅片上沉积一层厚的磷掺杂玻璃，称为磷硅玻璃（PSG）。该层形成前金属介质（PMD）的前半部分。需要注意的是，SiGe 晶体的尖角和近距离"挤压"了 PECVD 布局，导致晶体之间的空隙。无空隙 PECVD 沉积具有挑战性，然而，小的空隙不会对器件性能造成显著的影响。然后使用 CMP 将 PSG 抛光至较低厚度（约 120nm）。

在 CMP 之后，栅极的顶部暴露，使用极高选择性的硅刻蚀 TMAH 刻蚀掉非晶硅栅极。这就在非晶硅被移除的区域形成了一个空腔。整个空腔衬有间隔氧化物，暴露的 Fin 涂有氧化物 ESL。注意，Fin 的这个区域没有任何 SDE 注入物，因为它们被非晶硅栅极覆盖。

在移除非晶硅栅极之后，栅极空腔内的 ESL 被刻蚀掉，露出空腔的内壁和硅 Fin。

4.3.8.2 高 k 栅介质淀积

栅介质由超薄 SiO_2 界面层和界面层上的高 k 介电层组成。界面层是在硅 Fin 上用低温氧化工艺热生长而成[18]。这形成了高 k 介质下方的底部界面层，确保了高 k 材料和硅之间的平滑界面，并防止了电子迁移率的退化。

在底界面 SiO_2 栅层生长之后，使用原子层沉积（ALD）沉积氧化铪（HfO_2）高 k 介质的超薄层[18]。高 k 材料是覆盖整个晶圆的覆盖层；然而，它只在 Fin 上的栅极腔中。

4.3.8.3 金属栅形成

pFinFET 功函数金属（TiN）沉积：在栅氧化物沉积之后，使用 ALD 沉积薄 pFinFET 功函数金属栅。它由一层超薄的高度保形的 TiN（氮化钛）层组成，该层填充 pFinFET 和 nFinFET 空腔，并覆盖晶圆表面。在 TiN 沉积之后，使用 ALD 在晶圆上沉积超薄 TaN ESL。接下来，使用 ALD 工艺沉积高保形的厚 TiN 层，以填充 pFinFET 和 nFinFET 空腔以及覆盖晶圆的表面。

在晶圆上图形化一层光致抗蚀剂，仅覆盖 pFinFET 区域并暴露 nFinFET 区域上的 TiN 层。在光刻胶图形化以保护 pFinFET 栅极金属化之后，使用 TaN 作为 ESL 来刻蚀 nFinFET 栅极 Fin 上暴露的 TiN 层。从 nFinFET 栅极腔中除去 TiN 之后，剥离光致抗蚀剂并清洁晶片以准备 nFinFET 功函数金属栅。

nFinFET 功函数金属（TiAl）沉积：在抗蚀剂剥离后，采用先进的自电离物理气相沉积（SIPVD）技术，沉积出薄的 TiAl 金属栅。然后沉积另一高保形的薄 TiAl 层，覆盖 pFinFET 和 nFinFET 腔的水平表面，并涂覆晶圆的表面。

在晶圆上沉积 TiAl 之后，进行退火以使 TiAl 中的 Al 扩散通过 TaN 阻挡层，并在 nFinFET 区域的高 k 介质顶部产生 TiAlN（氮化钛铝）nFinFET 功函数金属。在退火过程中，Al 迅速扩散到位于栅腔 nFinFET 器件区的 TiN 中，形成用于 nFinFET 器件的 TiAlN 功函数金属。然而，在 pFinFET 区域上的厚 TiN 层仅阻止 Al 向 TiN pFinFET 功函数金属的扩散。因此，pFinFET 功函数金属不会变成 TiAlN。

钨回填：经过退火和金属栅功函数工程后，采用 CVD 工艺沉积一层厚的高导电钨（W）来填充栅空腔。最后，将钨抛光，使其与栅极顶部共面。

4.3.9 自对准接触形成

在 W 沉积和平坦化之后，形成自对准局部接触以用于晶体管的互连。在局部接触形成过程的第一步中，通过回刻在栅空腔周围的 W 和金属，在栅极空腔中产生凹陷。接下来，使用 CVD 工艺在晶圆上沉积一薄层氮氧化硅（SiON）以填充凹栅极的空腔。然后利用 CMP 对 SiON 进行抛光，使其与栅极区外的 PSG 表面共面。接下来，在晶圆上沉积一层厚的 PSG 以完成 PMD 沉积工艺和金属化，形成用于所制造器件的自对准局部接触。

4.3.9.1 金属化

在用于局部接触形成的金属化过程中，使用光致抗蚀剂图形来定义接触槽的位置。然后采用光刻、掩模和各向异性刻蚀工艺来切割 FinFET 栅极和源漏区的接触孔。接下来移除光致抗蚀剂并清洁晶圆，以便移除沟槽中的污染物以及剩余的聚合物残余物和碳污染物。然后使用离子金属等离子体（IMP）物理气相沉积（PVD）工艺沉积一层薄的 Ti 衬层，以及紧跟着的一层超薄的氮化钛－锡阻挡层[25]。接下来，使用 RTA 工艺对晶片进行退火以与 Ti/TiN层反应，并设置 Ti 衬里的电阻。

钨沉积和背抛光：沉积 Ti/TiN 阻挡层后，在晶圆上原位沉积一层薄的 W 籽晶，使其排列在沟道内部，确保沟道中保形无空洞的大块钨的沉积。接下来，通过 CVD 工艺在晶圆上沉积一层厚的钨。然后使用 CMP 抛光晶片，以便将钨栓抛光回 PSG 的顶面，并且使 TEOS 氧化物的表面平滑以使 PSG 的表面与 W 栓的顶面共面。

Ta/TaN 阻挡金属图形化：在 W 沉积和 CMP 之后，定义一个光致抗蚀剂图形来确定接触槽的位置。然后，执行光刻、掩模和刻蚀操作以切割到栅极和晶体管源漏区的接触孔。打开接触孔后，剥离光致抗蚀剂并清洁晶片，并使用适当的处理步骤去除沟槽中的污染物，并清除任何聚合物残留物和碳污染物。接下来，使用 IMP PVD 工艺在晶圆上沉积一层薄 TaN 层和随后的一层厚 Ta 层，作为铜（Cu）沟槽接触的阻挡金属。

铜填充：Ta/TaN 阻挡层金属图形化后，在晶圆上原位沉积超薄的铜籽晶，使其排列在沟道内部，确保沟道中保形无空洞的大块铜的沉积。然后采用电化学沉积工艺沉积一层厚的大块铜。接下来，对铜进行低温退火以退火掉缺陷并降低电阻。在退火步骤之后，用 CMP 抛光铜，这也去除了 TEOS 上表面的钽。然后采用适当的工艺步骤使 TEOS 氧化物表面光滑，并确保 TEOS 表面与铜线顶部共面。最后，对带有铜局部接触金属的晶片进行清洗，以用于后端生产线（BEOL）制造工艺。

4.4 SOI－FinFET 工艺流程

如 FinFET 制造流程图（图4.2）所示，SOI－FinFET 制造工艺消除了形成阱和 STI 以隔离相邻 FinFET 器件的要求。因此，SOI－FinFET 和体 FinFET 制造的主要区别在于起始材料和 Fin 图形化。

4.4.1　起始材料

SOI - FinFET 制造的起始晶片由 p 型硅基衬底上的埋层氧化物（BOX）上的外延硅层组成（图 4.1b）。外延硅层的厚度决定了 FinFET 器件硅体的高度 H_{fin}。与体 FinFET 工艺（4.3.1 节）类似，清洁晶圆，并且在外延硅层的表面生长一层薄薄的屏蔽氧化物用于形成 Fin 图形。

4.4.2　Fin 图形化：间隔层刻蚀技术

如 4.3.3 节所述，使用 SADP 技术图形化多个 Fin 的主要工艺步骤包括：①碳硬掩模或芯轴图形化；②氧化物间隔层形成；③硅 Fin 形成，如下所述。

4.4.2.1　芯轴图形化

芯轴图形化包括在晶圆的屏蔽氧化物上淀积叠层：首先，采用化学气相沉积（CVD）工艺制备了一个厚的氮化硅（Si_3N_4）层；然后，使用 CVD 工艺淀积一个更厚的非晶芯轴牺牲层来支持用于 Fin 图形化的氧化物间隔层的制造；接下来是一层薄的介质 BARC；最后是顶部光刻胶涂层和 TARC。

在晶圆上沉积上述层的堆叠之后，使用光致抗蚀剂和掩模步骤在晶圆的 BARC 上创建多个光致抗蚀剂图形。这些光刻胶条带被用作掩模，使用高度各向异性刻蚀来形成非晶碳芯轴层图形。沉积在晶圆上的 Si_3N_4 层用作 ESL，以确保刻蚀过程在 Si_3N_4 层的前表面停止。然后在电离氧等离子体中剥离光致抗蚀剂图形和 BARC，并清洁具有碳芯轴图形的晶片，以准备用于形成氧化物间隔层的顶面。

4.4.2.2　氧化物间隔层形成

在芯轴图形化之后，使用 CVD 工艺在晶圆上沉积一薄层 SiO_2。该氧化物层覆盖晶圆并且包围在碳层两端的非晶碳芯轴。为了在氧化物间隔层的两端实现直线，使用切割掩模的光刻工艺被用于修整芯轴两端的氧化物间隔层。然后采用氧化物选择性的高度各向异性刻蚀工艺在非晶碳层的侧壁上形成薄的氧化物间隔层。

在氧化物间隔层形成之后，使用适用于非晶碳的选择性刻蚀工艺去除氧化物间隔层之间的芯轴条带。氧化物间隔层和 SiCN 硬掩模不受此刻蚀工艺的影响。移除芯轴后，在超声波浴中清洗晶片[19]。然后，使用氧化物间隔层作为硬掩模，通过高度各向异性刻蚀工艺去除其下的 Si_3N_4 层以在衬底上形成氧化物间隔层。然后对晶片进行超声波清洗。

4.4.2.3　硅 Fin 形成

在去除芯轴后，氧化物间隔层和 Si_3N_4 硬掩模图形用于高度各向异性刻蚀，以切割 Si_3N_4、pad 氧化物和外延硅，直至 BOX 层顶部停止。刻蚀压力、速率和能量对于创建倾斜的 Fin 以实现 Fin 底部平滑的弯曲界面至关重要。此外，在 Fin 图形化过程中，氧化物间隔层被部分刻蚀，并且氧化物间隔层下面的 Si_3N_4 硬掩模条带的形状在顶部被损坏。然后对晶片进行超声波清洗。在这个刻蚀过程中，BOX 被用作 ESL。因此，图形化硅 Fin 的刻蚀工艺明显比体 FinFET Fin 的工艺简单（4.3.3.3 节）。如图 4.2 所示，SOI 流程中没有阱，BOX

形成了 STI。此外，所有 Fin 的高度都是一致的，这大大降低了由于工艺偏差引起的器件性能变化[26,27]。然后，去除 Si_3N_4 硬掩模和 pad 氧化物，露出位于硅基衬底上 BOX 顶部的外延硅 Fin。最后，按照 4.3.3.3 节所述的工艺步骤移除任何奇数 Fin。

在 Fin 图形化之后，剩余的工艺流程与没有阱和 STI 工艺模块的体 FinFET 相同。

4.4.3 体硅 FinFET 与 SOI - FinFET 制造工艺比较

通过对体 FinFET 和 SOI - FinFET 制造工艺流程的讨论，可以看出，体 FinFET 和 SOI - FinFET 前端 CMOS 制作工艺的主要区别在于工艺复杂度和成本。首先，体 FinFET 的制造需要形成阱和 STI 来隔离每个 Fin，从而隔离衬底上的每个器件。STI 的形成需要深度刻蚀来切割外延硅衬底以形成沟槽，这一刻蚀在没有 ESL 的情况下进行。保持对这种刻蚀过程的精确控制是一个挑战。此外，当沟槽填充的 TEOS 氧化物被刻蚀回 n 阱和 p 阱之间的边界以定义 H_{fin} 时，保持均匀的 Fin 高度是一个挑战，因此会导致 H_{fin} 的变化[18]。

另一方面，在 SOI - FinFET 制造工艺中，每个 Fin 被图形化在 BOX 顶部的外延硅层上，并且它们已经彼此电隔离，因此消除了阱和 STI 工艺。同样，H_{fin} 由 BOX 上起始外延硅层的厚度界定。故而，一个以 BOX 顶部作为 ESL 的简单刻蚀工艺可以用来形成高度均匀的 Fin。因此，与体 FinFET 工艺相比，SOI - FinFET 工艺流程中 H_{fin} 的变化较小。因此，通过消除一系列具有挑战性的制造步骤，SOI 制造顺序降低了工艺复杂性和成本。然而，SOI - FinFET 存在缺陷密度高、浮体效应和散热不良等问题[5]。此外，在 SOI - FinFET 的制造流程中，通过 SEG 形成凸起源漏（RSD）是比较有挑战性的。

尽管 SOI - FinFET 工艺流程提供了一种更简单的前端 FinFET 制造技术，但是因为 SOI 晶圆的价格高于体硅晶圆，所以制造成本大大高于体 FinFET 技术。因此，对于 FinFET 制造技术的量产，必须对成本与简单性进行权衡。

4.5 小结

本章概述了 FinFET 的基本制造工艺流程，介绍了一种具有代表性的 FinFET 器件制造工艺。为了讨论的完整性，重点介绍了体 FinFET 和 SOI - FinFET 工艺。然而，对体 FinFET 工艺流程进行了较为详细的描述，仅概述了 SOI - FinFET 工艺流程的区别特征。本章的主要目的是介绍 FinFET 工艺，以了解器件制造的复杂性，并理解本书第 5~10 章中描述的器件性能。因此，一些概念可能与实际的硅工艺不同，并且经常在没有解释、草图、理由或参考文献的情况下呈现。然而，许多公司和研究实验室使用与本章介绍的器件类似的最终器件制造芯片，其工艺细节大不相同。作为例子，商用工艺流程与本文概述的工艺流程之间的区别在于所用掩模的数量和规格。在具有专利的商用流程中，不同公司的掩模数量和流程细节各不相同。商用流程之间存在这些差异的一些原因是公司特有的设备和目标工艺节点的特有应用程序。工艺复杂性和器件性能的权衡可能会导致单个公司执行的流程与我们概述的流程截然不同。尽管不同公司的工艺流程存在这些差异，但所有商业制造商的最终器件结构和性能都是具有可比性的。

参 考 文 献

1. J.-P. Colinge (ed.), *FinFETs and Other Multi-Gate Transistors*, Springer, New York, 2008.
2. J.P. Colinge, M.H. Gao, A. Romano-Rodriguez, H. Maes, and C. Clays, "Silicon-on-insulator 'Gate-all-around device.'" In: *IEEE Electron Devices Meeting Technical Digest*, pp. 595–598, 1990.
3. S.K. Saha, *Compact Models for Integrated Circuit Design: Conventional Transistors and Beyond*, CRC Press, Taylor & Francis Group, Boca Raton, MA, 2015.
4. J.D. Plummer, M.D. Deal, and P.B. Griffin, *Silicon VLSI Technology: Fundamentals, Practice and Modeling*, Prentice Hall, Upper Saddle River, NJ, 2000.
5. J.-H. Lee, T.-S. Park, E. Yoon, and J.J. Park, "Simulation study of a new body-tied FinFETs (Omega MSOFETs) using bulk Si wafers." In: *Proceedings of the Si Nanoelectronics Technical Digest*, pp. 102–110, 2003.
6. A. Gupta, M. Shrivastava, M.S. Baghini, *et al.*, "Part I: High-voltage MOS device design for improved static and RF performance," *IEEE Transactions on Electron Devices*, 62(10), pp. 3168–3175, 2015.
7. C. Auth, A. Aliyarukunju, M. Asoro, *et al.*, "A 10 nm high performance and low-power CMOS Technology Featuring 3rd generation FinFET transistors, self-aligned quad patterning, contact over active gate and cobalt local interconnects." In: *IEEE International Electron Devices Meeting Technical Digest*, pp. 673–676, 2017.
8. J. Markoff, *Intel Increases Transistor Speed by Building Upward*, New York Times, May 4, 2011. https://www.nytimes.com/2011/05/05/science/05chip.html.
9. C. Auth, C. Allen, A. Blattner, *et al.*, "A 22-nm-high performance and low-power CMOS technology featuring fully-depleted Tri-gate transistors, self-aligned contacts and high density MIM capacitors." In: *Symposium on VLS Technology*, pp. 131–132, 2012.
10. R. Merritt, *TSMC Taps ARM's V8 on Road to 16-nm FinFET*, October 16, 2012. www.eetimes.com/document.asp?doc_id=1262655.
11. D. McGrath, *Globalfoundries Looks to Leapfrog Fab Rival with New Process*, September 20, 2012. www.eetimes.com/document.asp?doc_id=1262552.
12. ThresholdSystems, Inc., Home page, https://secure.thresholdsystems.com/Home.aspx.
13. Y.-K. Choi, T.-J. King, and C. Hu, "A spacer patterning technology for nanoscale CMOS," *IEEE Transactions on Electron Devices*, 49(3), pp. 436–441, 2002.
14. K. Okano, T. Izumida, H. Kawasaki, *et al.*, "Process integration technology and device characteristics of CMOS FinFET on bulk silicon substrate with sub-10 nm fin width and 20 nm gate length." In: *IEEE Electron Devices Meeting Technical Digest*, pp. 721–724, 2005.
15. X. Huang, W.-C. Lee, C. Kuo, *et al.*, "Sub 50-nm FinFET: PMOS." In: *IEEE International Electron Devices Meeting Technical Digest*, pp. 67–70, 1999.
16. D. Hisamoto, W.-C. Lee, J. Kedzierski, *et al.*, "FinFET—A self-aligned double-gate MOSFET scalable to 20 nm," *IEEE Transactions on Electron Devices*, 47(12), pp. 2320–2326, 2000.
17. F.G. Pikus and A. Torres, "Advanced multi-patterning and hybrid lithography techniques." In: *Proceedings of the Asia and South Pacific Design Automation Conference*, pp. 611–616, 2016.
18. H.H. Radamson, Y. Zhang, X. He, *et al.,* "The challenges of advanced CMOS process from 2D to 3D," *Applied Sciences*, 7(10), p. 1047, 2017.
19. Z. Han, M. Keswani, and S. Raghavan, "Megasonic cleaning of blanket and patterned samples in carbonated ammonia solutions for enhanced particle removal and reduced feature damage," *IEEE Transactions on Semiconductor Manufacturing*, 26(3), pp. 400–405, 2013.

20. F. Nouri, O. Laparra, H. Sur, *et al.*, "Optimized shallow trench isolation for Sub-0.18-um ASIC technologies." In: *Proceedings of the SPIE Conference on Microelectronic Device Technology II*, vol. 3506, pp. 156–166, 1998.
21. S. Saha, "Design considerations for 25 nm MOSFET devices," *Solid-State Electronics*, 45(10), pp. 1851–1857, 2001.
22. H. Yu, M. Schaekers, S.A. Chew, *et al.*, "Titanium (Germano-)silicides featuring 10−9 Ω·cm2 contact resistivity and improved compatibility to advanced CMOS technology." In: *Proceedings of 18th International Workshop on Junction Technology*, pp. 1–5, 2018.
23. M. Sinha, R.T.P. Lee, K.-M. Tan, *et al.*, "Novel aluminum segregation at NiSi/*p*+-Si source/drain contact for drive current enhancement in *P*-channel FinFETs," *IEEE Electron Device Letters*, 30(1), pp. 85–87, 2009.
24. V.L. Stout and M.D. Gibbons, "Gettering of gas by titanium," *Journal of Applied Physics*, 26(12), pp. 1488–1492, 1955.
25. G.A. Dixit, W.Y. Hsu, A.J. Konecni, *et al.*, "Ion Metal Plasma (IMP) deposited titanium liners for 0.25/0.18 μm multilevel interconnections." In: *IEEE Electron Devices Meeting Technical Digest*, pp. 357–360, 1996.
26. K.J. Kuhn, M.D. Giles, D. Becher, *et al.*, "Process technology variation," *IEEE Transactions on Electron Devices*, 58(8), pp. 2197–2208, 2011.
27. S.K. Saha, "Modeling process variability in scaled CMOS technology," *IEEE Design & Test of Computers*, 27(2), pp. 8–16, 2010.

第 5 章

大尺寸 FinFET 器件工作原理

5.1 简介

第 4 章介绍了鳍式场效应晶体管（FinFET）器件的基本制造工艺。可以看到，一种 Fin-FET 结构由一个衬底上的超薄垂直硅 Fin 作为沟道，在 Fin 的侧壁和顶部上一个厚度为 T_{ox} 的薄介质层作为栅极，在介质层顶部一个长度为 L_g 的导电金属层作为栅极，在 Fin 体两端未被栅堆叠覆盖的重掺杂区分别作为源极和漏极。源区和漏区在栅极长度的两端侵占栅极下的沟道。栅极下的源极和漏极之间的 Fin 长度定义为 FinFET 的沟道。沟道和源漏极用相反类型的杂质进行掺杂（例如，具有 n^+ 型源漏极的 p 型沟道或具有 p^+ 型源漏极的 n 型沟道）。源端和漏端与沟道的相对两端接触，以便可以在沟道上施加电势差，从而在具有适当栅极偏置的 FinFET 结构中引起电流流动。本章介绍了 FinFET 器件中从源极到漏极的电流的基本理论。在第 1 章中，我们也讨论过，如果在第 4 章描述的 FinFET 结构的超薄沟道顶部沉积一层厚的介质层，FinFET 器件可以作为双栅（DG）金属 - 氧化物 - 半导体场效应晶体管（MOSFET）器件工作。因此，在本章中，通过将 FinFET 作为 DG - MOSFET，讨论了在任何静态偏置条件下 FinFET 器件的静电性能。

在所有可能的栅极结构类型和衬底掺杂浓度下的多栅 MOSFET 静电行为的数学公式一直是众多研究的主题[1-10]。本章的主要目的是为发展 FinFET 器件理论和漏极电流表达式建立基础，这将在第 10 章中用于讨论计算机辅助电路设计（CAD）中的 FinFET 紧凑模型[11,12]。在本章中，我们将假设理想的 FinFET 器件具有足够长的和宽的沟道，这样实际的器件效应小到可以忽略不计，并且沟道长度比 Fin 厚度长。除非另有说明，我们还将假设 Fin 体是无掺杂的（然而，不是本征的），或均匀轻掺杂的 p 型硅。我们将系统地介绍基本的漏极电流方程。然而，在描述数学公式之前，我们回顾一下第 1 章和第 4 章中描述的 Fin-FET 器件的基本特征，以便更好地理解复杂三维（3D）FinFET 器件结构的严格数学步骤。

5.2 FinFET 器件的基本特征

图 5.1a 显示了体硅衬底上理想 DG - FinFET 器件的三维（3D）结构，图 5.1b 显示了沿切割线 XX' 的结构二维（2D）截面。如图 5.1 所示，厚度为 T_{mask} 的厚掩蔽氧化物使得该器件工作时在电学上如同仅具有侧壁栅极的 DG - FinFET。因此，DG - FinFET 可以由栅极或

沟道长度 L_g、Fin 高度 H_{fin}、Fin 厚度或宽度 t_{fin}、栅氧化层厚度 T_{ox}、掺杂 N_b 的体区或衬底以及栅氧化层下方结深 X_j（图 5.1 中未示出）的源漏区来表征。在体 FinFET 制造中，如图 5.1a 所示，具有场氧化层厚度 T_{fox} 的浅槽隔离（STI）用于隔离在同一衬底上制造的器件。

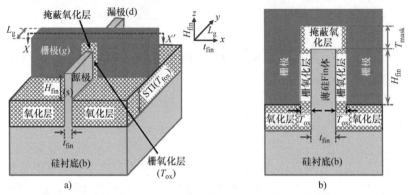

图 5.1　体衬底结构上的理想 DG - FinFET：a）3D 结构；b）沿表示 xz 平面的 3D 结构的剖面线 XX' 的 2D 横截面图。图中，L_g 是栅极长度，t_{fin} 是器件的 Fin 宽度

从图 5.1 中，我们可以很容易地将 DG - FinFET 结构形象化为 DG - MOSFET 器件结构。为了举例说明，我们考虑图 5.1b 所示的 2D - FinFET 横截面的沿 x 轴从栅极到栅极、沿 z 轴上至 H_{fin} 的有源晶体管区域，以得到图 5.2a 所示的结构，其中 y 轴（源漏极和 L_g）垂直于表面。首先，我们将此 2D 有源晶体管结构（图 5.2a）绕 y 轴向右（顺时针）旋转 90°，使左侧侧壁栅极作为顶部栅极，右侧侧壁栅极作为底部栅极，代表 zx 平面（x 轴垂直，z 轴平行于表面，y 轴、源漏极和 L_g 垂直于表面），如图 5.2b 所示。最后，将图 5.2b 中的结构绕 x 轴向左（逆时针）旋转 90°，得到如图 5.2c 所示的 DG - MOSFET 结构（yx 平面）。因此，DG - FinFET 可以安全地用 DG - MOSFET 表示。

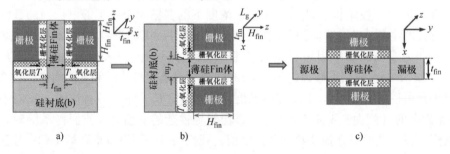

图 5.2　DG - FinFET 结构的 2D 横截面：a）器件从栅极到栅极的有源区和 Fin 高度；b）顺时针（从左到右）旋转 90° 后的器件有源区，显示了 Fin 高度（沿 z 轴）和 Fin 厚度（沿 x 轴），源漏 zx 平面，以及垂直于表面的栅极（沿 y 轴）；c）图 b 中 DG - FinFET 结构的 yx 平面在绕 x 轴逆时针（从右到左）旋转 90° 后产生的 DG - MOSFET 器件，显示了源漏区，体端垂直进入或位于表面后面

同样，在适当的偏置条件下，FinFET 器件中的电流通过从相应的侧壁栅极开始的每个高度 H_{fin} 的 Fin（在栅极堆叠下）整个面，从源极流向漏极，因此，DG - FinFET 器件的宽度

W 由 $2H_{\text{fin}}$ 给出。另一方面，对于三栅 FinFET 器件，电流也从 Fin 体的顶部栅极流动，使得 $W = 2H_{\text{fin}} + t_{\text{fin}}$。然而，通过适当考虑器件的宽度，DG – MOSFET 的数学公式适用于三栅 Fin-FET 器件。因此，在现实中，FinFET 器件的顶栅只对器件的有效宽度和电流驱动有贡献，而不影响其数学描述。因此，在本章中，将 FinFET 视为 DG – MOSFET，给出了 FinFET 器件中电流的数学表达式。

研究发现，适当设计的具有恰当沟道长度 L 和 Fin 厚度 t_{fin} 目标值的 FinFET，可以提供抗短沟道效应（SCE）性。为了抑制 FinFET 中的 SCE，对器件结构的要求是 $t_{\text{fin}} \ll L$[11-13]。这一 t_{fin} 和 L 之间的尺度关系可从半导体物理的基本原理中容易地理解。因此，为了建立栅极缩小规则，我们考虑一个理想的对称 DG – FinFET 结构，如图 5.3 所示。

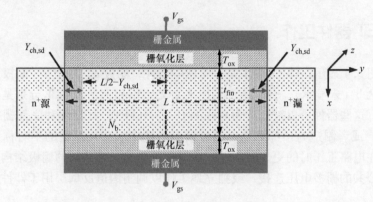

图 5.3　典型的对称 n 沟道 DG – FinFET 器件结构：t_{fin}、T_{ox} 和 N_{b} 分别为 Fin 厚度、栅氧化层厚度和体掺杂浓度；$Y_{\text{ch,sd}}$ 是由于外加漏极偏压 V_{ds}（未显示）的沿沟道长度 y 方向上的耗尽宽度

为了保证沟道的完全栅控，要求 t_{fin} 完全被栅极偏压 V_{gs} 耗尽，使得 Fin 耗尽宽度（$X_{\text{ch,g}}$）满足关系式

$$X_{\text{ch,g}} \geq \frac{t_{\text{fin}}}{2} \tag{5.1}$$

式中，$X_{\text{ch,g}}$ 是由于每个栅极引起的耗尽区的厚度。

同样，为了防止源漏穿通，由于沟道每端处的 V_{ds} 而导致的横向沟道耗尽区的宽度（$Y_{\text{ch,g}}$）必须使得沿沟道 y 方向的中性沟道长度（$L/2 - Y_{\text{ch,sd}}$）满足

$$\frac{L}{2} - Y_{\text{ch,sd}} > X_{\text{ch,g}} \tag{5.2}$$

利用式（5.1）的极限条件 $X_{\text{ch,g}} = t_{\text{fin}}/2$，由式（5.2）得到

$$\frac{L}{2} - Y_{\text{ch,sd}} > \frac{t_{\text{fin}}}{2} \tag{5.3}$$

现在，用等效栅介质厚度来表示硅中的耗尽宽度 $Y_{\text{ch,g}}$ [式（3.158）]，重新安排式（5.3），得到了缩小 FinFET 器件结构的条件

$$\frac{t_{\text{fin}}}{2} + \frac{K_{\text{si}}}{K_{\text{ox}}} T_{\text{ox}} \ll \frac{L}{2} \tag{5.4}$$

式中，K_{si}是硅 Fin 的介电常数；K_{ox}是栅氧化层的介电常数；T_{ox}是栅氧化层的厚度。

通常，$Y_{\text{ch,g}} \ll t_{\text{fin}}/2$，因此，FinFET 的缩小规则可以安全地设定为

$$\frac{t_{\text{fin}}}{2} \ll \frac{L}{2} \tag{5.5}$$

因此，如果 Fin 足够薄，厚度 $t_{\text{fin}} < L$，则 SCE 被抑制，亚阈值摆幅预计接近其理想值约 60mV/dec（室温下）[13]。因此，新的器件结构导致新的缩小规则，由式（5.5）给出，即可以通过保持条件 $t_{\text{fin}} < L$ 来缩放 L，而放松缩小对栅极介电厚度和体掺杂的限制。

5.3　FinFET 器件工作

图 5.1 和图 5.4 显示，体 FinFET 是一个四端器件，栅极 g、源极 s、漏极 d 和垂直于表面的衬底或体区 b（未显示），分别施加偏压 V_g、V_s、V_d 和 V_b，L 和 W 分别是器件的沟道长度和沟道宽度。这些器件可以被制造为对称的 DG – FinFET，其顶部和底部栅极具有相同的栅氧化层厚度，或者制造为顶部和底部栅极具有不同栅氧化层厚度的不对称 DG – FinFET。体端提供器件在电路工作时的更多灵活性。该器件可作为一个共同的栅极结构来工作，其所有栅极与一个公共的栅极电压连接，或独立地工作以调制沟道反型层用于器件的特定应用。

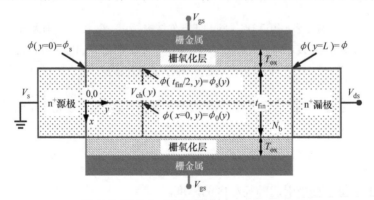

图 5.4　显示偏置条件和坐标系的 n 沟道 DG – FinFET 的 2D 横截面；x 和 y
分别表示沿器件的 Fin 厚度和栅极长度的空间

理论上，FinFET 器件有三种工作模式，即积累、耗尽和反型，类似于第 3 章讨论的多栅 MOS 电容器系统。因此，通过考虑由图 5.4 所示结构的源端到漏端的横向电场引起的沟道电势，为多栅 MOS 电容器开发的理论可以直接扩展到 FinFET。

在传统的共栅 FinFET 器件工作中，源极被用作参考端，偏压 $V_s = 0$，并且相对于源极的漏极电压 V_{ds} 被施加到漏极，使得源漏 pn 结被反向偏置。在这种偏压条件下，体或衬底电流 $I_b = 0$，栅极电流 $I_g = 0$。相对于源极的外加栅极电压 V_{gs} 控制表面载流子密度。需要 V_{gs} 达

到某一值，定义为阈值电压（V_{th}），来创建沟道反型层，其中 V_{th} 由结构和集成电路（IC）工艺的特性决定。因此，相对于源电势：

1）对于 $V_{gs} < V_{th}$，FinFET 结构由两个背靠背 pn 结组成，只有泄漏电流（约等于源漏 pn 结的 I_o）从器件的源极流向漏极，也即 I_{ds} 约为 0；

2）对于 $V_{gs} > V_{th}$，存在反型层，即从器件的漏极到源极存在导电沟道，并且将有漏极电流 I_{ds} 流过。

在独立栅 FinFET 的情况下，两个栅极可以独立地调制反型层，从而在电路工作中提供更大的灵活性。在常见的多栅体 FinFET 器件中，外加的 V_{bs} 使得源漏 pn 结反偏。

对于描述 FinFET 性能的数学公式，适当考虑由于外加漏极偏压 V_{ds} 产生的横向电场 E_y，第 3 章推导的所有多栅 MOS 电容器方程都适用于 L 和 H_{fin} 较大的器件，如图 5.4 所示。因此，为了推导 FinFET 的漏电流 I_{ds} 表达式，我们考虑源极电势 $V_s = 0$ 作为参考电压。然后，由于施加了 V_{ds}，表面电势 ϕ_s 是沿沟道位置 y 的函数，$\phi_s = \phi_s(y)$。因此，沿着从源极到漏极的沟道存在沟道电势 $V_{ch}(y)$，满足

$$V_{ch}(y) = \begin{cases} V_{sb}, & y = 0 \\ V_{sb} + V_{ds}, & y = L \end{cases} \tag{5.6}$$

式中，V_{sb} 是相对于体偏置的源极电压，如果有的话（对于体 FinFET）。

为了推导模拟 FinFET 器件性能的数学表达式，我们考虑一个 n 沟道 DG – FinFET 器件，其衬底轻掺杂，浓度为 N_b，如图 5.4 所示。为了简单起见，我们假设一个大尺寸器件，这样就可以忽略尺寸对器件性能的影响。我们将利用几个简化的假设，推导出一个大尺寸 FinFET 漏极电流的一般表达式。

5.4　漏极电流公式

一般来说，半导体器件在外场作用下的静态和动态特性可以用以下三组耦合微分方程来描述。

1）静电势 ϕ 的泊松方程，由式（2.72）给出：

$$\nabla^2 \phi = -\frac{\rho}{K_{si}\varepsilon_0} \tag{5.7}$$

式中，ρ 是电荷密度；K_{si} 是硅的介电常数；ε_0 是真空介电常数。

2）电子电流密度（J_n）和空穴电流密度（J_p）的电流密度方程［式（2.76）和式（2.77）］

$$J_n = q\mu_n n E + q D_n \nabla n \quad （电子）$$
$$J_p = q\mu_p p E - q D_p \nabla p \quad （空穴） \tag{5.8}$$

式（5.8）在非平衡条件下的表达式为

$$J_n = -q_n\mu_n \nabla \phi_n \quad （电子）$$
$$J_p = -q_p\mu_p \nabla \phi_p \quad （空穴） \tag{5.9}$$

式中，n 和 p 分别代表电子和空穴浓度；q 是电子电荷；E 是电场；ϕ_n 和 ϕ_p 分别是非平衡条件下的电子和空穴准费米势；μ_n 和 μ_p 分别是电子和空穴的迁移率。

流经器件的总电流密度（J）由 $J = J_n + J_p$ 给出。

3）电子［式（2.81）］和空穴［式（2.80）］的电流连续性方程

$$\frac{\partial n}{\partial t} = \frac{1}{q} \nabla J_n + (G_n - R_n) \qquad (\text{电子})$$

$$\frac{\partial p}{\partial t} = -\frac{1}{q} \nabla J_p + (G_p - R_p) \quad (\text{空穴}) \tag{5.10}$$

式中，G_n 和 G_p 分别是电子和空穴的产生率；R_n 和 R_p 分别是电子和空穴的复合率。

一般来说，FinFET 器件性能的数学公式是一个 3D 问题，然而，假设大尺寸器件，我们可以将大尺寸 FinFET 器件视为 x 和 y 方向上的 2D 问题，如图 5.4 所示。即使是 2D 问题，数学表达式也相当复杂，只能使用数值器件模拟工具[14-17]和技术[18]精确求解。然而，为了得到一个简化的 I_{ds} 解析表达式，我们做了一些有效的简化假设，推导出基本的器件理论，以便使用数学方法描述 FinFET 器件的行为。

在下面的章节中，我们做了一些有效的简化假设，以发展 Fin 体均匀掺杂的大尺寸 FinFET 漏极电流 I_{ds} 的一般表达式。

假设 1：首先，我们假设沿沟道的 y 方向上的电场 E_y 的变化远小于在进入衬底的 x 方向上的电场 E_x 的相应变化。那么我们有

$$\frac{\partial E_y}{\partial y} \ll \frac{\partial E_x}{\partial x}; \quad \therefore \frac{\partial^2 \phi}{\partial y^2} \ll \frac{\partial^2 \phi}{\partial x^2} \tag{5.11}$$

式（5.11）被称为缓变沟道近似（GCA）[19]。因此，像多栅 MOS 电容器一样，我们只在沿沟道厚度的 x 方向求解 ϕ，得到半导体中的总电荷 Q_s。对于反型中的 DG - FinFET（$\phi_B < \phi_s < 2\phi_B$），由于沟道电势 $V_{ch}(y)$ 而产生的总电荷 $Q_s = Q_s(y)$ 可从多栅 MOS 电容器理论推导得出［式（3.53）］。因此，我们假设 GCA，以便只需要解式（2.72）中描述的一维（1D）泊松方程，如下：

$$\frac{d^2 \phi}{dx^2} = -\frac{\rho(x)}{\varepsilon_{si}} \tag{5.12}$$

式中，$\rho(x)$ 是沿 Fin 厚度 t_{fin} 的任意点 x 处的净电荷密度；ε_{si} 是硅 Fin 的介电常数，$\varepsilon_{si} = K_{si} \varepsilon_0$。

2D 数值分析表明，除了在沟道漏端附近，GCA 对沟道长度的大部分都是有效的。在沟道漏端附近，纵向电场 E_y 与横向电场 E_x 可比，即使对于长沟道器件也是如此，GCA 失效[12,20]。尽管 GCA 在漏端附近失效，但由于它将系统简化为 1D 电流流动问题，所以还是被使用。我们只需要解 1D 泊松方程这一事实意味着第 3 章中针对多栅 MOS 电容器系统建立的电荷表达式可以用于 DG - FinFET 器件，只要将电荷和电势修正为依赖于 y 方向上的位置。

假设 2：假设只有少数载流子对 I_{ds} 有贡献；例如，对于 nFinFET 器件，空穴电流可以忽略。由于 Fin 是无掺杂或轻掺杂的，反型的少数载流子数远高于多数载流子数。在 nFinFET 中，多数载流子空穴由碰撞电离产生，在描述雪崩或击穿区的器件特性时变得非常重要。然

而，在 FinFET 器件的正常工作范围内，漏极电流不包括击穿区，因此，FinFET 中的电流是由少数载流子引起的这一假设在正常偏置条件下是有效的，例如，对于 n 沟道 FinFET，以下称为 nFinFET，$V_{ds} \geq 0$ 且 $V_{bs} \leq 0$。因此，对于漏极电流计算，我们只考虑 nFinFET 器件的少数载流子电流密度 J_n。

假设 3：假设没有载流子的产生和复合，也即对于 nFinFET 器件，$R_n = 0 = G_n$。然后仅考虑器件的静态特性，连续性方程（5.10）变为

$$\nabla \cdot J_n = 0 \tag{5.13}$$

这意味着总漏极电流 I_{ds} 在沿着器件沟道的任何一点上都是一个常数。

假设 4：假设电流仅沿沟道的 y 方向流动，即 $d\phi_n / dx = 0$。因此，电子准费米势 ϕ_n 在 x 方向上为常数。然后根据式（5.8），电子电流密度为

$$J_n(y) = -q n(x, y) \mu_n(x, y) \frac{\partial \phi_n}{\partial y} \tag{5.14}$$

由于电流流过的沟道的横截面积是沟道宽度 $W \cong 2H_{fin}$ 乘以沟道长度 L，因此，将式（5.14）沿 Fin 厚度 x 方向和宽度 z 方向积分，我们得到沟道中任意点 y 处的 I_{ds}，如下所示：

$$I_{ds}(y) = -W \int_0^\infty \left[q n(x, y) \mu_n(x, y) \frac{\partial \phi_n}{\partial y} \right] dy = 常数 \tag{5.15}$$

式中，μ_n 是 nFinFET 器件中沟道电子的表面迁移率，通常称为表面迁移率 μ_s，以区别于 2.2.5.1 节所述的深入衬底的体迁移率。

在接下来的讨论中，我们将用 μ_s 代替 μ_n 来表示 FinFET 器件中反型载流子的表面迁移率。

在器件工作中，相对于衬底施加源极和漏极电压会导致器件准费米能级 E_{fn}（或势 ϕ_n）降低，相对于体区中的平衡费米能级 E_f，器件源端的降低 $q V_{gs}$，而器件漏端的则降低（$q V_{gs} + q V_{ds}$）。源极和漏极之间的这一 ϕ_n 差驱动电子沿沟道流动。因此，沟道中任意点 y 处的沟道电势 $V_{ch}(y)$ 由下式给出：

$$V_{ch}(y) = \phi_n(y) - \phi_n \Big|_{source} \tag{5.16}$$

式中，$\phi_n \Big|_{source}$ 是器件源端的准费米势。

同样，根据式（5.6），沟道源端的 $V_{ch}(0) = 0 (V_{sb} = 0)$，沟道漏端的 $V_{ch}(L) = V_{ds}$。因此，与 MOS 电容器的情况相比，在 FinFET 器件的表面区域，准费米电势降低了 $V_{ch}(y)$。因此，表面电子浓度（n_s）降低了一个因子 $\exp(-V_{ch}(y)/v_{kT})$。然后，根据式（3.50）给出的 MOS 电容器的少数载流子密度的推导，我们可以将 FinFET 器件沟道中任意点 y 处的少数载流子表面电子浓度写为

$$n(x, y) = N_b \exp \left[\frac{\phi(x, y) - 2\phi_B - V_{ch}(y)}{v_{kT}} \right] \tag{5.17}$$

式中，ϕ_B 是式（3.5）给出的体电势；v_{kT}（$= kT/q$）是环境温度 T 下的热电压，k 和 q 分别是玻耳兹曼常数和电子电荷。

因此，从式（5.17）中，我们发现，n 沟道 FinFET 的少数载流子电子浓度由于外加偏置而改变，然而，多数载流子空穴浓度不随外加偏置而改变，因此，根据 MOS 电容器式（3.47），我们可以将 MOSFET 中的多数载流子浓度写为 $p = N_b \exp\left[-\phi(x,y)/v_{kT}\right]$。

现在，将式（5.16）中的 ϕ_n 代入式（5.15），FinFET 器件中的漏极电流表达式可以写成

$$I_{ds}(y) = -W\frac{dV_{ch}(y)}{dy}\int_0^\infty qn(x,y)\mu_s(x,y)\,dx \qquad (5.18)$$

假设 5：为了简化长沟道 I_{ds} 的计算，我们假设 μ_s 在某个平均栅极和漏极电场下是一个常数，尽管 μ_s 同时依赖于 E_x 和 E_y，如第 6 章所讨论的。根据这个假设，可以将式（5.18）写成

$$I_{ds}(y) - W\mu_s\frac{dV_{ch}(y)}{dy}\int_0^\infty qn(x,y)\,dx \qquad (5.19)$$

现在，可动少数载流子的总电荷密度 Q_i 由下式给出：

$$Q_i(y) = -q\int_0^\infty n(x,y)\,dx \qquad (5.20)$$

然后将式（5.20）代入式（5.19），得到 $I_{ds}(y)$ 的一般表达式为

$$I_{ds}(y) = W\mu_s Q_i(y)\frac{dV_{ch}}{dy} \qquad (5.21)$$

同样，假设 GCA 在整个沟道长度上有效，在沿沟道长度从 $y=0$ 到 $y=L$ 对式（5.21）进行积分后，我们得到 I_{ds} 的表达式，如下所示：

$$I_{ds} = \begin{cases} \left(\dfrac{W}{L}\right)\mu_s\displaystyle\int_0^{V_{ds}} Q_i(y)\,dV_{ch}, & \text{（基于表面势的 } I_{ds}\text{）} \\[2ex] \left(\dfrac{W}{L}\right)\mu_s\displaystyle\int_{Q_{is}}^{Q_{id}} Q_i(y)\,dV_{ch}, & \text{（基于反型电荷的 } I_{ds}\text{）} \end{cases} \qquad (5.22)$$

式中，Q_{is} 是 $y=0$ 时器件源端的反型电荷密度；Q_{id} 是 $y=L$ 时器件漏端的反型电荷密度。

在式（5.22）中，在 $y=0$ 处，因为 $V_s=0$ 并且假设了 $V_b=0$，我们使用了 $V_{ch}(y=0) = V_{sb}=0$。式（5.22）表示流经 FinFET 器件的 I_{ds} 的一般表达式。为了计算 I_{ds}，我们需要计算沟道区域的可动反型电荷密度 $Q_i(y)$。在下一节中，我们将通过计算 $Q_i(y)$ 推导出 I_{ds} 的表达式。

5.4.1 静电势的推导

为了从式（5.22）中导出 I_{ds} 的表达式，首先，我们求解 FinFET 器件的超薄体 Fin 中的电势 $\phi(x,y)$ 以获得表面电势。为了求解 $\phi(x,y)$，我们考虑一个对称的 n 沟道 FinFET 器件，如图 5.4 所示，Fin 无掺杂（或轻度 p 型掺杂），这样体项 N_b 小到可以忽略不计。因此，仅考虑式（3.55）中的可动电荷（电子）项，泊松方程可表示为

$$\frac{d^2\phi(x,y)}{\partial x^2} = \frac{qn_i}{\varepsilon_{si}}\exp\left(\frac{\phi(x,y)-\phi_B-V_{ch}(y)}{v_{kT}}\right) \qquad (5.23)$$

式中，n_i 是本征载流子浓度；$\phi(x, y)$ 是静电势；$V_{ch}(y)$ 是由于沿 y 方向的漏极偏置而产生的沟道电势；ϕ_B 是式（3.43）中定义的体电势。

这里，我们考虑一个 $\phi(x, y)/v_{kT} \gg 1$ 的 nFinFET 器件，即能带弯曲向下（3.2.5 节）。由于电流主要沿 y 方向从源极流向漏极，因此电子准费米能级的梯度也沿 y 方向。这证明了缓变沟道近似（GCA）的合理性，因此 $V_{ch}(y)$ 在 x 方向上是一个常数。然后式（5.23）可用于求解表面势 $\phi(x)$。现在，按照 3.4.2 节中使用的程序，可以将式（5.23）表示为

$$\frac{d}{dx}\left(\frac{d\phi(x,y)}{dx}\right)^2 = \frac{2qn_i}{\varepsilon_{si}}\left[e^{\frac{\phi(x,y)-\phi_B-V_{ch}(y)}{v_{kT}}}\right]\frac{d\phi(x,y)}{dx} \tag{5.24}$$

现在，我们从中心点 $x=0$ 到点 (x, y) 对式（5.24）进行积分，得到沿结构厚度的电势分布，如图 5.4 所示。由于对于对称 DG-FinFET 结构，在中心 $x=0$ 处，电场的垂直分量 $E(x)=0=-d\phi/dx$，其中 $\phi(x=0, y)=\phi_0(y)$，我们使用以下边界条件对式（5.24）进行积分：

$$\begin{cases} \phi(x,y)=\phi_0(y), \dfrac{d\phi(x,y)}{dx}=0; & x=0 \\[2mm] \phi(x,y)=\phi(x), \dfrac{d\phi(x,y)}{dx}=\dfrac{d\phi(x,y)}{dx}; & x=x \end{cases} \tag{5.25}$$

然后，利用式（5.25）给出的边界条件，可以将式（5.24）表示为

$$\int_0^{\frac{d\phi(x,y)}{dx}} d\left(\frac{d\phi(x,y)}{dx}\right)^2 = \frac{2qn_i}{\varepsilon_{si}}\int_{\phi_0(y)}^{\phi(x,y)} e^{\frac{\phi(x,y)-\phi_B-V_{ch}(y)}{v_{kT}}} d\phi(x,y) \tag{5.26}$$

对式（5.26）进行积分，利用式（3.49）中的 $n_i\exp(-\phi_B/v_{kT})=n_i^2/N_b$，得到

$$\left(\frac{d\phi(x,y)}{dx}\right)^2 = \frac{2q}{\varepsilon_{si}}v_{kT}\frac{n_i^2}{N_b}\left(e^{\frac{\phi(x,y)-V_{ch}(y)}{v_{kT}}} - e^{\frac{\phi_0(y)-V_{ch}(y)}{v_{kT}}}\right) \tag{5.27}$$

或者

$$\frac{d\phi(x,y)}{dx} = \pm\sqrt{\frac{2v_{kT}q}{\varepsilon_{si}}\frac{n_i^2}{N_b}\left(e^{\frac{\phi(x,y)-V_{ch}(y)}{v_{kT}}} - e^{\frac{\phi_0(y)-V_{ch}(y)}{v_{kT}}}\right)} \tag{5.28}$$

式中，"+"符号是对 $x>0$ 的情形；"-"符号是对 $x<0$ 的情形。

如第 3 章所述，在对式（5.28）进行第二次积分之后，我们得到了一个关于 $\phi(x, y)$ 的表达式。为了对式（5.28）进行积分，我们考虑泊松方程（5.23）的一般数学解。微分方程（5.23）有两个数学解：一个是三角函数（与 $1/\cos^2\xi$ 成比例），另一个是双曲函数[21,22]。考虑类似 3.4.2.2 节中所用的三角解，如下：

$$e^{\frac{\phi(x,y)}{v_{kT}}} = e^{\frac{\phi_0(y)}{v_{kT}}}\sec^2\xi \tag{5.29}$$

式中，ξ 是位置 x 的函数。

然后将式（5.29）代入式（5.28），简化后即可得到

$$\frac{d\phi(x,y)}{dx} = \pm\sqrt{\frac{2v_{kT}q}{\varepsilon_{si}}\frac{n_i^2}{N_b}\left(e^{\frac{\phi_0(y)-V_{ch}(y)}{v_{kT}}}\sec^2\xi - e^{\frac{\phi_0(y)-V_{ch}(y)}{v_{kT}}}\right)}$$

$$= \pm \sqrt{\frac{2v_{kT}q}{\varepsilon_{si}} \frac{n_i^2}{N_b} \cdot e^{\frac{\phi_0(y) - V_{ch}(y)}{v_{kT}}} (\sec^2\xi - 1)} \tag{5.30}$$

所以，$\dfrac{\mathrm{d}\phi(x,y)}{\mathrm{d}x} = \pm \sqrt{\dfrac{2v_{kT}q}{\varepsilon_{si}} \dfrac{n_i^2}{N_b} \cdot e^{\frac{\phi_0(y) - V_{ch}(y)}{v_{kT}}} \tan^2\xi}$

其中

$$\tan^2\xi = \sec^2\xi - 1$$

我们还可以通过将（三角解）式（5.29）对 x 微分得到 $\mathrm{d}\phi(x,y)/\mathrm{d}x$ 的表达式，如下：

$$\frac{\mathrm{d}}{\mathrm{d}x}\left(e^{\frac{\phi(x,y)}{v_{kT}}}\right) = \frac{\mathrm{d}}{\mathrm{d}x}\left(e^{\frac{\phi_0(y)}{v_{kT}}}\sec^2\xi\right) \tag{5.31}$$

或者

$$\frac{\mathrm{d}}{\mathrm{d}\phi}\left(e^{\frac{\phi(x,y)}{v_{kT}}}\right)\frac{\mathrm{d}\phi(x,y)}{\mathrm{d}x} = \frac{\mathrm{d}}{\mathrm{d}\xi}\left(e^{\frac{\phi_0(y)}{v_{kT}}}\sec^2\xi\right)\frac{\mathrm{d}\xi}{\mathrm{d}x}$$

或者

$$\frac{e^{\frac{\phi(x,y)}{v_{kT}}}}{v_{kT}}\frac{\mathrm{d}\phi(x,y)}{\mathrm{d}x} = e^{\frac{\phi_0(y)}{v_{kT}}}2\sec\xi(\sec\xi\tan\xi)\frac{\mathrm{d}\xi}{\mathrm{d}x} \tag{5.32}$$

然后将式（5.29）中的 $e^{\frac{\phi(x,y)}{v_{kT}}} = e^{\frac{\phi_0(y)}{v_{kT}}}\sec^2\xi$ 代入式（5.32）的左侧，简化后得到

$$\frac{\mathrm{d}\phi(x,y)}{\mathrm{d}x} = 2v_{kT}\tan\xi\frac{\mathrm{d}\xi}{\mathrm{d}x} \tag{5.33}$$

现在，式（5.30）和式（5.33）中的 $\mathrm{d}\phi(x,y)/\mathrm{d}x$ 的表达式是从同一泊松方程（5.23）的解得到的，因此，它们是相等的。然后将式（5.30）和式（5.33）等价，简化后得到

$$2v_{kT}\tan\xi\frac{\mathrm{d}\xi}{\mathrm{d}x} = \pm \sqrt{\frac{2v_{kT}q}{\varepsilon_{si}}\frac{n_i^2}{N_b}e^{\frac{\phi_0(y) - V_{ch}(y)}{v_{kT}}}\tan^2\xi} \tag{5.34}$$

或者

$$\frac{\mathrm{d}\xi}{\mathrm{d}x} = \pm \sqrt{\frac{q}{2v_{kT}\varepsilon_{si}}\frac{n_i^2}{N_b}e^{\frac{\phi_0(y) - V_{ch}(y)}{v_{kT}}}} \tag{5.35}$$

现在，我们从（$x=0$，y）到任意点（x，y）对式（5.35）进行积分，由于 $\xi = f(x)$，因此，在 $x=0$，$\xi=0$；在 $x=x$，$\xi=\xi$。所以

$$\int_0^\xi \mathrm{d}\xi = \sqrt{\frac{q}{2v_{kT}\varepsilon_{si}}\frac{n_i^2}{N_b}e^{\frac{\phi_0(y) - V_{ch}(y)}{v_{kT}}}}\int_0^x \mathrm{d}x \tag{5.36}$$

或者

$$\xi = \sqrt{\frac{q}{2v_{kT}\varepsilon_{si}}\frac{n_i^2}{N_b}e^{\frac{\phi_0(y) - V_{ch}(y)}{v_{kT}}}} \cdot x \tag{5.37}$$

同样，我们可以从一般三角解式（5.29）中导出 ξ 的另一个表达式，如下所示：

$$e^{\frac{\phi(x,y)}{v_{kT}}} = \frac{e^{\frac{\phi_0(y)}{v_{kT}}}}{\cos^2\xi} \tag{5.38}$$

或者

$$\cos\xi = \frac{1}{\sqrt{e^{\frac{\phi(x,y) - \phi_0(y)}{v_{kT}}}}} \tag{5.39}$$

$$\xi = \cos^{-1}\left(\frac{1}{\sqrt{e^{\frac{\phi(x,y) - \phi_0(y)}{v_{kT}}}}} \right) \tag{5.40}$$

因此，我们可以通过将式（5.37）与式（5.40）等价来消去 ξ，得到

$$\cos^{-1}\frac{1}{\sqrt{e^{\frac{\phi(x,y) - \phi_0(y)}{v_{kT}}}}} = \sqrt{\frac{q}{2v_{kT}\varepsilon_{si}}\frac{n_i^2}{N_b}e^{\frac{\phi_0(y) - V_{ch}(y)}{v_{kT}}}} \cdot x$$

或者

$$\frac{1}{\sqrt{e^{\frac{\phi(x,y) - \phi_0(y)}{v_{kT}}}}} = \cos\left(\sqrt{\frac{q}{2v_{kT}\varepsilon_{si}}\frac{n_i^2}{N_b}e^{\frac{\phi_0(y) - V_{ch}(y)}{v_{kT}}}} \cdot x \right)$$

或者

$$e^{-\frac{\phi(x,y) - \phi_0(y)}{2v_{kT}}} = \cos\left(\sqrt{\frac{q}{2v_{kT}\varepsilon_{si}}\frac{n_i^2}{N_b}e^{\frac{\phi_0(y) - V_{ch}(y)}{v_{kT}}}} \cdot x \right) \tag{5.41}$$

或者

$$-\frac{\phi(x,y) - \phi_0(y)}{2v_{kT}} = \ln\left[\cos\left(\sqrt{\frac{q}{2v_{kT}\varepsilon_{si}}\frac{n_i^2}{N_b}e^{\frac{\phi_0(y) - V_{ch}(y)}{v_{kT}}}} \cdot x \right) \right]$$

在对式（5.41）进行简化后，我们得到了 $\phi(x,y)$ 的表达式

$$\phi(x,y) = \phi_0(y) - 2v_{kT}\ln\left[\cos\left(\sqrt{\frac{q}{2\varepsilon_{si}v_{kT}}\frac{n_i^2}{N_b}\exp\left(\frac{\phi_0(y) - V_{ch}(y)}{v_{kT}} \right)} \cdot x \right) \right] \tag{5.42}$$

式（5.42）适用于 $-t_{fin}/2 \leqslant x \leqslant t_{fin}/2$ 的整个范围。注意，式（5.42）的右侧始终为正。那么表面电势 $\phi_s \equiv \phi(x = \pm t_{fin}/2)$ 由下式给出：

$$\phi\left(x = \frac{t_{fin}}{2}, y \right) \equiv \phi_s = \phi_0(y) - 2v_{kT}\ln\left[\cos\left(\sqrt{\frac{q}{2\varepsilon_{si}v_{kT}}\frac{n_i^2}{N_b}\exp\left(\frac{\phi_0 - V_{ch}(y)}{v_{kT}} \right)} \cdot \frac{t_{fin}}{2} \right) \right] \tag{5.43}$$

按照 3.4.2.2 节中描述的程序，并使用边界条件式（3.100），我们可以用外加栅极偏压 V_{gs} 表示表面电势 ϕ_s。然后，我们求解耦合的 ϕ_s 方程来确定每个偏置点的 ϕ_s 和 ϕ_0，并计算 FinFET 器件的电流 – 电压特性。然而，为了简化数学公式，我们推导一个表面势函数，如 3.4.2.4 节所述，以便用一个连续方程计算表面势。

为了导出表面势函数，我们定义了一个变换变量 $\beta(V_{ch}(y))$ 作为式（5.43）中 $\phi(x = t_{si}/2, y)$ 中余弦函数的参数，即

$$\sqrt{\frac{q}{2\varepsilon_{si}v_{kT}}\frac{n_i^2}{N_b}\exp\left(\frac{\phi_0(y) - V_{ch}(y)}{v_{kT}} \right)} \cdot \frac{t_{fin}}{2} \equiv \beta$$

或者

$$\sqrt{\frac{q}{2\varepsilon_{si}v_{kT}}\frac{n_i^2}{N_b}\exp\left(\frac{\phi_0(y) - V_{ch}(y)}{v_{kT}} \right)} = \frac{2\beta}{t_{fin}} \tag{5.44}$$

现在，我们定义

$$a \equiv \sqrt{\frac{q}{2\varepsilon_{si}v_{kT}}\frac{n_i^2}{N_b}} \tag{5.45}$$

$$b \equiv \sqrt{\frac{q}{2\varepsilon_{si}v_{kT}}\frac{n_i^2}{N_b}\exp\left(\frac{\phi_0(y) - V_{ch}(y)}{v_{kT}} \right)} = \frac{2\beta}{t_{fin}}$$

由式（5.45）可以得到

$$a\exp\left(\frac{\phi_0(y) - V_{ch}(y)}{2v_{kT}}\right) = b = \frac{2\beta}{t_{fin}}$$

或者

$$\exp\left(\frac{\phi_0(y) - V_{ch}(y)}{2v_{kT}}\right) = \frac{b}{a} = \frac{1}{a}\frac{2\beta}{t_{fin}}$$

(5.46)

由式（5.46）的第二个表达式，可以得到

$$\phi_0(y) = V_{th}(y) + 2v_{kT}\ln\left(\frac{b}{a}\right) = V_{ch}(y) + 2v_{kT}\ln\left(\frac{1}{a}\frac{2\beta}{t_{fin}}\right)$$

(5.47)

现在，用式（5.45）中的余弦函数自变量（β）和式（5.47）中的 $\phi_0(y)$ 作变量代换，我们可以将式（5.42）的 $\phi(x)$ 用变换参数 β 表示为

$$\begin{aligned}
\phi(x,y) &= \phi_0(y) - 2v_{kT}\ln\left[\cos\left(\sqrt{\frac{q}{2\varepsilon_{si}v_{kT}}\frac{n_i^2}{N_b}\exp\left(\frac{\phi_0(y) - V_{ch}(y)}{v_{kT}}\right)} \cdot x\right)\right] \\
&= V_{ch}(y) + 2v_{kT}\ln\left(\frac{1}{a}\frac{2\beta}{t_{fin}}\right) - 2v_{kT}\ln\left[\cos\left(\frac{2\beta}{t_{fin}}\cdot x\right)\right] \\
&= V_{ch}(y) - 2v_{kT}\left\{-\ln\left(\frac{1}{a}\frac{2\beta}{t_{fin}}\right) + \ln\left[\cos\left(\frac{2\beta}{t_{fin}}\cdot x\right)\right]\right\} \\
&= V_{ch}(y) - 2v_{kT}\ln\left\{a \cdot \frac{t_{fin}}{2\beta}\cos\left(\frac{2\beta}{t_{fin}}\cdot x\right)\right\}
\end{aligned}$$

(5.48)

然后将式（5.45）中参数 a 的表达式代入，我们可以用变换变量 β 表示超薄体 Fin 任意点 (x, y) 处的电势 $\phi(x, y)$ 如下：

$$\phi(x,y) = V_{ch}(y) - 2v_{kT}\ln\left[\frac{t_{fin}}{2\beta}\sqrt{\frac{q}{2\varepsilon_{si}v_{kT}}\frac{n_i^2}{N_b}}\cos\left(\frac{2\beta}{t_{fin}}x\right)\right]$$

(5.49)

重新排列式（5.49），我们可以看到

$$\phi(x,y) = V_{ch}(y) - 2v_{kT}\left[-\ln\beta - \ln\left(\frac{2}{t_{fin}}\sqrt{\frac{2\varepsilon_{si}v_{kT}}{q}\frac{N_b}{n_i^2}}\right) + \ln\left\{\cos\left(\frac{2\beta}{t_{fin}}x\right)\right\}\right]$$

(5.50)

从式（5.50）可以看出，$x = \pm t_{fin}/2$（硅/SiO$_2$ 界面）处的表面势由下式给出：

$$\phi\left(x = \pm\frac{t_{fin}}{2}, y\right) = V_{ch}(y) - 2v_{kT}\left[-\ln\beta - \ln\left(\frac{2}{t_{fin}}\sqrt{\frac{2\varepsilon_{si}v_{kT}}{qn_i}\frac{N_b}{n_i^2}}\right) + \ln\left\{\cos(\beta)\right\}\right]$$

(5.51)

同样，根据式（5.50），关于 x 的电势梯度由下式给出：

$$\frac{d\phi(x,y)}{dx} = 2v_{kT}\left[-\frac{-\sin(2\beta x/t_{fin})}{\cos(2\beta x/t_{fin})} \cdot \frac{2\beta}{t_{fin}}\right]$$

或者

$$\frac{d\phi(x,y)}{dx} = 2v_{kT}\frac{2}{t_{fin}}\beta\tan\left(\frac{2\beta x}{t_{fin}}\right)$$

(5.52)

式中，β 是一个常数（关于 x 的），由 $x = \pm t_{fin}/2$ 时硅/SiO$_2$ 界面的边界条件确定。

为了导出与栅极电压 V_{gs} 和表面电势 ϕ_s 有关的 β 的表达式，我们使用式（3.100）给出的边界条件，得到

$$\varepsilon_{ox}\frac{V_{gs} - V_{fb} - \phi(x = \pm t_{fin}/2)}{T_{ox}} = -\varepsilon_{si}\frac{\mathrm{d}\phi}{\mathrm{d}x}\bigg|_{x = \pm t_{fin}/2} \qquad (5.53)$$

式中，ε_{ox} 是栅氧化层的介电常数；V_{fb} 是硅体的平带电压，$V_{fb} \cong \Phi_{ms}$，也等于金属栅和 Fin 沟道之间的功函数差；T_{ox} 是栅氧化层厚度。

现在，由式（5.52）可以得到

$$\frac{\mathrm{d}\phi}{\mathrm{d}x}\bigg|_{x = \pm t_{fin}/2} = 2v_{kT}\frac{2}{t_{fin}}\beta\tan\beta \qquad (5.54)$$

然后将式（5.51）中的 ϕ（$x = \pm t_{fin}/2$）和式（5.54）中的 $\mathrm{d}\phi(x = \pm t_{fin}/2)/\mathrm{d}x$ 代入式（5.53），得到

$$\frac{\varepsilon_{ox}}{T_{ox}}\left[V_{gs} - V_{fb} - V_{ch}(y) + 2v_{kT}\left\{-\ln\beta - \ln\left(\frac{2}{t_{fin}}\sqrt{\frac{2\varepsilon_{si}v_{kT}}{q}\frac{N_b}{n_i^2}}\right) + \ln(\cos\beta)\right\}\right] = \varepsilon_{si}\left(2v_{kT}\frac{2}{t_{fin}}\beta\tan\beta\right)$$

或者

$$\frac{V_{gs} - V_{fb} - V_{ch}(y)}{2v_{kT}} - \ln\beta - \ln\left(\frac{2}{t_{fin}}\sqrt{\frac{2\varepsilon_{si}v_{kT}}{q}\frac{N_b}{n_i^2}}\right) + \ln(\cos\beta) = \frac{2\varepsilon_{si}T_{ox}}{\varepsilon_{ox}t_{fin}}\beta\tan\beta \qquad (5.55)$$

考虑无掺杂或轻掺杂衬底 $n_i^2/N_b = n_i$ [式（3.49）]，可以进一步简化式（5.55）得到

$$\frac{V_{gs} - V_{fb} - V_{ch}(y)}{2v_{kT}} - \ln\left(\frac{2}{t_{fin}}\sqrt{\frac{2\varepsilon_{si}v_{kT}}{qn_i}}\right) = \ln\beta - \ln(\cos\beta) + \frac{2\varepsilon_{si}T_{ox}}{\varepsilon_{ox}t_{fin}}\beta\tan\beta \qquad (5.56)$$

同样，从式（5.44）中，我们发现 β 是沟道势 $V_{ch}(y)$ 的函数。因此，对于给定的 V_{gs} 值，参数 β 可从式（5.56）中获得。V_{gs} 和 β 都从源极到漏极变化，因此取决于沿电流方向的位置 y。现在，为了数学表示简单，我们定义

$$\frac{\varepsilon_{si}T_{ox}}{\varepsilon_{ox}t_{fin}} \equiv r \qquad (5.57)$$

式中，r 是 FinFET 器件的结构参数。

那么式（5.56）可以表示为

$$\frac{V_{gs} - V_{fb} - V_{ch}(y)}{2v_{kT}} - \ln\left(\frac{2}{t_{fin}}\sqrt{\frac{2\varepsilon_{si}v_{kT}}{qn_i}}\right) = \ln\beta - \ln(\cos\beta) + 2r\beta\tan\beta \equiv f(\beta) \qquad (5.58)$$

我们将使用式（5.58）来描述不同偏置条件下 FinFET 器件中的漏极电流。

5.4.2 对称 DG - FinFET 的连续漏极电流方程

为了推导 FinFET 连续漏极电流 I_{ds} 方程，$V_{ch}(y)$ 和 $\beta(y)$ 的基本依赖关系由 5.4 节中所述的电流连续性条件确定。因此，假设 GCA 在整个沟道长度上有效，我们沿沟道长度从 $y = 0$ 到 $y = L$ 对式（5.22）进行积分后得到

$$I_{ds} = \mu_s\left(\frac{W}{L}\right)\int_0^{V_{ds}}Q_i(y)\,\mathrm{d}V_{ch}(y) \qquad (5.59)$$

现在，将变量从 V_{ch} 改为 β，式（5.59）可以表示为

$$I_{ds} = \mu_s\left(\frac{W}{L}\right)\int_{\beta_s}^{\beta_d}Q_i(\beta)\frac{\mathrm{d}V_{ch}}{\mathrm{d}\beta}\mathrm{d}\beta \qquad (5.60)$$

式中，β_s 是源端 $V_{ch}(y) = 0$ 时的 β 值；β_d 是漏端 $V_{ch}(y) = V_{ds}$ 时的 β 值。

对于任何给定的 V_{gs}，β_s 和 β_d 均由式（5.44）确定。因此，为了从式（5.60）中导出 I_{ds}，我们需要确定 FinFET 的 Fin 体内的可动或反型电荷 $Q_i(y)$ 的表达式。我们知道在硅中的总电荷 Q_s 由下式给出：

$$Q_s = Q_i + Q_b \tag{5.61}$$

对于无掺杂或轻掺杂的体，$Q_i \gg Q_b$，因此，根据高斯定律 [式（3.25）] 可以得到

$$Q_i \cong Q_s = 2\varepsilon_{si}E_s = 2\varepsilon_{si}\left(\frac{d\phi(x)}{dx}\right)\bigg|_{x=t_{fin}/2} \tag{5.62}$$

式中，右侧的因子"2"用于说明 DG – FinFET 器件的两个栅极；E_s 是 $x = \pm t_{fin}/2$ 时的表面电场，$E_s = d\phi/dx$。

现在，为了从式（5.60）中导出 I_{ds} 的表达式，我们从式（5.62）中求得 $Q_i(\beta)$。然后将式（5.54）中 $x = \pm t_{fin}/2$ 处的 $d\phi/dx$ 代入式（5.62），得到

$$Q_i(\beta) = \frac{4\varepsilon_{si}}{t_{fin}}(2v_{kT})\beta\tan\beta \tag{5.63}$$

现在，将式（5.63）代入式（5.60），可以得到

$$I_{ds} = \mu_s\left(\frac{W}{L}\right)\frac{4\varepsilon_{si}}{t_{fin}}(2v_{kT})\int_{\beta_s}^{\beta_d}\beta\tan\beta\frac{dV_{ch}}{d\beta}d\beta \tag{5.64}$$

然后为了计算式（5.64），我们从式（5.58）中求出 $dV_{ch}/d\beta$，该式在重新排列后为

$$V_{ch}(y) = V_{gs} + V_{fb} - 2v_{kT}\left[\ln\beta - \ln(\cos\beta) + 2r\beta\tan\beta + \ln\left(\frac{2}{t_{fin}}\sqrt{\frac{2\varepsilon_{si}v_{kT}}{qn_i}}\right)\right] \tag{5.65}$$

因此，我们得到

$$\frac{dV_{ch}}{d\beta} = -2v_{kT}\left[\frac{1}{\beta} + \tan\beta + 2r\frac{d}{d\beta}(\beta\tan\beta)\right] \tag{5.66}$$

现在，将式（5.66）中的 $dV_{ch}/d\beta$ 代入式（5.64），得到

$$I_{ds} = -\mu_s\left(\frac{W}{L}\right)\frac{4\varepsilon_{si}}{t_{fin}}(2v_{kT})^2\int_{\beta_s}^{\beta_d}\beta\tan\beta\left[\frac{1}{\beta} + \tan\beta + 2r\frac{d}{d\beta}(\beta\tan\beta)\right]d\beta$$

或者 $\quad I_{ds} = \mu_s\left(\frac{W}{L}\right)\frac{4\varepsilon_{si}}{t_{fin}}(2v_{kT})^2\int_{\beta_d}^{\beta_s}\left[\tan\beta + \beta\tan^2\beta + 2r\left(\beta\tan\beta\frac{d}{d\beta}(\beta\tan\beta)\right)\right]d\beta \tag{5.67}$

为了导出 I_{ds} 的最终表达式，我们使用以下积分公式：

$$\int(\tan\beta)d\beta = -\ln(\cos\beta)$$

$$\int(\beta\tan^2\beta)d\beta = \beta\tan\beta + \ln(\cos\beta) - \frac{\beta^2}{2}$$

$$\int(\beta\tan\beta)\frac{d}{d\beta}(\beta\tan\beta)d\beta = \frac{1}{2}\int\frac{d}{d\beta}(\beta\tan\beta)^2d\beta = \frac{1}{2}\beta^2\tan^2\beta \tag{5.68}$$

将式（5.68）的积分公式代入式（5.67），简化后得到连续 I_{ds} 的表达式为

$$I_{ds} = \mu_s \left(\frac{W}{L} \right) \frac{4\varepsilon_{si}}{t_{fin}} (2v_{kT})^2 \left[\beta\tan\beta - \frac{\beta^2}{2} + r\beta^2\tan^2\beta \right]_{\beta_d}^{\beta_s} \tag{5.69}$$

需要注意的是，式（5.69）是一个连续的 DG – FinFET 驱动电流表达式，适用于从积累到强反型的所有器件工作区域，且必须用数值方法求解。因此，可以从耦合方程（5.69）和（5.58）的解来计算 I_{ds}。为了简化 I_{ds} 计算，我们将式（5.69）方括号内的项定义为

$$g_r(\beta) = \beta\tan\beta - \frac{\beta^2}{2} + r\beta^2\tan^2\beta \tag{5.70}$$

那么式（5.69）可以表示为

$$I_{ds} = \mu_s \left(\frac{W}{L} \right) \frac{4\varepsilon_{si}}{t_{fin}} (2v_{kT})^2 \left[g_r(\beta_s) - g_r(\beta_d) \right] \tag{5.71}$$

为了计算 I_{ds}，β 由式（5.58）决定，并定义为

$$f_r(\beta) = \ln\beta - \ln(\cos\beta) + 2r\beta\tan\beta \tag{5.72}$$

因此，由式（5.58）可以写出

$$f_r(\beta) = \frac{V_{gs} - V_{fb} - V_{ch}(y)}{2v_{kT}} - \ln\left(\frac{2}{t_{fin}} \sqrt{\frac{2\varepsilon_{si}v_{kT}}{qn_i}} \right) \tag{5.73}$$

因此，对于 V_{gs} 和 V_{ds} 的任何给定值集，参数 β_s 和 β_d 可从式（5.72）和式（5.73）给出的表面势函数计算，然后用于式（5.70）中计算函数 $g_r(\beta_s)$ 和 $g_r(\beta_r)$ 以便从式（5.71）计算 I_{ds}。由于余弦函数的角变量［式（5.44）］是 β，因此 $0 < \beta < \pi/2$。然后，对于 V_{gs} 和 V_{ds} 的任何给定值，β_s 和 β_d 根据式（5.73）进行计算，如下所述。

在 FinFET 器件的源端：$V_{ch}(y) = V_s = 0$ 和 $\beta = \beta_s$，然后根据式（5.73）得到

$$f_r(\beta_s) = \frac{1}{2v_{kT}} \left[V_{gs} - \left\{ V_{fb} + 2v_{kT}\ln\left(\frac{2}{t_{fin}} \sqrt{\frac{2\varepsilon_{si}v_{kT}}{qn_i}} \right) \right\} \right] \tag{5.74}$$

现在，如果我们定义

$$V_0 = V_{fb} + 2v_{kT}\ln\left(\frac{2}{t_{fin}} \sqrt{\frac{2\varepsilon_{si}v_{kT}}{qn_i}} \right) \tag{5.75}$$

那么我们得到

$$f_r(\beta_s) = \frac{V_{gs} - V_0}{2v_{kT}} \tag{5.76}$$

类似地，在器件的漏端：$V_{ch}(y) = V_{ds}$ 和 $\beta = \beta_d$，以致

$$f_r(\beta_d) = \frac{V_{gs} - V_0 - V_{ds}}{2v_{kT}} \tag{5.77}$$

因此，使用式（5.76）和式（5.77），可以很容易地从式（5.71）[2] 计算 I_{ds}。需要注意的是，式（5.69）是一个连续的 DG – FinFET 驱动电流表达式，它描述了器件工作的所有区域的 I_{ds}：①线性；②饱和；③亚阈值，并可计算获得，如图5.5 和图 5.6 所示。

为了简化计算器件不同工作区中的 FinFET 器件特性，我们可以根据 5.4.3 节中式（5.71）给出的连续模型，推导出每个区域的表达式。

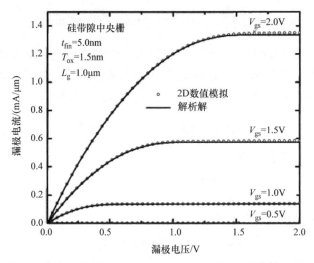

图 5.5　从解析模型（实线）计算的 $I_{ds}-V_{ds}$ 特性，以及与 2D 数值模拟结果（空心圆）的

比较。两种计算中都使用了 $300\mathrm{cm}^{-2}\cdot\mathrm{V}^{-1}\cdot\mathrm{s}^{-1}$ 的常数迁移率[2]

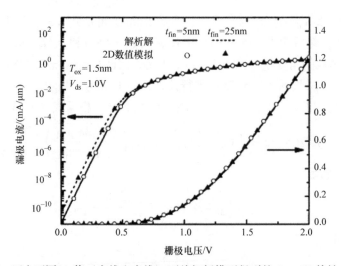

图 5.6　两个不同 t_{fin} 值（实线和虚线）下从解析模型得到的 $I_{ds}-V_{gs}$ 特性，以及

与 2D 数值模拟结果（符号）的比较。在对数（左）和线性（右）坐标上画出了同样的电流。计算中

使用了 $300\mathrm{cm}^{-2}\cdot\mathrm{V}^{-1}\cdot\mathrm{s}^{-1}$ 的常数迁移率[2]

5.4.3　对称 DG – FinFET 的区域漏极电流公式

从连续漏极电流方程（5.71）中，我们可以推导出在外加偏置条件下 FinFET 工作的线性、饱和和亚阈值区的单独表达式。在这一节中，我们将做一些简化的假设，以便从定义的器件阈值电压角度，推导出 FinFET 的每个工作模式下的 I_{ds} 表达式。

5.4.3.1　阈值电压公式

为了推导 V_{th} 的表达式，我们将式（5.58）写成

$$\frac{1}{2v_{kT}}\left[V_{gs}-V_{ch}(y)-\left\{V_{fb}+2v_{kT}\ln\left(\frac{2}{t_{fin}}\sqrt{\frac{2\varepsilon_{si}v_{kT}}{qn_i}}\right)\right\}\right]=\ln\beta-\ln(\cos\beta)+2r\beta\tan\beta \quad (5.78)$$

式（5.78）左侧第二项（在大括弧内的部分）是式（5.75）中给出的 V_0 表达式，因此，式（5.78）可表示为

$$\frac{V_{gs}-V_0-V_{ch}(y)}{2v_{kT}}=\ln\beta-\ln(\cos\beta)+2r\beta\tan\beta \quad (5.79)$$

在阈值条件下，$V_{gs}=V_{th}$，在器件的源端，我们有 $V_{ch}(y)=V_s=0$。由式（5.79）得到

$$\frac{V_{gs}-V_0}{2v_{kT}}=\ln\beta-\ln(\cos\beta)+2r\beta\tan\beta \quad (5.80)$$

此外，在阈值条件下，β 约为 $\pi/2$（上限），因此，式（5.80）右侧的 $2r\beta\tan\beta$ 项占主导地位。因此，在阈值条件下，我们可以写出

$$\frac{V_{gs}-V_0}{2v_{kT}}\cong 2r\beta\tan\beta=2r\beta\frac{\sin\beta}{\cos\beta} \quad (5.81)$$

由于在 $V_g=V_{th}$ 时，$\beta\approx\pi/2$，$\sin\beta\approx1$，我们可以将式（5.81）简化为

$$\frac{V_{gs}-V_0}{4rv_{kT}}=\frac{\beta}{\cos\beta} \quad (5.82)$$

现在，在低于 V_{th} 或亚阈值区，$2r\beta\tan\beta$ 约为 0，因此，由式（5.80）得到

$$V_{gs}-V_0\approx 2v_{kT}[\ln\beta-\ln(\cos\beta)] \quad (5.83)$$

或者

$$V_{gs}-V_0=2v_{kT}\ln\left(\frac{\beta}{\cos\beta}\right)$$

注意，式（5.82）表示阈值条件下 $I_{ds}-V_{gs}$ 图中的点（V_{gs}），式（5.83）表示同一图上 $I_{ds}\approx0$ 处的 V_{gs}；因此，结合式（5.82）和式（5.83），我们得到了外推 V_{th} 的表达式如下：

$$V_{th}=V_0+2v_{kT}\ln\left(\frac{V_{gs}-V_0}{4rv_{kT}}\right) \quad (5.84)$$

实际上，式（5.84）右侧的第二项 $2v_{kT}\ln\left(\frac{V_{gs}-V_0}{4rv_{kT}}\right)$ 是二阶效应（约为 50mV）[1]。值得注意的是，r［式（5.57）］和 V_0［式（5.75）］在各自的分母中都含有 t_{fin}，因此抵消了 V_{th} 中体厚度的影响，故 V_{th} 与 t_{fin} 无关。

5.4.3.2　线性区 I_{ds} 方程

在线性或高于阈值电压区域，$I_{ds}>0$，因此，$f_r(\beta_s)$、$f_r(\beta_d)\gg1$；$\beta_s=\beta_d$，约为 $\pi/2$。因此，由式（5.72）可以看出

$$f_r(\beta)\cong 2r\beta\tan\beta \quad (5.85)$$

以及由式（5.70）得到

$$g_r(\beta) \cong r\beta^2 \tan^2\beta$$

或者
$$g_r(\beta) \cong \frac{1}{4r}(2r\beta\tan\beta)^2$$

(5.86)

现在，结合式（5.85）和式（5.86），得到

$$g_r(\beta) \cong \frac{1}{4r}\left(f_r(\beta)\right)^2$$

(5.87)

同样，在 V_{th} 条件下，可以将式（5.76）和式（5.77）的 V_0 用 V_{th} 表示

$$f_r(\beta_s) = \frac{V_{gs} - V_{th}}{2v_{kT}}$$

$$f_r(\beta_d) = \frac{V_g - V_{th} - V_{ds}}{2v_{kT}}$$

(5.88)

然后，对于外加的 V_{gs} 和 V_{ds} 任何值，可以使用式（5.88）中给出的 $f_r(\beta_s)$ 和 $f_r(\beta_d)$ 的相应表达式，从式（5.87）中获得 $g_r(\beta_s)$ 和 $g_r(\beta_d)$。因此，由式（5.87）和式（5.88）得到

$$g_r(\beta_s) = \frac{1}{4r}\left(\frac{V_g - V_{th}}{2v_{kT}}\right)^2$$

$$g_r(\beta_d) = \frac{1}{4r}\left(\frac{V_g - V_{th} - V_{ds}}{2v_{kT}}\right)^2$$

(5.89)

现在，将式（5.89）中 $g_r(\beta_s)$ 和 $g_r(\beta_d)$ 的表达式代入式（5.71），得到

$$I_{ds} = \mu_s\left(\frac{W}{L}\right)\frac{4\varepsilon_{si}}{t_{fin}}(2v_{kT})^2\left[\frac{1}{4r}\left\{\left(\frac{V_{gs} - V_{th}}{2v_{kT}}\right)^2 - \left(\frac{V_{gs} - V_{th} - V_{ds}}{2v_{kT}}\right)^2\right\}\right]$$

$$= \mu_s\left(\frac{W}{L}\right)\frac{4\varepsilon_{si}}{t_{fin}}(2v_{kT})^2\frac{1}{4r(2v_{kT})^2}\left[(V_{gs} - V_{th})^2 - (V_{gs} - V_{th} - V_{ds})^2\right]$$

$$= \mu_s\left(\frac{W}{L}\right)\frac{\varepsilon_{si}}{t_{fin}}\frac{\varepsilon_{ox}t_{fin}}{\varepsilon_{si}T_{ox}}\left[(V_{gs} - V_{th})^2 - (V_{gs} - V_{th} - V_{ds})^2\right]$$

(5.90)

在式（5.90）中，我们使用了式（5.57）中的 $r = \dfrac{\varepsilon_{si}T_{ox}}{\varepsilon_{ox}t_{fin}}$。然后利用 $C_{ox} = \varepsilon_{ox}/T_{ox}$ 对式（5.90）（$V_{gs} > V_{th}$）进行简化，得到低 V_{ds} 下的线性区 I_{ds} 方程

$$I_{ds} = 2\mu_s\left(\frac{W}{L}\right)C_{ox}\left[\left(V_{gs} - V_{th} - \frac{V_{ds}}{2}\right)V_{ds}\right]$$

(5.91)

式（5.91）表明，线性区电流表达式类似于平面 CMOS 驱动电流表达式[12]，系数"2"的原因在于有两个侧壁栅极。线性区电流对 $V_{ds} < V_{dsat}$ 有效，其中 $V_{dsat} = V_{gs} - V_{th}$，由条件 $\dfrac{dI_{ds}}{dV_{gs}}\bigg|_{V_{ds} = V_{dsat}} = 0$ 确定。

5.4.3.3　饱和区 I_{ds} 方程

在饱和区，$I_{ds} > 0$，因此，在源端，β_s 约为 $\pi/2$，$f_r(\beta_s) \gg 1$。因此，类似于线性区公式[式（5.89）]，我们得到

$$g_r(\beta_s) = \frac{1}{4r}\left(\frac{V_g - V_{th}}{2v_{kT}}\right)^2 \tag{5.92}$$

然而，在饱和区，沟道区在漏端被夹断，如图 5.7 所示，因此 GCA 不成立。由于这个耗尽的沟道区域，漏端的硅体低于阈值。因此，在饱和区，$f_r(\beta_d) \ll -1, \beta_d \ll 1$。然后，由式（5.72）得到

$$f_r(\beta_d) \cong \ln\beta_d \tag{5.93}$$

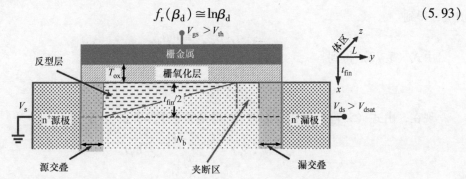

图 5.7　显示漏端沟道夹断饱和区的 FinFET 器件示意图；顶栅仅用于图示

以及由式（5.70）得到

$$g_r(\beta_d) \cong -\frac{\beta_d^2}{2} \tag{5.94}$$

现在，将式（5.77）和式（5.93）中 $f_r(\beta_d)$ 的表达式等价，得到

$$f_r(\beta_d) = \frac{(V_{gs} - V_0 - V_{ds})}{2v_{kT}} = \ln\beta_d \tag{5.95}$$

或者

$$\beta_d = e^{\frac{(V_{gs} - V_0 - V_{ds})}{2v_{kT}}}$$

然后将式（5.95）中的 β_d 代入式（5.94），得到

$$g_r(\beta_d) \cong -\frac{\beta_d^2}{2} = -\frac{1}{2}e^{\frac{(V_{gs} - V_0 - V_{ds})}{v_{kT}}} \tag{5.96}$$

最后，通过将式（5.92）和式（5.96）中 $g_r(\beta_s)$ 和 $g_r(\beta_d)$ 的表达式分别代入式（5.71），我们得到了饱和区 I_{ds} 如下所示：

$$I_{ds} = \mu_s\left(\frac{W}{L}\right)\frac{4\varepsilon_{si}}{t_{fin}}(2v_{kT})^2\left[\frac{1}{4r}\left\{\left(\frac{V_{gs} - V_{th}}{2v_{kT}}\right)^2 - \frac{1}{2}e^{\frac{(V_{gs} - V_0 - V_{ds})}{v_{kT}}}\right\}\right]$$

$$= \mu_s\left(\frac{W}{L}\right)\frac{4\varepsilon_{si}}{t_{fin}}(2v_{kT})^2\frac{1}{4r(2v_{kT})^2}\left[(V_{gs} - V_{th})^2 - 8rv_{kT}^2e^{\frac{(V_{gs} - V_0 - V_{ds})}{v_{kT}}}\right] \tag{5.97}$$

现在，方括号外使用式（5.57）中的 $r = \frac{\varepsilon_{si}T_{ox}}{\varepsilon_{ox}t_{fin}}$ 和 $C_{ox} = \varepsilon_{ox}/T_{ox}$，将式（5.97）简化，得到饱和区 I_{ds} 为

$$I_{ds} = \mu_s\left(\frac{W}{L}\right)C_{ox}\left[(V_{gs} - V_{th})^2 - 8rv_{kT}^2e^{\frac{(V_{gs} - V_0 - V_{ds})}{v_{kT}}}\right] \tag{5.98}$$

注意，从连续电流公式中获得的饱和 I_{ds} 表达式（5.98）接近饱和值，并且具有一个随着 V_{ds} 的增加呈指数递减的项，这与为传统 MOSFET 推导出的分段 I_{ds} 表达式形成对比，在传统 MOSFET 的表达式中，电流在饱和状态下保持恒定[12]。

5.4.3.4 亚阈值电导

在亚阈值区，我们有 I_{ds} 约为 0，因此 β_s 和 β_d 均 $\ll 1$，故根据式（5.72），将 β_s 和 β_d 记为 $\beta_{d/s}$，得到

$$f_r(\beta_{d/s}) \cong \ln\beta_{d/s} \tag{5.99}$$

由式（5.70）得到

$$g_r(\beta_{d/s}) \cong -\frac{\beta_{d/s}^2}{2} \tag{5.100}$$

现在，由式（5.77）和式（5.99），得到源端 $V_s = 0$ 的 $f_r(\beta_s)$ 为

$$f_r(\beta_s) = \frac{(V_{gs} - V_0)}{2v_{kT}} \cong \ln\beta_s$$

或者

$$\beta_s^2 = e^{\frac{(V_g - V_0)}{v_{kT}}} \tag{5.101}$$

然后，结合式（5.100）和式（5.101），得到

$$g_r(\beta_s) \cong -\frac{\beta_s^2}{2} = -\frac{1}{2}e^{\frac{(V_{gs} - V_0)}{v_{kT}}} \tag{5.102}$$

类似地，可以得到漏端 $V_{ch}(y) = V_{ds}$ 的 $g_r(\beta_d)$ 为

$$g_r(\beta_d) \cong -\frac{\beta_d^2}{2} = -\frac{1}{2}e^{\frac{(V_{gs} - V_0 - V_{ds})}{v_{kT}}} \tag{5.103}$$

现在，为了用 V_{gs} 和 V_{ds} 表示亚阈值区 I_{ds}，使用式（5.75）消除参数 V_0，具体如下：

$$V_0 = V_{fb} + 2v_{kT}\ln\left(\frac{2}{t_{fin}}\sqrt{\frac{2\varepsilon_{si}v_{kT}}{qn_i}}\right)$$

或者

$$\frac{V_0 - V_{fb}}{2v_{kT}} = \ln\left(\frac{2}{t_{fin}}\sqrt{\frac{2\varepsilon_{si}v_{kT}}{qn_i}}\right)$$

或者

$$e^{\frac{V_0 - V_{fb}}{2v_{kT}}} = \frac{2}{t_{fin}}\sqrt{\frac{2\varepsilon_{si}v_{kT}}{qn_i}} \tag{5.104}$$

或者

$$e^{\frac{-V_0}{v_{kT}}} = \frac{t_{fin}^2 qn_i}{8\varepsilon_{si}v_{kT}}e^{\frac{-V_{fb}}{v_{kT}}}$$

然后将式（5.104）中的 $\exp(-V_0/v_{kT})$ 代入式（5.102）和式（5.103），简化后得到 $g_r(\beta_s)$ 和 $g_r(\beta_d)$ 的表达式为

$$g_r(\beta_s) = -\frac{t_{fin}^2 qn_i}{16\varepsilon_{si}v_{kT}}e^{\frac{(V_{gs} - V_{fb})}{v_{kT}}} \tag{5.105}$$

$$g_r(\beta_d) = -\frac{t_{fin}^2 qn_i}{16\varepsilon_{si}v_{kT}}e^{\frac{(V_{gs} - V_{fb} - V_{ds})}{v_{kT}}} \tag{5.106}$$

最后，将式（5.105）和式（5.106）中的 $g_r(\beta_s)$ 和 $g_r(\beta_d)$ 的表达式代入式（5.71），

得到

$$I_{ds} = -\mu_s \left(\frac{W}{L}\right) \frac{4\varepsilon_{si}}{t_{fin}} (2v_{kT})^2 \left[\frac{t_{fin}^2 q n_i}{16\varepsilon_{si} v_{kT}} e^{\frac{(v_{gs}-v_{fb})}{v_{kT}}} - \frac{t_{fin}^2 q n_i}{16 K_{si}\varepsilon_0 v_{kT}} e^{\frac{(v_{gs}-v_{fb}-v_{ds})}{v_{kT}}}\right]$$

或者
$$I_{ds} = -\mu_s \left(\frac{W}{L}\right) \frac{4\varepsilon_{si}}{t_{fin}} (2v_{kT})^2 \frac{t_{fin}^2 q n_i}{16\varepsilon_{si} v_{kT}} e^{\frac{(v_{gs}-v_{fb})}{v_{kT}}} \left(1 - e^{-\frac{v_{ds}}{v_{kT}}}\right) \tag{5.107}$$

在简化式（5.107）（去掉表示电流方向的 "-" 符号）后，得到 FinFET 亚阈值区工作的漏极电流为

$$I_{ds} = \mu_s \left(\frac{W}{L}\right) kTt_{fin} n_i e^{\frac{(V_{gs}-V_{fb})}{v_{kT}}} \left(1 - e^{-\frac{V_{ds}}{v_{kT}}}\right) \tag{5.108}$$

我们从式（5.108）中注意到：

1) 亚阈值区电流 I_{ds} 类似于使用扩散电流表达式 $J_{diff} = -qD_n(\mathrm{d}n/\mathrm{d}x)$ [12] 推导出的；

2) 亚阈值区电流 I_{ds} 与 t_{fin} 直接成正比，即随体厚度的减小而减小；

3) 亚阈值区电流 I_{ds} 与 C_{ox} 无关（是体反型的一种表现）[23]；

4) 与亚阈值区电流相比，线性区和饱和电流与 C_{ox} 成正比，与 t_{fin} 无关。

因此，根据式（5.71）给出的连续电流表达式，我们推导出了式（5.91）、式（5.98）和式（5.108）给出的 FinFET 器件的电流分区表达式。然后结合这些表达式，我们得到了一组完整的分段 I_{ds} 方程，给出如下：

$$I_{ds} = \begin{cases} \mu_s \left(\frac{W}{L}\right) kTt_{fin} n_i e^{\frac{(V_{gs}-V_{fb})}{v_{kT}}} \left(1 - e^{-\frac{V_{ds}}{v_{kT}}}\right), & V_{gs} > V_{fb} \text{和} V_{ds} < V_{dsat} \\ 2\mu_s \left(\frac{W}{L}\right) C_{ox} \left[\left(V_{gs} - V_{th} - \frac{V_{ds}}{2}\right) V_{ds}\right], & V_{gs} > V_{fb} \text{和} V_{ds} < V_{dsat} \\ \mu_s \left(\frac{W}{L}\right) C_{ox} \left[(V_{gs} - V_{th})^2 - 8rv_{kT}^2 e^{\frac{(V_{gs}-V_0-V_{ds})}{v_{kT}}}\right], & V_{gs} > V_{fb} \text{和} V_{ds} > V_{dsat} \end{cases} \tag{5.109}$$

式（5.109）提供了一种分析 FinFET 器件性能的可选方案，无需对式（5.71）给出的连续 I_{ds} 表达式进行复杂的数值计算。

亚阈值斜率：亚阈值区工作的一个重要特征是从关态到开态的器件栅极电压摆幅。这个栅极电压也称为亚阈值摆幅 S，或 SS，或 S 因子。它与 $I_{ds} - V_{gs}$ 图的斜率相反，定义为将亚阈值电流 I_{ds} 每变化 10 倍所要求的栅极电压 V_{gs} 变化量。因此，S 是 FinFET 器件开关特性的度量。

如果我们在图 5.8 所示的亚阈值区域取两个点 (I_{ds1}, V_{gs1}) 和 (I_{ds2}, V_{gs2})，那么根据定义，将 (I_{ds2}/I_{ds1}) 的比率改变 10 倍所需的 $(V_{gs2} - V_{gs1})$ 可以定义为

$$S \equiv \frac{V_{gs2} - V_{gs1}}{\log I_{ds2} - \log I_{ds1}} = \frac{\mathrm{d}V_{gs}}{\mathrm{d}(\log I_{ds})} = 2.3 \frac{\mathrm{d}V_{gs}}{\mathrm{d}(\ln I_{ds})} \tag{5.110}$$

在式（5.110）中，我们使用了 $(\ln I_{ds}) = 2.3 \times (\log I_{ds})$，用于从对数底 "10" 转换为自然对数底 "e"。实际上，S 在亚阈值区随 I_{ds} 而变化，然而，这种变化在一个量级的电流变化范围中是可以忽略的，因此 S 可以被认为是电流每变化一个量级时的栅极电压摆幅。因此，由式（5.108）得到

$$\ln I_{ds} = \ln\left(\frac{\mu_s WkTt_{fin} n_i}{L}\right) + \frac{V_{gs} - V_{fb}}{v_{kT}} + \ln\left(1 - e^{-\frac{V_{ds}}{v_{kT}}}\right) \tag{5.111}$$

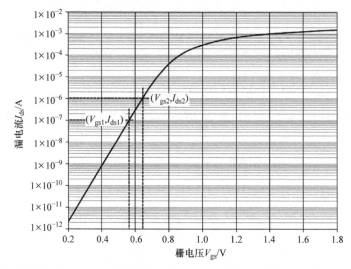

图 5.8　计算 S 因子的典型 FinFET 器件的 $\log(I_{ds}) - V_{gs}$ 特性；亚阈值电流中显示的两个数据点 $(V_{gs1}，I_{ds1})$ 和 $(V_{gs2}，I_{ds2})$ 的比值是 10 倍

现在，取式（5.111）对 V_{gs} 的导数，得到

$$d(\ln I_{ds}) = \frac{dV_{gs}}{v_{kT}}$$

或者

$$\frac{dV_{gs}}{d(\ln I_{ds})} = v_{kT} \tag{5.112}$$

然后，将式（5.112）代入式（5.110），得到

$$S = 2.3 v_{kT} \tag{5.113}$$

由于在室温 T（约为 300K）下，$v_{kT} \cong 25.9\text{mV}$，因此，式（5.113）表明亚阈值摆幅的理论最小值由下式给出：

$$S = 2.3 v_{kT} \cong 60\text{mV/dec} \tag{5.114}$$

因此，在室温下，FinFET 器件可达到的最小 S 为 60mV/dec。由于亚阈值区的 I_{ds} 与 C_{ox} 和耗尽电容无关，S 不依赖于理想因子，与平面 MOSFET 一样[12]。

5.5　小结

本章介绍了大尺寸 DG - FinFET 器件的基本数学公式。首先，综述了 FinFET 的基本特性，指出 DG - FinFET 结构可用 DG - MOSFET 结构来表示。因此，采用 DG - MOSFET 结构来分析 DG - FinFET 器件的性能。在结构定义之后，通过一系列简化的假设，推导出了适用于所有器件工作区的长沟道器件的连续漏极电流表达式。这种连续漏极电流表达式必须通过算法来求解，以产生 FinFET 器件的 $I - V$ 特性。然而，为了直观地分析器件性能，根据连续漏极电流表达式，从阈值电压的角度推导出了线性区、饱和区和亚阈值区的漏极电流表达式。此外，许多简化的假设也用于推导长沟道器件的阈值电压 V_{th} 的表达式。因此，分区电流方程可以用来估计 VLSI 电路中 FinFET 的 V_{th}、I_{on}、I_{off} 和 S 等基本设计参数。最后，讨论了 DG – FinFET 器件的亚阈值特性，结果表明，在 FinFET 器件中可以获得 $60mV/dec$ 的理想亚阈值斜率。

参 考 文 献

1. Y. Taur, "An analytical solution to a double-gate MOSFET with undoped body," *IEEE Electron Device Letters*, 21(5), pp. 245–247, 2000.
2. Y. Taur, X. Liang, W. Wang, and H. Lu, "A continuous, analytic drain current model for DG MOSFETs," *IEEE Electron Device Letters*, 25(2), pp. 107–109, 2004.
3. J. Sallese, F. Krummenacher, F. Pregaldiny, *et al.*, "A design oriented charge-based current model for symmetric DG MOSFET and its correlation with EKV formalism," *Solid-State Electronics*, 49(3), pp. 485–489, 2005.
4. A. Ortiz-Conde, F. Garcia Sanchez, and J. Muci, "Rigorous analytic solution for the drain current of undoped symmetric dual-gate MOSFETs," *Solid-State Electronics*, 49(4), pp. 640–647, 2005.
5. M.V. Dunga, C.-H. Lin, X. Xi, *et al.*, "Modeling advanced FET technology in a compact model," *IEEE Transactions on Electron Devices*, 53(9), pp. 1971–1978, 2006.
6. O. Moldovan, A. Cerdeira, D. Jimenez, et al., "Compact model for highly-doped double-gate SOI MOSFETs targeting baseband analog applications," *Solid-State Electronics*, 51(5), pp. 655–661, 2007.
7. G. Smit, A. Scholten, G. Curatola, *et al.*, "PSP-based scalable compact FinFET model," *Proceedings NSTI Nanotechnologies*, 3, pp. 520–525, 2007.
8. M.V. Dunga, "Nanoscale CMOS modeling," Ph.D. dissertation, Electrical Engineering and Computer Science, University of California Berkeley, Berkeley, CA, 2008.
9. F. Lime, and B. Iniguez, "A quasi-two-dimensional compact drain-current model for undoped symmetric double-gate MOSFETs including short-channel effects," *IEEE Transactions on Electron Devices*, 55(6), pp. 1441–1448, 2008.
10. F. Liu, L. Zhang, J. Zhang, *et al.*, "Effects of body doping on threshold voltage and channel potential of symmetric DG MOSFETs with continuous solution from accumulation to strong-inversion regions," *Semiconductor Science and Technology*, 24(8), p. 2009.
11. Y.S. Chauhan, D.D. Lu, S. Venugopalan, *et al.*, *FinFET Modeling for IC Simulation and Design: Using the BSIM-CMG Standard*, Academic Press, San Diego, CA, 2015.
12. S.K. Saha, *Compact Models for Integrated Circuit Design: Conventional Transistors and Beyond*, CRC Press, Taylor & Francis Group, Boca Raton, FL, 2015.
13. C. Auth, C. Allen, A. Blattner, *et al.*, "A 22-nm-high performance and low-power CMOS technology featuring fully-depleted tri-gate transistors, self-aligned contacts and high density MIM capacitors." In: *Symposium on VLS Technology*, pp. 131–132, 2012.
14. ATLAS *User's Manual: Device Simulation Software*, Silvaco. Inc., Santa Clara, CA, 2013.
15. *Taurus MEDICI Manuals*, Synopsys, Inc., Mountain View, CA, 2007.
16. *MINIMOS User's Guide*, Institut für Mikroelektronik, Technische University, Vienna, Austria, 2013.
17. *Sentaurus TCAD Manuals*, Synopsys, Inc., Mountain View, CA, 2012.
18. S.K. Saha, "Introduction to technology computer aided design." In: *Technology Computer Aided Design: Simulation for VLSI MOSFET*, C.K. Sarkar, (ed.), CRC Press, Boca Raton, FL, 2013.
19. H.C. Pao and C.T. Sah, "Effects of diffusion current on characteristics of metal-oxide (insulator)-semiconductor transistors," *Solid-State Electronics*, 9(10), pp. 927–937, 1966.

20. N. Arora, *MOSFET Models for VLSI Circuit Simulation: Theory and Practice*, Springer–Verlag, Vienna, 1993.
21. J. He, X. Xi, C.-H. Lin *et al.*, "A non-charge-sheet analytical theory for undoped symmetric double-gate MOSFETs from the exact solution of Poisson's equation using SPP approach," *Proceedings of the NSTI Nanotech*, 2, pp. 124–127, 2004.
22. N. Pandey and Y.S. Chauhan, Private communications, December, 2018.
23. F. Balestra, S. Cristoloveanu, M. Benachir, J. Brini, and T. Elewa, "Double-gate silicon-on-insulator transistor with volume inversion: A new device with greatly enhanced performance," *IEEE Electron Devices Letters*, 8(9), pp. 410–412, 1987.

第6章

小尺寸 FinFET：物理效应对器件性能的影响

6.1 简介

在第 5 章中，我们推导了鳍式场效应晶体管（FinFET）的连续和分段漏极电流 I_{ds} 表达式，以表征理想长沟道器件的静电性能。然而，在实际器件中，当沟道长度迅速接近其最终物理极限时，一些物理现象严重影响短沟道器件的性能[1]。一般来说，这些物理效应［通常称为短沟道效应（SCE）］对于短沟道 FinFET 器件来说不太严重，因为多个栅极对沟道有更好的静电控制[2,3]。然而，为了准确描述短沟道 FinFET 器件的性能，必须理解 FinFET 中 SCE 的物理现象[4]。影响短沟道 FinFET 器件性能的物理现象包括阈值电压（V_{th}）退化，也称为 V_{th} 滚降、亚阈值摆幅 S 退化[5-8]、沟道长度调制（CLM）[9]、漏致势垒降低（DIBL）[10]、垂直电场引起的迁移率退化[11]、高横向电场引起的速度饱和[12]、量子力学（QM）效应[13-15]，以及结构效应引起的寄生元件[16]。因此，必须适当地考虑小尺寸 FinFET 器件中的这些物理现象，才能准确地表征真实 FinFET 器件的性能。在本章中，我们将描述一些影响短沟道 FinFET 器件静电特性的重要物理现象。

6.2 短沟道效应对阈值电压的影响

SCE 起源于二维（2D）静电分布，这是由于漏极与源极的非常靠近而引起的。由于漏极与源极的这种接近，漏极显著地影响源极处的势垒，通过 V_{th} 滚降和 S 退化导致器件性能下降。虽然有几种方法可以描述 SCE[2,17-20]，但是在预测多栅金属 – 氧化物 – 半导体场效应晶体管（MOSFET）中的 SCE 时，假设一个垂直于硅/绝缘体界面的抛物线势函数来求解 2D 泊松方程的方法被证明是有效的[2,19]。在这种方法中，器件的静电完整性由一个称为特征长度或有效长度（λ）的参数来表征，该参数定义了导致场效应晶体管（FET）SCE 的漏电场在沟道中的扩展程度。下一节介绍了推导多栅 MOSFET 器件 λ 的数学公式。

6.2.1 特征长度公式

特征长度或有效长度是定义 FET 中 SCE 数量的特征场渗透长度，并预测漏电场渗透硅体的程度变化。它是物理参数的函数，如 Fin 厚度 t_{fin} 和栅氧化层厚度 T_{ox}。

为了简化推导 λ 表达式的数学步骤，我们考虑一个 2D 双栅（DG）FinFET 结构，建立坐标系（x，y）如图 6.1 所示，其中 $x=0$ 位于硅/SiO$_2$ 界面，$x=t_{\text{fin}}/2$ 位于体区厚度 t_{fin} 的中心，$x=0$ 处电势 $\phi(0,y)=\phi_s(y)$（表面电势）；$x=t_{\text{fin}}/2$ 处电势 $\phi(t_{\text{fin}}/2,y)=\phi_c(y)$（中心电势）。由于在亚阈值区，反型电荷 Q_i 比体电荷 Q_b 小得多，因此，DG - FinFET 硅体中任意点的电势 $\phi(x,y)$ 可通过求解 2D 泊松方程［仅考虑式（3.54）中的多数载流子项］获得，并由下式给出：

$$\frac{\mathrm{d}^2\phi(x,y)}{\mathrm{d}x^2} + \frac{\mathrm{d}^2\phi(x,y)}{\mathrm{d}y^2} = \frac{qN_b}{\varepsilon_{\text{si}}} \tag{6.1}$$

式中，N_b 是沟道掺杂浓度；q 是电子电荷；ε_{si} 是硅的介电常数。

现在，假设硅中的电势沿厚度 x 方向呈抛物线分布，我们可以把式（6.1）的解写成

$$\phi(x,y) = a_0(y) + a_1(y)x + a_2(y)x^2 \tag{6.2}$$

式中，$a_0(y)$、$a_1(y)$ 和 $a_2(y)$ 是抛物线势函数的系数。

系数 $a_0(y)$、$a_1(y)$ 和 $a_2(y)$ 使用以下边界条件（BC）确定，参看图 6.1。

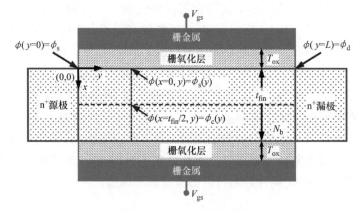

图 6.1 对称公共 DG - FinFET 器件结构的 2D 截面：x 轴沿厚度 t_{fin} 方向，y 轴沿器件长度与沟道平行

BC - 1：在硅/SiO$_2$ 界面，$x=0$，$\phi(0,y)=\phi_s(y)$ 是顶栅的表面电势。

BC - 2：在硅/SiO$_2$ 界面，$x=0$，由式（3.100）写出

$$\varepsilon_{\text{ox}}\frac{V_{\text{gs}}-V_{\text{fb}}-\phi(x=0,y)}{T_{\text{ox}}} = -\varepsilon_{\text{si}}\frac{\mathrm{d}\phi}{\mathrm{d}x}\bigg|_{x=0}$$

或者
$$\frac{\mathrm{d}\phi}{\mathrm{d}x}\bigg|_{x=0} = \frac{\varepsilon_{\text{ox}}}{\varepsilon_{\text{si}}}\frac{\phi_s(y)-V_{\text{gst}}}{T_{\text{ox}}} \tag{6.3}$$

式中，ε_{ox} 是氧化物的介电常数；$\phi(x=0,y)=\phi_s(y)$，来自 BC - 1；T_{ox} 是栅氧化层厚度；V_{gst} 是栅极过驱动电压，定义为（$V_{\text{gs}}-V_{\text{fb}}$），$V_{\text{gs}}$ 和 V_{fb} 分别是栅源电压和平带电压。

BC - 3：在 Fin 沟道中心，$x=t_{\text{fin}}/2$，$\phi(x=t_{\text{fin}}/2,y)\equiv\phi_c(y)$，$\dfrac{\mathrm{d}\phi(x)}{\mathrm{d}x}\bigg|_{x=t_{\text{fin}}/2}=0$。

现在，应用 BC - 1，由式（6.2）得到

$$\phi(x=0,y) = a_0(y) = \phi_s(y) \tag{6.4}$$

应用 BC - 2 和式 (6.3)，简化式 (6.2) 后得到

$$\frac{\varepsilon_{\text{ox}}}{\varepsilon_{\text{si}}} \frac{\phi_{\text{s}}(y) - V_{\text{gst}}}{T_{\text{ox}}} = a_1(y) \tag{6.5}$$

应用 BC - 3，根据式 (6.2) 得到

$$\left. \frac{\mathrm{d}\phi}{\mathrm{d}x} \right|_{x = t_{\text{fin}}/2} = 0 = a_1(y) + t_{\text{fin}} a_2(y) \tag{6.6}$$

简化式 (6.6)，得到

$$a_2(y) = -\frac{1}{t_{\text{fin}}} a_1(y) \tag{6.7}$$

然后将式 (6.5) 中的 $a_1(y)$ 代入式 (6.7)，得到

$$a_2(y) = -\frac{\varepsilon_{\text{ox}}}{\varepsilon_{\text{si}} t_{\text{fin}}} \frac{\phi_{\text{s}}(y) - V_{\text{gst}}}{T_{\text{ox}}} \tag{6.8}$$

因此，从 BC - 1、BC - 2 和 BC - 3，我们得到了由式 (6.4)、式 (6.5) 和式 (6.8) 给出的抛物势函数 [式 (6.2)] 的系数，如下所示：

$$a_0(y) = \phi_{\text{s}}(y)$$

$$a_1(y) = \frac{\varepsilon_{\text{ox}}}{\varepsilon_{\text{si}}} \frac{\phi_{\text{s}}(y) - V_{\text{gst}}}{T_{\text{ox}}} \tag{6.9}$$

$$a_2(y) = -\frac{\varepsilon_{\text{ox}}}{\varepsilon_{\text{si}} t_{\text{fin}}} \frac{\phi_{\text{s}}(y) - V_{\text{gst}}}{T_{\text{ox}}}$$

现在，将式 (6.9) 中的系数代入式 (6.2)，得到硅 Fin 任意点 (x, y) 的抛物线势为

$$\phi(x,y) = \phi_{\text{s}}(y) + \frac{\varepsilon_{\text{ox}}}{\varepsilon_{\text{si}}} \frac{\phi_{\text{s}}(y) - V_{\text{gst}}}{T_{\text{ox}}} x - \frac{\varepsilon_{\text{ox}}}{\varepsilon_{\text{si}} t_{\text{fin}}} \frac{\phi_{\text{s}}(y) - V_{\text{gst}}}{T_{\text{ox}}} x^2 \tag{6.10}$$

然后分离包含 ϕ_{s} 的项，可以将式 (6.10) 写成

$$\phi(x,y) = \phi_{\text{s}}(y) + \frac{\varepsilon_{\text{ox}}}{\varepsilon_{\text{si}} T_{\text{ox}}} \phi_{\text{s}}(y) \cdot x - \frac{\varepsilon_{\text{ox}}}{\varepsilon_{\text{si}} t_{\text{fin}} T_{\text{ox}}} \phi_{\text{s}} \cdot x^2 - \frac{\varepsilon_{\text{ox}}}{\varepsilon_{\text{si}} T_{\text{ox}}} V_{\text{gst}} \cdot x + \frac{\varepsilon_{\text{ox}}}{\varepsilon_{\text{si}} t_{\text{fin}} T_{\text{ox}}} V_{\text{gst}} \cdot x^2$$

或者

$$\phi(x,y) = \left(1 + \frac{\varepsilon_{\text{ox}}}{\varepsilon_{\text{si}} T_{\text{ox}}} x - \frac{\varepsilon_{\text{ox}}}{\varepsilon_{\text{si}} t_{\text{fin}} T_{\text{ox}}} x^2\right) \cdot \phi_{\text{s}}(y) - \left(\frac{\varepsilon_{\text{ox}}}{\varepsilon_{\text{si}} T_{\text{ox}}} x - \frac{\varepsilon_{\text{ox}}}{\varepsilon_{\text{si}} t_{\text{fin}} T_{\text{ox}}} x^2\right) \cdot V_{\text{gst}} \tag{6.11}$$

式 (6.11) 表示在与电流方向垂直的 DG - FinFET 硅 Fin 厚度方向上电势随 x 变化的一般表达式。

现在，在 DG - FinFET 中，Fin 的中心离栅极最远。因此，栅极控制在这一点上最弱。因此，在 DG - FinFET 中，中心位置的电势 $\phi_{\text{c}}(y)$ 与 SCE 最相关。因此，我们将使用 BC - 3：$x = t_{\text{fin}}/2$，$\phi(x = t_{\text{fin}}/2, y) \equiv \phi_{\text{c}}(y)$，推导式 (6.11) 中的 $\phi_{\text{c}}(y)$ 和 $\phi_{\text{s}}(y)$ 之间的关系，得到

$$\phi_{\text{c}}(y) = \phi(x,y) \Big|_{x = t_{\text{fin}}/2}$$

$$= \left(1 + \frac{\varepsilon_{\text{ox}}}{\varepsilon_{\text{si}} T_{\text{ox}}} \frac{t_{\text{fin}}}{2} - \frac{\varepsilon_{\text{ox}}}{\varepsilon_{\text{si}} t_{\text{fin}} T_{\text{ox}}} \frac{t_{\text{fin}}^2}{4}\right) \cdot \phi_{\text{s}}(y) - \left(\frac{\varepsilon_{\text{ox}}}{\varepsilon_{\text{si}} T_{\text{ox}}} \frac{t_{\text{fin}}}{2} - \frac{\varepsilon_{\text{ox}}}{\varepsilon_{\text{si}} t_{\text{fin}} T_{\text{ox}}} \frac{t_{\text{fin}}^2}{4}\right) \cdot V_{\text{gst}}$$

$$= \left(1 + \frac{\varepsilon_{ox} t_{fin}}{2\varepsilon_{si} T_{ox}} - \frac{\varepsilon_{ox} t_{fin}}{4\varepsilon_{si} T_{ox}}\right) \cdot \phi_s(y) - \left(\frac{\varepsilon_{ox} t_{fin}}{2\varepsilon_{si} T_{ox}} - \frac{\varepsilon_{ox} t_{fin}}{4\varepsilon_{si} T_{ox}}\right) \cdot V_{gst}$$

或者
$$\phi_c(y) = \left(1 + \frac{\varepsilon_{ox} t_{fin}}{4\varepsilon_{si} T_{ox}}\right)\phi_s(y) - \frac{\varepsilon_{ox} t_{fin}}{4\varepsilon_{si} T_{ox}}V_{gst} \tag{6.12}$$

由式（6.12），得到 $\phi_s(y)$ 的表达式为

$$\phi_s(y) = \frac{1}{\left(1 + \frac{\varepsilon_{ox} t_{fin}}{4\varepsilon_{si} T_{ox}}\right)}\left(\phi_c(y) + \frac{\varepsilon_{ox} t_{fin}}{4\varepsilon_{si} T_{ox}}V_{gst}\right) \tag{6.13}$$

现在，将式（6.13）中的 $\phi_s(y)$ 表达式代入式（6.11），得到硅 Fin 中任意点 (x, y) 的电势分布

$$\phi(x,y) = \left(1 + \frac{\varepsilon_{ox}}{\varepsilon_{si} T_{ox}}x - \frac{\varepsilon_{ox}}{\varepsilon_{si} t_{fin} T_{ox}}x^2\right) \cdot \frac{1}{\left(1 + \frac{\varepsilon_{ox} t_{fin}}{4\varepsilon_{si} T_{ox}}\right)}\left(\phi_c(y) + \frac{\varepsilon_{ox} t_{fin}}{4\varepsilon_{si} T_{ox}}V_{gst}\right) -$$

$$\left(\frac{\varepsilon_{ox}}{\varepsilon_{si} T_{ox}}x - \frac{\varepsilon_{ox}}{\varepsilon_{si} t_{fin} T_{ox}}x^2\right) \cdot V_{gst} \tag{6.14}$$

我们可以使用泊松方程（6.1）中的式（6.14）来确定器件栅极下硅 Fin 中漏电场的渗透。为了解式（6.1），我们求出式（6.14）中给出的势对 x 和 y 的二阶导数，如下所示：

$$\frac{d^2\phi(x,y)}{dx^2} = \frac{-2\varepsilon_{ox}}{\varepsilon_{si} t_{fin} T_{ox}}\frac{1}{\left(1 + \frac{\varepsilon_{ox} t_{fin}}{4\varepsilon_{si} T_{ox}}\right)}\phi_c(y) - \frac{2\varepsilon_{ox}}{\varepsilon_{si} t_{fin} T_{ox}}\frac{\frac{\varepsilon_{ox} t_{fin}}{4\varepsilon_{si} T_{ox}}}{\left(1 + \frac{\varepsilon_{ox} t_{fin}}{4\varepsilon_{si} T_{ox}}\right)}V_{gst} + \frac{2\varepsilon_{ox}}{\varepsilon_{si} t_{fin} T_{ox}}V_{gst}$$

$$= \frac{-2\varepsilon_{ox}}{\varepsilon_{si} t_{fin} T_{ox}}\frac{1}{\left(1 + \frac{\varepsilon_{ox} t_{fin}}{4\varepsilon_{si} T_{ox}}\right)}\phi_c(y) - \left[\frac{2\varepsilon_{ox}}{\varepsilon_{si} t_{fin} T_{ox}}\left\{\frac{1}{\left(1 + \frac{\varepsilon_{ox} t_{fin}}{4\varepsilon_{si} T_{ox}}\right)}\frac{\varepsilon_{ox} t_{fin}}{4\varepsilon_{si} T_{ox}} - 1\right\}\right] \cdot V_{gst}$$

$$= \frac{-2\varepsilon_{ox}}{\varepsilon_{si} t_{fin} T_{ox}}\frac{1}{\left(1 + \frac{\varepsilon_{ox} t_{fin}}{4\varepsilon_{si} T_{ox}}\right)}\phi_c(y) - \left[\frac{2\varepsilon_{ox}}{\varepsilon_{si} t_{fin} T_{ox}}\left\{\frac{\frac{\varepsilon_{ox} t_{fin}}{4\varepsilon_{si} T_{ox}} - \left(1 + \frac{\varepsilon_{ox} t_{fin}}{4\varepsilon_{si} T_{ox}}\right)}{\left(1 + \frac{\varepsilon_{ox} t_{fin}}{4\varepsilon_{si} T_{ox}}\right)}\right\}\right] \cdot V_{gst}$$

$$= \frac{-2\varepsilon_{ox}}{\varepsilon_{si} t_{fin} T_{ox}}\frac{1}{\left(1 + \frac{\varepsilon_{ox} t_{fin}}{4\varepsilon_{si} T_{ox}}\right)}\phi_c(y) - \left[\frac{2\varepsilon_{ox}}{\varepsilon_{si} t_{fin} T_{ox}}\frac{-V_{gst}}{\left(1 + \frac{\varepsilon_{ox} t_{fin}}{4\varepsilon_{si} T_{ox}}\right)}\right] \tag{6.15}$$

因此，经过简化，得到泊松方程的 x 导数为

$$\frac{d^2\phi(x,y)}{dx^2} = \frac{2\varepsilon_{ox}}{\varepsilon_{si} t_{fin} T_{ox}}\frac{1}{\left(1 + \frac{\varepsilon_{ox} t_{fin}}{4\varepsilon_{si} T_{ox}}\right)}(V_{gst} - \phi_c(y)) \tag{6.16}$$

同样，根据式（6.14），泊松方程沿沟道的 y 导数为

$$\frac{d^2\phi(x,y)}{dy^2} = \left(1 + \frac{\varepsilon_{ox}}{\varepsilon_{si}T_{ox}}x - \frac{\varepsilon_{ox}}{\varepsilon_{si}t_{fin}T_{ox}}x^2\right) \cdot \frac{1}{\left(1 + \frac{\varepsilon_{ox}t_{fin}}{4\varepsilon_{si}T_{ox}}\right)}\frac{d^2\phi_c(y)}{dy^2} \tag{6.17}$$

现在，在式（6.17）中设 $x = t_{fin}/2$，沿着沟道中心，得到沿器件中心的泊松方程的 y 分量为

$$\frac{d^2\phi(x,y)}{dy^2} = \frac{d^2\phi(x,y)}{dy^2}\bigg|_{x=t_{fin}/2} = \frac{d^2\phi_c(y)}{dy^2} \tag{6.18}$$

然后将式（6.16）和式（6.18）代入式（6.1），可以将泊松方程表示为中心势 $\phi_c(y)$ 的形式

$$\frac{2\varepsilon_{ox}}{\varepsilon_{si}t_{fin}T_{ox}}\frac{1}{\left(1 + \frac{\varepsilon_{ox}t_{fin}}{4\varepsilon_{si}T_{ox}}\right)}(V_{gst} - \phi_c(y)) + \frac{d^2\phi_c(y)}{dy^2} = \frac{qN_b}{\varepsilon_{si}}$$

或者

$$\frac{d^2\phi_c(y)}{dy^2} + \frac{V_{gst} - \phi_c(y)}{\frac{\varepsilon_{si}}{2\varepsilon_{ox}}\left(1 + \frac{\varepsilon_{ox}t_{fin}}{4\varepsilon_{si}T_{ox}}\right)t_{fin}T_{ox}} - \frac{qN_b}{\varepsilon_{si}} = 0 \tag{6.19}$$

现在，如果我们定义

$$\lambda \equiv \sqrt{\frac{\varepsilon_{si}}{2\varepsilon_{ox}}\left(1 + \frac{\varepsilon_{ox}t_{fin}}{4\varepsilon_{si}T_{ox}}\right)t_{fin}T_{ox}} \tag{6.20}$$

然后我们可以将式（6.19）重新排列表示为

$$\frac{d^2\phi_c(y)}{dy^2} + \frac{V_{gst} - \phi_c(y)}{\lambda^2} - \frac{qN_b}{\varepsilon_{si}} = 0 \tag{6.21}$$

式（6.21）描述了中心电势沿器件沟道长度的变化，具有一个与式（6.20）给出的工艺相关的参数 λ，称为器件特征长度。

同样，式（6.21）可以写成

$$\lambda^2\frac{d^2\phi_c(y)}{dy^2} = \phi_c(y) - \left(V_{gst} - \frac{qN_b}{\varepsilon_{si}}\lambda^2\right) \tag{6.22}$$

对于漏极偏置对源极电势没有显著影响的长沟道器件，$\dfrac{d^2\phi_c(y)}{dy^2} = \dfrac{dE_c(y)}{dy} \cong 0$；我们可以安全地假设，长沟道器件源端的中心电势 $\phi_c(y)$ 由器件源端的电势 ϕ_{csL} 给出。因此，由式（6.22），得到了长沟道器件源极电势的表达式

$$\phi_{csL} = \left(V_{gst} - \frac{qN_b}{\varepsilon_{si}}\lambda^2\right) \tag{6.23}$$

式中，ϕ_{csL} 相当于长沟道器件的中心电势。

式（6.20）中定义的特征长度 λ 表示沿器件长度的 y 方向上的漏极电势扩展。从式（6.20）中看到，λ 取决于栅氧化层厚度 T_{ox} 和硅 Fin 厚度 t_{fin}。因此，选择适当的 T_{ox} 和 t_{fin} 可以减小沟道区漏电场的影响。特征长度可用于估算可采用的最大硅 Fin 厚度和宽度，以避免

SCE。数值器件模拟数据表明，为了有效控制 SCE，沟道长度 L 必须至少比式（6.20）[21]中给出的特征长度 λ 大 5 倍。因此，特征长度尺度可以有效地用作设计准则[22]。在下一节中，我们将使用特征长度的概念讨论 FinFET 中的 SCE。

6.2.2 沟道势

为了表征 FinFET 中的 SCE，我们使用 2D 泊松方程（6.1）来确定器件漏端在高电场下沿沟道的静电势分布。因此，我们考虑一个宽度为 dy、高度为 $t_{fin}/2$ 的极微小矩形盒，如图 6.2 所示。

现在，如图 6.2 所示，将 2D（x，y）高斯定律 [式（2.71）] 应用于沟道漏端附近的矩形盒上，我们得到

$$\left[\frac{E_y(y)-E_y(y+dy)}{dy}\right]+\left[\frac{E_x(0)-E_x(t_{fin}/2)}{t_{fin}/2}\right]=\frac{qN_b}{\varepsilon_{si}} \tag{6.24}$$

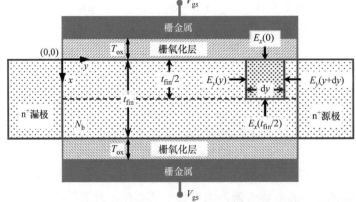

图 6.2 对称公共 DG-FinFET 的 2D 截面图，仅显示了顶部栅极的速度饱和区域；x 轴沿厚度 t_{fin} 方向，y 轴沿器件长度与沟道平行；dy 是沟道漏端的一个微元长度

将式（6.24）的两边乘以 $t_{fin}/2$，得到

$$\frac{t_{fin}}{2}\left[\frac{E_y(y)-E_y(y+dy)}{dy}\right]+\left[E_x(0)-E_x(t_{fin}/2)\right]=\frac{qN_b}{2\varepsilon_{si}}t_{fin}$$

或者

$$\frac{t_{fin}}{2}\frac{dE_y}{dy}+\left[E_x(0)-E_x(t_{fin}/2)\right]=\frac{qN_b}{2\varepsilon_{si}}t_{fin} \tag{6.25}$$

我们知道 $E_x=-d\phi/dx$ 以及 $E_y=-d\phi/dy$，因此可以将式（6.25）表示为

$$\frac{t_{fin}}{2}\frac{d^2\phi_s(y)}{dy}+\left[-\frac{d\phi(x)}{dx}\Big|_{x=0}+\frac{d\phi(x)}{dx}\Big|_{x=t_{fin}/2}\right]=\frac{qN_b}{2\varepsilon_{si}}t_{fin} \tag{6.26}$$

现在，将式（6.3）（BC-2）中的 $d\phi/dx$ 的表达式代入式（6.26），得到

$$\frac{t_{fin}}{2}\frac{d^2\phi_s(y)}{dy}-\frac{\varepsilon_{ox}}{\varepsilon_{si}}\frac{\phi_s(y)-V_{gst}}{T_{ox}}=\frac{qN_b}{2\varepsilon_{si}}t_{fin}$$

$$\left(\frac{\varepsilon_{si}}{2\varepsilon_{ox}}t_{fin}T_{ox}\right)\frac{d^2\phi_s(y)}{dy}=\phi_s(y)-\left(V_{gst}-\frac{qN_b}{2C_{ox}}t_{fin}\right)$$

$$\lambda^2 \frac{d^2\phi_s(y)}{dy} = \phi_s(y) - \left(V_{gst} - \frac{qN_b}{2C_{ox}}t_{fin}\right) \tag{6.27}$$

式中，$C_{ox} = \varepsilon_{ox}/T_{ox}$；$\lambda$ 是特征长度，$\lambda = \sqrt{\dfrac{\varepsilon_{si}}{2\varepsilon_{ox}}t_{fin}T_{ox}}$。

注意，式（6.27）中 λ 的表达式与式（6.20）中得到的表达式不同。这是因为式（6.27）是使用电场线性变化的伪 2D 电势分析得出的，而式（6.20）是使用抛物线电势分布得出的。实际上，对于 DG – FinFET 器件，使用式（6.20）中给出的 λ 表达式。然后将式（6.23）中的长沟道中心电势 ϕ_{csL} 的表达式代入式（6.27），简化后得到

$$\frac{d^2\phi_s(y)}{dy} = \frac{\phi_s(y)}{\lambda^2} - \phi_{csL} \tag{6.28}$$

现在，我们可以解出式（6.28）中的表面势 $\phi_s(y)$。我们知道，源端和漏端的表面电势分别为 $\phi_{s0} = V_s + V_{bi}$ 和 $\phi_{sL} = V_{ds} + V_{bi}$，其中 V_{bi} 是 2.3.2 节所述的源漏极与体区间 pn 结的内建电势。然后，使从式（6.28）的解得到的 $\phi_s(y)$ 的表达式与式（6.13）给出的表达式相等，我们可以将中心电势的表达式[23]表示为

$$\phi_c(y) = \phi_{csL} + (V_{bi} - \phi_{csL})\frac{\sinh\left(\dfrac{L-y}{\lambda}\right)}{\sinh\left(\dfrac{L}{\lambda}\right)} + (V_{bi} - V_{ds} - \phi_{csL})\frac{\sinh\left(\dfrac{y}{\lambda}\right)}{\sinh\left(\dfrac{L}{\lambda}\right)} \tag{6.29}$$

然后从式（6.29）中，我们可以给出对于长沟道器件由 SCE 引起的阈值电压偏移 ΔV_{th} 的一般表达式为

$$\Delta V_{th} = -\frac{2(V_{bi} - \phi_{csL}) + V_{ds}}{2\cosh\left(\dfrac{L}{2\lambda}\right) - 2} \tag{6.30}$$

式（6.30）用于预测 SCE 的沟道长度依赖性（V_{th} 滚降）以及 V_{ds} 依赖性（DIBL）现象，如以下各节所述。

6.2.3   阈值电压滚降

阈值电压滚降定义为 V_{th} 随沟道长度的减小而减小。我们知道，V_{th} 是在 FinFET 器件中引入一个从源极到漏极的导电沟道，从而在漏极电压 $V_{ds} \approx 0$ 可以忽略的情况下引发电流流动所需的最小栅极电压。在这种情况下，中心电势 ϕ_{csL} 可作为源端 ϕ_{st} 的表面电势。然后通过代入 $V_{ds} \approx 0$，根据式（6.30），得到由 SCE 引起的 ΔV_{th} 滚降的表达式如下：

$$\Delta V_{th,SCE} = -\frac{(V_{bi} - \phi_{st})}{\cosh\left(\dfrac{L}{2\lambda}\right) - 1} \tag{6.31}$$

现在，如第 3 章所讨论的，可以将 ϕ_{csL} 看作亚阈值区源端的表面电势 ϕ_{st}（$\approx E_g/2$）。因此，根据式（6.31），我们可以确定由于 SCE 引起的 V_{th} 滚降。

6.2.4 DIBL 效应对阈值电压的影响

我们在 1.2.2 节中讨论了漏极电压降低了器件源端的势垒高度 V_{bi}，从而增加了从源极到沟道的载流子注入。这一现象被称为漏致势垒降低。随着 V_{ds} 的增加，势垒高度的降低导致 V_{th} 的降低。因此，在高漏极偏置条件 $V_{ds} \gg 2$ ($V_{bi} - \phi_{csL}$) 下，由式 (6.30) 可以将 DIBL 的表达式写成

$$\Delta V_{th,DIBL} = -\frac{V_{ds}}{2\left[\cosh\left(\dfrac{L}{2\lambda}\right) - 1\right]} \tag{6.32}$$

6.3 量子力学效应

在第 1 章中，我们讨论了多栅 FinFET 的结构尺寸正在迅速接近 5nm 区域[1]。在这种情况下，"沟道"（对于 n 沟道器件）中的电子形成用于 DG – FET 的 2D 电子气（2DEG）或者用于三栅或四栅 FET 的 1D 电子气（1DEG）。如图 6.1 所示，对于具有厚度 t_{fin} 的 Fin 超薄体的 DG – FinFET 器件，电子可以沿器件的长度在 y 方向自由移动，也可以沿器件的 Fin 高度 H_{fin}（垂直于表面）在 z 方向自由移动；然而，电子在 t_{fin} 方向受到限制。另一方面，在薄体和窄的三栅或四栅器件中，电子只能在 y 方向（沿电流方向）自由移动，并在 x 和 z 方向受到限制。这导致了在硅薄膜中形成的能量子带和电子分布与经典理论所预测的有很大不同。特别是，反型层不局限于硅 Fin 的表面，而是在远离 Fin 的硅/SiO$_2$ 界面的深处发现，如 3.5 节所述，从而产生体反型[13]。FinFET 中这种电子在超薄体中的限制被称为反型层量子化或量子力学（QM）效应。QM 效应通过氧化层厚度以及由此的阈值电压（V_{th}）的退化[24] 和迁移率增强[25] 影响单栅和多栅 FinFET 器件的性能。

6.3.1 体反型

体反型是一种描述反型载流子浓度被限制在超薄体多栅 FinFET 中心而不是经典器件物理预测的在硅/SiO$_2$ 界面附近的现象。体反型最早于 1987 年被报道[13]，1990 年在全栅（GAA）MOSFET 上观察到[14]，1994 年在 DG 器件上进行了测量[26,27]，并得到大量后续研究的证实[28-34]。体反型是一种 QM 效应，并被薛定谔方程[35] 和泊松方程的自洽解所预测。

利用泊松 – 薛定谔求解器可以求解多栅 FinFET 的体反型问题。当多栅 FinFET 在体反型区工作时，电子形成低维电子气（DG – FET 为 2DEG，三栅、四栅、Ω 栅或围栅 FET 为 1DEG）。结果，形成能带子带。第 j 电子波函数和相应的能级 E_j 可由薛定谔方程 [式 (6.33)] 和泊松方程 [式 (6.34)] 的自洽解求得，如下所示：

$$\left(-\frac{\hbar^2}{2m^*}\nabla^2 - q\phi\right)\Psi_j = E_j\Psi_j \tag{6.33}$$

$$\nabla^2\phi = -\frac{q}{\varepsilon_{si}}\left(p - n + N_d - N_a\right) \tag{6.34}$$

式中，m^* 是电子的有效质量；$\hbar$ 是约化普朗克常数；p 是空穴的浓度；n 是电子的浓度；N_a 是 Fin 沟道中的受主浓度；N_d 是 Fin 沟道中的施主浓度。

因此，使用有效质量近似来求解薛定谔方程，电子浓度由下式给出：

$$n = \sum_j \left[(\Psi_j \times \Psi_j^*) \times \int_{E_j}^{\infty} \rho_j(E) f_{FD}(E) \, dE \right] \tag{6.35}$$

式中，$\rho_j(E)$ 是作为能量函数的态密度；$f_{FD}(E)$ 是费米 - 狄拉克分布函数。

在 2DEG 中，态密度是一个常数（与能量无关），而在 1DEG 中，态密度是 $(E - E_j)^{-1/2}$ 的函数[36,37]。需要注意的是，式（6.33）是各向异性的，等同于

$$\left[-\frac{\hbar}{2} \left\{ \frac{\partial}{\partial x} \left(\frac{1}{m_x^*} \frac{\partial}{\partial x} \right) + \frac{\partial}{\partial y} \left(\frac{1}{m_y^*} \frac{\partial}{\partial y} \right) + \frac{\partial}{\partial z} \left(\frac{1}{m_z^*} \frac{\partial}{\partial z} \right) \right\} - q\phi \right] \Psi_j = E_j \Psi_j \tag{6.36}$$

在式（6.36）中，有效质量 m_x^*、m_y^* 和 m_z^* 对应于不同的能谷值，并取决于晶体晶向[38]。图 6.3 显示了不同硅 Fin 厚度 t_{fin} 和栅极电压 $V_{gs} > V_{th}$ 时 DG - FinFET 中的电子浓度[39]。由于体反型，在硅 Fin 中心观察到高电子浓度[40]。更恰当的 QM 分析显示，电子浓度分布的峰值在离表面大约几纳米的距离处，如图 6.3 所示。如果半导体膜薄于 10nm，$N_b = 1 \times 10^{17} \, cm^{-3}$，且 $\phi_s = 0.95 \, V$，则两个表面区域高度地重叠，以致峰值电子浓度位于半导体层的中间，如 $t_{fin} = 5 \, nm$ 的器件所示，并且电子浓度的分布与通过经典物理获得的分布完全不同[39]。FET 体反型的直接后果是器件反型载流子迁移率的增加[25]。

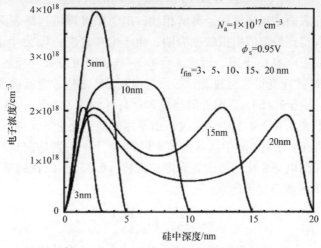

图 6.3　QM 效应对 DG - FinFET 的 Fin 厚度的影响：图中显示了 Fin 厚度对电子浓度分布的影响，起因于在恒定的表面势下获得的 QM 效应[39]

6.3.2　量子力学效应对迁移率的影响

体反型中的载流子比表面反型层中的载流子经历较少的界面散射。结果，在 DG - FET 器件中观察到迁移率和跨导的增加。此外，DG 器件中的声子散射率比 SG 晶体管中的低。然而，在厚 Fin 中，前沟道和后沟道之间没有相互作用，并且没有体反型，如图 6.3 中 $t_{fin} >$

10nm 的器件所示。因此，DG – FinFET 和体 MOSFET 之间的迁移率没有差别。当薄膜变薄时，体反型现象出现，并且由于硅/SiO$_2$ 界面散射的减小，迁移率增加。

在较厚的薄膜中，反型载流子集中在界面附近，但在较薄的薄膜中，大部分载流子集中在硅薄膜中心附近，远离界面散射中心，如图 6.3 所示，这增加了它们的迁移率。然而，在非常薄的硅薄膜中，体反型层中的反型载流子确实经历表面散射，因为它们在物理上接近界面，并且迁移率随着薄膜厚度的任何减小而下降[41,42]。

6.3.3　量子力学效应对阈值电压的影响

根据经典器件物理，具有均匀掺杂超薄体 t_{fin} 的全耗尽 SOI – MOSFET 的 V_{th} 随着体厚度的减小而减小[43]。这是由于耗尽电荷 $Q_b = q N_b t_{fin}$ 随 t_{fin} 的减小而减小，并且对于任何小于 10nm 的 t_{fin} 值，Q_b 与反型电荷 Q_i 相比，小到可以忽略。然而，由于 QM 效应，反型载流子浓度 n 减小，如 3.5 节[44]所述。因此，必须考虑对 V_{th} 的两个非经典贡献。首先，反型载流子的浓度必须高于经典物理得到的浓度，才能达到阈值条件。因此，超薄体中的电势 ϕ 必须高于电势 $2\phi_B$。其次，由于导带分裂导致子带（以及导带）的最小能量随着 Fin 厚度的减小而增加，因此需要增加栅极电压 V_{gs} 以使反型载流子浓度数目达到与经典物理所获得的相同。这种明显的带隙变宽也会导致 V_{th} 增加[39,45–47]。

纳米节点 FinFET 中的 QM 效应导致 V_{th} 偏移到更高的值，这是由于更高的电子基态能量以及与载流子密度在表面达到峰值的经典解相比，电子浓度峰值远离表面[48]。通过求解泊松方程和薛定谔方程得到的数值模拟数据表明，由于 QM 效应，V_{th} 发生了偏移，$I_{ds} – V_{gs}$ 曲线的斜率退化以及栅极电容 C_g 下降。因此，当 DG – FinFET 的 Fin 和栅氧化层的厚度减小到亚 10nm 区域时，QM 效应变得非常显著，必须考虑到 QM 效应才能准确预测器件性能。

如 3.5 节所述，由于硅/SiO$_2$ 界面处的势垒非常高（约为 3.1eV），硅膜可以近似为无限深势阱。此外，我们在 5.4.3.4 节中讨论过，由于体反型，无论氧化层厚度如何，DG – FinFET 亚阈值区的电势在整个硅 Fin 中基本上是平坦的[13,49]。特别是在 DG – FinFET 器件的情况下，忽略硅中的任何电势变化，可求解薛定谔方程（6.33），以找到第一导电子带的最小能量。式（6.33）的一般解如下所示：

$$E_n = \frac{\hbar^2}{2m^*} \left(\frac{\pi}{t_{fin}} \right)^2 n^2 \qquad (6.37)$$

式中，$n = 1,\ 2,\ 3,\ \cdots,\ n$ 是子带能级；m^* 是沿约束方向的有效质量。

现在，根据式（6.33）和式（6.37），最低子带 $n = 1$ 的能量由下式给出：

$$E \equiv E_1 = E_{c0} + \frac{\pi^2 \hbar^2}{2m^* t_{fin}^2} \qquad (6.38)$$

式中，E_{c0} 是经典的、"3D 的"导带最小能量。

因此，由 QM 效应引起的沟道电势的增加由下式给出：

$$\Delta\phi_s^{QM} = \frac{E - E_{c0}}{q} = \frac{\pi^2 \hbar^2}{2qm^* t_{fin}^2} \qquad (6.39)$$

现在，我们可以利用下式给出的基本电容关系，推导出就单个栅极器件而言的 V_{th} 表达式：

$$C_{inv} \cong C_{ox} + C_b \tag{6.40}$$

式中，C_{inv} 是反型层电容；C_{ox} 是栅氧化层电容；C_b 是硅体的耗尽层电容。

对于无掺杂或轻掺杂的全耗尽器件，$C_{inv} \gg C_b$，因此，可以将式（6.40）表示为

$$C_{inv} \cong C_{ox} \tag{6.41}$$

在相同条件下，以及在亚阈值工作下，DG 器件中的反型电荷 Q_i 由下式［式（3.50）］给出：

$$Q_i = -t_{fin} q n_i \exp\left(\frac{\phi_s}{v_{kT}}\right) \tag{6.42}$$

因此，DG 器件中的电容由下式给出：

$$C_{inv} = -\frac{1}{2}\frac{dQ_i}{d\phi} = \frac{1}{2v_{kT}}\left[t_{fin} n_i \exp\left(\frac{\phi_s}{v_{kT}}\right)\right]$$

或者

$$C_{inv} = -\frac{1}{2v_{kT}}Q_i \tag{6.43}$$

式中，ϕ_s 是 Fin 沟道中的表面电势；系数 "1/2" 归因于 DG 器件有两个表面。

因此，由式（6.43）得到

$$Q_i = -2v_{kT}C_{ox} \tag{6.44}$$

将式（6.42）中的 Q_i 代入式（6.44），得到

$$-q n_i t_{fin} \exp\left(\frac{\phi_s}{v_{kT}}\right) = -2v_{kT}C_{ox}$$

或者

$$\phi_s = v_{kT}\ln\left(\frac{2C_{ox}v_{kT}}{q n_i t_{fin}}\right) \tag{6.45}$$

现在，由式（3.30），可以知道 FinFET 器件的栅极电压是

$$V_{gs} = V_{fb} + \phi_s - \frac{Q_s}{C_{ox}} \tag{6.46}$$

式中，V_{fb} 是平带电压，用于补偿栅极和硅体之间的功函数差。

然后将式（6.45）中的 ϕ_s 表达式代入式（6.46），考虑到轻掺杂 n 沟道 FinFET（nFinFET）器件 $Q_s \cong -Q_i$，我们得到阈值条件下 V_{gs} 的表达式为

$$V_{gs} \equiv V_{th} = V_{fb} + v_{kT}\ln\left(\frac{2C_{ox}v_{kT}}{q n_i t_{fin}}\right) + \frac{Q_i}{C_{ox}}$$

$$\therefore \quad V_{th} = V_{fb} + v_{kT}\ln\left[\frac{2C_{ox}v_{kT}}{q n_i t_{fin}}\right] - 2v_{kT} \tag{6.47}$$

在式（6.47）中，我们使用了式（6.44）中的 $Q_i/C_{ox} = -2v_{kT}$。由于 $2v_{kT}$ 与式（6.47）右侧的第一项和第二项相比小得可以忽略，因此我们可以安全地写出没有 QM 效应的 V_{th} 的表达式如下：

$$V_{th} = V_{fb} + v_{kT} \ln\left(\frac{2C_{ox}v_{kT}}{qn_i t_{fin}}\right) \tag{6.48}$$

现在，加上式（6.39）中 QM 效应引起的沟道电势 ϕ_s^{QM} 的增加，我们求得有 QM 效应的 V_{th} 表达式为

$$V_{th} = V_{fb} + v_{kT} \ln\left(\frac{2C_{ox}v_{kT}}{qn_i t_{si}}\right) + \frac{\pi^2 \hbar^2}{2qm^* t_{fin}^2} \tag{6.49}$$

式（6.49）中的第一项是由于栅极和硅体之间的功函数差。表达式的第二项表示沟道中的电势 ϕ_s，其与硅膜厚度 t_{fin} 成反比。在非常薄的 Fin 体中，ϕ_s 可以明显大于 $2\phi_B$。因此，在阈值条件下，超薄体器件的反型载流子浓度可比厚体器件的大得多[25]。

尽管上述数学公式是基于电子的 1D 泊松方程和薛定谔方程的解，但最终的表达式同样适用于空穴，因为空穴的 QM 效应也可以近似于势阱中的粒子问题。

6.3.4 量子力学效应对漏极电流的影响

从图 6.3 中，我们观察到由于载流子的 QM 限制，载流子浓度偏离硅/SiO_2 界面。结果，反型层厚度增加，栅极电容降低。增加的反型层厚度可以通过数值器件模拟计算得到。因此，根据数值模拟数据，反型层厚度增加的经验表达式可以表示为[48]

$$\delta t_{inv} = \left(\frac{7\varepsilon_{si}\hbar^2}{qm^* Q_i}\right)^{1/3} \tag{6.50}$$

这一增加量 δt_{inv} 增加了栅介质的等效氧化层厚度（EOT）。需要注意的是，式（5.57）中定义的 DG – MOSFET 的结构参数 $r \equiv \dfrac{\varepsilon_{si} T_{ox}}{\varepsilon_{ox} t_{fin}}$ 是 T_{ox} 的函数，因此是边界条件式（5.58）中 β 的函数。为了建立适当的 QM 修正，由于 QM 效应，边界条件式（5.58）必须使用 EOT 重新表示

$$\frac{V_{gs} - V_{fb} - V_{ch}(y)}{2v_{kT}} - \ln\left(\frac{2}{t_{fin}}\sqrt{\frac{2\varepsilon_{si}v_{kT}}{qn_i}}\right) = \ln\beta - \ln(\cos\beta) + 2r^{QM}\beta\tan\beta \tag{6.51}$$

或者

$$f_r^{QM}(\beta) = \ln\beta - \ln(\cos\beta) + 2r^{QM}\beta\tan\beta \tag{6.52}$$

式中

$$r^{QM} \equiv \frac{\varepsilon_{si}(T_{ox} + \delta t_{inv})}{\varepsilon_{ox} t_{fin}} \tag{6.53}$$

现在，应用电流连续性，式（5.71）给出的漏极电流表达式可以用 QM 效应写成

$$I_{ds}^{QM} = \mu_s\left(\frac{W}{L}\right)\frac{4\varepsilon_{si}}{t_{fin}}(2v_{kT})^2 \left[g_r^{QM}(\beta_s) - g_r^{QM}(\beta_d)\right] \tag{6.54}$$

式中

$$f_r^{QM}(\beta) = \ln\beta - \ln(\cos\beta) + 2r\beta\tan\beta + 2\frac{\varepsilon_{si}\delta t_{inv}}{\varepsilon_{ox} t_{fin}}\beta\tan\beta \tag{6.55}$$

$$g_r^{QM}(\beta) = \beta\tan\beta - \frac{\beta^2}{2} + \beta\tan^2\beta + r\beta^2\tan^2\beta + \frac{\varepsilon_{si}\delta t_{inv}}{\varepsilon_{ox} t_{fin}}\beta^2\tan^2\beta \tag{6.56}$$

　　由于 EOT 因非零反型层厚度而增加，与式（5.71）给出的相比，由式（6.54）获得的漏极电流退化，依赖于氧化层厚度 T_{ox} 和沿约束方向的电子有效质量 m^* 决定的 QM 效应。应注意，每个约束方向与其特定有效质量 m^* 相关，如式（6.36）所述。

6.4　表面迁移率

　　反型层迁移率模型的准确性决定了 FinFET 漏极电流预测的准确性。在第 5 章中，我们假设了一个恒定的表面迁移率 μ_s 来推导 FinFET 漏极电流 I_{ds} 的表达式。这种假设在器件工作于高电场下是不成立的。随着垂直电场 E_x 和横向电场 E_y 分别随栅极电压 V_{gs} 和漏极电压 V_{ds} 的增大而增大，反型载流子受到的散射增强。因此，μ_s 强烈依赖于 E_x 和 E_y。因此，在下一节中，我们将推导出表面迁移率的表达式，用于使用小尺寸 FinFET 的超大规模集成（VLSI）电路的计算机辅助设计（CAD）。

　　现在，我们通过只考虑沿 FinFET 器件厚度的 E_x 效应来确定表面迁移率，即 $V_{ds} \approx 0$。为了 I_{ds} 公式的简单性，我们将有效迁移率定义为载流子的平均迁移率，如下：

$$\mu_{eff} = \frac{\int_0^{X_{inv}} \mu_s(x,y) \cdot n(x,y)\,\mathrm{d}x}{\int_0^{X_{inv}} n(x,y)\,\mathrm{d}x} \tag{6.57}$$

　　使用上述迁移率定义，我们可以将 I_{ds} 的一般表达式［式（5.22）］写成

$$I_{ds} = \frac{W}{L}\mu_{eff}\int_0^{V_{ds}} Q_i\,\mathrm{d}V \tag{6.58}$$

　　在实际应用中，由于外加 V_{gs} 较大，垂直电场较大，因而 μ_{eff} 大大降低。垂直电场 E_x 将 DG – nMOSFET 中的反型层电子拉向表面，由于电子与氧化物电荷（Q_f，N_{it}）的相互作用，引起更高的表面散射和库仑散射，如第 3 章所述。由于电场在反型层中垂直变化，反型层中的平均电场由下式给出：

$$E_{eff} = \frac{E_{x1} + E_{x2}}{2} \tag{6.59}$$

式中，E_{x1} 是硅/SiO_2 界面的垂直电场；E_{x2} 是沟道/耗尽层界面的垂直电场，如图 6.4 所示。

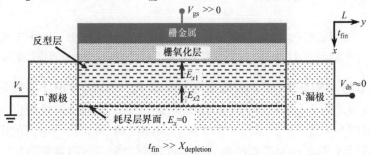

图 6.4　由于外加高栅极偏压 V_{gs}，FinFET 反型载流子上的有效垂直电场：E_{x1} 是硅/SiO_2 界面的垂直电场，E_{x2} 是沟道/耗尽层界面的垂直电场

现在，由高斯定律我们可以证明

$$E_{x1} - E_{x2} = \frac{Q_i}{\varepsilon_{si}}$$

以及　　　　　　　　　　　　　　　　　　　　　　　　　　　　　　　　　　　(6.60)

$$E_{x2} = \frac{Q_b}{\varepsilon_{si}}$$

将式（6.60）中的 E_{x1} 和 E_{x2} 代入式（6.59），可以得出

$$E_{eff} = \frac{1}{K_{si}\varepsilon_0}\left(\frac{1}{2}Q_i + Q_b\right)$$　　　　(6.61)

因此，电子和空穴的有效电场的一般表达式如下所示：

$$E_{eff} = \frac{1}{K_{si}\varepsilon_0}(\eta Q_i + Q_b)$$　　　　(6.62)

式中，对于电子，$\eta = 1/2$；对于空穴，$\eta = 1/3$[50-52]。

测得的 μ_{eff} 与 E_{eff} 的曲线图显示：在高的有效垂直电场下，μ_{eff} 与 E_{eff} 的关系呈现与掺杂浓度无关的普遍行为，以及在低的有效垂直电场下，其与衬底掺杂浓度和界面电荷有关，如图 6.5a[51] 所示。

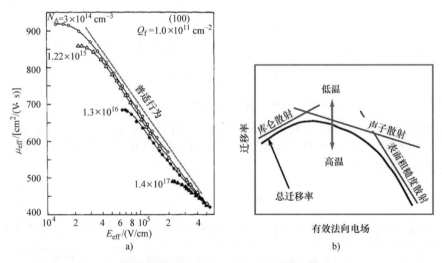

图 6.5　MOSFET 中反型载流子的低场迁移率：a) 参考文献 [51] 中给出的 nMOSFET 实验数据中反型层电子的普适迁移率行为；b) 显示反型层迁移率对有效垂直电场依赖性的物理机制

图 6.5a 所示的体 MOSFET 的测量数据对 FinFET 器件有效。如图 6.5 所示，实验观察到的普适迁移率行为是由于不同散射机制的相对贡献[53,54]，这些散射机制由垂直于栅极的电场强度决定，如图 6.4 所示。根据图 6.5b，μ_{eff} 由电离杂质和氧化物电荷的库仑散射、热振动引起的声子散射以及硅/SiO$_2$ 界面的表面粗糙度散射确定。在高垂直电场下，当载流子限制靠近沟道/栅介质界面时，表面粗糙度散射占主导地位，导致 μ_{eff} 随 E_{eff} 的增加而减小，如图 6.5a 所示。

图 6.5a 中观察到的与普适行为的偏差，特别是在低的有效电场下的重掺杂衬底中，是由于电离杂质散射、库仑散射和声子散射造成的。在低有效垂直电场下，Q_i 较低且 $\ll Q_b$。结果表明，在 FinFET 器件的耗尽区，电离杂质散射和由电离杂质和氧化物电荷引起的库仑散射成为主要的散射机制，μ_{eff} 成为沟道掺杂浓度的强函数，正如实验观察到的那样。随着有效电场的增大，晶格振动引起的声子散射变得越来越重要。因此，声子散射对垂直电场的依赖性较弱，对 μ_{eff} 有最强的温度依赖性，如图 6.5b 所示。

上述物理分析描述了 μ_{eff} 与 E_{eff} 的关系。然而，我们需要发展一个有效的迁移率表达式，可用于漏极电流计算以解释垂直场对器件性能的影响。为了开发用于电路 CAD 的 μ_{eff} 表达式，我们将反型电荷 $Q_i = Q_{ia}$ 视为沟道源端和漏端的反型电荷密度 Q_{is} 和 Q_{id} 的平均值，因而

$$Q_{ia} = \frac{Q_{is} + Q_{id}}{2} \tag{6.63}$$

那么式（6.62）中给出的有效电场可以写成

$$E_{eff} = \frac{1}{\varepsilon_{si}}(Q_b + \eta Q_{ia}) \tag{6.64}$$

如果我们用 C_{ox}（$= \varepsilon_{ox}/T_{ox}$）将电荷归一化为电压单位，那么我们可以得到

$$E_{eff} = \frac{\varepsilon_{ox}}{\varepsilon_{si}} \cdot \frac{1}{T_{ox}}(q_b + \eta q_{ia})$$

或者

$$E_{eff} = \left(\frac{q_b + \eta q_{ia}}{T_{ox}(\varepsilon_{si}/\varepsilon_{ox})}\right) \tag{6.65}$$

式中，q_{ia} 是 Fin 中的归一化平均反型电荷；q_b 是 Fin 中的归一化体电荷。

现在，我们知道有效迁移率的统一公式由以下经验关系式给出[23,55,56]：

$$\mu_{eff} = \frac{\mu_0}{\left(1 + \dfrac{E_{eff}}{E_0}\right)^{\nu}} \tag{6.66}$$

式中，μ_0 是浓度依赖的表面迁移率；E_0 是临界电场；ν 是一个常数，$\nu \ll 1$。

由于参数 $\nu \ll 1$，我们可以利用分母的泰勒级数展开，忽略高阶项，得到

$$\left(1 + \frac{E_{eff}}{E_0}\right)^{\nu} = 1 + \nu\frac{E_{eff}}{E_0} + \frac{\nu(\nu-1)}{2!}\left(\frac{E_{eff}}{E_0}\right)^2 + \cdots \tag{6.67}$$

然后将式（6.65）中的 E_{eff} 代入式（6.67）的右侧，得到

$$\left(1 + \frac{E_{eff}}{E_0}\right)^{\nu} \cong 1 + \frac{\nu}{E_0}(E_{eff}) + \frac{\nu(\nu-1)}{2E_0^2}\left(\frac{q_b + \eta q_{ia}}{T_{ox}(K_{si}/K_{ox})}\right)^2 + \cdots$$

$$= 1 + \frac{\nu}{E_0}(E_{eff}) + \frac{\nu(\nu-1)}{2E_0^2}\left(\frac{q_b}{T_{ox}(K_{si}/K_{ox})}\right)^2\left(1 + \frac{\eta q_{ia}}{q_b}\right)^2 + \cdots \tag{6.68}$$

为了表面迁移率计算的简单性，可以在简化式（6.68）后得到

$$\left(1 + \frac{E_{eff}}{E_0}\right)^{\nu} \cong 1 + \mu_a(E_{eff})^{eu} + \frac{\mu_d}{\left[\dfrac{1}{2}\left(1 + \dfrac{q_{ia}}{q_b}\right)\right]^{ucs}} \tag{6.69}$$

式中，μ_a 是描述迁移率退化的与工艺相关的参数；μ_d 是描述迁移率二阶效应的与工艺相关的参数；eu 是一个与工艺相关的参数，描述 E_{eff} 对反型层迁移率的主要影响；ucs 是一个与工艺相关的参数，描述 E_{eff} 对反型层迁移率的二阶影响。

从测量的低漏极偏压 V_{ds} 下 FinFET 器件的 $I_{ds} - V_{gs}$ 特性中提取与工艺相关的参数 $\{\mu_a,$ $\mu_d,\ eu,\ ucs\}$。最后，结合式（6.64）和式（6.69），FinFET 中反型载流子的低场迁移率可以表示为[57]

$$\mu_{eff} = \frac{\mu_0}{1 + \mu_a (E_{eff})^{eu} + \mu_d \left[\frac{1}{2}\left(1 + \frac{q_{ia}}{q_b}\right)\right]^{-ucs}} \qquad (6.70)$$

为了解释体衬底上 FinFET 迁移率对体偏压 V_{bs} 的依赖性，在式（6.70）的分母中引入 $\mu_c V_{bs}$ 项，这样

$$\mu_{eff} = \frac{\mu_0}{1 + (\mu_a + \mu_c V_{bs})(E_{eff})^{eu} + \mu_d \left[\left(1 + \eta \frac{q_{ia}}{q_b}\right)\right]^{-ucs}} \qquad (6.71)$$

迁移率式（6.70）和式（6.71）已在强反型条件下推导得到。在强反型区，反型载流子迁移率是 V_{gs} 的函数。在亚阈值区域，迁移率的准确性并不是至关重要的，因为 Q_{inv} 随 V_{gs} 的变化而变化且不能精确地建模。因此，在亚阈值区域，迁移率通常被建模为一个依赖恒定浓度的迁移率。

需要指出的是，上面给出的迁移率表达式只考虑了低横向电场下 V_{gs} 引起的垂直电场的影响，通常称为低电场迁移率模型。在漏极电流计算中，考虑了高横向电场下 FinFET 器件的速度饱和效应，模拟了外加 V_{ds} 所致横向电场对器件性能的影响。

6.5　高电场效应

在高电场存在时，载流子在沿电场方向漂移时从电场中获得能量，从而伴随着许多物理现象，这些物理现象显著地改变了 FinFET 器件的特性。这些现象主要是速度饱和和沟道长度调制。

6.5.1　速度饱和

由于外加 V_{ds}，沿沟道的高横向电场显著影响器件性能。如图 6.6 所示，电子的漂移速度 v_d 在 $E \approx 10^4\ \text{V} \cdot \text{cm}^{-1}$ 附近饱和。因而，在高电场下，$v_d = \mu E$ 的关系不成立。由于短沟道器件的平均电场 $> 10^4 \text{V} \cdot \text{cm}^{-1}$，因此，小尺寸结构的 FinFET 器件在 $v_d = v_{sat} \cong 10^7\ \text{cm} \cdot \text{s}^{-1}$，即在电子饱和速度下工作。

我们之前讨论过反型载流子迁移率也受到高横向电场的影响。因此，在第 5 章推导出的 I_{ds} 表达式中必须考虑高横向电场效应。我们还讨论了在沿沟道的高电场下，FinFET 器件工

作于漂移速度 $v_d = v_{sat}$[58]。然后参考图 6.6，我们可以假设 v_d 与 E 的分段线性关系，如图 6.7 所示，以解释 I_{ds} 中的速度饱和。因此，参考图 6.7，沟道中任意点 y 处的漂移速度 $v(y)$ 和电场 $E(y)$ 之间的关系可写成[58]

$$v(y) = \begin{cases} \dfrac{\mu_{eff} E(y)}{1 + \dfrac{E(y)}{E_c}}, & (E(y) < E_c) \\ v_{sat}, & (E(y) > E_c) \end{cases} \tag{6.72}$$

式中，E_c 是载流子速度饱和时的横向电场，即 $E_y = E_c$，$v_d = v_{sat}$。

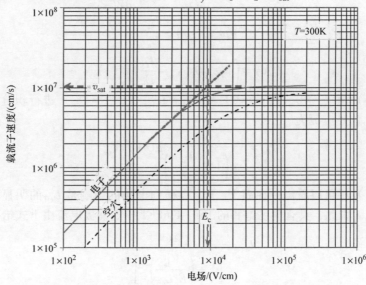

图 6.6　电子和空穴的漂移速度与电场的函数关系；硅中的电子速度在 $1 \times 10^4 \mathrm{V \cdot cm^{-1}}$ 电场附近饱和

如图 6.7 所示，我们假设 v_d 在沿沟道的临界横向电场 E_c 处突然饱和。

现在，由式（6.72）可以得到

$$v_{sat} = \frac{\mu_{eff} E_c}{2}$$

或者

$$E_c = \frac{2 v_{sat}}{\mu_{eff}} \tag{6.73}$$

我们使用式（6.72）推导漏极电流表达式，以考虑由于 V_{ds} 引起的沿沟道的高横向电场。

我们知道，在 nFinFET 器件沿 y 方向沟道上的任意点 y 处的电流密度由 $J_n(y) = -nqv(y) = -Q_i v(y)$ 给出，其中 n、q、$v(y)$ 分别是反型层电子的反型载流子密度、电子电荷和漂移速

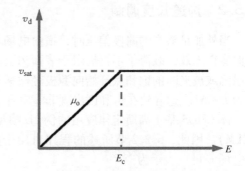

图 6.7　由于沿 FinFET 沟道长度 L 的高电场，反型层电子的分段线性迁移行为：v_{sat} 和 μ_o 分别是反型载流子的饱和速度和浓度相关迁移率；E_c 是载流子速度饱和的临界电场

度；Q_i 是每单位面积的反型载流子电荷，$Q_i = nq$。我们可以把漏极电流的一般表达式写成

$$I_{ds} = I(y) = WQ_i v(y) \tag{6.74}$$

式中，W 是器件宽度。

然后将式（6.72）中的 $v(y)$ 代入式（6.74）中，在 $E_y < E_c$ 下得到

$$I_{ds} = WQ_i(y) \frac{\mu_{eff} E(y)}{1 + \dfrac{E(y)}{E_c}} \tag{6.75}$$

简化后，由式（6.75）得到

$$E(y) = \frac{I_{ds}}{W\mu_{eff} Q_i(y) - \dfrac{I_{ds}}{E_c}} = \frac{dV(y)}{dy}$$

或者

$$I_{ds} dy = \left(W\mu_{eff} Q_i(y) - \frac{I_{ds}}{E_c} \right) dV(y) \tag{6.76}$$

将式（6.76）从（$y = 0$，$V(y) = 0$）到（$y = L_{eff}$，$V(y) = V_{ds}$）进行积分，简化后得到线性区（$V_{ds} < V_{dsat}$）电流为

$$I_{ds} = \frac{W}{L_{eff} \left(1 + \dfrac{V_{ds}}{E_c L_{eff}} \right)} \mu Q_i(y) V_{ds} \tag{6.77}$$

从式（6.77）中可以看出，在高 V_{ds} 下，高横向电场的影响是 L_{eff} 的明显增加，从而降低了线性区电流。因此，具有速度饱和的 DG – FinFET 中的漏极电流由下式给出：

$$I_{ds} = \frac{I_{ds0}}{\left[1 + \left(\dfrac{V_{ds}}{E_c L_{eff}} \right)^\alpha \right]^{\frac{1}{\alpha}}} \tag{6.78}$$

式中，I_{ds0} 是由式（5.71）给出的无速度饱和时的漏极电流；L_{eff} 是器件的有效沟道长度；α 是准确预测漏极电流速度饱和效应的经验参数。

6.5.2　沟道长度调制

当外加足够高的漏极偏压时，横向电场与垂直电场相当，因此 5.4 节中描述的缓变沟道近似变得无效，载流子不再局限于表面沟道。当漏极电压增加超过饱和电压 V_{dsat} 时，表面沟道塌陷或被夹断的饱和点开始向源极轻微移动，如图 6.8 所示。换言之，沟道长度实际上收缩为 $L - \Delta L$。这导致在饱和区出现非零电导 g_{ds}。

体 CMOS 基于高斯定律应用的伪 2D 模型也可以用来分析 DG – FinFET 的沟道长度调制（CLM）。因此，6.2.2 节所述的程序可用于推导 ΔL 的表达式。然后，利用伪 2D 分析，沟道电场 E 可以表示为[43,59]

$$E(y) = -\frac{dV}{dy} = \sqrt{\frac{(V(y) - V_{dsat})^2}{l_i^2} + E_c^2} \tag{6.79}$$

式中，E_c 是载流子达到速度饱和（在任意点 $y = 0$ 且 $E = E_c$）时的沟道电场，对于电子约为 $2 \times 10^4 \, V \cdot cm^{-1}$；$V_{dsat}$ 是 E_c 下的漏极电压；l_i 是沟道夹断区的有效长度。

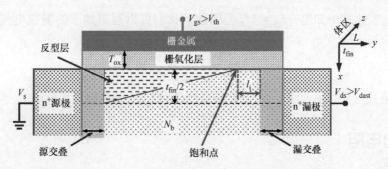

图 6.8　显示漏端沟道夹断长度 $l_i \equiv \Delta L$ 的饱和区 FinFET 器件的示意图；此处显示的顶栅仅用于图示

l_i 的表达式在 6.2.2 节中从伪 2D 分析中得出，如下所示：

$$l_i = \sqrt{\frac{\varepsilon_{si}}{2\varepsilon_{ox}} t_{fin} T_{ox}} \qquad (6.80)$$

现在，式（6.79）可以写成

$$-\frac{dV}{dy} = \frac{1}{l_i}\sqrt{(V(y) - V_{dsat})^2 + (E_c l_i)^2}$$

或者

$$-\frac{dy}{l_i} = \frac{dV}{\sqrt{(V(y) - V_{dsat})^2 + (E_c l_i)^2}} \qquad (6.81)$$

当 $y = L - \Delta L$，$V(y) = V_{dsat}$，以及 $y = L$，$V(y) = V_{ds}$ 时，式（6.81）可积分为

$$\int_{L-\Delta L}^{L} \frac{dy}{l_i} = -\int_{V_{dsat}}^{V_{ds}} \frac{dV}{\sqrt{(V(y) - V_{dsat})^2 + (E_c l_i)^2}} \qquad (6.82)$$

为了解式（6.82），我们使用以下积分公式：

$$\int \frac{du}{\sqrt{u^2 + a^2}} = \ln\left(u + \sqrt{u^2 + a^2}\right) \qquad (6.83)$$

式中

$$u \equiv V(y) - V_{dsat}$$
$$a \equiv E_c l_i (是一个常数) \qquad (6.84)$$

利用式（6.83）中的积分公式，由式（6.82）得到

$$-\frac{\Delta L}{l_i} = \ln\left[(V(y) - V_{dsat}) + \sqrt{(V(y) - V_{dsat})^2 + (E_c l_i)^2} \right] \Bigg|_{V_{dsat}}^{V_{ds}} \qquad (6.85)$$

现在，利用边界条件，可以把式（6.85）写成

$$-\frac{\Delta L}{l_i} = \left\{ \ln\left[(V_{ds} - V_{dsat}) + \sqrt{(V_{ds} - V_{dsat})^2 + (E_c l_i)^2} \right] - \right.$$
$$\left. \ln\left[(V_{dsat} - V_{dsat}) + \sqrt{(V_{dsat} - V_{dsat})^2 + (E_c l_i)^2} \right] \right\} \qquad (6.86)$$

简化后得到

$$\Delta L = -\frac{\varepsilon_{si} T_{ox} t_{fin}}{2\varepsilon_{ox}} \ln\left[\frac{(V_{ds} - V_{dsat}) + \ln\sqrt{(V_{ds} - V_{dsat})^2 + (E_c l_i)^2}}{E_c l_i} \right] \qquad (6.87)$$

我们从 I_{ds} 表达式中知道，$I_{ds} \propto 1/L$，因此，我们可以写出如下的漏极电流 I_{ds} 表达式以考虑 CLM 效应

$$I_{ds} = \frac{L}{L - \Delta L} I_{ds0} \tag{6.88}$$

式中，I_{ds0} 是由式（5.71）和式（5.98）给出的没有 CLM 效应的漏极电流。

6.6　输出电阻

为了确定 FinFET 器件的输出电阻（R_{out}），我们考虑 $I_{ds} - V_{ds}$ 特性和 $I - V$ 一阶导数的倒数数据（R_{out}），两者叠放在图 6.9[60] 上。虽然图 6.9 是针对体 MOSFET 获得的，但它也适用于 FinFET 器件。如图 6.9 所示，R_{out} 图可分为四个不同区域，工作机理各不相同。

从图 6.9 所示的 $I - V$ 图和输出电阻 R_{out}（V_{ds}）的一般行为来看，四个不同的区域是①晶体管或线性；②沟道长度调制（CLM）；③漏致势垒降低（DIBL）；④衬底电流诱导体效应（SCBE）。三种机理 CLM、DIBL 和 SCBE 影响饱和区的 R_{out}；然而，它们各自在三个不同区域中的一个区域中占主导地位，如图 6.9 所示。

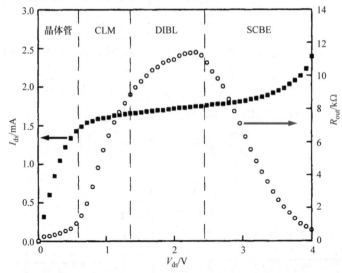

图 6.9　nMOSFET 器件的漏极电流 I_{ds} 和输出电阻 R_{out}，根据不同的物理机制划分为不同的工作区[60]

我们知道，I_{ds} 同时依赖于 V_{gs} 和 V_{ds}，从图 6.9 中，我们发现 I_{ds} 在饱和区域（CLM 和 DIBL）弱依赖于 V_{ds}。由于饱和区 I_{ds} 对 V_{ds} 的依赖性很弱，我们可以在 $V_{ds} = V_{dsat}$ 处对 I_{ds} 进行泰勒级数展开，并忽略高阶项得到

$$I_{ds}(V_{gs}, V_{ds}) = I_{ds}(V_{gs}, V_{dsat}) + \frac{dI_{ds}(V_{gs}, V_{ds})}{dV_{ds}}(V_{ds} - V_{dsat})$$

$$= I_{dsat}\left(1 + \frac{1}{I_{dsat}}\frac{dI_{ds}(V_{gs}, V_{ds})}{dV_{ds}}(V_{ds} - V_{dsat})\right)$$

$$= I_{dsat}\left(1 + \frac{V_{ds} - V_{dsat}}{V_A}\right) \tag{6.89}$$

式中

$$I_{dsat} = I_{ds}(V_{gs}, V_{dsat})$$

$$V_A = I_{dsat}\left(\frac{dI_{ds}}{dV_{ds}}\right)^{-1} \tag{6.90}$$

在式（6.90）中，I_{dsat}的表达式由式（5.71）给出。在式（6.89）中，V_A被称为 Early 电压（采用在描述双极结晶体管输出电阻[44]时用过的原始称谓），并用于分析饱和区中 FinFET 器件的输出电阻。为了确定 V_A，我们考虑 CLM、DIBL 和 SCBE 项对输出电阻的贡献，如下所示：

$$V_{ACLM} = I_{dsat}\left(\frac{dI_{ds}}{dL} \cdot \frac{dL}{dV_{ds}}\right)^{-1} = C_{clm}(V_{ds} - V_{dsat}) \tag{6.91}$$

$$V_{ADIBL} = I_{dsat}\left(\frac{dI_{ds}}{dV_{th}} \cdot \frac{dV_{th}}{dV_{ds}}\right)^{-1} \tag{6.92}$$

$$V_{ASCBE} = I_{dsat}\left(\frac{dI_{ds}}{dI_{sub}} \cdot \frac{dI_{sub}}{dV_{ds}}\right)^{-1} \tag{6.93}$$

6.7　小结

本章讨论了小尺寸 FinFET 器件的特性，以说明物理效应对实际器件性能的影响。为了精确描述小尺寸器件，讨论了不同的结构和物理效应。首先，阐述了描述漏场渗透进沟道的影响及由此而生的短沟道效应的器件有效长度。然后描述了 V_{th} 滚降、DIBL、QM 效应、低场迁移率、速度饱和和 CLM 的数学公式。最后给出了输出电阻及其对漏极电流的影响。

参 考 文 献

1. F.-L. Yang, D.-H. Lee, H.-Y. Chen, *et al.*, "5nm-gate nanowire FinFET." In: *Symposium on VLSI Technology*, pp. 196–197, 2004.
2. K. Suzuki, T. Tanaka, Y. Tosaka, H. Horie, Y. Arimoto, "Scaling theory for double-gate SOI MOSFETs," *IEEE Transactions on Electron Devices*, 40(12), pp. 2326–2329, 1993.
3. H.-S.P. Wong, D.J. Frank, and P.M. Solomon, "Device design considerations for double-gate, ground plane and single-gate ultra-thin SOI MOSFETs at the 25nm channel length consideration." In: *IEEE International Electron Devices Meeting Technical Digest*, pp. 407–410, 1998.
4. J. Kedzierski, D.M. Fried, E.J. Nowak, *et al.*, "High-performance symmetric-gate and CMOS-compatible Vt asymmetric-gate FinFET devices." In: *IEEE International Electron Devices Meeting Technical Digest*, pp. 437–440, 2001.
5. C. Duvvury, "A guide to short channel effects in MOSFETS," *IEEE Circuit and Devices Magazine*, 2(6), pp. 6–10, 1986.

6. C.Y. Lu and J.M. Sung, "Reverse short channel effects on threshold voltage in submicron salicide devices," *IEEE Electron Device Letters*, 10(10), pp. 446–448, 1989.

7. E.H. Li, K.M. Hong, Y.C. Cheng, and K.Y. Chan, "The narrow channel effect in MOSFET with semi-recessed oxide structures," *IEEE Transactions on Electron Devices*, 37(3), pp. 692–701, 1990.

8. L.A. Akers, "The inverse narrow width effect," *IEEE Electron Device Letters*, 7(7), pp. 419–421, 1986.

9. W. Fichtner and H.W. Potzl, "MOS modeling by analytical approximations-subthreshold current and subthreshold voltage," *International Journal of Electronics*, 46(1), pp. 33–35, 1979.

10. R.R. Troutman, "VLSI limitations from drain-induced barrier lowering," *IEEE Transactions on Electron Devices*, ED-26(4), pp. 461–469, 1979.

11. M.S. Liang, J.Y. Choi, P.-K. Ko, and C. Hu, "Inversion layer capacitance and mobility of very thin oxide MOSFETs," *IEEE Transactions on Electron Devices*, 33(3), pp. 409–413, 1986.

12. C.G. Sodini, P.K. Ko, and J.L. Moll, "The effects of high fields on MOS device and circuit performance," *IEEE Transaction on Electron Devices*, ED-31(10), pp. 1386–1393, 1984.

13. F. Balestra, S. Cristoloveanu, M. Benachir, J. Brini, T. Elewa, "Double-gate silicon-on-insulator transistor with volume inversion: A new device with greatly enhanced performance," *IEEE Electron Devices Letters*, 8(9), pp. 410–412, 1987.

14. J.P. Colinge, M.H. Gao, A. Romano, *et al.*, "Silicon-on-insulator 'gate-all-around' MOS device." In: *IEEE International Electron Devices Meeting Technical Digest*, pp. 595–598, 1990.

15. M.V. Dunga, "Nanoscale CMOS modeling," Ph.D. dissertation, Electrical Engineering and Computer Science, University of California Berkeley, Berkeley, CA, 2008.

16. D. Lu, "Compact models for future generation CMOS," Ph.D. dissertation, Electrical Engineering and Computer Science, University of California Berkeley, Berkeley, CA, 2011.

17. X. Liang and Y. Taur, "A 2-D analytical solution for SCEs in DG MOSFETs," *IEEE Transactions on Electron Devices*, 51(9), pp. 1385–1391, 2004.

18. Q. Chen, E.M. Harrell, and J.D. Meindl, "A physical short-channel threshold voltage model for undoped symmetric double-gate MOSFETs," *IEEE Transactions on Electron Devices*, 50(7), pp. 1631–1637, 2003.

19. K. Suzuki, Y. Tosaka, and T. Sugii, "Analytical threshold voltage model for short channel n+/p+ double-gate SOI MOSFETs," *IEEE Transactions on Electron Devices*, 43(5), pp. 732–738, 1996.

20. K.K. Young, "Short-channel effect in fully depleted SOI MOSFET's," *IEEE Transactions on Electron Devices*, 36(2), pp. 399–402, 1989.

21. W. Xiong, "Multigate MOSFET technology." In: *FinFETs and Other Multi-Gate Transistors*, J.-P. Colinge, (ed.), Springer, Cambridge, MA, 2008.

22. R.-H. Yan, A. Ourmazd, and K.F. Lee, "Scaling the Si MOSFET: From bulk to SO1 to bulk," *IEEE Transactions on Electron Devices*, 30(7), pp. 1704–1710, 1992.

23. Z.-H. Liu, C. Hu, J.-H. Huang, *et al.*, "Threshold voltage model for deep-submicron MOSFETs," *IEEE Transactions on Electron Devices*, 40(1), pp. 86–95, 1993.

24. S. Saha, "Effects of inversion layer quantization on channel profile engineering for nMOSFETs with 0.1 μm channel lengths," *Solid-State Electronics*, 42(11), pp. 1985–1991, 1998.

25. J.-P. Colinge, "The SOI MOSFET: From single gate to multigate." In: *FinFETs and Other Multi-Gate Transistors*, J.-P. Colinge, (ed.), Springer, Cambridge, MA, 2008.

26. T. Oussie, "Self-consistent quantum-mechanical calculations in ultrathin silicon-on-insulator structures," *Journal of Applied Physics*, 76(10), pp. 5989–5995, 1994.

27. J.P. Colinge, X. Baie, and V. Bayot, "Evidence of two-dimensional carrier confinement in thin n-channel SOI gate-all-around (GAA) devices," *IEEE Electron Device Letters*,

15(6), pp. 193–195, 1994.

28. S. Cristoloveanu and D.E. Ioannou, "Adjustable confinement of the electron gas in dual-gate silicon-on-insulator mosfet's," *Superlattices and Microstructures*, 8(1), pp. 131–135, 1990.

29. X. Baie and J.P. Colinge, "Two-dimensional confinement effects in gate-all-around (GAA) MOSFETs," *Solid-State Electronics*, 42(4), pp. 499–504, 1998.

30. T. Oussie, T. Oussie, D.K. Maude, *et al.*, "Subband structure and anomalous valley splitting in ultra-thin silicon-on-insulator MOSFET's," *Physica Part B: Condensed Matter*, 249–251(6), pp. 731–734, 1998.

31. G. Baccarani and S. Reggiani, "A compact double-gateMOSFET model comprising quantum-mechanical and nonstatic effects," *IEEE Transactions on Electron Devices*, 46(8), pp. 1656–1666, 1999.

32. L. Ge and J.G. Fossum, "Analytical modeling of quantization and volume inversion in thin Si-film DG-MOSFETs," *IEEE Transactions on Electron Devices*, 49(2), pp. 287–292, 2002.

33. A. Rahman and M.S. Lundstrom, "A compact scattering model for the nanoscale double-gate MOSFET," *IEEE Transactions on Electron Devices*, 49(3), pp. 481–489, 2012.

34. S. Venugopalan, M.A. Karim, S. Salahuddin, *et al.*, "Phenomenological compact model for QM charge centroid in multi gate FETs," *IEEE Transactions on Electron Devices*, 60(4), pp. 480–484, 2013.

35. L.D. Landau and E.M. Lifshitz, *Quantum Mechanics*, Addison-Wesley, Reading, MA, 1990.

36. T. Ando, A.B. Fowler, and F. Stern, "Electronic properties of two-dimensional systems," *Review of Modern Physics*, 54(2), pp. 437–672, 1982.

37. P.N. Butcher, "Theory of electron transport in low-dimensional semiconductor structures." In: *Physics of Low-Dimensional Semiconductor Structures: Physics of Solids and Liquids*, P.N. Butcher, N.H. March, and M.P. Tosi, (eds.), pp. 95–176, Springer, Boston, MA, 1993.

38. X. Shao and Z. Yu, "Nanoscale FinFET simulation: A quasi-3D quantum mechanical model using NEGF," *Solid-State Electronics*, 49(8), pp. 1435–1445, 2005.

39. B. Majkusiac, T. Janik, and J. Walczak, "Semiconductor thickness effects in the double-gate SOI MOSFET," *IEEE Transactions on Electron Devices*, 45(5), pp. 1127–1134, 1998.

40. J.-P. Colinge, J.C. Alderman, W. Xiong, and C.R. Cleavelin, "Quantum-mechanical effects in trigate SOI MOSFETs," *IEEE Transactions on Electron Devices*, 53(5), pp. 1131–1136, 2006.

41. L. Ge, J.G. Fossum, and F. Gamiz, "Mobility Enhancement via volume inversion in double-gate MOSFETs." In: *Proceedings of the IEEE International Conference on SOI*, pp. 153–154, 2003.

42. Ge. Tsutsui, M. Saitoh, T. Saraya, *et al.*, "Mobility enhancement due to volume inversion in [110]-oriented ultra-thin body double-gate nMOSFETs with body thickness less than 5 nm." In: *International Electron Devices Meeting Technical Digest*, pp. 729–732, 2005.

43. H.K. Lim and J.G. Fossum, "Threshold voltage of thin-film Silicon-on-insulator (SOI) MOSFET's," *IEEE Transactions on Electron Devices*, 30(10), pp. 1244–1251, 1983.

44. S.K. Saha, *Compact Models for Integrated Circuit Design: Conventional Transistors and Beyond*, CRC Press, Taylor & Francis Group, Boca Raton, FL, 2015.

45. Y. Omura, S. Horiguchi, M. Tabe, and K. Kishi, "Quantum-mechanical effects on the threshold voltage of ultrathin-SOI nMOSFETs," *IEEE Electron Device Letters*, 14(12), pp. 569–571, 1993.

46. K. Uchida, J. Koga, R. Ohba, *et al.*, "Experimental evidences of quantum-mechanical effects on low-field mobility, gate-channel capacitance, and threshold voltage of ultra-thin body SOI MOSFETs." In: *IEEE International Electron Devices Meeting Technical Digest*, pp. 633–636, 2001.

47. T. Ernst, S. Cristoloveanu, G. Ghibaudo, *et al.*, "Ultimately thin double-gate SOI MOSFETs," *IEEE Transactions on Electron Devices*, 50(3), pp. 830–838, 2003.
48. F. Stern and W.E. Howard, "Properties of semiconductor surface inversion layers in the electric quantum limit," *Physical Review*, 163(3), pp. 816–835, 1967.
49. W. Wei, "Quantum modeling of symmetric double-gate MOSFETs," Ph. D. dissertation, Electrical Engineering (Applied Physics), University of California San Diego, La Jolla, CA, 2007.
50. N.D. Arora and G.Sh. Gildenblat, "A semi-empirical model of the MOSFET inversion layer mobility for low temperature operation," *IEEE Transactions on Electron Devices*, 34(1), pp. 89–93, 1987.
51. S.C. Sun and J.D. Plummer, "Electron mobility in inversion and accumulation layers on thermally grown oxidized silicon surfaces," *IEEE Transactions on Electron Devices*, 27(8), pp. 1497–1508, 1980.
52. D.T. Amm, H. Mingam, P. Delpech, and T.T. D'ouville, "Surface mobility in n+ and p+ doped polysilicon gate PMOS transistors," *IEEE Transactions on Electron Devices*, 36(5), pp. 963–968, 1989.
53. M.S. Liang, J.Y. Choi, P.-K. Ko, and C. Hu, "Inversion layer capacitance and mobility of very thin oxide MOSFETs," *IEEE Transactions on Electron Devices*, 33(3), pp. 409–413, 1986.
54. K. Lee, J.Y. Choi, S.P. Sim, and C.K. Kim, "Physical understanding of low field carrier mobility in silicon inversion layer," *IEEE Transactions on Electron Devices*, 38(8), pp. 1905–1912, 1991.
55. K. Chen, H.C. Wann, J. Dunster, *et al.*, "MOSFET carrier mobility model based on gate oxide thickness, threshold and gate voltages," *Solid-State Electronics*, 39(10), pp. 1515–1518, 1996.
56. Y. Cheng, M.-C. Jeng, Z. Liu, *et al.*, "A physical and scalable BSIM3v3 I-V model for analog/digital circuit simulation," *IEEE Transactions on Electron Devices*, 44(2), pp. 227–287, 1997.
57. Y.S. Chauhan, D.D. Lu, S. Venugopalan, *et al.*, *FinFET Modeling for IC Simulation and Design: Using the BSIM-CMG Standard*, Academic Press, San Diego, CA, 2015.
58. C. Sodini, P.K. Ko, and J. Moll, "The effect of high fields on MOS device and circuit simulation," *Transactions on Electron Devices*, 31(10), pp. 1386–1393, 1984.
59. N.D. Arora, *MOSFET Models for VLSI Circuit Simulation: Theory and Practice*, Springer – Verlag, Vienna, 1993.
60. J.H. Huang, H. Liu, M.C. Jeng, *et al.*, "A physical model for MOSFET output resistance." In: *IEEE International Electron Devices Meeting Technical Digest*, pp. 569–572, 1992.

第7章

FinFET 中的泄漏电流

7.1 简介

在第1章中，我们讨论了 Fin 场效应晶体管（FinFET）器件结构由于在超薄 Fin 沟道上通过 Fin 周围的多个栅极增加了栅极的控制能力而降低了短沟道效应（SCE）。然而，当器件尺寸接近极限时[1]，由于器件工作过程中固有的物理机制，FinFET 容易受到泄漏电流的影响。FinFET 泄漏电流的主要来源有：亚阈值弱反型区漏源极之间的泄漏[2]；分别在漏端和体端以及源端和体端之间的栅致漏极泄漏（GIDL）和栅致源极泄漏（GISL）[3-6]；碰撞电离或衬底泄漏[7-10]；在栅极到源极、漏极和体端之间的栅氧化层泄漏[11-14]；源体和漏体 pn 结在器件的开态及关态下的泄漏电流[2,15]。加上源漏 pn 结泄漏电流、栅氧化层隧穿电流和碰撞电离泄漏电流，器件在导通状态下的总漏极电流 I_{ds} 变得明显不同。因此，表征 FinFET 器件中不同的泄漏电流对于准确分析超大规模集成（VLSI）电路和系统中的驱动电流和器件性能至关重要。在本章中，我们讨论了 FinFET 中不同泄漏电流的物理机理，并给出了定量分析 FinFET 器件中这些泄漏电流的数学公式。

7.2 亚阈值泄漏电流

在 FinFET 工作的亚阈值区或弱反型区，外加栅极偏压（V_{gs}）低于从源极到漏极感应出导电沟道所需的器件阈值电压（V_{th}）。

因此，在 $|V_{gs}| < |V_{th}|$ 工作模式下，FinFET 结构由两个背靠背 pn 结组成，只有泄漏电流从器件的源极流向漏极。在 nFinFET（n 沟道 FinFET）中，这种泄漏电流是由于 n$^+$ 源扩散区中的少数载流子电子具有足够的能量克服源极 – 沟道势垒（V_{bi}）扩散到器件漏极侧所致。因此，在亚阈值区对于任何外加漏极偏压 $V_{ds} > 0$，这些电子产生非零漏极电流 I_{ds}。这种泄漏电流通常被称为弱反型或亚阈值电流，是先进 FinFET 器件的主要泄漏电流机制。由于这些少数载流子的数量随着 V_{gs}（对于 $|V_{gs}| < |V_{th}|$ 时）呈指数增长（见图 5.8），因此弱反型电流也呈指数增长，如图 7.1 所示。

如图 7.1 所示，$\log(I_{ds}) - V_{gs}$ 特性曲线斜率的倒数（dI_{ds}/dV_{gs}）$^{-1}$ 被定义为亚阈值摆幅（S）。通常，S 的单位是 I_{ds} 每变化 10 倍所要求的 V_{gs} 变化量（mV）。如 5.4.3.4 节所述，在

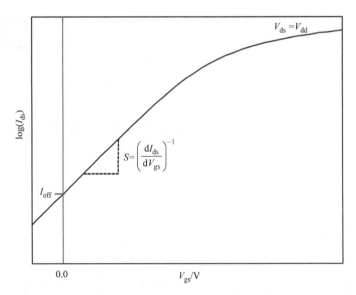

图 7.1   典型 DG – FinFET 器件在 $V_{ds} = V_{dd}$（电源电压）时的 $I_{ds} - V_{gs}$ 特性；
I_{off} 和 S 分别是关态泄漏电流和亚阈值摆幅

室温（300K）下，S 的理想值约为 60mV/dec。该 S 值是室温下的基本极限，表示必须将 V_{gs} 值增加 60mV，才能使翻越势垒的 I_{ds} 值增加 10 倍。

同样，如第 1 章所讨论的，FinFET 器件提供了很强的抑制 SCE 和降低关态泄漏电流（I_{off}）的能力，这是由于其强大的沟道静电控制能力。然而，如 6.2.4 节所述，在短沟道器件中，源极到漏极区域非常接近以及它们与栅极的电荷共享导致 V_{th} 在较高漏极电压 V_{ds} 下的退化。这是因为漏极离源极足够近，以致 V_{ds} 可以有效地降低硅/SiO$_2$ 界面处的源极 – 沟道势垒高度[2,15,16]。这种通过漏极偏置降低源极 – 沟道界面势垒的效应被定义为漏致势垒降低（DIBL）。理想情况下，DIBL 定义为[17]

$$\frac{dV_{th}}{dV_{ds}} = \frac{V_{th}(V_{ds,high}) - V_{th}(V_{ds,low})}{V_{ds,high} - V_{ds,low}} \tag{7.1}$$

式中，$V_{th}(V_{ds,high})$ 是在高漏极偏压下测量的 V_{th} 值，$V_{ds} = V_{dd}$（为电源电压）；$V_{th}(V_{ds,low})$ 是在低漏极偏压下测量的 V_{th} 值，$V_{ds} \leqslant 50$mV（例如，10mV）。

由于 DIBL 效应，V_{th} 的值随着 V_{ds} 值的增加而减小，因此，从式（7.1）中，DIBL 引起的 ΔV_{th} 值（$\Delta V_{th,DIBL}$）为负值，显示是由于漏极偏压 V_{ds} 引起的 SCE。

7.3   栅致漏极和源极泄漏电流

栅致漏极泄漏电流 I_{gidl} 和栅致源极泄漏电流 I_{gisl} 是 FinFET 器件工作在高漏极电压 $|V_{ds}|$ 和低栅极电压 $|V_{gs}| \leqslant 0$ 时引起。因此，对于 n 沟道 DG – FinFET 器件，当 $v_{gs} \leqslant 0$ 并且对器件施加高 V_{ds} 值时，如图 7.2 所示，产生的高电场导致栅漏交叠区硅表面附近的能带出

现较大弯曲，从而触发载流子的带–带隧穿（BTBT）。因此，在 FinFET 器件观察到大量的漏极泄漏电流。

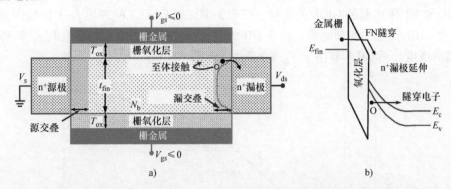

图 7.2　nFinFET 器件中的栅致漏极泄漏电流：a）栅二极管，仅在漏极 FinFET 处，显示电子–空穴对的产生和传输；b）归因于外加漏极电压引起的高横向电场的 FN 隧穿

　　图 7.2a 显示了在高 $V_{ds} \gg V_{gs}$ 条件下，由于 BTBT 引起 GIDL 电流 I_{gidl} 的 nFinFET 器件的二维（2D）截面以及栅漏交叠耗尽区中相应的能带图（图 7.2b）。该 BTBT 电流是由于栅漏交叠区域中的载流子产生，如图 7.2a 所示。从基本器件物理（第 3 章）我们知道，在金属–氧化物–半导体（MOS）系统的 p 型体中，$V_{gs} > 0$ 会导致耗尽层和反型层的产生，而在 MOS 系统的 n 型体中，则是 $V_{gs} < 0$ 起到同样的作用。因此，在偏置条件 $V_{ds} \gg 0$ 和 $V_{gs} \leqslant 0$ 下，n 型栅漏交叠区相当于一个 MOS 系统并且该区域的表面趋向于耗尽和反型。然而，栅漏交叠区的反型不太容易发生，因为与沟道相比，漏极的掺杂非常重。然而，当 $V_{gd} \ll 0$ 时，外加 V_{ds} 至少使交叠区中的载流子耗尽，从而引起表面能带较大弯曲，如图 7.2b 所示。如果栅漏交叠区硅/栅氧化物界面处的能带弯曲大于漏极区的能隙 E_g，则发生 BTBT。

　　在 BTBT 条件下，n^+ 漏区价带（VB）中的电子通过窄带隙进入导带（CB），在价带中留下空穴。此外，源漏注入产生的缺陷或陷阱导致陷阱辅助隧穿，提高了载流子穿越窄能隙的隧穿概率。因此，当由 BTBT 或陷阱辅助隧穿产生的少数载流子到达表面试图形成反型层时，它们立即被横向扫向衬底。隧穿电子在漏极/接触处收集，增加 I_{ds}，而价带中留下的空穴在衬底电极处收集，增加了体 FinFET 的衬底电流，或者在 SOI–FinFET 的情形，在源极接触处收集增大了源极泄漏电流。这种现象被定义为栅致漏极泄漏（GIDL），是 FinFET 中关态泄漏电流的主要来源。

　　因此，从以上对 GIDL 的物理机制的描述中，我们发现在 GIDL 现象下，由于表面缺乏可持续的空穴反型层，栅漏交叠区中的半导体表面处于深耗尽状态，能带弯曲 $\phi_s > 2\phi_B$。空穴反型层的缺乏是由于这样一个事实，即所产生的任何空穴都将通过内建结电势以及外加衬底–漏极（V_{bd}）反向偏置（如果有的话）漂移并扩散到体 FinFET 的体区或 SOI–FinFET 的源极。然而，在正向 V_{bd} 的情况下，空穴可能保留在界面上并形成反型层，并且通过从耗尽电荷屏蔽 V_{ds} 而使得带弯曲钉扎在 $2\phi_B < E_g$ 处。因此，在正向偏置 V_{bd} 的情况下，I_{gidl} 被抑制。另一方面，对于 SOI–FinFET，浮体中形成的空穴提高了体电势，使体源结正偏。这使

得空穴能够注入 n^+ 源区。

在上述物理机制的框架内，应当注意，GIDL 不是由 SCE 引起的。图 7.3 给出了 SCE 引起的 DIBL 和 BTBT 引起的 GIDL 的比较。图 7.3 中理想 FinFET 的理想 $I-V$ 曲线图显示了由于 DIBL 和 GIDL 产生的泄漏电流。由于 DIBL，V_{gs} 上 I_{ds} 最小值位置取决于 V_{dd}、器件的工艺参数和陷阱密度，而 GIDL 取决于 $V_{gs} \leqslant 0$ 或 $V_{dg} \gg 0$ 时的 V_{dd}。

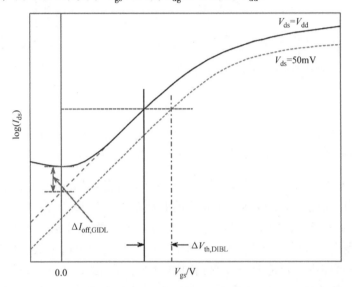

图 7.3　$V_{ds} = 50\text{mV}$ 和 V_{dd}（电源电压）下典型 DG – FinFET 器件的 $I_{ds} - V_{gs}$ 特性：$\Delta I_{\text{off,GIDL}}$ 和 $\Delta V_{\text{th,DIBL}}$ 分别是由于 GIDL 引起的关态泄漏电流的增加和由于 DIBL 引起的 V_{th} 的减少

实际上，如图 7.3 所示，DIBL 是用在 $V_{ds} = V_{ds,low}$（例如，50mV）和 $V_{ds} = V_{dd}$ 下测量的 V_{th} 值之间的差值来度量。这里，V_{th} 是在器件的亚阈值区的恒定电流水平下测量的。由于 V_{th} 随着 V_{ds} 的增加而减小，$\Delta V_{\text{th,DIBL}}$ 为负值，如图 7.3 所示。

7.3.1　栅致漏极泄漏电流的计算

根据对 GIDL 物理机制的一般性讨论，nFinFET 器件中产生 GIDL 电流的必要条件如下：

1）器件的偏压条件必须满足 $V_{ds} \gg V_{gs}$，使得 $V_{dg} \gg 0$ 在漏端的栅漏交叠区表面引起大的能带弯曲。

2）栅漏交叠区硅/SiO_2 界面处的能带弯曲必须高于 E_g，以便价带能态与导带能态重叠，如图 7.2b 所示。在这种情况下，栅漏交叠区中的半导体表面处于深耗尽状态，能带弯曲远大于 E_g 且表面势 $\phi_s > 2\phi_B$，其中 ϕ_B 是式（2.37）中定义的体电势。因此，GIDL 可以定义为 $\phi_s = E_g$ 时开始发生，也就是说，当栅漏交叠区的硅/SiO_2 处的能带弯曲等于能隙时。

3）外加 V_{ds} 产生的电场必须很大（约 $\text{MV} \cdot \text{cm}^{-1}$），以致导带和价带重叠区域中的载流子隧穿势垒很窄，以便于 BTBT。

假设上述要求成立，我们可以利用量子力学（QM）粒子隧穿的 Wentzel – Kramers –

Brillouin（WKB）近似，推导出 GIDL 引起的泄漏电流 I_{gidl} 的数学表达式。因此，应用 WKB 近似，BTBT 隧穿电流密度 J_{gidl} 可以表示为[2]

$$J_{gidl} = AE_s \exp\left(-\frac{B}{E_s}\right) \tag{7.2}$$

式中，A 是一个常数，它取决于发射侧和接收侧的态密度；B 是一个物理参数，它取决于 E_g 和隧穿方向载流子的有效质量；E_s 是受 BTBT 影响的栅漏重叠区的表面电场。

现在，根据高斯定律，我们知道在硅/SiO$_2$ 界面

$$\varepsilon_{ox} E_{ox} = \varepsilon_{si} E_s$$

或者

$$E_s = \frac{\varepsilon_{ox}}{\varepsilon_{si}} \frac{V_{ox}}{T_{ox}} \tag{7.3}$$

式中，ε_{ox} 是 SiO$_2$ 的介电常数；ε_{si} 是硅的介电常数；E_{ox} 是氧化层中的电场，$E_{ox} = V_{ox}/T_{ox}$；V_{ox} 是氧化层中的电压降；T_{ox} 是栅氧化层厚度。

然后，考虑一种理想的 nFinFET 结构，外加栅极偏压 V_{gs} 和漏极偏压 V_{ds}，使得 $V_{dg} \gg 0$（条件 1），得到在 n$^+$ 栅漏交叠 MOS 电容器区的硅/SiO$_2$ 界面

$$V_{ds} = (V_{gs} - V_{fbsd}) + \phi_s + V_{ox} \tag{7.4}$$

式中，V_{fbsd} 是平带电压，表示用于使 n$^+$ 栅漏交叠 MOS 系统的 n$^+$ 表面能带平坦的那部分 V_{gs}；ϕ_s 是 n$^+$ 栅漏交叠区的表面势。

现在，使用条件 2，在 BTBT 开始时 $\phi_s = E_g$，由式（7.4）得到

$$V_{ox} = V_{ds} - V_{gs} + V_{fbsd} - E_g \tag{7.5}$$

然后将式（7.5）中 V_{ox} 的表达式代入式（7.3），得到表面电场的表达式为

$$E_s = \frac{V_{ds} - V_{gs} + V_{fbsd} - E_g}{(\varepsilon_{si}/\varepsilon_{ox}) T_{ox}} \tag{7.6}$$

如果 W_{eff} 是器件的有效宽度，则可通过将式（7.6）中的 E_s 的表达式代入式（7.2）获得由于 BTBT 引起的 $I_{gidl} = J_{gidl} W_{eff}$ 的表达式，并由下式给出：

$$I_{gidl} = A W_{eff} \left(\frac{V_{ds} - V_{gs} + V_{fbsd} - E_g}{(\varepsilon_{si}/\varepsilon_{ox}) T_{ox}}\right) \exp\left(-\frac{B(\varepsilon_{si}/\varepsilon_{ox}) T_{ox}}{V_{ds} - V_{gs} + V_{fbsd} - E_g}\right) \tag{7.7}$$

需要注意的是，对于无掺杂或轻掺杂的超薄体 FinFET，由于 V_{ds} 不严格适用于 FinFET 的情况，所以在相同的 V_g 和高电场（MV·cm^{-1}）条件下，体两侧的电势发生变化。因此，I_{gidl} 在轻掺杂薄体 FinFET 中小得可以忽略。

7.3.2　栅致源极泄漏电流的计算

按照 7.3.1 节中使用的程序，我们可以推导出对称 nFinFET 栅源交叠区中由于 BTBT 引起的 GISL 电流 I_{gisl} 的表达式，如下所示：

$$I_{gisl} = A W_{eff} \left(\frac{V_{sd} - V_{gs} + V_{fbsd} - E_g}{(\varepsilon_{si}/\varepsilon_{ox}) T_{ox}}\right) \exp\left(-\frac{B(\varepsilon_{si}/\varepsilon_{ox}) T_{ox}}{V_{sd} - V_{gs} + V_{fbsd} - E_g}\right) \tag{7.8}$$

式中，V_{sd} 是源漏偏压，$V_{sd} \gg V_{gs}$，因此 $V_{sg} \gg 0$。

对于体 FinFET 器件，漏极－衬底和源极－衬底偏压都会影响 BTBT 泄漏电流。因此，为了准确地描述体 FinFET 中的 I_{gidl} 和 I_{gisl} 特性，必须考虑漏极－衬底（V_{db}）和源极－衬底（V_{sb}）偏置。

7.4 碰撞电离电流

碰撞电离是一种物理现象，高能电子将晶格原子中的价带电子撞出，产生电子和空穴，从而使晶格原子电离。当 nFinFET 器件在强反型区工作时，通过沟道漏端附近高电场的沟道电子可以获得高能量。这些高能电子称为热电子。这些具有足够动能的热电子，当它们与晶格原子碰撞时，可以通过撞出价带中电子、留下空穴使晶格原子电离[7-10]。空穴进入衬底产生衬底泄漏电流 I_{sub}，如图 7.4 所示。一些电子有足够的能量克服硅/SiO$_2$能垒，到达栅氧化层，产生栅极电流 I_g，如图 7.4 所示；并且，一些被收集到漏极，从而产生漏极电流 I_{ds}。漏极附近的最大电场 E_m 对热载流子效应有最大的控制作用。

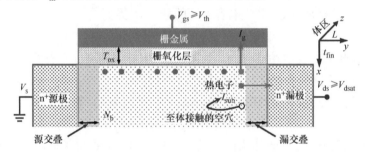

图 7.4　FinFET 中的热载流子效应，显示了 nFinFET 器件中的沟道热电子
对漏极电流的贡献并产生衬底电流 I_{sub} 和栅极电流 I_g

MOSFET 器件中详细的热载流子机制在参考文献［15］中进行了描述，总结如下。当高漏极偏压 $V_{ds} > V_{dsat}$（漏极饱和电压）被施加到 $V_{gs} > V_{th}$ 强反型的 nFinFET 器件时，在高沟道电场下移动的反型层电子引起以下结果：

1）高能电子沿着沟道运动，从电场中获得足够的动能并变热；

2）热电子与晶格中的硅原子碰撞并破坏共价键，从而产生电子和空穴，导致载流子倍增；

3）对于体 FinFET，由于有利于产生衬底泄漏电流 I_{sub} 电场的存在，空穴被扫向衬底；

4）I_{sub} 流过体区导致体区电势下降，从而使源极－沟道 pn 结正偏，降低了源极－沟道势垒 $\phi_{bi}(s)$，并使更多的载流子从源极注入沟道；

5）由于 $\phi_{bi}(s)$ 减少所致的额外载流子注入导致更多载流子流入漏极，这样增加的 I_{ds} 称为 6.6 节中讨论过的衬底电流诱导体效应（SCBE）。

通过以上讨论，我们发现，nFinFET 器件中的碰撞电离泄漏电流是由于晶格原子被从源极往漏极运动的沟道热电子电离而产生的空穴引起的。沿器件沟道的局部碰撞电离电流

$I_{ii}(y)$ 随着沟道电流 I_{ds} 和电场强度的增加而增加,因为较高的电场增加了沟道电子的动能。因此,$I_{ii}(y)$ 可以写成

$$I_{ii}(y) = I_{ds}\alpha_n \tag{7.9}$$

式中,α_n 是单位长度的电子碰撞电离系数,是沿载流子传输方向的沟道电场 $E(y)$ 的强函数,由下式给出[9]:

$$\alpha_n = A_i \exp\left[-\frac{B_i}{E(y)} \right] \tag{7.10}$$

式中,A_i 是一个材料常数,它表示在沟道漏端附近的夹断区每单位长度发生的碰撞电离事件;B_i 是一个材料常数,表示引发碰撞电离事件所需的临界电场。

有关 α_n 数据的大多数报告都是在体硅中测量的,常数 A_i 和 B_i 的值范围很广[9,10,18]。Slotboom 等人[18] 测量了表面和体硅中的 α_n,并报告了如表 7.1 所示的常数值。

表 7.1　硅中表面和体区碰撞电离系数

α_n	A_i/cm^{-1}	$B_i/(\mathrm{V}\cdot\mathrm{cm}^{-1})$
表面	2.45×10^6	1.92×10^6
体区	7.03×10^5	1.23×10^6

如式 (7.10) 所示,由于 α_n 对电场的指数依赖关系,很容易看出碰撞电离将在最大电场的位置起主导作用。在 FinFET 中,最大电场 E_m 出现在器件的漏端[15]。因此,我们预计碰撞电离电流将由沟道漏端的最大电场 E_m 控制。将式 (7.10) 代入式 (7.9),然后在速度饱和区 l_i 中沿沟道长度积分,可以将 nFinFET 中的总碰撞电离电流写成

$$I_{ii} = I_{ds}A_i\int_0^{l_i}\exp\left(-\frac{B_i}{E(y)} \right)\mathrm{d}y \tag{7.11}$$

式中,y 是沿沟道长度的距离,$y=0$ 表示碰撞电离区的开始点;l_i 是发生碰撞电离的漏端的长度,如图 7.5 所示。

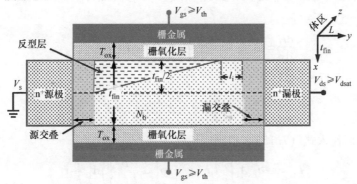

图 7.5　体衬底上 nFinFET 中的热载流子电流效应,显示了器件漏端的碰撞电离区 l_i;这里,顶栅的碰撞电离区仅用于图示

参数 l_i 可被视为有效碰撞电离长度,对于 DG – FinFET,可通过 6.2.2 节所述的沟道漏端附近电场的伪 2D 分析获得,并由下式给出:

$$l_i^2 = \frac{\varepsilon_{si}}{2\varepsilon_{ox}} T_{ox} t_{fin} \tag{7.12}$$

式中，T_{ox} 是栅氧化层厚度；t_{fin} 是 Fin 体的厚度。

为了解式（7.11），我们首先计算沟道中的电场。基于伪 2D 分析[16]，可以表明沟道电场 $E(y)$ 由下式给出：

$$E(y) = -\frac{dV}{dy} = \sqrt{\frac{(V(y) - V_{dsat})^2}{l_i^2} + E_c^2} \tag{7.13}$$

式中，E_c 表示载流子达到速度饱和时的沟道电场（$y = 0$，$E(y) = E_c$），该点的相应电压为饱和电压 V_{dsat}。对于电子，E_c 值约为 $2 \times 10^4 \mathrm{V} \cdot \mathrm{cm}^{-1}$。

在式（7.13）中，用 V_{ds} 替换 $V(y)$，可以很容易地得到发生在漏端的最大场强 E_m。由于在碰撞电离条件下，$E_c^2 \ll (V_{ds} - V_{dsat})^2 / l_i^2$，因此，忽略式（7.13）中的 E_c，可以给出 E_m 的近似表达式为

$$E_m \cong \frac{(V_{ds} - V_{dsat})}{l_i} \tag{7.14}$$

现在，用 $\left(\frac{dy}{dE}\right)dE = -E^2\left(\frac{dy}{dE}\right)d\left(\frac{1}{E}\right)$ 替换式（7.11）中的 dy，得到

$$I_{ii} = -I_{ds}A_i \int_{E_c}^{E_m} \exp\left(-\frac{B_i}{E(y)}\right) E^2 \frac{dy}{dE} d\left(\frac{1}{E}\right) \tag{7.15}$$

这里，$y = 0$，$E(y) = E_c$；$y = l_i$，$E(y) = E_m$。

再次，从速度饱和区的伪 2D 分析，可以得到

$$E(y) = E_c \cosh\left(\frac{y}{l_i}\right) = E_c \frac{\exp(y/l_i) - \exp(-y/l_i)}{2} \cong E_c \frac{1}{2} \exp\left(\frac{y}{l_i}\right) \tag{7.16}$$

由于 l_i 非常小，导致 y/l_i 非常大，因此 $\exp(-y/l_i)$ 非常小；然后对式（7.16）进行微分，得到

$$\frac{dE}{dy} = E_c \frac{1}{2} \exp\left(\frac{y}{l_i}\right) \cdot \left(\frac{1}{l_i}\right) = E(y)\left(\frac{1}{l_i}\right) \tag{7.17}$$

那么，由式（7.17）可以得到

$$-E^2\left(\frac{dy}{dE}\right) = -E^2\left(\frac{l_i}{E}\right) = l_i E \tag{7.18}$$

将式（7.18）代入式（7.15），得到

$$I_{ii} = -I_{ds}A_i \int_{E_c}^{E_m} l_i E(y) \exp\left(-\frac{B_i}{E(y)}\right) d\left(\frac{1}{E}\right) \tag{7.19}$$

由于式（7.19）中的指数项在 $E = E_m$ 处有一个明显的峰值，我们在 $E(y) = E_m$ 处对积分进行估算，并使其在该区域上保持不变，这样我们可以将其提到积分号外。经过这种简化后，式（7.19）可以解出 I_{sub} 为

$$I_{ii} = -I_{ds} A_i l_i E_m \int_{E_c}^{E_m} \exp\left(-\frac{B_i}{E(y)}\right) d\left(\frac{1}{E}\right) \tag{7.20}$$

经过积分和简化，假设 $E_c \ll E_m$，可以得出

$$I_{ii} \cong I_{ds} \frac{A_i}{B_i} l_i E_m \exp\left(-\frac{B_i}{E_m}\right) \tag{7.21}$$

将式（7.14）代入式（7.21），得到

$$I_{ii} \cong I_{ds} \frac{A_i}{B_i} (V_{ds} - V_{dsat}) \exp\left(-\frac{l_i B_i}{V_{ds} - V_{dsat}}\right) \tag{7.22}$$

式（7.22）用于计算 FinFET 器件中的衬底电流。请注意，式（7.22）与器件尺寸无关。为了模拟 I_{ii} 的沟道长度依赖性，用 $(\alpha_0 + \alpha_1/L_{eff})$ 代替比值 A_i/B_i 来表示

$$I_{ii} \cong \left(\alpha_0 + \frac{\alpha_1}{L_{eff}}\right)(V_{ds} - V_{dsat}) \exp\left(-\frac{\beta}{V_{ds} - V_{dsat}}\right) I_{dsa} \tag{7.23}$$

式中，α_0 是与尺寸无关的参数；α_1 是沟道长度相关的参数；$\beta = l_i B_i$；I_{dsa} 是无碰撞电离的漏极电流。

因此，尺寸依赖的碰撞电离泄漏电流可以用从测量数据获得的一组基本参数 $\{\alpha_0, \alpha_1, \beta\}$ 来表征。

7.5　源漏 pn 结泄漏电流

源漏 pn 结电流作为泄漏电流加到 FinFET 的固有 I_{ds} 上，引起器件性能的显著变化。关于 pn 结电流的详细讨论见 2.3.6 节。如 2.3.6 节所述，通过理想 pn 结的电流（I_{jn}）由式（2.119）给出如下：

$$I_{jn} = I_{jn0}\left[\exp\left(\frac{V_{jn}}{v_{kT}}\right) - 1\right] \tag{7.24}$$

式中，I_{jn0} 是反向饱和电流，取决于 pn 结的几何结构、材料和温度；V_{jn} 是外加的正向偏压；v_{kT} 是热电压。

在正向和反向偏置两种模式下，式（2.119）给出的 I_{jn} 的理想表达式都会在器件工作的一个显著范围内变得不准确，这是由于若干原因造成的，包括耗尽区的产生复合和 2.3.6.2 节所述的大注入。因此，考虑到物理效应并取决于外加的正向电压的大小，通过 pn 结的电流由经验表达式表示为

$$I_{jn} = I_{jn0}\left[\exp\left(\frac{V_{jn}}{n_{js} v_{kT}}\right) - 1\right] \tag{7.25}$$

式中，n_{js} 被称为理想因子，是实际和理想 $I-V$ 曲线偏差的度量。

通常，对于 pn 结，当扩散电流占主导地位时，$n_{js} = 1$；当复合电流占主导地位或存在大注入时，$n_{js} = 2$。

7.6　栅氧化层隧穿泄漏电流

在每一代 VLSI 电路工艺中，随着栅氧化层的厚度逐渐变薄，通过栅氧化层的直接隧穿电流的大小变得更加重要。在直接隧穿中，来自硅表面反型层的载流子可以直接隧穿通过 SiO_2 层的能隙而不是隧穿进入 SiO_2 层的导带中。为了控制通过栅氧化层的直接隧穿，需要具有较高介电常数（κ）的较厚介质层。厚的高 k 栅氧化层保持了栅极对沟道的控制，与相同有效氧化层厚度（EOT）的 SiO_2 相比，介质泄漏电流降低了几个数量级。此外，金属栅的使用消除了多晶硅栅耗尽效应，多晶硅栅耗尽效应增加了栅介质有效厚度，从而减少了沟道的栅极控制。也已发现，一般来说，高 k 氧化层与金属栅形成的界面也比传统多晶硅栅与金属栅形成的界面更好。然而，由于每一代新技术都需要更薄的 EOT，因此通过氧化层的栅隧穿泄漏仍然是一个重要且日益受到关注的问题。

对于氧化层厚度约为 1nm 的先进 CMOS 技术，直接隧穿电流可能很大[11]。已报道的数据表明，对于厚度小于 2nm 的 T_{ox}，I_{gate} 非常高，这归因于直接隧穿栅泄漏电流。因此，表征先进 MOSFET 的栅极电流对电路设计至关重要。

栅极电流 I_g 有 5 个隧穿分量，如图 7.6 所示：

1）I_{gd} 是通过栅漏交叠区的泄漏电流；

2）I_{gcd} 是栅极 – 沟道电流被漏极收集的部分；

3）I_{gs} 是通过栅源交叠区的泄漏电流；

4）I_{gcs} 是栅极 – 沟道电流被源极收集的部分；

5）I_{gb} 是栅极 – 衬底泄漏电流（积累和反型）。

对这些隧穿电流的详细分析不可避免地涉及量子力学（QM）分析[11]。栅极电流的详细数学公式可在现有出版物[2]中获得。

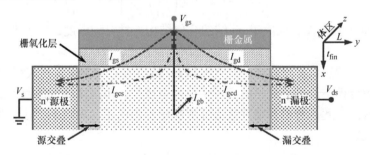

图 7.6　FinFET 中的栅极电流：纳米级 MOSFET 中隧穿电流的不同分量

7.7　小结

本章介绍了在 VLSI 电路和系统中，FinFET 器件在工作中泄漏电流不同分量的物理机制和数学公式。首先，描述了器件在弱反型区工作时的亚阈值泄漏电流。这种泄漏电流是由于在短沟道器件中漏区与源区的极为接近，从而降低源极 – 沟道 pn 结的势垒高度，导致从源极到沟道的更多载流子注入以及通过器件的电流增加。此外，还讨论了 SCE 引起的亚阈值泄漏电流的总体影响，如 V_{th} 退化和 DIBL。然后讨论了 BTBT 引起的栅致漏极和源极泄漏电流的物理机制，给出了 GIDL 和 GISL 电流的数学表达式。通过对 I_{gidl} 和 I_{gisl} 的推导，描述了沟道漏端高能热载流子对衬底原子的碰撞电离产生的泄漏电流，并给出了分析该泄漏电流的数学表达式。然后简要讨论了源漏 pn 结泄漏电流。最后，概述了沟道载流子直接隧穿到晶体管栅氧化层产生的泄漏电流。

参 考 文 献

1. F.-L. Yang, D.-H. Lee, H.-Y. Chen, *et al.*, "5nm-gate nanowire FinFET." In: *Symposium on VLSI Technology*, pp. 196–197, 2004.
2. Y.S. Chauhan, D.D. Lu, S. Venugopalan, *et al.*, *FinFET Modeling for IC Simulation and Design: Using the BSIM-CMG Standard*, Academic Press, San Diego, CA, 2015.
3. T.Y. Chan, J. Chen, P.K. Ko, and C. Hu, "The impact of gate-induced drain-leakage current on MOSFET scaling." In: *IEEE International Electron Devices Meeting Technical Digest*, pp. 718–721, 1987.
4. S.A. Parke, J.E. Moon, H.C. Wann, *et al.*, "Design for suppression of gate-induced drain leakage in LDD MOSFET's using a quasi-two dimensional analytical model," *IEEE Transactions on Electron Devices*, 39(7), pp. 1694–1703, 1992.
5. H.J. Wann, P.K. Ko, and C. Hu, "Gate-induced band-to-band tunneling leakage current in LDD MOSFET's." In: *IEEE International Electron Devices Meeting Technical Digest*, pp. 147–150, 1992.
6. N. Lindert, M. Yoshida, C. Wann, and C. Hu, "Comparison of GIDL in p+-poly PMOS and n+-poly PMOS devices," *IEEE Electron Device Letters*, 17(6), pp. 285–287, 1996.
7. T.Y. Chan, P.K. Ko, and C. Hu, "A simple method to characterize substrate current in MOSFET's," *IEEE Electron Device Letters*, 5(12), pp. 505–507, 1984.
8. C. Hu, "Hot carrier effects." In: *Advanced MOS Device and Physics*, N.G. Einspruch and G. Gildenblat, (eds.), vol. 18, pp. 119–139, VLSI Electronics Microstructure Science, Academic Press, New York, 1989.
9. S. Saha, C.S. Yeh, and B. Gadepally, "Impact ionization rate of electrons for accurate simulation of substrate current in submicron devices," *Solid-State Electronics*, 36(10), pp. 1429–1432, 1993.
10. S. Saha, "Hot-carrier reliability in sub-0.1 μm nMOSFET devices." *Materials Research Society Symposium Proceedings*, 428, pp. 379–384, 1996.
11. S.-H. Lo, D.A. Buchanan, Y. Taur, and W. Wang, "Quantum-mechanical modeling of electron tunneling current from the inversion layer of ultra-thin-oxide nMOSFET's," *IEEE Electron Device Letters*, 18(5), pp. 209–211, 1997.
12. N. Yang, W.K. Hension, J.R. Hauser, and J.J. Wortman, "Modeling study of ultrathin gate oxides using direct tunneling current and CV measurements in MOS devices," *IEEE Transactions on Electron Devices*, 46(7), pp. 1464–1471, 1999.
13. W.-C. Lee and C. Hu, "Modeling gate and substrate currents due to conduction- and valence-band electron and hole tunneling." In: *Symposium on VLSI Technology*, pp. 198–199, 2000.
14. W.-C. Lee and C. Hu, "Modeling CMOS tunneling currents through ultrathin gate oxide due to conduction- and valence-band electron and hole tunneling," *IEEE Transactions*

on Electron Devices, 48(7), pp. 1366–1373, 2001.

15. S.K. Saha, *Compact Models for Integrated Circuit Design: Conventional Transistors and Beyond*, CRC Press, Taylor & Francis Group, Boca Raton, FL, 2015.

16. N.D. Arora, *MOSFET Models for VLSI Circuit Simulation: Theory and Practice*, Springer – Verlag, Wien, 1993.

17. S. Saha, "Scaling considerations for high performance 25 nm metal-oxide-semiconductor field-effect transistors," *Journal of Vacuum Science and. Technology B*, 19(6), pp. 2240–2246, 2001.

18. J.W. Slotboom, G. Streutker, G.J.T. Davids, and P.B. Hartong, "Surface impact ionization in silicon devices." In: *IEEE International Electron Devices Meeting Technical Digest*, pp. 494–497, 1987.

第8章

FinFET 中的寄生元件

8.1 简介

在第5章和第6章中，我们讨论了理想鳍式场效应晶体管（FinFET）器件的本征特性。在实际的 FinFET 器件中，由于其复杂的三维（3D）结构而产生的寄生元件如非本征电阻和电容对器件性能有很大的影响。在实际器件中，寄生电阻与本征沟道电阻相当，使实际器件的静电特性退化[1]。因此，估算 FinFET 器件的寄生电阻和寄生电容对于准确表征超大规模集成（VLSI）电路和系统中实际器件的性能至关重要。然而，在 FinFET 器件中，由于其复杂的 3D 几何结构，寄生元件很难预测，如第4章所述。因此，我们使用简化的器件结构来推导 FinFET 器件中的寄生元件。

在 FinFET 器件中，寄生电阻由源漏串联电阻和栅极电阻组成。然而，由于采用高 k 栅介质和金属栅（MG）电极工艺，源漏串联电阻对这些器件的静电行为的影响比栅极电阻更为显著[2]。因此，了解源漏寄生电阻的基本理论，并建立合适的数学公式，对精确估计 FinFET 器件的静电性能具有重要意义[3]。另一方面，栅极电阻会影响 FinFET 的瞬态行为，例如当器件在时变电场中工作时，互补逻辑电路中的开关延迟。因此，考虑栅极电阻的影响对于精确描述瞬态工作期间 FinFET 器件的性能也很重要[4,5]。

同样，FinFET 的寄生电容元件影响数字和模拟 VLSI 电路和系统的瞬态响应。因此，了解 FinFET 器件复杂 3D 结构的寄生电容基本理论是非常重要的[5-9]。在 FinFET 中，寄生电容包括边缘电容、栅交叠电容和源漏 pn 结电容等不同分量。参考文献 [1, 3-9] 中提供了一些关于 FinFET 寄生元件的数学分析报告。在这一章中，提出了 FinFET 器件寄生元件的一个全面的数学公式以评估 FinFET 器件静态和瞬态行为。

8.2 源漏寄生电阻

在第4章讨论的 FinFET 制造工艺中，采用选择性外延生长（SEG）工艺形成凸起源漏（RSD）区以降低源漏串联电阻。因此，为了推导 FinFET 源漏串联电阻的数学表达式，我们首先在 8.2.1 节中定义 RSD 区的结构参数。

8.2.1 凸起源漏 FinFET 结构

图 8.1 显示了第4章中描述的具有 RSD 区的单 Fin FinFET 器件。在 4.3.3 节中，我们

讨论了多个并联 Fin 的制造，以达到满足 FinFET VLSI 电路和系统目标设计规范的、足够大的电流驱动能力[10]。此外，通过使用 SEG 工艺合并多个 Fin 以扩大 RSD 区，可以实现高布局密度，如图 8.2 所示。因此，在推导估算 FinFET 器件寄生电阻的数学表达式时，重要的是要同时考虑孤立单 Fin 和多 Fin 合并的 RSD 结构。

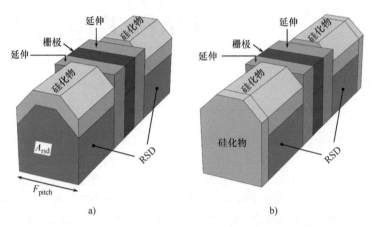

图 8.1　FinFET 的选择性外延生长理想硅 RSD 结构的理想 3D 截面：
a）非矩形外延层和顶部硅化物；b）在器件顶部和两端的非矩形外延层和硅化物

图 8.1 所示的单 Fin FinFET 结构由 SEG RSD、源漏延伸（SDE）和栅堆叠下方的薄体 Fin 组成。Fin 的沟道部分的三个侧面被栅堆叠层包裹。源漏区通过 SEG 放大以减小寄生电阻。然而，如第 4 章所讨论的，在 SEG 过程中，栅外的 SDE 区的形状不受影响，因为这些 SDE 区受到源漏间隔层的保护。RSD 顶部的金属区是硅化物。在一个典型的 FinFET 制造过程中，硅化物可以在三个侧面环绕 RSD，如图 8.1b 所示。

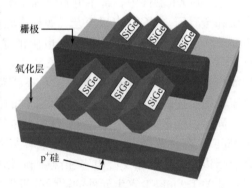

图 8.2　使用选择性外延生长 SiGe 层以降低源漏串联电阻形成的合并 RSD 结构

图 8.3 显示了 RSD 区沿图 8.1a 所示的 Fin-FET 器件结构的 Fin 间距（F_{pitch}）方向的剖面线的 2D 横截面。

为了推导源漏串联电阻的数学表达式，我们首先估算图 8.3 所示的不同片段的面积分量。

由参数 F_{pitch} 和 Fin 高度 H_{fin} 界定的矩形 RSD 部分的面积如下所示：

$$A_1 = F_{\text{pitch}} H_{\text{fin}} \tag{8.1}$$

类似地，具有尺寸 t_{fin} 和 H_{epi} 的矩形外延截面的面积由下式给出：

$$A_2 = t_{\text{fin}} H_{\text{epi}} \tag{8.2}$$

式中，t_{fin} 是 Fin 厚度；H_{epi} 是 Fin 上外延层的高度。

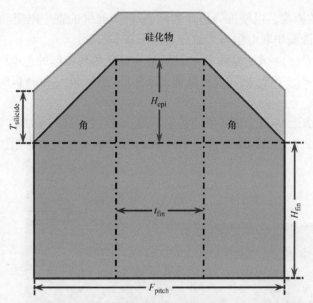

图 8.3　图 8.1a 中所述 FinFET 器件结构的非矩形 RSD 区的 2D 前视图；t_{fin}、H_{fin}、H_{epi} 和 $T_{silicide}$ 分别是 Fin 厚度、Fin 高度、外延层厚度和硅化物层的厚度；角表示结构的非矩形形状

现在，为了估计图 8.3 中所示的 SEG 角部分的面积，我们假设它们是高度为 H_{epi} 和底边为 $(F_{pitch} - t_{fin})/2$ 的对称三角形。然后三角形角的总面积由下式给出：

$$A_3 = \frac{1}{2}(F_{pitch} - t_{fin})H_{epi} \tag{8.3}$$

因此，加上式 (8.1) ~ 式 (8.3)，图 8.1a 所示 RSD 区的总面积 A_{rsd} 由下式给出[1]：

$$A_{rsd,sum} = F_{pitch}H_{fin} + \left[t_{fin} + \frac{1}{2}(F_{pitch} - t_{fin}) \right]H_{epi} \tag{8.4}$$

现在，为了说明角的非理想三角形形状，我们可以将总面积 A_{rsd} 的一般表达式写为

$$A_{rsd} = F_{pitch}H_{fin} + \left[t_{fin} + C_r(F_{pitch} - t_{fin}) \right]H_{epi} \tag{8.5}$$

式中，C_r 是一个参数，它代表了 SEG 角区的非三角形形状，并说明了实际的器件效应。

然后对于多 Fin 结构，RSD 电阻的总面积和周长分量 $A_{rsd,total}$ 和 $P_{rsd,total}$ 可分别表示为[1]

$$A_{rsd,total} = N_{fin}A_{rsd} + A_{rsd,end}$$

$$P_{rsd,total} = N_{fin}(F_{pitch} + \Delta L_{sil-epi})A_{rsd,total} + P_{rsd,end} \tag{8.6}$$

式中，N_{fin} 是 Fin 和合并 RSD 区的总数；$A_{rsd,end}$ 是 RSD 面积的最后部分；$\Delta L_{sil-epi}$ 是每个 Fin 硅化物/外延硅界面长度的修正项；$P_{rsd,end}$ 是末端部分硅化物/外延硅界面长度。

8.2.2　源漏串联电阻分量

为了简化数学公式，我们考虑了一个理想的矩形 FinFET 器件结构，如图 8.4 所示，确定了源漏串联电阻的组成部分，并推导了相应的数学表达式。然后，我们修正这些表达式，

以包括非矩形结构的影响，以便准确估计实际 FinFET 器件的寄生电阻。因此，参考图 8.4，理想 FinFET 结构的源漏串联电阻可大致分为三个基本部分：

1）接触电阻（R_{con}）：R_{con} 是体 RSD 区和硅 – 硅化物界面区的总电阻；

2）扩展电阻（R_{sp}）：R_{sp} 描述电流从薄 SDE – Fin 进入较大 RSD 区时由于拥挤或扩展而产生的电阻；

3）延伸电阻（R_{sde}）：R_{sde} 描述了间隔层下薄 SDE – Fin 区与偏置有关的电阻。

8.2.2.1 节 ~8.2.2.3 节详细讨论了 FinFET 源漏串联电阻的每个组成部分。

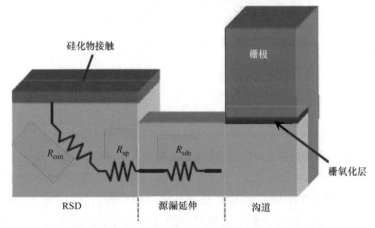

图 8.4　FinFET 器件理想矩形 RSD 结构的源漏串联电阻分量：这里，R_{con}、R_{sp} 和 R_{sde} 是整个源漏串联电阻的接触电阻、扩展电阻和源漏延伸电阻分量

8.2.2.1　接触电阻

源漏接触电阻 R_{con} 由 RSD 区的体电阻率和硅 – 硅化物界面区的电阻组成。为了估计 R_{con}，我们假设整个 RSD 区是微元垂直片段的总和，每个垂直片段的长度为 dx，如图 8.5a 所示。每个片段元件都有一个体电阻分量 ΔR_{cb} 和一个接触电阻分量 ΔR_{cc}。这些电阻元件连接在分布式电阻网络中，如图 8.5b 所示[1]。然后，根据欧姆定律（2.2.5.1 节），长度为微元 dx 的矩形 RSD 接触电阻 ΔR_{cb} 的体分量如下所示：

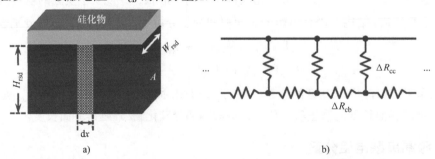

图 8.5　RSD 接触电阻估算：a）将典型的 RSD 区划分为长度 dx 的无穷小长度基本单元，用于评估分布电阻；b）估算接触电阻的等效电阻网络。图中，ΔR_{cb} 和 ΔR_{cc} 是整个接触电阻的体和接触电阻分量

$$\Delta R_{cb'} = \rho \frac{dx}{H_{rsd} W_{rsd}} \tag{8.7}$$

式中，H_{rsd} 是 RSD 区的高度；W_{rsd} 是 RSD 区的宽度；ρ 是 RSD 区材料的体电阻率（2.2.5.1节）。

由式（2.46），可以将 n^+ RSD 区的 ρ 的表达式写成

$$\rho = \frac{1}{q N_{rsd} \mu_{rsd}} \tag{8.8}$$

式中，q 是电子电荷；N_{rsd} 是 RSD 区的均匀掺杂浓度；μ_{rsd} 是 RSD 区的电子有效迁移率。

同样，利用欧姆定律，图 8.5a 所示 RSD 区矩形截面的微元 dx 部分的接触电阻分量 $\Delta R_{cc'}$ 由下式给出：

$$\Delta R_{cc'} = \frac{\rho_c}{dx W_{rsd}} \tag{8.9}$$

式中，ρ_c 是 RSD 接触的电阻率（$\Omega \cdot cm^2$）。

式（8.7）和式（8.9）是针对理想矩形接触而推导出的。为了考虑实际的器件效应，用总 RSD 横截面积 $A_{rsd,total}$ 和总周长 $P_{rsd,total}$ 将 $\Delta R_{cb'}$ 和 $\Delta R_{cc'}$ 的表达式推广为 ΔR_{cb} 和 ΔR_{cc}，如下所示：

$$\Delta R_{cb} = \rho \frac{dx}{A_{rsd,total}}$$

$$\Delta R_{cc} = \frac{\rho_c}{dx P_{rsd,total}} \tag{8.10}$$

式（8.10）中的表达式表示分布电阻网络的主要的体 RSD 和接触电阻分量，如图 8.4b 所示。总接触电阻的最终表达式是通过使用传输线分析[11]而得到，可以表示为[1]

$$R_{con} = \rho \frac{L_T}{A_{rsd,total}} \frac{\eta \cosh\alpha + \sinh\alpha}{\eta \sinh\alpha + \cosh\alpha} \tag{8.11}$$

式中

$$L_T = \sqrt{\frac{\rho_c A_{rsd,total}}{\rho P_{rsd,total}}}$$

$$\alpha = \frac{L_{rsd}}{L_T}$$

$$\eta = \frac{\rho_c A_{rsd,total}}{\rho L_T A_{term}} \tag{8.12}$$

在式（8.12）中，L_{rsd} 是 RSD 区的长度；A_{term} 是器件末端硅-硅化物的面积，如图 8.1b 所示。对于没有端部接触的器件，$A_{term} = 0$，然后注意到 $\eta\cosh\alpha \gg \sinh\alpha$ 和 $\eta\sinh\alpha \gg \cosh\alpha$，式（8.11）可简化为

$$R_{con} = \rho \frac{L_T}{A_{rsd,total}} \coth\alpha \tag{8.13}$$

8.2.2.2　扩展电阻

扩展电阻是由于电流在体 RSD 区中的扩展而产生的，可以使用源漏至 SDE 区沿 xy 平面

的横截面图来描述，如图 8.6 所示。当漏极电流从 RSD 区流入 SDE – Fin 时，它逐渐向外扩展塞满超薄 SDE – Fin。这种电流扩展用扩展电阻或源漏串联电阻的电流拥挤分量来表征。

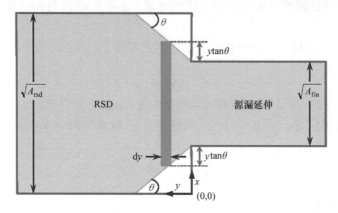

图 8.6　扩散电阻估算：阴影区域表示电流从源漏延伸区扩展到 RSD 区；θ 是电流沿 Fin 方向与
RSD 区边界的扩展角；dy 是 RSD 区中电流扩展区的微元长度

图 8.6 显示了 RSD、SDE 和电流扩展区的典型顶视图。为了简化数学公式，我们假设所考虑的结构的所有几何形状以及电流流经的横截面都是正方形。那么 SDE – Fin 的面积由下式给出：

$$A_{\text{fin}} = H_{\text{fin}} t_{\text{fin}} \tag{8.14}$$

既然 SDE 区假定为正方形，因此 SDE – Fin 的长度 l_{sde} 和宽度 w_{sde} 由下式给出：

$$l_{\text{sde}} = w_{\text{sde}} = \sqrt{A_{\text{fin}}} = \sqrt{H_{\text{fin}} t_{\text{fin}}} \tag{8.15}$$

设 θ 为电流扩散边界与相对于顶面或底面 Fin 方向的夹角，如图 8.6 所示。那么，在 RSD 区内在任何点 y 处沿 x 方向的电流扩散长度为 $2y\tan\theta$；系数"2"是由 SDE – Fin 上方和下方的两个三角形片段引起的，如图 8.6 所示。因此，任意点 y 的扩展长度由下式给出：

$$l_{\text{sp}} = w_{\text{sp}} = \sqrt{A_{\text{fin}}} + 2y\tan\theta \tag{8.16}$$

现在，如果 dy 是 RSD 区内逐渐增加的电流扩展长度的两点 y 和（$y + dy$）之间的微元长度，那么每个微元的电阻由下式给出：

$$\Delta R_{\text{sp}} = \rho \frac{dy}{(\sqrt{A_{\text{fin}}} + 2y\tan\theta)^2} \tag{8.17}$$

式中，ρ 是 RSD 区材料的体电阻率，由式（8.8）给出。

同样，将 RSD 区视为正方形，RSD 区的长度 l_{rsd} 和宽度 w_{rsd} 由下式给出：

$$l_{\text{rsd}} = w_{\text{rsd}} = \sqrt{A_{\text{rsd}}} \tag{8.18}$$

然后根据式（8.16）和式（8.18），拥挤区域的总长度 L_1 由下式给出：

$$\sqrt{A_{\text{rsd}}} - \sqrt{A_{\text{fin}}} = 2L_1 \tan\theta$$

或者
$$L_1 = \frac{\cot\theta}{2}(\sqrt{A_{\text{rsd}}} - \sqrt{A_{\text{fin}}}) \tag{8.19}$$

因此，对式（8.17）进行积分，总扩展电阻由下式给出：

$$R_{sp} = \rho \int_0^{L_1} \frac{\mathrm{d}y}{\left(\sqrt{A_{fin}} + 2y\tan\theta\right)^2}$$

$$= \rho \left. \frac{-1}{\left(\sqrt{A_{fin}} + 2y\tan\theta\right) \cdot 2\tan\theta} \right|_0^{L_1}$$

$$= \frac{\rho\cot\theta}{2}\left(\frac{1}{\sqrt{A_{fin}}} - \frac{1}{\sqrt{A_{fin}} + 2L_1\tan\theta}\right) \tag{8.20}$$

将式（8.19）中 $2L_1\tan\theta$ 的表达式代入式（8.20），得到

$$R_{sp} = \frac{\rho\cot\theta}{2}\left(\frac{1}{\sqrt{A_{fin}}} - \frac{1}{\sqrt{A_{rsd}}}\right) \tag{8.21}$$

式（8.21）是在假设正方形的 SDE – Fin 和正方形的 RSD 区下得到的。为了考虑实际器件效应，我们可以把扩展电阻的一般表达式写成[1]

$$R_{sp,real} = \frac{\rho\cot\theta}{s}\left(\frac{1}{\sqrt{A_{fin}}} - \frac{1}{\sqrt{A_{rsd}}}\right) \tag{8.22}$$

式中，s 是 SDE 和 RSD 区的形状参数。

式（8.22）是分析电流拥挤引起的源漏串联总电阻的一般表达式。

在无电流拥挤的理想 RSD 区中，相同区域的总电阻由下式给出：

$$R_{sp,ideal} = \rho \frac{L_1}{A_{rsd}} \tag{8.23}$$

现在，将式（8.19）中的 L_1 代入式（8.23），利用形状参数 s，我们可以得到理想情况下扩展电阻的一般表达式

$$R_{sp,ideal} = \frac{\rho\cot\theta}{s} \frac{1}{A_{rsd}}\left(\sqrt{A_{rsd}} - \sqrt{A_{fin}}\right) \tag{8.24}$$

我们知道扩展电阻 R_{sp} 被定义为由于 RSD 区中的电流扩展而导致的电阻增加。因此，从式（8.22）中减去式（8.24），我们得到 FinFET 的扩展电阻为

$$R_{sp} = \frac{\rho\cot\theta}{s}\left(\frac{1}{\sqrt{A_{fin}}} - \frac{1}{\sqrt{A_{rsd}}}\right) - \frac{\rho\cot\theta}{s}\frac{1}{A_{rsd}}\left(\sqrt{A_{rsd}} - \sqrt{A_{fin}}\right) \tag{8.25}$$

或者

$$R_{sp} = \frac{\rho\cot\theta}{s}\left(\frac{1}{\sqrt{A_{fin}}} - \frac{2}{\sqrt{A_{rsd}}} + \frac{\sqrt{A_{fin}}}{A_{rsd}}\right)$$

同样，为了简单地表征 FinFET 中的扩散电阻，我们定义

$$R_{sp0} = \rho\left(\frac{1}{\sqrt{A_{fin}}} - \frac{2}{\sqrt{A_{rsd}}} + \frac{\sqrt{A_{fin}}}{A_{rsd}}\right) \tag{8.26}$$

那么，式（8.25）可以表示为

$$R_{sp} = KR_{sp0} \tag{8.27}$$

式中，K 是斜率因子，$K = \cot\theta / s$。

从目标 FinFET 器件工艺的版图数据中，可以使用式（8.25）和式（8.26）从 $R_{sp} - R_{sp0}$ 图中获得斜率因子 K，因此，可以根据式（8.27）中给出的关系 $s = \cot\theta/K$ 来计算目标器件工艺的形状因子 s。

8.2.2.3   源漏延伸电阻

源漏串联电阻中的源漏延伸（SDE）电阻 R_{sde} 部分是漏极电流 I_{ds} 流经源漏间隔层下的 Fin 延伸区的电阻。R_{sde} 的值取决于 SDE 区杂质掺杂的分布，而 SDE 区杂质掺杂的分布又取决于工艺条件和发端于栅极的边缘场引起的表面积累。因此，R_{sde} 是源漏串联电阻中一个偏置相关和工艺相关分量。

图 8.7 仅显示了长度为 L_g 的栅极两端的源漏间隔结构。从图 8.7 可以看出，长度为 L_{sp} 的总间隔由长度为 L_{off} 的偏移间隔层和长度为 $L_{sp} - L_{off}$ 的源漏间隔层组成。如 4.3.7 节所述，偏移间隔层用于偏移 SDE 注入，并将掺杂剂侵入栅极下方沟道的可能性降至最低。因此，复合间隔层形成顺序为①偏移间隔层形成、②SDE 注入、③源漏间隔层形成，然后是如 4.3.7 节所述的 RSD 生长。由于偏移间隔层 L_{off} 形成于无掺杂 Fin 沟道之上，因此，我们可以安全地假设偏移间隔层下 SDE - Fin 中 SDE 掺杂为高斯分布，而 RSD 区是均匀重掺杂区，如图 8.7 所示。

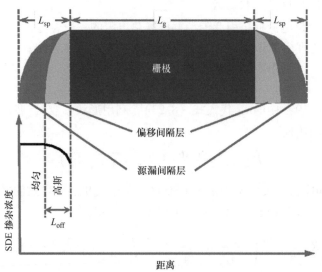

图 8.7   源漏延伸电阻 R_{sde} 的估算：间隔层结构和间隔层下 SDE 区内的掺杂分布；

L_{off} 是 SDE 偏移间隔层的宽度，L_{sp} 是源漏间隔层的总宽度，L_g 是 FinFET 器件的栅极长度

因此，假设在 SDE - Fin 内为上述掺杂分布，R_{sde} 可被认为包括①在 SDE - Fin 表面的偏置相关积累电阻 R_{acc}；②两个偏置无关体电阻，即在 SDE - Fin 的表面积累区下的 R_{sde1} 和均匀掺杂体区下的 R_{sde2}，如图 8.8 中的电路示意图所示。

因此，根据图 8.8 中 SDE 区的示意图，总的 R_{sde} 如下式给出：

$$R_{sde} = R_{sde1} \| R_{acc} + R_{sde2} \tag{8.28}$$

需要注意的是，R_{acc} 是由于栅极边缘场引起的感应电荷积累从而导致的 SDE - Fin 表面

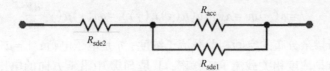

图 8.8　SDE 电阻估算的电路示意图：积累区电阻建模子电路；R_{acc} 是 SDE – Fin 表面区域的
偏置相关积累电阻，R_{sde1} 是积累区下的偏置无关体电阻，R_{sde2} 是均匀掺杂体区中的偏置无关体电阻

的导电路径所致，并且对于 SDE/栅极边缘结处的无掺杂或轻掺杂 SDE 栅漏欠交叠的 FinFET 非常重要，如图 8.7 所示[3]。

偏置依赖的积累电阻 R_{acc} 公式：如前所述，R_{acc} 表示由于栅极边缘场引起的感应电荷的积累而导致的 SDE – Fin 表面电流的电阻，它与偏置有关。为了推导 R_{acc} 的数学表达式，我们只考虑栅极下 SDE 交叠的 FinFET 器件沟道的漏端。然后，栅极下积累区 SDE 表面的电压由下式给出：

$$V_{acc} = V_{gd} - V_{fbsd} \tag{8.29}$$

式中，V_{gd} 是栅漏电压；V_{fbsd} 是金属栅/SiO_2/硅 MOS 系统的平带电压。

因此，在积累长度 l_{acc} 内的表面积累电荷 Q_{acc} 由下式给出：

$$Q_{acc} = C_{acc}(V_{gd} - V_{fbsd}) \tag{8.30}$$

式中，C_{acc} 是表面的积累电容。

现在，由第 5 章式（5.22），我们可以证明流过积累区的漏极电流 I_{ds} 由下式给出：

$$I_{ds} = \mu_{eff} \frac{H_{fin}}{l_{acc}} C_{acc}(V_{gd} - V_{fbsd}) V_{ds} \tag{8.31}$$

式中，μ_{eff} 是载流子的有效迁移率；V_{ds} 是漏极电压。

然后，根据式（8.31），通过积累区的电流的电阻由下式给出：

$$R_{acc} = \frac{V_{ds}}{I_{ds}} = \left(\frac{l_{acc}}{\mu_{eff} C_{acc}}\right) \frac{1}{H_{fin}(V_{gd} - V_{fbsd})} \tag{8.32}$$

现在，如果我们将 R_{acc0} 定义为由下式给出的工艺相关参数：

$$R_{acc0} = \left(\frac{l_{acc}}{\mu_{eff} C_{acc}}\right) \tag{8.33}$$

那么将式（8.33）代入式（8.32），可将积累电阻的一般表达式写成

$$R_{acc} = \frac{R_{acc0}}{(V_{gs(d)} - V_{fbsd}) H_{fin}} \tag{8.34}$$

式中，$V_{gs(d)}$ 表示用于计算源极延伸电阻的栅源电压 V_{gs} 和用于计算漏极延伸电阻的栅漏电压 V_{gd}。

偏置无关体电阻分量：偏置无关分量 R_{sde1} 是 SDE 积累区下方的体电阻（部分位于偏移间隔区以及源漏间隔区下方）。然后，根据 2.2.5.1 节，流经该区域的电流密度 J 由下式给出：

$$J = n(y)qv = n(y)q(\mu(y)E(y)) = qn(y)\mu(y)\frac{\mathrm{d}V}{\mathrm{d}y} \tag{8.35}$$

式中，$n(y)$ 是高斯掺杂分布的空间相关载流子浓度；q 是电子电荷；$v = \mu(y)E(y)$ 是载流子的漂移速度；$\mu(y)$ 是浓度相关载流子迁移率；V 是 SDE 中沿 y 方向的电压；$E(y)$ 是势场梯度（SDE 内沿 y 方向 V 与空间有关的变化），$E(y) = -\mathrm{d}V/\mathrm{d}y$。

因此，流经 R_{sde1} 的漏极电流 I_{ds} 由下式给出：

$$I_{\mathrm{ds}} = (H_{\mathrm{fin}}t_{\mathrm{fin}})J = (H_{\mathrm{fin}}t_{\mathrm{fin}})qn(y)\mu(y)\frac{\mathrm{d}V}{\mathrm{d}y} \tag{8.36}$$

式（8.36）可表示为

$$\mathrm{d}V = \frac{I_{\mathrm{ds}}}{q(H_{\mathrm{fin}}t_{\mathrm{fin}})}\frac{\mathrm{d}y}{n(y)\mu(y)} \tag{8.37}$$

对式（8.37）进行积分，从 $V = 0$ 到 V_{ds}，对应的 $y = 0$ 到 $y = \Delta L_{\mathrm{sde}}$（表面积累区的有效长度），我们得到

$$R_{\mathrm{sde1}} = \frac{V_{\mathrm{ds}}}{I_{\mathrm{ds}}} = \frac{1}{(H_{\mathrm{fin}}t_{\mathrm{fin}})}\frac{1}{q}\int_0^{\Delta L_{\mathrm{sde}}}\frac{\mathrm{d}y}{n(y)\mu(y)} \tag{8.38}$$

因此，R_{sde} 的偏置相关分量可以表示为

$$R_{\mathrm{sde1}} = \frac{R_{\mathrm{sde10}}}{H_{\mathrm{fin}}t_{\mathrm{fin}}} \tag{8.39}$$

其中

$$R_{\mathrm{sde10}} = \frac{1}{q}\int_0^{\Delta L_{\mathrm{sde}}}\frac{\mathrm{d}y}{n(y)\mu(y)} \tag{8.40}$$

式中，R_{sde10} 是 SDE 区中的掺杂浓度分布相关的参数，并且根据测量数据确定。

为了估计 R_{sde2}，我们假设 RSD 区均匀掺杂并且完全位于源漏间隔层之下，使得均匀 RSD 掺杂区的有效长度为 $L_{\mathrm{sp}} - \Delta L_{\mathrm{sde}}$。然后，按照建构 R_{sde1} 公式［式（8.39）］时用过的相同数学步骤，我们可以得到

$$R_{\mathrm{sde2}} = \frac{V_{\mathrm{ds}}}{I_{\mathrm{ds}}} = \frac{1}{H_{\mathrm{fin}}t_{\mathrm{fin}}}\frac{L_{\mathrm{sp}} - \Delta L_{\mathrm{sde}}}{qn\mu} \tag{8.41}$$

在式（8.41）中，由于是在均匀掺杂的 RSD 区，基本参数 q、n 和 μ 是常数。因此，我们可以将式（8.41）表示为

$$R_{\mathrm{sde2}} = \frac{R_{\mathrm{sde20}}(L_{\mathrm{sp}} - \Delta L_{\mathrm{sde}})}{H_{\mathrm{fin}}t_{\mathrm{fin}}} \tag{8.42}$$

式中，R_{sde20} 是一个与工艺相关的常数，由下式给出：

$$R_{\mathrm{sde20}} = \frac{1}{qn\mu} \tag{8.43}$$

注意，在式（8.43）中，由于有效长度 $L_{\mathrm{sp}} - \Delta L_{\mathrm{sde}}$ 的均匀掺杂 SDE 区，n 和 μ 与空间无关。因此，R_{sde} 的分量由式（8.34）、式（8.39）和式（8.42）给出，如下所示：

$$R_{\mathrm{acc}} = \frac{R_{\mathrm{acc0}}}{(V_{\mathrm{gs(d)}} - V_{\mathrm{fbsd}})H_{\mathrm{fin}}} \tag{8.44}$$

$$R_{sde1} = \frac{R_{sde10}}{H_{fin}t_{fin}} \equiv a \tag{8.45}$$

$$R_{sde2} = \frac{R_{sde20}(L_{sp} - \Delta L_{sde})}{H_{fin}t_{fin}} \tag{8.46}$$

最后，根据式（8.28），可以使用式（8.44）~ 式（8.46）获得总源漏延伸电阻 R_{sde}。

现在，为了推导出总 R_{sde} 的表达式，我们从式（8.44）和式（8.45）中推导出 R_{sde} 的分量，得到

$$\frac{1}{R_{sde1} \| R_{acc}} = \frac{1}{a} + \frac{(V_{gs(d)} - V_{fbsd})H_{fin}}{R_{acc0}}$$

$$= \frac{R_{acc0} + a(V_{gs(d)} - V_{fbsd})H_{fin}}{aR_{acc0}}$$

$$= \frac{R_{acc0}\left[1 + (a/R_{acc0})(V_{gs(d)} - V_{fbsd})H_{fin}\right]}{aR_{acc0}}$$

$$= \frac{\left[1 + (a/R_{acc0})(V_{gs(d)} - V_{fbsd})H_{fin}\right]}{a} \tag{8.47}$$

然后将式（8.45）中 a 的表达式代入式（8.47），得到

$$\frac{1}{R_{sde1} \| R_{acc}} = \frac{\left[1 + \left(\dfrac{R_{sde10}}{H_{fin}t_{fin}}/R_{acc0}\right)(V_{gs(d)} - V_{fdsb})H_{fin}\right]}{\dfrac{R_{sde10}}{H_{fin}t_{fin}}}$$

$$= \frac{\left[1 + \left(\dfrac{R_{sde10}}{R_{acc0}t_{fin}}\right)(V_{gs(d)} - V_{fbsd})\right]}{\dfrac{R_{sde10}}{H_{fin}t_{fin}}} \tag{8.48}$$

所以

$$R_{sde1} \| R_{acc} = \frac{\dfrac{R_{sde10}}{H_{fin}t_{fin}}}{1 + \dfrac{R_{sde10}}{R_{acc0}t_{fin}}(V_{gs(d)} - V_{fbsd})} \tag{8.49}$$

然后将式（8.42）中的 R_{sde2} 表达式加到式（8.49）中，我们从式（8.28）中得到 Fin-FET 器件漏极侧的总 SDE 电阻，如下所示：

$$R_{sde}(D) = \frac{\dfrac{R_{sde10}}{H_{fin}t_{fin}}}{1 + \dfrac{R_{sde10}}{R_{acc0}t_{fin}}(V_{gd} - V_{fbsd})} + \frac{R_{sde20}(L_{sp} - \Delta L_{sde})}{H_{fin}t_{fin}} \tag{8.50}$$

类似地，器件源极侧的总 SDE 电阻由下式给出：

$$R_{\mathrm{sde}}(S) = \frac{\dfrac{R_{\mathrm{sde10}}}{H_{\mathrm{fin}}t_{\mathrm{fin}}}}{1 + \dfrac{R_{\mathrm{sde10}}}{R_{\mathrm{acc0}}t_{\mathrm{fin}}}(V_{\mathrm{gs}} - V_{\mathrm{fbsd}})} + \frac{R_{\mathrm{sde20}}(L_{\mathrm{sp}} - \Delta L_{\mathrm{sde}})}{H_{\mathrm{fin}}t_{\mathrm{fin}}} \qquad (8.51)$$

对于电路分析，式（8.50）和式（8.51）可用工艺相关的参数表示为

$$RS_1 = RD_1 = \frac{R_{\mathrm{sde10}}}{H_{\mathrm{fin}}t_{\mathrm{fin}}}$$

$$RS_2 = RD_2 = \frac{R_{\mathrm{sde10}}}{R_{\mathrm{acc0}}t_{\mathrm{fin}}}$$

$$RS_3 = RD_3 = \frac{R_{\mathrm{sde20}}(L_{\mathrm{sp}} - \Delta L_{\mathrm{sde}})}{H_{\mathrm{fin}}t_{\mathrm{fin}}} \qquad (8.52)$$

然后使用式（8.52）中定义的工艺相关的参数，总 SDE 电阻可表示为

$$R_{\mathrm{sde}}(S) = \frac{R_{\mathrm{S1}}}{1 + R_{\mathrm{S2}}(V_{\mathrm{gs}} - V_{\mathrm{fbsd}})} + R_{\mathrm{S3}}$$

$$R_{\mathrm{sde}}(D) = \frac{R_{\mathrm{D1}}}{1 + R_{\mathrm{D2}}(V_{\mathrm{gd}} - V_{\mathrm{fbsd}})} + R_{\mathrm{D3}} \qquad (8.53)$$

参数集 $\{RS_1, RS_2, RS_3, RD_1, RD_2, RD_3\}$ 是从目标工艺的测量数据中获得的。

8.3 栅极电阻

栅极电阻在 FinFET 器件的瞬态分析中变得非常重要，我们可以使用传统 MOSFET 器件用过的数学公式[12]。在任何低频下，器件的栅极电阻可由栅极材料的方块电阻计算得出，并且根据式（2.52），可表示为

$$R_{\mathrm{g}} = \rho_{\mathrm{sh,gate}}\frac{W_{\mathrm{eff}}}{L_{\mathrm{eff}}} \qquad (8.54)$$

式中，L_{eff} 是 FinFET 的有效沟道长度；W_{eff} 是 FinFET 的有效宽度；$\rho_{\mathrm{sh,gate}}$ 是金属栅每方块的薄层电阻。

在高频时，由于分布传输线效应，栅极电阻的精确计算非常复杂。因此，具有经验参数 α_{g} 的集总等效栅极电阻可用于解释分布 RC 效应，由下式给出[13,14]：

$$R_{\mathrm{g}} = \rho_{\mathrm{sh,gate}}\frac{W_{\mathrm{eff}}}{L_{\mathrm{eff}}}\alpha_{\mathrm{g}} \qquad (8.55)$$

式中

$$\alpha_{\mathrm{g}} = \begin{cases} 1/3, & \text{对单侧栅极接触} \\ 1/12, & \text{对双侧栅极接触} \end{cases} \qquad (8.56)$$

研究发现，栅极的分布 RC 效应和沟道的非准静态效应，即沟道的分布 RC 效应，对 FinFET 器件的高频特性有影响。因此，必须考虑栅极电阻的附加分量来解释沟道中的分布 RC 效应。因此，在 FinFET 器件的高频工作中，除了栅极电阻之外，由施加到栅极的信号所

看到的分布沟道电阻也对有效栅极电阻有贡献。然后，有效栅极电阻 $R_{g,eff}$ 由两部分组成：分布栅极电阻 $R_{g,eltd}$ 和从栅极看过去的分布沟道电阻 R_{gch}[15]，因此

$$R_{g,eff} = R_{g,eltd} + R_{gch} \tag{8.57}$$

通常，$R_{g,eltd}$ 对偏置和频率不敏感，可以表示为[1]

$$R_{g,eltd} = \rho_{sh,geltd} \frac{W_{eff}}{L_{eff}} \alpha_g + \beta_g \tag{8.58}$$

式中，$\rho_{sh,geltd}$ 是栅极方块电阻；β_g 是栅极外部电阻。

$$\beta_g = \begin{cases} 1, & 对单侧栅极接触 \\ 2, & 对双侧栅极接触 \end{cases} \tag{8.59}$$

同样，R_{gch} 由用于说明静态沟道电阻的电阻（R_{st}）和过量扩散沟道电阻（R_{ed}）组成，R_{ed} 是由于栅极电压的瞬态激励引起的沟道电荷分布变化引起的[16]。从栅极看到的总沟道电阻由下式给出：

$$\frac{1}{R_{gch}} = \gamma \left(\frac{1}{R_{st}} + \frac{1}{R_{ed}} \right) \tag{8.60}$$

式中，γ 是解释沟道电阻分布性质的参数。

8.4　寄生电容元件

由于 FinFET 器件复杂的 3D 结构，其寄生电容的数学表达式非常严格。在这一节中，简要概述了 FinFET 中的寄生电容。

FinFET 寄生电容的组成是：

1）栅极/SDE 交叠区引起的偏置相关交叠电容 C_{ov}；

2）由于高垂直栅极几何结构，与偏置无关（或弱偏置相关）的边缘电容 C_{fr}。

因此，总寄生电容由下式给出：

$$C_p = C_{ov} + C_{fr} \tag{8.61}$$

实际上，C_{ov} 用于描述 FinFET 器件在目标偏置范围内的偏置相关电容 – 电压（$C-V$）特性，而 C_{fr} 用于解释不同几何结构的 FinFET 电容的缩放[1]。图 8.9 显示了具有不同寄生元件的 FinFET 器件的理想示意图。

8.4.1　栅极交叠电容

源漏交叠电容是在集成电路制造过程中源漏注入分布侵入栅区下而产生的寄生元件。注入后的热处理步骤导致掺杂杂质在栅极下的横向扩散和最终器件结构中源漏区的交叠。为了简化定量讨论，我们考虑了对称的源漏区，使得源极交叠距离 l_{ov} 与漏极交叠的相同。假设采用平行板公式，单 Fin 双栅 FinFET 源区和漏区的交叠电容 C_{GSO} 和 C_{GDO} 可近似为

$$C_{GSO} = C_{GDO} = \frac{\varepsilon_{ox}}{T_{ox}} 2H_{fin} l_{ov} = 2C_{ox} H_{fin} l_{ov} \tag{8.62}$$

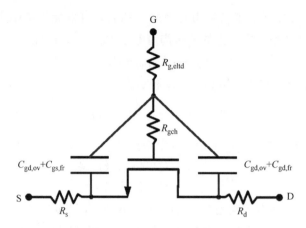

图 8.9 FinFET 器件 RC 网络的典型表示：S 和 D 分别是源端和漏端；$C_{gs,ov}$ 和 $C_{gd,ov}$ 分别是栅源和栅漏交叠电容；$C_{gs,fr}$ 和 $C_{gd,fr}$ 分别是栅源和栅漏边缘电容；R_s 和 R_d 分别是外部源极和漏极电阻

式中，ε_{ox} 是栅氧化层的介电常数；T_{ox} 是栅氧化层厚度；C_{ox} 是栅极电容，$C_{ox} = \varepsilon_{ox}/T_{ox}$；"2" 是由于双栅结构。

从式（8.62）中，单位宽度源极和漏极交叠电容 C_{gso} 和 C_{gdo} 由下式给出：

$$C_{gs,ov} = C_{gd,ov} = C_{ox}l_{ov} \tag{8.63}$$

关于多 Fin FinFET 器件上栅极交叠电容的详细讨论可查看已发表的报告[5]。

8.4.2 边缘电容

边缘电容 C_{fr} 的产生是由于 FinFET 结构参数很接近，如栅极、源漏间隔层下的 Fin 区、RSD 以及 RSD 接触。因此，C_{fr} 表示与 FinFET 的缩小参数相关的寄生电容。因此，它被用来提供 FinFET 器件工艺中跨器件几何形状的 C_p 标度。

由于 FinFET 的高垂直 3D 结构的复杂性，其 C_{fr} 的数学公式也很复杂。因此，本节将介绍对 C_{fr} 的基本理解及其起源。C_{fr} 的详细数学推导可在已发表的报告[1,5]中获得。

现在，我们考虑沿 yz 平面的理想 FinFET 结构的 2D 横截面，如图 8.10 所示。那么 C_{fr} 的主要组成部分是：

1）Fin 栅电容（C_{fg}）：这是由于源漏间隔层下的 SDE – Fin 到栅极边缘的电场线引起的；

2）源漏接触到栅极电容（C_{cg}）：这是栅极和外延生长的源漏接触之间的电容。C_{cg} 包括三个主要分量：C_{cg1}、C_{cg2} 和 C_{cg3}，每个分量取决于源于栅极的不同表面和接触区域的电通量。

8.4.2.1 Fin 栅边缘电容

为了推导出栅极边缘电容 C_{fg} 的表达式，我们考虑从源漏间隔层下的 SDE – Fin 到栅极边缘的每条电场线的长度为椭圆周长的四分之一。经过几次近似后，C_{fg} 的表达式可以表示为[1]

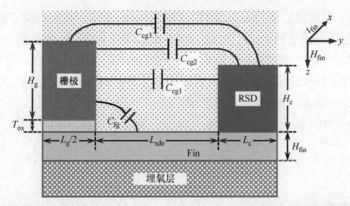

图 8.10　FinFET 中的边缘电容分量：C_{fg} 是 Fin 栅电容；C_{cg1}、C_{cg2} 和 C_{cg3} 是栅接触电容的组成部分；L_g、T_{ox} 分别是栅极长度和栅氧化层厚度；H_g 为栅极高度；L_{sde} 和 L_c 分别是源漏延伸区和接触区的长度；H_{fin} 和 H_c 分别是 Fin 高度和接触高度

$$C_{fg} = H_{fin} \left[C_{fg,sat} - \frac{1}{2} \left\{ (C_{fg,sat} - C_{fg,log} - \delta) + \sqrt{(C_{fg,sat} - C_{fg,log} - \delta)^2 + 4\delta C_{fg,sat}} \right\} \right]$$

$$(8.64)$$

式中，δ 是定义从 $C_{fg,sat}$ 到 $C_{fg,log}$ 的转换参数；$C_{fg,sat}$ 和 $C_{fg,log}$ 是几何相关参数，取决于 H_g、T_{ox}、L_{sde}、H_c 和 L_c（见图 8.10），以及源漏间隔层的介电常数。

8.4.2.2　栅接触边缘电容

根据图 8.10，总 C_{cg} 的表达式可以写成

$$C_{cg} = H_{fin}(C_{cg1} + C_{cg2} + C_{cg3}) \tag{8.65}$$

式中，C_{cg1} 是栅极与接触点之间的平行板电容，如图 8.10 所示；C_{cg2} 是源于栅极侧壁的电场产生的电容，该电场水平移动一段距离 L_{sde}，然后沿着四分之一圆移动，直到其在接触点顶部终止，如图 8.10 所示；C_{cg3} 描述了电场线从栅极顶部开始，在接触点顶部终止的电容，如图 8.10 所示。

同样，C_{cg3} 可由两个串联电容分量表示：① C_{cg3a} 考虑直径从 L_{sde} 到 $L_{sde} + L_c + L_g/2$ 的半圆电场；② C_{cg3b}，以接触面面积和水平距离表征的平行板电容。总 C_{cg3} 由下式给出：

$$C_{cg3} = \cfrac{1}{\cfrac{1}{C_{cg3a}} + \cfrac{1}{C_{cg3b}}} \tag{8.66}$$

为简化分析，总电容可考虑为三个分量：C_{top}、两个侧边分量 C_{side} 和两个角分量 C_{corner}[1]。具有 N_{fin} 个 Fin 的多 Fin FinFET 的总电容由下式给出：

$$C_f = N_{fin}(2C_{corner} + 2C_{side} + C_{top}) \tag{8.67}$$

8.5　源漏 pn 结电容

我们知道源漏区和沟道区掺杂有相反类型的杂质（例如，具有 n⁺ 型源漏的 p 型沟道或

具有 p$^+$ 型源漏的 n 型沟道），从而形成源沟道和漏沟道 pn 结。我们在第 2 章讨论了 pn 结上施加电压的微小变化会导致结电容。因此，为准确表征 FinFET 器件性能，必须考虑在 Fin-FET 的小信号工作期间产生的源漏 pn 结电容。电容由三部分组成：底部结电容、沿隔离边缘的侧壁结电容和沿栅极边缘的侧壁结电容。两侧边都可以使用一组类似的方程，但每一侧边都有一组单独的参数来估计 pn 结电容的值。

从式（2.139）中，孤立 pn 结的电容（C_j）的表达式可以写成

$$C_j = \frac{C_{j0}}{\left(1 - \dfrac{V_{bs(d)}}{\phi_{bi}}\right)^{m_j}} \tag{8.68}$$

式中，$V_{bs(d)}$ 是施加在 pn 结上的电压；C_{j0} 是 $V_{bs(d)} = 0$ 时的电容值；ϕ_{bi} 是 pn 结的内建电势；m_j 是结掺杂梯度的系数，通常为 $0.2 < m_j < 0.6$。

在式（8.68）中，对于源对体的偏置，$V_{bs(d)} = V_{bs}$；对于漏对体的偏置，$V_{bs(d)} = V_{bd}$。

8.5.1 反向偏置电容

随着沟道长度的减小，源漏极之间的直接耦合会导致泄漏电流的增加。如第 4 章所述，对于体 FinFET 器件，使用抗穿通（APT）注入来防止这种耦合[17]。这种注入物正好位于轻掺杂 Fin 区下方，在源漏 pn 结区下方横向扩散。重掺杂的 APT 注入增加了结附近的掺杂浓度，导致结隧穿泄漏电流分量增加。为了使体 FinFET 源漏 pn 结的泄漏电流和电容最小化，对 APT 注入条件进行了优化，以实现缓变结[17]。APT 掺杂在 APT/阱掺杂边界上建立了一个内建电场，例如 n$^+$n（对于 pFinFET）和 p$^+$p（对于 nMOSFET），因此充当如 2.2.5.2 节所描述的结。由于 APT 注入的 n$^+$n（对于 pFinFET）或 p$^+$p（对于 nMOSFET）势垒与源漏 pn 结一起作为双结工作，如图 8.11 所示。

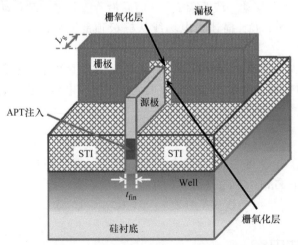

图 8.11 体 FinFET 结构的 3D 横截面：Fin 下的 APT 注入在源漏区下横向扩散，在 APT 区下形成沟道/APT pn 结和 APT/阱边界（对于 nFinFET，n$^+$n，或对于 pFinFET，p$^+$p）。STI 是浅沟隔离氧化层，Well 是体衬底的阱注入

图 8.12 显示了 pFinFET 漏区的横截面，显示了 p⁺ 漏区和 n⁺ APT 区之间的 p⁺n⁺ 结以及具有 APT 注入区的 n⁺n 阱高 – 低掺杂边界。当漏极处施加的反向偏压（$V_{ds} > 0$）增加时，耗尽区进入 APT 层的深度增加；同时，由于外加电场的作用，电子从高浓度区向低浓度 n 阱区扩散，使 n⁺n 阱（APT/阱）的高低边界耗尽。因此，最终结果是在某个 $V_{bs(d)} = V_x$ 时，整个 APT 区耗尽，并且耗尽区延伸穿过 APT 区并进入 n 阱区。这导致结电容行为与图 2.28 中观察到的理想均匀掺杂 p⁺n 突变结二极管存在偏差。

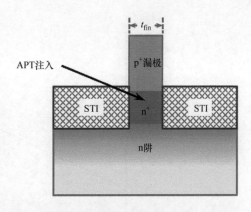

图 8.12　在 p⁺ 源漏区下方横向扩散 n⁺ APT 注入的体 pFinFET 结构的源漏区的 2D 横截面，在 APT 区上方形成 p⁺ 结，在 APT 区下方形成 n⁺n 高 – 低区

报告数据显示了带有 APT 注入的 FinFET 源漏 pn 结的 $1/C_j^2$ 与 $V_{bs(d)}$ 的关系图以及式（8.68）给出的理想二极管行为的偏差[18]；这里，$V_{bs(d)}$ 是在 FinFET 源漏 pn 结处体（b）到源（s）或漏（d）施加的反向偏压。当使用 APT 注入时，体 FinFET 源漏 pn 结电容倾向于显示出两个不同的斜率。为了解释由于 APT 注入导致的体 FinFET 源漏 pn 结电容的这种偏差，已经报道了一种新的电容模型[18]，由下式给出：

$$C_j = \begin{cases} \dfrac{C_{j01}}{\left(1 - \dfrac{V_x}{\phi_{bi}}\right)^{m_j}}, & 0 < V_{bs(d)} < V_x \\[3ex] \dfrac{C_{j02}}{\left(1 - \dfrac{V_{bd} - V_x}{\phi_{bi2}}\right)^{m_{j2}}}, & V_{bd} < V_x \end{cases} \qquad (8.69)$$

式中，V_x 是源（漏）反向偏置的过渡电压，在该电压下，$1/C_j^2 - V_{bs}$ 图的斜率发生变化，如图 8.13 所示；C_{j01} 是 $V_{bs}(V_{bd}) = 0$ 时的电容；ϕ_{bi} 是由式（2.84）给出的 pn 结的内建电势，以结的掺杂浓度表示；m_j 是源漏 pn 结区下掺杂分布的梯度；C_{j02} 是 $V_{bs}(V_{bd}) = V_x$ 时的电容；ϕ_{bi2} 是 pn 结的有效内建电势，取决于穿通掺杂的分布；m_{j2} 是源漏 pn 结区由于 APT 注入引起的掺杂分布梯度。

所有反向偏置二极管参数都可以通过测量的 FinFET 的 $C_j - V_{bs}$ 和 $C_j - V_{bd}$ 特性来表征。

8.5.2　正向偏置电容

式（8.68）的曲线图显示，电容 C_j 随着反向偏置 $|V_d|$ 的增加而减小（$V_{bs(d)} < 0$），如图（2.28）所示。然而，式（8.68）表明，当 pn 结正向偏置（$V_{bs(d)} > 0$）时，电容 C_j 增加，并在 $V_d = \phi_{bi}$ 时变为无穷大，如图 2.28 所示（连续线，曲线 2）。这是因为由于耗尽近似变得无效，式（8.68）不再适用。为了简化正向偏置 pn 结电容的建模，我们可以对式

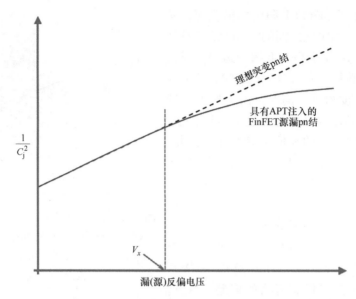

图 8.13　APT 注入对 FinFET 源漏 pn 结 $1/C_j^2 - V_{bs(d)}$ 关系的影响示意图：虚线表示理想突变 pn 结的单一斜率；而实线表示具有 APT 注入的 FinFET 源漏 pn 结电容，显示两个斜率；V_x 是表示偏离理想 pn 结行为的过渡电压

（8.68）进行级数展开。因此，对于正向偏置 pn 结的建模，通过分母的级数展开和忽略高阶项，我们可以简化式（8.68）为

$$\left(1 - \frac{V_{bs(d)}}{\phi_{bi}}\right)^{-m_j} = 1 + m_j \frac{V_{bs(d)}}{\phi_{bi}} + \cdots \tag{8.70}$$

因此，正向偏置 pn 结电容可由下式计算：

$$C_j = C_{j0}\left(1 + m_j \frac{V_{bs(d)}}{\phi_{bi}}\right) \tag{8.71}$$

对于一阶近似，式（8.71）对 FinFET 是有效的，因为正向偏置条件下的耗尽区被限制在结上。然而，可以从 pn 结电荷计算中推导出更精确的表达式[1]。

对于器件建模，总的源漏 pn 结电容可以通过沿隔离边缘的源（或漏）体底部区域结电容和沿栅极边缘的源（漏）体侧壁结电容来计算，如参考文献［1，12］所述。

8.6　小结

本章讨论了 FinFET 器件的寄生电阻和电容元件。首先，推导了源漏串联电阻的接触电阻、扩展电阻和源漏延伸电阻分量的数学表达式。在此基础上，简要介绍了用于分析非准静态模式下 FinFET 工作的栅极电阻。然后简要讨论了寄生交叠和边缘电容。最后对源漏 pn 结电容和 APT 注入对源漏 pn 结电容的影响进行了简要综述。

参 考 文 献

1. Y.S. Chauhan, D.D. Lu, S. Venugopalan, *et al.*, *FinFET Modeling for IC Simulation and Design: Using the BSIM-CMG Standard*, Academic Press, San Diego, CA, 2015.
2. K. Mistry, W.C. Lee, C. Kuo, *et al.*, "A 45nm logic technology with high-k+metal gate transistors, strained silicon, 9 Cu interconnect layers, 193nm dry patterning, and 100% Pb-free packaging." In: *IEEE International Electron Devices Meeting Technical Digest*, pp. 247–250, 2007.
3. A. Dixit, A. Kottantharayil, N. Collaert, *et al.*, "Analysis of the parasitic S/D resistance in multiple-gate FETs," *IEEE Transactions on Electron Devices*, 52(6), pp. 1132–1140, 2005.
4. W. Wu and M. Chan, "Gate resistance modeling of multifin MOS devices," *IEEE Electron Device Letters*, 27(1), pp. 68–70, 2006.
5. W. Wu and M. Chan, "Analysis of geometry-dependent parasitics in multifin double gate FinFETs," *IEEE Transactions on Electron Devices*, 54(4), pp. 692–698, 2007.
6. A.S. Roy, C.C. Enz, and J.M. Sallese, "Compact modeling of gate sidewall capacitance of DG-MOSFET," *IEEE Transactions on Electron Devices*, 53(10), pp. 2655–2657, 2006.
7. M.J. Kumar, S.K. Gupta, and V. Venkataraman, "Compact modeling of the effects of parasitic internal fringe capacitance on the threshold voltage of high-k gate-dielectric nanoscale SOI MOSFETs," *IEEE Transactions on Electron Devices*, 53(4), pp. 706–711, 2006.
8. J. Lacord, G. Ghibaudo, and F. Boeuf, "Comprehensive and accurate parasitic capacitance models for two- and three-dimensional CMOS device structures," *IEEE Transactions on Electron Devices*, 59(5), pp. 1332–1344, 2012.
9. K. Lee, T. An, S. Joo, *et al.*, "Modeling of parasitic fringing capacitance in multifin trigate FinFETs," *IEEE Transactions on Electron Devices*, 60(5), pp. 1786–1789, 2013.
10. J. Kedzierski, M. Ieong, E. Nowak, *et al.*, "Extension and source/drain design for high-performance FinFET devices," *IEEE Transactions on Electron Devices*, 50(4), pp. 952–958, 2003.
11. H.H. Berger, "Models for contacts to planar devices," *Solid-State Electronics*, 15(2), pp. 145–158, 1972.
12. S.K. Saha, *Compact Models for Integrated Circuit Design: Conventional Transistors and Beyond*, CRC Press, Taylor & Francis Group, Boca Raton, FL, 2015.
13. R. Goyal, *High-Frequency Analog Integrated Circuit Design*, John Willy & Sons, Inc., New York, 1994.
14. W. Liu and M.-C. Chang, "Transistor transient studies including transcapacitive current and distributive gate resistance for inverter circuits," *IEEE Transactions on Circuit and Systems I: Fundamental Theory and Applications*, 45(4), pp. 416–422, 1998.
15. X. Jin, J.-J. Ou, C.-H. Chen, *et al.*, "An effective gate resistance model for CMOS RF and noise modeling." In: *IEEE International Electron Devices Meeting Technical Digest*, pp. 961–964, 1998.
16. C. Enz and Y. Cheng, "MOS transistor modeling issues for RF circuit design." In: *Workshop of Advances in Analog Circuit Design, France*, 1999.
17. K. Okano, T. Izumida, H. Kawasaki, *et al.*, "Process integration technology and device characteristics of CMOS FinFET on bulk silicon substrate with sub-10 nm fin width and 20 nm gate length." In: *IEEE Electron Devices Meeting Technical Digest*, pp. 721–724, 2005.

18. S. Venugopalan, M.A. Karim, A.M. Niknejad, *et al.*, "Compact models for real device effects in FinFETs: Quantum-mechanical confinement and double junctions in FinFETs." In: *Proceedings of the International Conference on Simulation of Semiconductor Devices and Processes*, pp. 292–295, 2012.

第 9 章

FinFET 工艺和器件技术的挑战

9.1　简介

在第 1 章中，我们讨论了摩尔定律驱动着微电子工业持续提供具有越来越强大晶体管并具有更高集成密度和更低功耗的集成电路（IC）[1]。然而，在 10nm 范围内晶体管的持续缩小受到导致短沟道效应（SCE）的几种物理现象的限制[2-6]。为了控制 SCE，不仅将器件衬底从体硅改为绝缘体上硅（SOI）[7]，而且器件结构也不断设计和优化，从二维（2D）平面晶体管转变为三维（3D）垂直器件[2,3]。通过晶体管的这种技术演变，鳍式场效应晶体管（FinFET）由于其出色的抗短沟道性，已被用于大批量制造，作为 2D 平面互补金属-氧化物-半导体（CMOS）技术的替代[2-4,8]。如第 4 章所述，FinFET 是一种复杂的 3D 器件，制造工艺复杂。因此，在超大规模集成（VLSI）电路的制造中实现这种 3D 器件需要在工艺体系结构以及制造工艺所需的新材料的集成方面进行创新。因此，在从 2D 器件制造工艺向 3D 器件制造工艺过渡的过程中，出现了许多新的挑战。关于 VLSI 电路制造中 FinFET 工艺技术的挑战和困难，已经发表了一些报告[9,10]。本章简要概述了 FinFET 工艺和器件技术面临的挑战。

9.2　工艺技术挑战

9.2.1　光刻挑战

如 4.3.3 节所述，Fin 的图形化对 FinFET 器件的制造提出了巨大的挑战。先进的光刻需要能产生尖细的 Fin 图形。因此，对于 20nm 和 14nm 节点器件的制造，使用的最先进技术是 193nm ArF 浸没式光刻和多重图形化[11]。并且，在 7nm 技术节点中，需要具有自对准双重图形化（SADP）和自对准四重图形化（SAQP）技术的 193nm ArF 浸没式光刻[12]。如 4.3.3 节所述，SADP 是一种将间隔层转移工艺应用于小间距的技术，而 SAQP 是一种两次使用 SADP 来创建极窄形状和线条的技术。对于多重图形化有不同的挑战，例如边缘位置误差、间距移动和高成本[13]。因此，对于 7nm 节点，极紫外（EUV）光刻和 193nm 浸没光刻以及多重图形化是非常有前景的。实施如此昂贵的 EUV 光刻技术的好处是替换一些最复杂的多重图案层。然而，预计 ArF 浸没光刻将继续用于 10nm 和 7nm 节点中的一些其他关键层[9]。

9.2.1.1　多重图形 ArF 光刻

覆盖：10nm 和 7nm 技术节点的多重图形光刻的覆盖精度是一个挑战。为了将允许的覆盖误差降低到极低的值，需要高阶覆盖校正方案来控制工艺的可变性[9]。此外，分割层数量的增加使总覆盖和对齐树中计量的复杂性指数增加，同时增加了工艺栈中的硬掩模步骤。因此，覆盖计量方法的设置和验证变得更为关键，批量制造需要一种整体方法来解决从工艺设计到工艺设置的整个覆盖优化问题[9]。因此，为了晶圆图案精确，必须在计量学、晶圆加工和掩模步骤中提高覆盖精度[9]。

十字线增强技术（RET）的掩模：对于高且窄的 FinFET 器件，掩模的制作具有挑战性。为了解决衍射问题，人们使用了各种具有光学邻近校正（OPC）的 RET 来修饰掩模图案，提高硅片的可印制性。在结构复杂度不断提高的纳米节点技术中，需要采用反光刻技术（ILT）或形状接近 ILT 等先进的 OPC 来解决目标工艺窗口。因此，掩模形状复杂，因为它们需要更精细的几何图形和间距[9]。

9.2.1.2　极紫外光刻

极紫外（EUV）光刻仅提供一次掩模曝光，而不是多次曝光。然而，在 FinFET 器件工艺的批量制造中实现 EUV 光刻有三个主要挑战：电源、抗蚀剂和掩模基础设施[9]。

实现大规模生产的 EUV 光刻的主要挑战是 13.5nm 波长的光源，它使得曝光工具的生产能力具有成本效益。虽然光源问题已经相当成熟，并且有几种工具可以在晶圆级获得所需的功率，但仍不足以大规模制造 VLSI 电路。EUV 光刻的另一个关键技术挑战是开发高分辨率、高灵敏度以及同时具有低线边缘粗糙度（LER）和低排放的抗蚀剂材料[14,15]。此外，为了提高大批量制造中的吞吐量，需要提高抗蚀剂对 EUV 13.5nm 波长辐射的敏感性，而线宽粗糙度（LWR）规范必须保持在较低的个位数（nm）[16]。尽管抗蚀剂 LER 通常由化学过程控制，但随着图案尺寸的不断缩小，掩模图案粗糙度和表面粗糙度或光子噪声的复制仍将发挥重要作用[17]。

在大批量制造的 EUV 光刻中，无缺陷反射掩模的可用性是另一个最关键的挑战[18]。EUV 图案掩模引入了新的材料和表面，可能导致粒子粘附和清洁问题[9]。因此，在 EUV 扫描仪的使用过程中，需要一层薄膜来保护掩模，以降低颗粒粘附的风险。对于带有薄膜的 EUV 掩模，剩余的挑战是薄膜安装的应力可能会导致覆盖误差。

9.2.2　工艺整合挑战

如 4.3.3 节所述，通过使用 SADP 技术对 FinFET 中的致密 Fin 进行图形化，然后进行氧化物填充、平坦化和凹陷以对 Fin 有源区进行图形化并形成浅沟隔离（STI）。整个工艺序列中的这种 Fin 图形化（图 4.3）在 FinFET 的制造中引起了许多挑战[18-22]。这些挑战与以下问题有关：①精确和均匀 Fin 图形化；②3D 栅极和间隔层图形化；③Fin 中均匀结的形成；④应力工程。

9.2.2.1　精确和均匀 Fin 图形化

我们在第 5~8 章中讨论了 FinFET 的电气特性取决于 Fin 几何形状（厚度、高度和垂直度)[22]。一方面，需要更高的 Fin 来获得更大的电流，这对 FinFET 的制造提出了严峻的挑战。另一方面，较薄的 Fin 有利于沟道静电控制，这会导致迁移率降低、源漏掺杂梯度的随机离散掺杂（RDD）以及关态泄漏电流的变化。

为了获得精确的 Fin 图形，体硅中的 Fin 刻蚀必须通过一个定时过程来控制。在大多数情况下，Fin 组群边缘的 Fin 比中间的 Fin 具有更高的可变性。为了在组群中获得均匀的 Fin 厚度和高度，需要在间距处有 dummy Fin，其后被移除[23]。当 Fin 间距缩小并接近覆盖极限时，Fin 的去除变得很有挑战性。由于更紧密的间距、难以控制 STI 深度和掺杂变化，STI 的 Fin 隔离和抗穿通注入步骤也具有挑战性。

Fin 图形化的另一个挑战是保持具有较高高宽比的 Fin 的结构完整性。窄 Fin 的硅表面看起来与体硅不同[24]，通常的湿法清洗步骤后可能会出现过多的硅损失。此外，在 Fin 的角部和尖端处氧化更快。此外，由于 3D 形貌的影响，Fin 的干法刻蚀更为严格。因此，等离子体脉冲方案可能是一个可行的替代方案，以尽量减少 Fin 图形化中的硅损失[22]。

9.2.2.2　栅极和间隔层图形化

高 Fin 的图形化增加了 dummy 多晶硅栅、间隔层和替换金属栅的工艺集成复杂性。高高宽比和尺寸精确控制的多晶硅栅很难刻蚀[22]。刻蚀过程中的电荷和微负载导致了可变栅极长度（L_g）。由于 Fin 的垂直尺寸很高，为对 FinFET 的源漏区进行选择性外延生长（SEG），需要进行明显的过度刻蚀，以去除 Fin 侧壁上的残余多晶硅，以及去除 Fin 侧壁上的偏移间隔层[24,25]。这些过度刻蚀会对硅 Fin 造成损伤。因此，需要仔细优化干法和湿法刻蚀工艺，以制造具有最小 L_g 变化和 Fin 损伤的 3D 栅极。

替代金属栅模块也带来了严峻的挑战，因为它需要新的步骤来实现 4.3.8 节讨论的 STI 化学机械平坦化（CMP）过程中的相互作用。在替代栅极过程中，栅极高度的控制至关重要。如果栅极过度抛光，则凸起源漏区暴露于抛光，导致外部电阻和迁移率变化。另一方面，如果栅极抛光不足，接触锥型会导致外部电阻变化，并可能导致开路接触产生问题。因此，FinFET 制造需要更精确和可控的 CMP 工艺[26]。

9.2.2.3　Fin 中均匀结的形成

杂质掺杂是制备 FinFET 最关键的集成挑战之一[27,28]。掺杂挑战的问题包括：源漏接触区和延伸区的保形掺杂，以确保 Fin 沟道中的均匀载流子传导；由于 Fin 的紧密间距限制了光束入射角而导致的相邻 Fin 的阴影；高高宽比 Fin 中的损伤、积累和退火。

采用传统的离子注入工艺，将杂质均匀地掺杂在间距缩小的既高又窄的 Fin 中是一个挑战[29]。硅 Fin 的注入后非晶化在结退火过程中导致不良的再结晶，从而导致掺杂激活不良和 Fin 缺陷[27]。Fin 掺杂的注入条件也会影响源漏极的质量和选择性外延生长速率，进而影响 FinFET 器件的源漏极和接触电阻。因此，需要创新的掺杂方案来克服 FinFET 中的掺杂挑战并获得均匀的掺杂分布。

9.2.2.4　应力工程

应力工程也是 FinFET 制造工艺的一个挑战性问题。在源漏极中产生应力的最有效的方法是嵌入的 SiGe（p 沟道 FinFET 的压应力）、SiC（n 沟道 FinFET 的拉应力）或沟槽接触和金属栅中的应力[30]。栅极和源漏极应力源的有效性取决于减少应力源体积和增强邻近沟道的应力源之间的平衡[31]。为了进一步增加应力和提高沟道迁移率，可以增加 SiGe 源漏极中的 Ge 含量，类似于平面 CMOS 工艺中使用的制造工艺[32-35]。

源漏 SEG 层可能会遇到一些问题，包括小晶面形成[36,37]、缺陷、微加载、不均匀应变分布、表面粗糙度和图形依赖性[38-42]。图形依赖性是由于芯片中晶体管的封装密度和尺寸的变化而产生的。SEG 工艺模式依赖性的主要原因是当芯片中暴露的硅面积变化时，反应气体分子的消耗不均匀。通过优化生长参数和设计芯片版图，使暴露的硅均匀分布在芯片区域，以产生均匀的气体消耗，可以将此问题最小化[42]。Fin 沟道区应变的均匀性和缺陷密度的控制对 FinFET 工艺技术是一个巨大的挑战。

9.2.2.5 高 k 介质和金属栅

由于高 k 介质的高介电常数和相对较大的带隙，高 k 介质和金属栅工艺被用于先进的 CMOS 工艺[43]。通常，具有高介电常数（介电常数约为 25）和相对较大带隙（5.7 eV）的 HfO_2 高 k 介质用作 nFinFET 和 pFinFET 器件的栅介质（表9.1）[9]。此外，HfO_2 具有较高的生成热，在硅上具有良好的热稳定性和化学稳定性，在与硅的界面上具有较大的势垒高度。并且，在 1 ~1.5 V 的工作电压下，通过 HfO_2 介质膜的泄漏电流比通过具有相同等效氧化物厚度（EOT）的 SiO_2 膜的泄漏电流低几个数量级[35,43]。然而，亚 22nm FinFET HfO_2 集成的主要挑战之一是 HfO_2/硅界面的热不稳定性。尽管理论上发现 HfO_2/硅在热力学上是稳定的，但 HfO_2 和硅衬底之间不可避免地存在 SiO_x 夹层[43-45]。表 9.1 显示了 22nm 和 14nm FinFET 工艺节点的相关高 k HfO_2 介质和金属栅工艺参数[9]。该表还显示了 TiAlN 和 TiN 金属栅分别用于 nFinFET 和 pFinFET。

表 9.2 总结了 22nm 和 14nm FinFET 工艺节点的高 k 介质和金属栅的典型工艺参数[9]。从表 9.2 可以看出，SiO_x 夹层热氧化物的厚度已从 22nm 节点的约 1.1nm 显著减小到 14nm 节点的约 0.6nm。另一方面，高 k 介质的厚度从 22nm 节点的约 1.0nm 增加到 14nm 节点的约 1.2nm。然而，栅介质的整体 EOT 降低。

表 9.1   22nm 和 14nm FinFET 工艺节点高 k 介质和金属栅的典型材料

工艺节点	器件结构	高 k 介质		金属栅	
		nFinFET	pFinFET	nFinFET	pFinFET
22nm	FinFET	HfO_2	HfO_2	TiAlN	TiN
14nm	FinFET	HfO_2	HfO_2	TiAl	TiN

表 9.2   22nm 和 14nm FinFET 工艺节点高 k 介质和金属栅的典型工艺参数

工艺节点	膜厚/nm			
	热氧化	高 k	TiAl（N）	TiN
22nm	~1.1	~1.0	~1.2	~1.4
14nm	~0.6	~1.2	~3.7	*

在 FinFET 结构中，替代栅结构的高宽比较大，使得填充沟槽成为一个巨大的挑战。因此，诸如原子层沉积（ALD）之类的替代金属栅工艺被认为是金属栅淀积的解决方案，因为其具有实现保形台阶覆盖的优异能力[47,48]。然而，对于 ALD 的实现，nFinFET 和 pFinFET 器件的功函数工程以及良好的台阶覆盖能力需要合适的金属栅材料。

9.2.2.6　波动性控制

工艺波动性控制更为关键，对于 FinFET 器件来说，也变得越来越具有挑战性[49,50]。FinFET 器件中的电特性变化对 Fin 厚度 t_{fin} 和 Fin 高度 H_{fin} 的变化非常敏感。如第 4 章所述，H_{fin} 的变化发生在 Fin 刻蚀、STI 沉积、STI CMP 和 STI 凹槽处理步骤中。

一般来说，栅极刻蚀轮廓和 L_g 随 Fin 形貌的变化很难控制。源漏外延是一种对 Fin 形貌敏感的工艺[51]，由于 Fin 形状的变化，电阻和应力会发生波动。此外，在离子注入工艺中，缺陷层是另一个波动性来源[50]。在沟道掺杂浓度为 6×10^{17} cm^{-3} 的 Fin 中，大约三分之一的波动性是由于在平面 MOSFET 中观察到的随机离散掺杂（RDD）[52]。虽然在 FinFET 中可以避免沟道掺杂，但是源漏掺杂梯度的 RDD 会导致 $L_g < 10nm$ 的器件的波动性[29,53]。沟道界面和栅堆叠功函数的变化对晶体管的性能有显著的负面影响。双重图形化引起了人们对单个多边形分割在两个掩模上的方式的关注。由于覆盖的缩小速度不如最小特征尺寸快，因此掩模对齐问题引入了多边形之间间距变化的新来源[23]。

9.2.2.7　空间挑战

为了减小亚 22nm FinFET 器件的接触栅间距，需要在栅极长度 L_g、源漏间隔层厚度和源漏接触面积之间进行折中。最小间隔层厚度由可靠性要求以及栅极和源漏极之间电容的目标规格确定。窄的源漏接触点增加了器件的接入电阻。

众所周知，器件工艺尺寸的进一步缩小降低了互连布线的性能。在 22nm 及以下的工艺节点，由于连线横截面的减小，互连电阻预计将显著增加。除了连线横截面的减小之外，单个铜晶粒边界和阻挡层界面处的载流子散射迅速增加了互连电阻率以及单个连线的电阻。此外，由于互连间距的限制，双重图形化在接近标准单元 pin 处会引起布线挑战和困难。在亚 22nm FinFET 工艺节点中，互连电阻和电容（RC）开始主导延迟。如何降低连续通孔电阻和电容，并将可靠性［电迁移（EM）］、时变介质击穿（TDDB）、偏置温度不稳定性（BTI）和热载流子注入（HCI）保持在可接受的水平是一个挑战。为了在保持可靠性的同时获得低的互连电阻，金属填充工艺必须是无缺陷的。然而，降低连线电阻需要为实际布线材料留出足够的空间，这样就会减少间隔的空间，从而导致可靠性降低。此外，为了获得较低的通孔电阻，需要在通孔底部设置较薄的间隔，这会导致 EM 阻塞边界不足[54]。因此，FinFET 工艺集成面临重大挑战，需要创新的工程解决方案来克服这些挑战。

9.2.3　掺杂注入挑战

FinFET 器件制造工艺的挑战包括源漏区的保形掺杂和降低离子注入引起的 Fin 损伤[55]。

9.2.3.1 保形掺杂

对于 FinFET 而言，主要的挑战是，掺杂杂质在 Fin 内的保形分布不能受源漏扩展（SDE）掺杂杂质的激活、扩散和分布剖面突变的影响[55-57]。非保形掺杂会导致 FinFET 驱动电流的下降。通过大倾角束流注入可以实现掺杂杂质的保形分布。然而，相邻 Fin 的阴影限制了保形掺杂。另一种实现掺杂杂质在 Fin 内保形分布的技术是优化工艺参数的等离子体掺杂。

9.2.3.2 损伤控制

在 FinFET 中，掺杂过程中的损伤控制是实现器件目标性能的另一个挑战。在 FinFET 结构中，阱基上的窄 Fin 与大块体晶隔离。因此，表面邻近性和 3D 结构对注入后非晶硅 Fin 的再结晶构成了严重的限制。在硅 Fin 完全非晶化的情况下，仅仅一个很小的再结晶籽晶就能导致有缺陷的生长，导致器件的电阻率和驱动电流恶化[58,59]。因此，在 FinFET 的制备过程中，降低离子注入和退火产生的非晶化深度是减少 Fin 损伤的关键。为了实现无损伤的 SDE-Fin 掺杂，可以采用热注入。使用高温注入，可以显著减少损伤积累，从而减少注入物的自非晶化。热注入技术还能改善 Fin 线电导和结的泄漏[60]。

9.2.4 刻蚀挑战

9.2.4.1 Fin 刻蚀中的深度加载控制

在 Fin 刻蚀过程中（4.3.3 节），只有一小部分工艺气体在射频功率下电离成等离子体。在刻蚀过程中，大多数气体分子以中性粒子的形式存在于刻蚀室中，从而导致沉积。中性分子在进入沟槽底部之前很容易粘附在表面上，形成锥形轮廓（第 4 章），阻止离子到达底部[9]。另一方面，新储存的离子在沟槽底部形成，与进入的离子发生反应。因此，随着刻蚀反应的持续进行和刻蚀深度的增加，离子和中性分子的通量比减小，刻蚀轰击减弱[9]。在临界尺寸（CD）范围内，CD 越小，底部反应越弱。因此，刻蚀深度取决于开口 CD 的尺寸：尺寸越大，刻蚀深度越深。使用偏置脉冲技术可以改善刻蚀深度对 CD 的依赖性[9]。偏压脉冲刻蚀工艺可用于实现较小的深度加载效应，这是由不同的开口 CD 尺寸引起的[61,62]。

9.2.4.2 栅极刻蚀控制

在 FinFET 器件制造中，选择性和无残留的刻蚀工艺是一个具有挑战性的问题。在 FinFET 制造中有一些新的工艺和材料挑战，总结如下。首先，如第 4 章所讨论的，在通常的栅氧化层前清洗之后，观察到过多的硅损耗。因此，湿法清洗必须以稀释浓度和较低温度进行优化。其次，Fin 的角部和尖端的氧化速度也较快。而且，由于采用了 3D 结构，Fin 上的干法刻蚀更加严格，而等离子体偏置脉冲方案可能是一种可行的替代方案，可以最大限度地减少硅损耗[63,64]。栅极刻蚀控制对保持均匀的 Fin 高度 H_{fin} 至关重要。H_{fin} 的变化会影响 FinFET 的电性能，例如阈值电压 V_{th}。这表明与平面晶体管相比，（干法或湿法）刻蚀步骤对于 3D 晶体管至关重要。

此外，控制自对准刻蚀的选择性（4.3.3 节）对于栅极长度低于 14nm[65] 的 FinFET 来说是一个挑战，以确保局部晶体管接触实现适当的接触狭缝开口。

9.2.4.3　栅极的 STI 工艺

如 4.3.3 节所述, Fin 高度由刻蚀 STI 氧化物 (TEOS) 确定。它是控制 Fin 高度 H_{fin} 的关键工艺之一。氧化物是用高度选择性的刻蚀工艺刻蚀回来的, 要完全控制以形成具有规定尺寸的硅 Fin 是一个挑战。因此, 通过刻蚀 STI 氧化物来确定 H_{fin} 尤其重要。H_{fin} 的变化严重影响晶体管的电性能, 如阈值电压 V_{th}。这表明必须为 STI 凹陷使用适当的刻蚀步骤以确定 H_{fin}。

9.2.4.4　栅极工艺

在 4.3.8 节中, 我们描述了用湿法去除多晶硅 dummy 栅和 SiO_2 dummy 栅氧化物的替代金属栅 (RMG) 工艺[66-69]。

如第 4 章所述, RMG 工艺复杂且具有挑战性。通常, 由于 HF 基湿法刻蚀剂的化学性质, 在没有任何氧化剂的情况下, dummy 栅氧化物刻蚀工艺无法去除多晶硅[70-72]。然而, 关键是要完全移除多晶硅 dummy 栅, 而不在狭窄陡峭的沟槽中留下任何残留物[67-69]。残余物占据高 k 和金属栅的预定位置的空间, 并且可能导致器件失效。

通常, 湿法工艺使用水溶液作为溶剂, 最后使用去离子水或超纯水清洗晶圆表面的化学物质。然而, 众所周知, 水的表面张力会产生一些缺陷。在干燥过程中, 水的高毛细力会拉扯附近的结构, 形成永久性缺陷, 即所谓的图形塌陷[73]或粘滞[74]。为了消除图形塌陷, 在分子间作用力与液相相比不太强的情况下, 可以使用气相刻蚀, 例如 HF 气相工艺。

在类似 FinFET 的垂直结构中, 使用了包括 SiGe/硅多层膜在内的"新材料"。由于需要选择性地刻蚀硅或 SiGe 层, 因此人们在使用 $HF: H_2O_2: CH_3COOH$ 混合物将 SiGe 选择性刻蚀至硅[75-77]或使用基于四甲基氢氧化铵 (TMAH) 的方法从 SiGe 中去除硅[78]方面付出了大量努力。

9.3　器件工艺挑战

9.3.1　多阈值电压器件

制造 CMOS 工艺的阈值电压 V_{th} 控制和多 V_{th} 器件选择对于模拟应用非常重要。在一个节点处的典型平面 CMOS 工艺为 V_{th} 提供了不同的选择, 包括用于高性能 VLSI 电路的低 V_{th}、用于逻辑设计的标准 V_{th} 以及用于模拟和射频 (RF) 应用的高 V_{th}。平面 MOSFET 器件的这种 V_{th} 控制可以由下式[3]确定:

$$V_{th} = V_{fb} + 2\phi_B + \frac{1}{C_{ox}}\sqrt{2q\varepsilon_{si}(2\phi_B + V_{bs})N_b} \tag{9.1}$$

式中, V_{fb} 是平带电压; ϕ_B 是体势; C_{ox} 是栅极电容, $C_{ox} = \varepsilon_{ox}/T_{ox}$; ε_{ox} 是栅介质的介电常数; V_{bs} 是体偏置; N_b 是沟道掺杂浓度。

式 (9.1) 表明 V_{th} 取决于 T_{ox}、N_b 和 V_{bs}。因此, 通过改变衬底掺杂浓度 N_b 和/或栅介质厚度 T_{ox}, 可以实现平面 CMOS 工艺节点的多 V_{th} 器件。此外, V_{bs} 还可以用来调制 MOSFET

器件的 V_{th}。

对于多栅 FinFET 器件，体区通常无掺杂或轻掺杂。由于光刻和刻蚀的挑战，在 3D 结构中实现多个介质厚度也困难。因此，在非平面 CMOS 工艺中使用传统的制造工艺很难实现多 V_{th} FinFET 器件。为了分析一个工艺节点中多 V_{th} FinFET 器件的选项，我们从式（3.30）中推导出 FinFET 器件 V_{th} 的一阶表达式

$$V_{gs} = V_{fb} + \phi_s - V_{ch}(y) - \frac{Q_s}{C_{ox}} \quad\quad\quad (9.2)$$

式中，V_{gs} 是栅极电压；ϕ_s 是表面势；$V_{ch}(y)$ 是由于施加漏极偏压 V_{ds} 而产生的沟道电势；Q_s 是硅 Fin 沟道中的总电荷密度。

现在，对于金属栅 FinFET 器件，V_{fb} 由式（3.21）给出如下：

$$V_{fb} = \Phi_{ms} - \frac{Q_0}{C_{ox}} \quad\quad\quad (9.3)$$

式中，$\Phi_{ms}(=\Phi_m - \Phi_s)$ 是金属栅功函数（Φ_m）和体硅功函数（Φ_s）的差；Q_0 是硅/栅氧化层界面上的氧化物电荷，对于理想无缺陷氧化层，约为 0。

同样，如果 Q_i 和 Q_b 分别是反型电荷和体电荷，那么 $Q_s = Q_i + Q_b$。由于在亚阈值区 $Q_i \ll Q_b$，所以 $Q_s \cong Q_b$。此外，由于在阈值条件下，漏极电压 V_{ds} 以及 $V_{ch}(y)$ 小到可忽略不计，因此从式（9.2）和式（9.3），可以将 FinFET 器件的 V_{th} 表示为

$$V_{th} \approx \Phi_m - \Phi_s + 2\phi_B + \left(\frac{qN_b t_{fin}}{C_{ox}}\right)H_{fin} \quad\quad\quad (9.4)$$

式中，t_{fin} 是 Fin 厚度；H_{fin} 是 Fin 高度。

因此，从式（9.4）中，我们观察到在非平面 CMOS 工艺中多 V_{th} FinFET 器件有几种可能的选项。首先，通过改变 C_{ox}，使用多个氧化层厚度和形成多个 Fin 高度 H_{fin}（即较高的 Fin 实现较高 V_{th} 的器件）。然而，如第 4 章所述，在复杂的 FinFET 制造工艺中实现多 T_{ox} 是一个挑战。此外，由于 Fin 是通过间隔层限定技术来形成图形的，因此在同一衬底上形成多个高度 Fin 所需的不同间隔层的工艺是困难的。因此，要完全控制形成具有确定尺寸的硅 Fin 是一项困难的任务。通过刻蚀浅槽隔离氧化层来确定 Fin 高度尤其重要。因此，用传统的方法实现 FinFET 技术中的多 V_{th} 器件是一个挑战。或者，如式（9.4）所示，一种创新技术，如金属功函数 Φ_m 工程可以用来在非平面 CMOS 工艺中，实现多 V_{th} FinFET。

在 FinFET 技术中，采用 HfO_2 高 k 栅介质和 TiN 金属栅，V_{th} 控制和多 V_{th} 器件工艺可通过采用铝（Al）注入的功函数工程实现，如第 4 章所述。在高 k 金属栅工艺中，铝（$1 \times 10^{15} \sim 1 \times 10^{16}$ cm^{-2}）用超低能量注入机注入 TiN 金属（而不是高 k 介质）中。金属栅的有效功函数（EWF）是在 HfO_2/SiO_x 界面层注入铝经由铝诱导偶极子进行调制。铝扩散进/通过 TiN 的方式不同，这取决于 TiN 的生长方式。由于富铝 - TiN 具有更为 n 型的有效功函数，更多数量的铝扩散到 TiN 中，导致 EWF 值越低（即更 n 型的 EWF）。并且，p 型功函数选择 TiN（富铝最少），如表 9.1 和表 9.2 所示。

9.3.2　宽度离散化

FinFET 和平面 MOSFET 器件之间的主要区别之一是 FinFET 器件由多个高度 H_{fin} 和厚度 t_{fin} 的 Fin 小单元组成。如第 5 章所述,FinFET 器件的宽度由下式给出:

$$W = n(2H_{fin} + t_{fin}) \tag{9.5}$$

式中,n 是器件的 Fin 数量,$n = 1$,2,3,$\cdots$,n;H_{fin} 中的因子"2"是由两个侧壁栅极引起的。

式 (9.5) 表明,FinFET 的宽度 W 取决于整数 n,即用于构建器件的 Fin 数量,因此是离散化的。这被称为"宽度离散化"。FinFET 的这种独特的宽度离散化特性是由于在一个工艺节点上图形化多高度的 FinFET 受到限制[79]。由于工艺的复杂性,如第 4 章所讨论的,只有高度恒定的 Fin 才能通过光刻技术形成图形。因此,较大器件使用多个 Fin 单元设计。由于每个 Fin 沟道内的 RDD,具有多个 Fin 单元的较大器件容易受到 Fin 之间随机 V_{th} 变化的影响,因此,必须考虑掺杂波动对器件性能的影响[80]。

由于 V_{th} 的随机变化,宽度离散化严重影响了器件的泄漏电流分布[79]。宽度离散化引起的 FinFET 泄漏电流可能导致芯片失效,这是由于噪声容限不足、全芯片功率估计不准确以及泄漏敏感电路指南不适当[81]。此外,宽度离散化是模拟应用的关键。在模拟集成电路设计中,W 是一个电路设计参数,是一个连续变量。然而,由于宽度离散化,设计参数 W 是一组小的正整数而不是一个连续变量。因此,宽度离散化对 FinFET 电路设计提出了严峻的挑战,需要采用先进的统计建模技术进行体现宽度离散化的 FinFET 电路设计,以准确预测 VLSI 电路中宽度离散化 FinFET 器件引起的泄漏电流分布[81]。此外,宽度离散化增加了版图设计规则的复杂性和数量,包括用于减少耦合的间距规则、用于 Fin 图形的 SADP 规则和用于替代金属栅的 dummy 栅规则。

9.3.3　晶体取向

传统上,CMOS 集成电路在 <100> 晶向的硅衬底上制作,这是由于它们的电子迁移率比空穴迁移率高[82-85],如图 9.1 所示,并且界面陷阱密度低。高 k 栅介质作为栅氧化层也观察到类似的迁移率趋势,如图 9.2 所示[86]。

图 9.3a 显示了不同晶向的集成电路器件版图,以优化电子和空穴迁移率。如图 9.3a 所示,器件方向,①垂直和④平行于晶圆平面或切口,沟道表面位于 <110> 面,其空穴迁移率最高,而电子迁移率最低 (图 9.1 和图 9.2)。另一方面,器件取向②在 45°角处,沟道表面位于 <100> 平面上,空穴迁移率最低,电子迁移率最高 (图 9.1 和图 9.2)。对于任何中间取向,如位置③,电子和空穴迁移率处于中间值[86,87]。

图 9.3b 显示了垂直放置在晶圆基座上的 FinFET 结构,因此 Fin 表面在多个晶面中定向。因此,Fin 的方向取决于版图。这对版图设计和 Fin 图形设计提出了严峻的挑战。在 FinFET 中,导电沟道位于硅柱 (Fin 沟道) 的侧壁上。因此,在一个标准 <100> 晶圆上,其中栅极和有源 Fin 区域垂直或平行于晶圆平面对齐,器件沟道位于 <110> 面。然而,如

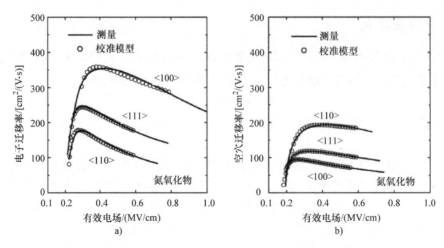

图 9.1 <100>、<110> 以及 <111> 体硅晶体载流子表面迁移率与传统氮氧化物有效电场的关系：a）电子迁移率；b）空穴迁移率[86]

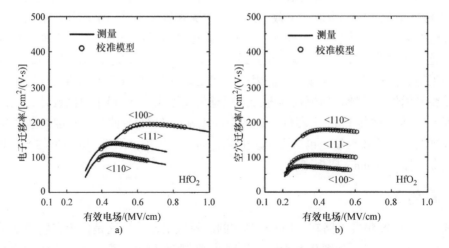

图 9.2 <100>、<110> 以及 <111> 体硅晶体载流子表面迁移率与高 k 栅介质有效电场的关系：a）电子迁移率；b）空穴迁移率[86]

果晶体管版图在晶圆平面内旋转 45°，则器件沟道的最终方向为 <100>。在两个面之间旋转时，电子和空穴的迁移率处于 <100> 和 <110> 方向之间的中间值，可以近似为 <111> 表面。

在 FinFET 的版图设计中，所有的器件都可以相对于晶圆的平面或切口以不同的角度来绘制，以达成 <100>、<110> 以及 <111> 晶向，以最大化 nFinFET 和 pFinFET 器件的迁移率。将 nFinFET 和 pFinFET 的沟道分别对齐 <100> 及 <110> 面的迁移率优化方案可以通过将两种器件类型之一的版图旋转 45° 角来实现。尽管 nFinFET 或 pFinFET 器件可根据晶圆平面方向旋转，然而，nFinFET 的旋转是优选的，因为其尺寸较小。在任何一种情况下，

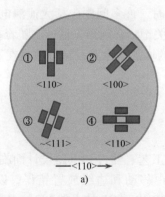
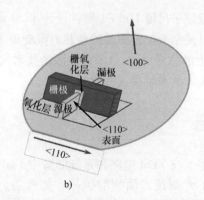

图 9.3　用于迁移率优化的晶圆上的器件方向：a) 器件方向，① 垂直或④平行于晶圆平面，提供最高的
空穴迁移率，②在与晶圆平面成 45°角时提供最高的电子迁移率，并且在任何中间位置，电子和
空穴迁移率的中间值可以近似于＜111＞面；
b) FinFET ＜110＞ 晶向平行于晶圆平面，电子迁移率和空穴迁移率处于中间值

定义 0°和 45°旋转中的最小线宽都是光刻的挑战。此外，在 nFinFET 取 ＜100＞晶向和 pFin-
FET 取＜110＞晶向这一定位方案下，由于实现 45°器件旋转所需的面积开销，对于小器件，
将产生 40% 的面积损失[86]。

再次，与传统的＜100＞晶向相比，＜110＞和＜111＞晶圆由于减少了对 pFinFET 宽度
的要求，从而每单位宽度具有更强的 pFinFET 电流驱动，因此提高了面积效率。对于
＜110＞晶圆衬底，由于＜100＞和＜110＞方向的 FinFET 侧壁彼此成直角，版图面积的代
价可以最小化。然后 nFinFET 和 pFinFET 器件绘制成平行和垂直于＜110＞晶圆平面方向。
这可能仍然会导致较小的面积损失，但与一种器
件旋转 45°的定向方案相比，面积损失会显著
减少[86]。

9.3.4　源漏串联电阻

实现低源漏串联电阻是 FinFET 器件工艺的
挑战之一。FinFET 器件的高源漏电阻降低器件
电导，对模拟设计提出了严峻的挑战。通常，如
图 9.4 所示的合并的凸起源漏 (RSD) 区用于实
现较低的源漏串联电阻。然而，RSD 外延层的生
长控制具有挑战性，并且可能导致缺陷密度的增
加。此外，与未合并 Fin 相比，应变硅 Fin 沟道的应力控制更为困难。

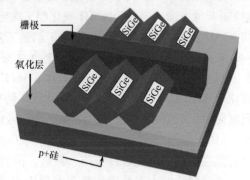

图 9.4　使用选择性外延生长 SiGe 层以降低源
漏串联电阻的合并的 RSD 结构

9.4　FinFET 电路设计的挑战

随着 VLSI 电路的临界尺寸接近 3nm 的原子尺寸，VLSI 电路的设计变得越来越具有挑战

性。在使用近原子尺度 FinFET 器件设计 VLSI 电路时，许多问题包括大泄漏电流、低增益、宽度离散化以及制造工艺的敏感性和容限变得非常关键，必须预先估计。随着在电路设计中达到 3nm 附近的临界尺寸（CD）极限的技术挑战的增加，电路设计方法也在不断发展，以提供新的解决方案来解决这些挑战。

9.5　小结

本章概述了在 VLSI 电路和系统制造中 FinFET 工艺、器件和电路设计面临的主要挑战。首先，强调了光刻技术面临的挑战，如覆盖、间距移动和边缘放置错误，以及目前用于 22nm 工艺节点和更高的工艺节点中使用的具有 SADP 和 SAQP 技术的 193nm ArF 浸没式光刻技术的高成本。虽然利用 EUV 光刻技术可以将当前光刻技术中的这些问题最小化，但是在 FinFET 的大批量制造中实现 EUV 光刻技术由于其高成本而具有挑战性。

在讨论了光刻工艺的挑战之后，对与栅极和间隔层图形化、均匀 Fin 的图形化以及 RSD 区上的 SEG – SiGe 应力材料相关的 FinFET 工艺集成挑战进行了综述。FinFET 上的 SEG 层可能会导致一系列问题，包括 Fin 表面的应变松弛导致更高的缺陷密度，以及由于不同的晶体管结构及其在芯片中的密度而产生的工艺模式依赖效应。然后讨论了高 k 和金属栅工艺以及作为 FinFET 栅介质的 HfO_2 集成在 HfO_2/硅界面处热不稳定性方面所面临的挑战。此外，还强调了在 TiN 金属栅中利用铝注入来控制栅功函数的挑战。

接下来，对 Fin 掺杂和 FinFET 尺寸控制所面临的挑战进行了综述。讨论了保形掺杂的挑战是由于阵列中的 Fin 离子注入时相邻 Fin 产生的阴影。为了降低驱动电流劣化的风险，需要保形分布的掺杂剂。为了克服保形掺杂的挑战，可以使用优化工艺参数的等离子体掺杂。在控制 Fin 尺寸方面，通过刻蚀 STI 氧化层来确定 Fin 高度是一个挑战。Fin 高度的变化影响晶体管的电特性，如 V_{th}。这表明在 FinFET 制造工艺中必须对（干法或湿法）刻蚀进行控制。

在讨论了工艺技术挑战后，综述了主要的器件工艺挑战，如宽度离散化、在一个工艺节点上的多 V_{th} 晶体管以及 nFinFET 和 pFinFET 版图设计中实现高迁移率的最佳晶向。宽度离散化对 VLSI 电路设计提出了一些挑战，特别是在模拟应用中。V_{th} 调节或多个 V_{th} 晶体管的限制限制了 FinFET 在模拟电路和混合信号应用中的应用。沟道方向，例如更高空穴迁移率的 <110> 侧壁平面和更高电子迁移率的 <100> 侧壁平面对版图设计提出了挑战。混合定向方案在实践中可能难以实施。最后，简要概述了电路设计中面临的挑战。

本章讨论的大多数挑战都在发展中或部分解决了。然而，在 3nm 附近实现原子尺度的 FinFET 最关键的问题是，由于新材料和创新工艺的实施，制造成本显著增加。

参 考 文 献

1. G.E. Moore, "Cramming more components onto integrated circuits," *Electronics*, 38(8), pp. 114–117, 1965.
2. Y.S. Chauhan, D.D. Lu, S. Venugopalan, *et al.*, *FinFET Modeling for IC Simulation and Design: Using the BSIM-CMG Standard*, Academic Press, San Diego, CA, 2015.

3. S.K. Saha, *Compact Models for Integrated Circuit Design: Conventional Transistors and Beyond*, CRC Press, Taylor & Francis Group, Boca Raton, FL, 2015.

4. K.J. Kuhn, "Considerations for ultimate CMOS scaling," *IEEE Transactions on Electron Devices*, 59(7), pp. 1813–1828, 2012.

5. S. Saha, "Scaling considerations for high performance 25 nm metal-oxide-semiconductor field-effect transistors," *Journal of Vacuum Science and. Technology B*, 19(6), pp. 2240–2246, 2001.

6. Y. Taur, D.A. Buchanan, W. Chen, *et al.*, "CMOS scaling into the nanometer regime," *Proceedings of the IEEE*, 85(4), pp. 486–504, 1997.

7. J.-P. Colinge (ed.), "The SOI MOSFET: From single gate to multigate." In: *FinFETs and Other Multi-Gate Transistors*, pp. 2–4, Tyndall National Institute, Cork, Ireland, 2008.

8. A. Veloso, L.A. Ragnarsson, M.J. Cho, *et al.*, "Gate-last vs. gate-first technology for aggressively scaled EOT logic/RF CMOS." In: *Symposium on VLSI Technology*, pp. 34–35, 2011.

9. H.H. Radamson, Y. Zhang, X. He, *et al.*, "The challenges of advanced CMOS process from 2D to 3D," *Applied Sciences*, 7(10), p. 1047, 2017.

10. N. Collaert (ed.), *CMOS Nanoelectronics*, Pan Stanford Publishing, Singapore, 2013.

11. F.G. Pikus and A. Torres, "Advanced multi-patterning and hybrid lithography techniques." In: *Proceedings of the Asia and South Pacific Design Automation Conference*, pp. 611–616, 2016.

12. H. Yaegashi, "Pattern fidelity control in multi-patterning towards 7 nm node." In: *Proceedings of the IEEE International Conference on Nanotechnology*, pp. 452–455, 2016.

13. J. Jiang, S. Chakrabarty, M. Yu, and C.K. Ober, "Metal oxide nanoparticle photoresists for EUV patterning," *Journal of Photopolymer Science and Technology*, 27(5), pp. 663–666, 2014.

14. D.D. Simone, M. Mao, F. Lazzarino, and G. Vandenberghe, "Metal containing resist readiness for HVM EUV lithography," *Journal of Photopolymer Science and Technology*, 29(3), pp. 501–507, 2016.

15. D. Mamezaki, M. Watanabe, T. Harada, and T. Watanabe, "Development of the transmittance measurement for EUV resist by direct resist coating on a photodiode," *Journal of Photopolymer Science and Technology*, 29(5), pp. 749–752, 2016.

16. Y. Yoda, A. Hayakawa, S. Ishiyama, *et al.*, "Next-generation immersion scanner optimizing on-product performance for 7 nm node." In: *Proceedings of the SPIE Conference on Optical Microlithography XXIX*, vol. 9780, 2016.

17. A. Wojdyla, A. Donoghue, M.P. Benk, *et al.*, "Aerial imaging study of the mask-induced line-width roughness of EUV lithography masks." In: *Proceedings of the SPIE Conference on Extreme Ultraviolet (EUV) Lithography VII*, vol. 9776, 2016.

18. A.O. Antohe, D. Balachandran, L. He, *et al.*, "SEMATECH produces defect-free EUV mask blanks: Defect yield and immediate challenges." In: *Proceedings of the SPIE Conference on Extreme Ultraviolet (EUV) Lithography VI*, vol. 9422, 2015.

19. C.-H. Jan, U. Bhattacharya, R. Brain, *et al.*, "A 22 nm SoC platform technology featuring 3-D tri-gate and high-k/metal gate, optimized for ultra low power, high performance and high density SoC applications." In: *IEEE International Electron Devices Meeting Technical Digest*, vol. 21, pp. 44–47, 2012.

20. C.-H. Jan, M. Agostinelli, M. Buehler, *et al.*, "A 32 nm SoC platform technology with 2nd generation high-k/metal gate transistors optimized for ultra low power, high performance, and high density product applications." In: *IEEE International Electron Devices Meeting Technical Digest*, pp. 647–650, 2009.

21. K.J. Kuhn, A. Murthy, R. Kotlyar, and M. Kuhn, "Past, present and future: SiGe and CMOS transistor scaling," *ECS Transactions*, 33(6), pp. 3–17, 2010.

22. N. Kise, H. Kinoshita, A. Yukimachi, *et al.*, "Fin width dependence on gate controllability of InGaAs channel FinFETs with regrown source/drain," *Solid-State Electronics*, 126, pp. 92–95, 2016.

23. A.P. Jacob, R. Xie, M.G. Sung, *et al.*, "Scaling challenges for advanced CMOS devices," *International Journal of High Speed Electronics and Systems*, 26(1/2), pp. 2–76, 2017.

24. T. Matsukawa, Y. Liu, K. Endo, *et al.*, "Variability origins of FinFETs and perspective beyond 20 nm node." In: *Proceedings of the IEEE International SOI Conference*, pp. 1–28, 2011.

25. J. Kavalieros, B. Doyle, S. Datta, *et al.*, "Tri-gate transistor architecture with high-k gate dielectrics, metal gates and strain engineering." In: *Symposium on VLSI Technology*, pp. 50–51, 2006.

26. K.J. Kuhn, "CMOS transistor scaling past 32 nm and implications on variation." In: *Proceedings of the IEEE/SEMI Advanced Semiconductor Manufacturing Conference*, pp. 241–246, 2010.

27. A. Veloso, A. De Keersgieter, P. Matagne, *et al.*, "Advances on doping strategies for triple-gate finFETs and lateral gate-all-around nanowire FETs and their impact on device performance," *Material Science in Semiconductor Processing*, 62, pp. 2–12, 2017.

28. M.I. Current, "Ion implantation of advanced silicon devices: Past, present and future," *Material Science and in Semiconductor Processing*, 62, pp. 13–22, 2017.

29. K.-W. Ang, J. Barnett, W.-Y. Loh, *et al.*, "300 mm FinFET results utilizing conformal, damage free, ultra shallow junctions (Xj_5 nm) formed with molecular monolayer doping technique." In: *IEEE International Electron Devices Meeting Technical Digest*, pp. 837–840, 2011.

30. S. Pidin, T. Mori, K. Inoue, *et al.*, "A novel strain enhanced CMOS architecture using selectively deposited high tensile and high compressive silicon nitride films." In: *IEEE International Electron Devices Meeting Technical Digest*, pp. 213–216, 2004.

31. N. Xu, B. Ho, M. Choi, *et al.*, "Effectiveness of stressors in aggressively scaled FinFETs," *IEEE Transactions on Electron Devices*, 59(6), pp. 1592–1598, 2012.

32. T. Ghani, M. Armstrong, C. Auth, *et al.*, "A 90 nm high volume manufacturing logic technology featuring novel 45 nm gate length strained silicon CMOS transistors." In: *IEEE International Electron Devices Meeting Technical Digest*, pp. 978–980, 2003.

33. C. Auth, C. Allen, A. Blattner, *et al.*, "A 22 nm high performance and low-power CMOS technology featuring fully-depleted tri-gate transistors, self-aligned contacts and high density MIM capacitors." In: *IEEE International Electron Devices Meeting Technical Digest*, pp. 131–132, 2012.

34. S. Thompson, G. Sun, K. Wu, *et al.*, "Key differences for process-induced uniaxial vs. substrate-induced biaxial stressed Si and Ge channel MOSFETs." In: *IEEE International Electron Devices Meeting Technical Digest*, pp. 221–224, 2004.

35. K. Mistry, C. Allen, C. Auth, *et al.*, "A 45 nm logic technology with high-k + metal gate transistors, strained silicon, 9 Cu interconnect layers, 193 nm dry patterning, and 100% Pb-free packaging." In: *IEEE International Electron Devices Meeting Technical Digest*, pp. 247–250, 2007.

36. H. Xiao, *3D IC Devices Technologies, and Manufacturing*, SPIE Press, Bellingham, WA, 2016.

37. D. Dutartre, A. Talbot, and N. Loubet, "Facet propagation in Si and SiGe epitaxy or etching," *ECS Transaction*, 3(7), pp. 473–487, 2006.

38. S. Mujumdar, K. Maitra, and S. Datta, "Layout-dependent strain optimization for p-channel trigate transistors," *IEEE Transactions on Electron Devices*, 59(1), pp. 72–78, 2012.

39. J. Hållstedt, M. Kolahdouz, R. Ghandi, *et al.*, "Pattern dependency in selective epitaxy of B-doped SiGe layers for advanced metal oxide semiconductor field effect transistors," *Journal of Applied Physics*, 103(5), p. 4907, 2008.

40. M. Kolahdouz, J. Hållstedt, A. Khatibi, *et al.*, "Comprehensive evaluation and study of pattern dependency behavior in selective epitaxial growth of B-doped SiGe layers," *IEEE Transactions on Nanotechnology*, 8(3), pp. 291–297, 2009.

41. G. Wang, M. Moeen, A. Abedin, *et al.*, "Impact of pattern dependency of SiGe layers grown selectively in source/drain on the performance of 22 nm node pMOSFETs," *Solid-State Electronics*, 114(12), pp. 43–48, 2015.

42. C. Qin, G. Wang, M. Kolahdouz, *et al.*, "Impact of pattern dependency of SiGe layers grown selectively in source/drain on the performance of 14 nm node FinFETs," *Solid-State Electronics*, 124(10), pp. 10–15, 2016.

43. M. Johansson, M.Y.A. Yousif, P. Lundgren, *et al.*, "HfO$_2$ gate dielectrics on strained-Si and strained-SiGe layers," *Semiconductor Science and Technology*, 18(9), pp. 820–826, 2003.

44. J.H. Choi, Y. Mao, and J.P. Chang, "Development of hafnium based high-k materials - A review," *Material Science and Engineering: R: Report*, 72(6), pp. 97–136, 2011.

45. Y.B. Zheng, S.J. Wang, and C.H.A. Huan, "Microstructure-dependent band structure of HfO$_2$ thin films," *Thin Solid Films*, 504(1–2), pp. 197–200, 2006.

46. W.S. Hwang, C. Shen, X. Wang, *et al.*, "A novel hafnium carbide HfCx metal gate electrode for NMOS device application." In: *Symposium on VLSI Technology*, pp. 156–157, 2007.

47. S.M. George, "Atomic layer deposition: An overview," *Chemical Reviews*, 110(1), pp. 111–131, 2010.

48. R.L. Puurunen, "Surface chemistry of atomic layer deposition: A case study for the trimethylaluminum/water process," *Journal of Applied Physics*, 97(12), p. 1301, 2005.

49. W.P. Maszara and M.R. Lin, "FinFETs-Technology and circuit design challenges." In: *Proceedings of the ESSCIRC*, pp. 3–8, 2013.

50. T. Mérelle, G. Curatola, A. Nackaerts, *et al.*, "First observation of FinFET specific mismatch behavior and optimization guidelines for SRAM scaling." In: *IEEE International Electron Devices Meeting Technical Digest*, pp. 241–244, 2008.

51. S. Maeda, Y. Ko, J. Jeong, *et al.*, "3 dimensional scaling extensibility on epitaxial source drain strain technology toward Fin FET and Beyond." In: *Symposium on VLSI Technology*, pp. T88–T89, 2013.

52. S.K. Saha, "Modeling process variability in scaled CMOS technology," *IEEE Design and Test of Computers*, 27(2), pp. 8–16, 2010.

53. R. Huang, R. Wang, J. Zhuge, *et al.*, "Characterization and analysis of gate-all-around Si nanowire transistors for extreme scaling." In: *Proceedings of the IEEE Custom Integrated Circuits Conference*, pp. 1–8, 2011.

54. C. Basaran and M. Lin, "Damage mechanics of electromigration in microelectronics copper interconnects," *International Journal of Materials and Structural Integrity*, 1(1/2/3), pp. 16–39, 2007.

55. B.J. Pawlak, R. Duffy, and A. De Keersgieter, "Doping strategies for FinFETs," *Materials Science Forum*, 573/574, pp. 333–338, 2008.

56. J.O. Borland, "Smartphones: Driving technology to more than Moore 3-D stacked devices/chips and more Moore FinFET 3-D Doping with High Mobility Channel Materials from 20/22 nm production to 5/7 nm exploratory Research," *ECS Transactions*, 69(10), pp. 11–20, 2015.

57. W. Vandervorst, P. Eyben, M. Jurzack, *et al.*, "Conformal doping of FINFETs: A fabrication and metrology challenge," *AIP Conference Proceedings of the International Symposium on VLSI Technology, Systems and Applications*, 1066(1), pp. 449–456, 2008.

58. R. Duffy and M. Shayesteh, "FinFET doping; material science, metrology, and process modeling studies for optimized device performance," *AIP Conference Proceedings of the International Conference on Ion Implantation Technology*, 1321(1), pp. 17–22, 2011.

59. B. Colombeau, B. Guo, H.J. Gossmann, *et al.*, "Advanced CMOS devices: Challenges and implant solutions," *Physica Status Solidi (a)*, 211(1), pp. 101–108, 2014.

60. B.S. Wood, F.A. Khaja, B.P. Colombeau, *et al.*, "Fin doping by hot implant for 14 nm FinFET technology and beyond," *ECS Transactions*, 58(9), pp. 249–256, 2013.

61. S. Barraud, V. Lapras, M.P. Samson, *et al.*, "Vertically stacked-nanowires MOSFETs in a replacement metal gate process with inner spacer and SiGe source/drain." In: *IEEE International Electron Devices Meeting Technical Digest*, pp. 464–467, 2016.
62. S. Banna and A. Agarwal, "Pulsed high-density plasmas for advanced dry etching processes," *Journal of Vacuum Science & Technology A*, 30(4), pp. 801–829, 2012.
63. K.J. Kanarik, G. Kamarthy, and R.A. Gottscho, "Plasma etch challenges for FinFET transistors," *Solid State Technology*, 55(3), pp. 15–20, 2012.
64. K. Endo, S. Noda, M. Masahara, *et al.*, "Fabrication of FinFETs by damage-free neutral-beam etching technology," *IEEE Transactions on Electron Devices*, 53(8), pp. 1826–1832, 2006.
65. M. Honda and T. Katsunuma, "Etch challenges and evolutions for atomic-order control." In: *Proceedings of the IEEE 16th International Conference on Nanotechnology*, pp. 448–451, 2016.
66. C. Auth, A. Cappellani, J.-S. Chun, *et al.*, "45 nm High-k + metal gate strain-enhanced transistors." In: *Symposium on VLSI Technology*, pp. 128–129, 2008.
67. F. Sebaai, J.I. Del Agua Borniquel, R. Vos, *et al.*, "Poly-silicon etch with diluted ammonia: Application to replacement gate integration scheme," *Solid State Phenomena*, 145/146, pp. 207–210, 2009.
68. F. Sebaai, A. Veloso, M. Claes, *et al.*, "Poly-silicon wet removal for replacement gate integration scheme: Impact of process parameters on the removal rate," *Solid State Phenomena*, 187, pp. 53–56, 2012.
69. H. Takahashi, M. Otsuji, J. Snow, *et al.*, "Wet etching behavior of poly-Si in TMAH solution," *Solid State Phenomena*, 195, pp. 42–45, 2012.
70. D.M. Knotter, "Etching mechanism of vitreous silicon dioxide in HF-based solutions," *Journal of American Chemical Society*, 122(18), pp. 4345–4351, 2000.
71. H. Kikyuama, N. Miki, K. Saka, *et al.*, "Principles of wet chemical processing in ULSI microfabrication," *IEEE Transactions on Semiconductor Manufacturing*, 4(1), pp. 26–35, 1991.
72. H. Robbins and B. Schwartz, "Chemical etching of silicon: I. The system HF, HNO_3, and H_2O," *Journal of Electrochemical Society*, 106(6), pp. 505–508, 1959.
73. K. Yoshimoto, M.P. Stoykovich, H.B. Cao, *et al.*, "A two-dimensional model of the deformation of photoresist structures using elastoplastic polymer properties," *Journal of Applied Physics*, 96(4), pp. 1857–1865, 2004.
74. N. Tas, T. Sonnenberg, H. Jansen, *et al.*, "Stiction in surface micromachining," *Journal of Micromechanics and Microengineering*, 6(4), pp. 385–397, 1996.
75. G.K. Chang, T.K. Carns, S.S. Rhee, *et al.*, "Selective etching of SiGe on SiGe/Si heterostructures," *Journal of Electrochemical Society*, 138(1), pp. 202–204, 1991.
76. T.K. Cams, M.O. Tanner, and K.L. Wang, "Chemical etching of $Si_{1-x}Ge_x$ in $HF:H_2O_2:CH_3COOH$," *Journal of Electrochemical Society*, 142(4), pp. 1260–1266, 1995.
77. B. Holländer, D. Buca, S. Mantl, and J.M. Hartmann, "Wet chemical etching of Si, $Si_{1-x}Ge_x$, and Ge in $HF:H_2O_2:CH_3COOH$," *Journal of Electrochemical Society*, 157(6), pp. 643–646, 2010.
78. K.W. Ostyn, F. Sebaai, J. Rip, *et al.*, "Selective etch of Si and SiGe for gate all-around device architecture," *ECS Transactions*, 69(8), pp. 147–152, 2015.
79. E.J. Nowak, I. Aller, T. Ludwig, *et al.*, "Turning silicon on its edge [double gate CMOS/FinFET technology]," *IEEE Circuits and Devices Magazine*, 20(1), pp. 20–31, 2004.
80. S.K. Saha, "Modeling statistical dopant fluctuations effect on threshold voltage of scaled JFET devices," *IEEE Access*, 4, pp. 507–513, 2016.
81. J. Gu, J. Keane, S. Sapatnekar, and C. Kim, "Width quantization aware FinFET circuit design." In: *IEEE Custom Integrated Circuits Conference*, pp. 337–340, 2006.
82. T. Sato, Y. Takeishi, and H. Hara, "Mobility anisotropy of electrons in inversion lay-

ers on oxidized silicon surfaces," *Physical Review Part B, Condensed Matter*, 4(6), pp. 1950–1960, 1971.

83. M. Yang, E.P. Gusev, M. Ieong, *et al.*, "Performance dependence of CMOS on silicon substrate orientation for ultrathin oxynitride and HfO₂ gate dielectrics," *IEEE Electron Device Letters*, 24(5), pp. 339–341, 2003.

84. M. Kinugawa, M. Kakumu, T. Usami, and J. Matsunaga, "Effects of silicon surface orientation on submicron CMOS devices." In: *IEEE Electron Devices Meeting Technical Digest*, pp. 581–584, 1985.

85. S. Takagi, A. Toriumi, M. Iwase, and H. Tango, "On the universality of inversion layer mobility in Si MOSFETs: Part II – Effects of surface orientation," *IEEE Transactions on Electron Devices*, 41(12), pp. 2363–2368, 1994.

86. L. Chang, M. Ieong, and M. Yang, "CMOS circuit performance enhancement by surface orientation optimization," *IEEE Transactions on Electron Devices*, 51(10), pp. 1621–1627, 2004.

87. L. Chang, Y.-K. Choi, D. Ha, *et al.*, "Extremely scaled silicon nano-CMOS Devices," *Proceeding of the IEEE*, 91(11), pp. 1860–1873, 2003.

第 10 章

用于电路仿真的 **FinFET** 紧凑模型

10.1 简介

本章概述了 Fin 场效应晶体管（FinFET）器件的紧凑模型。集成电路（IC）元件的紧凑模型是对其特性的数学描述，用于集成电路的计算机辅助设计（CAD）和分析。本质上，集成电路制造工艺的紧凑模型通过一组基于物理的解析表达式来描述其有源和无源器件的特性，这些解析表达式具有与工艺相关的模型参数，这些参数由电路模拟器 SPICE（Simulation Program with Integrated Circuit Emphasis，集成电路通用模拟程序)[1]来解得，用于集成电路的设计和分析。然而，紧凑建模是一种通过提取电路元件与工艺相关的器件模型参数来生成集成电路制造工艺紧凑模型的艺术，用于超大规模集成（VLSI）电路的设计和分析[2]。实际上，VLSI 电路制造工艺的复合紧凑模型包括一组晶体管及其寄生元件的模型，这些模型在电路 CAD 中可靠地运行，以便对工艺进行实际评估[2-4]。如今，紧凑模型是工艺设计工具包（PDK)[2,5,6]中最重要的部分，它是电路设计人员和工艺师之间的接口。因此，电路 CAD 的紧凑模型是电路设计和工艺团队之间的桥梁[2,5-7]。一个有效的紧凑模型必须准确地捕捉所有真实的器件效应，同时以适合保持高计算效率的形式产生它们[5,8]。因此，制造工艺的紧凑模型包括晶体管器件和互连层的模型[2,9,10]。然而，本章的目的只是提供 FinFET 器件紧凑模型的简要概述。同样，在 VLSI 电路和系统中，FinFET 器件可以在两种不同的结构中使用：公共多栅极，称为多栅极，其中一个公共栅极端用于偏置器件，并且栅极介电厚度对于所有栅极是相同的；或者作为一个独立的多栅极，其中所有栅极都是独立偏置的，并且每个栅极的栅极介电厚度也可能不同[2,5]。在本章中，我们推导了紧凑的 FinFET 模型，仅适用于公共多栅器件。

10.2 器件紧凑模型

在讨论用于电路 CAD 的紧凑型 FinFET 模型的建立之前，我们先概述一下紧凑模型的一般组成。集成电路器件的紧凑器件模型用电流-电压（I-V）、电容-电压（C-V）以及器件内的载流子传输过程描述其端口行为。图 10.1 给出了一个代表性的集成电路工艺的典型紧凑器件模型的基本特征。如图 10.1 所示，一个紧凑模型由一个核心模型以及考虑了器件几何尺寸和物理现象影响的各种模型组成。对于 FinFET，核心模型描述了目标集成电路制造工艺的理想大尺寸孤立器件的 $I-V$ 和 $C-V$ 行为[5,8,10]。在执行时间和代码行数方面，核心模型约占整个模型代码的 20%[10]。模型代码的其余部分由多个模型组成，它们描述了许多实际的器件效应，这些效应决定了紧凑模型的准确性。

对于 FinFET 器件，伴随核心模型的实际器件效应包括短沟道效应（SCE）、量子力学（QM）效应、输出电导、泄漏电流、带 – 带隧穿、噪声、工艺可变性、非准静态（NQS）效应和应变效应，如图 10.1 所示[2,5,8,10]。因此，在推导紧凑型 FinFET 模型时，我们首先建立了核心 FinFET 器件模型，然后讨论了实际器件效应的数学表达式，给出用于电路 CAD 的一个完整的紧凑型 FinFET 模型。在 10.3.1 节中，我们介绍了公共多栅 FinFET 器件的核心紧凑模型。在推导紧凑型 FinFET 器件模型时，第 3 章和第 5 章中发展的所有理论都是适用的，对沟道掺杂浓度和施加的端电压进行了适当的修改。

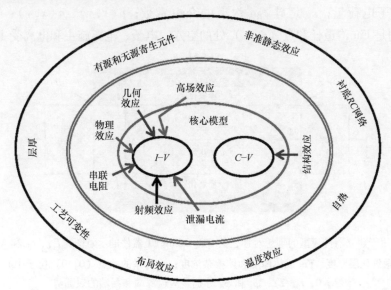

图 10.1　集成电路技术紧凑模型的典型组成：核心模型包括大几何器件的基本 $I-V$ 和 $C-V$ 特性，如内圈所示；核心模型伴随着影响器件的物理现象的模型和几何及结构效应模型，如中圈所示；外部现象的模型，包括环境温度、布局效应、工艺可变性和完整紧凑器件模型的非准静态效应，如外圈所示

10.3　公共多栅 FinFET 紧凑模型

在公共多栅结构中，FinFET 器件的所有栅极都是电互连的，并且在相同的电极电压下偏置。还假设栅极功函数和栅极介电厚度都相同。然而，反型条件下的载流子迁移率取决于晶体取向和/或应变水平[11]。

10.3.1　核心模型

核心模型是使用第 5 章中描述的缓变沟道近似（GCA）[12]推导出的。也假设诸如迁移率退化等物理效应对器件性能的影响可以安全地忽略。在紧凑型 FinFET 核心模型公式中，使用了基于电荷的[13]和基于表面势的[14,15]建模方法。下一节描述的核心模型基于具有中等掺杂沟道的长沟道双栅（DG）FinFET 器件的泊松和漂移扩散方程的解[16]。该模型可准确预测纳米节点的 FinFET 器件性能[15,17]。

10.3.1.1 静电学

为了模型表述的简化，我们考虑一个理想的双栅（DG）n 型 FinFET 的二维（2D）横截面，此后称为 nFinFET 器件结构，作为公共多栅晶体管，如图 10.2 所示。首先，我们通过求解式（3.37）中给出的 2D 泊松方程，得到任意点（x，y）处的静电势 $\phi(x,y)$：

$$\frac{\mathrm{d}^2\phi(x,y)}{\mathrm{d}x^2} = -\frac{q}{\varepsilon_{\mathrm{si}}}\left[p(x,y) - n(x,y) + N_{\mathrm{d}}^+(x,y) - N_{\mathrm{a}}^-(x,y)\right] \tag{10.1}$$

式中，q 是电子电荷量；$\varepsilon_{\mathrm{si}}$ 是硅 Fin 沟道的介电常数；$p(x,y)$、$n(x,y)$、$N_{\mathrm{d}}^+(x,y)$ 和 $N_{\mathrm{a}}^-(x,y)$ 分别是 Fin 沟道任意点（x，y）处的空穴、电子、电离施主和电离受主浓度。

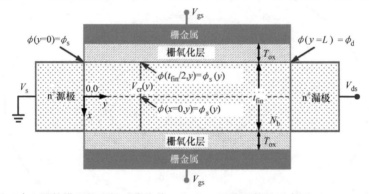

图 10.2 用于建立器件模型的理想对称公共 DG – nFinFET 器件的示意图：T_{ox}、t_{fin} 和 N_{b} 分别是栅氧化层厚度、Fin 或体厚度和体掺杂浓度；坐标系的原点（0，0）位于中心（$L=0$，$t_{\mathrm{fin}}/2$）；ϕ_{s} 和 ϕ_{d} 分别是沟道源端和漏端的表面势

现在，由式（3.50）得到 p 型衬底任意点（x，y）的少数载流子浓度 $n(x,y)$ 为

$$n(x,y) = n_{\mathrm{i}}\exp\left(\frac{\phi(x,y) - \phi_{\mathrm{B}}}{v_{\mathrm{kT}}}\right) \tag{10.2}$$

式中，n_{i} 是本征载流子浓度；ϕ_{B} 是体电位；v_{kT} 是由 kT/q 给出的热电压，k 和 T 分别是玻耳兹曼常数和环境温度。

通常，FinFET 是无掺杂（非本征）或轻掺杂的沟道器件；因此，我们只考虑在式（10.2）给出的任意点（x，y）上的反型载流子电子浓度 $n(x,y)$ 和均匀掺杂的 p 型体掺杂浓度，$N_{\mathrm{a}}(x,y) \equiv N_{\mathrm{b}}$（带负电荷的电离受主）。现在，假设 $V_{\mathrm{ch}}(y)$ 是 5.3 节中描述的任意点 y 处的沟道电势，并假设 GCA 有效[12]。那么对于图 10.2 所示的 DG – nFinFET 器件，我们可以将式（10.1）表示为

$$\frac{\mathrm{d}^2\phi(x,y)}{\mathrm{d}x^2} = \frac{q}{\varepsilon_{\mathrm{si}}}\left[n_{\mathrm{i}}\exp\left(\frac{\phi(x,y) - \phi_{\mathrm{B}} - V_{\mathrm{ch}}(y)}{v_{\mathrm{kT}}}\right) + N_{\mathrm{b}}\right] \tag{10.3}$$

式中

$$V_{ch}(y) = \begin{cases} V_s, & \text{在 } y = 0 \text{(源端)} \\ V_d, & \text{在 } y = L \text{(漏端)} \end{cases} \tag{10.4}$$

在第 5 章中，我们通过对泊松方程的两次积分求解了无掺杂沟道 $N_b \approx 0$ 的 $\phi(x,y)$。然而，由于掺杂浓度 N_b 有限，式（10.3）无法积分。因此，为了解析解简单起见，我们假设 N_b 的贡献是对任一点 (x, y) 处总静电势 $\phi(x,y)$ 的一个小扰动，这样我们就可以写出

$$\phi(x,y) \cong \phi_1(x,y) + \phi_2(x,y) \tag{10.5}$$

式中，$\phi_1(x,y)$ 是归因于反型载流子的对 $\phi(x,y)$ 的贡献，没有离化体掺杂的影响；$\phi_2(x,y)$ 是归因于体掺杂 N_b 的对 $\phi(x,y)$ 的小贡献。

在上述假设下，我们可以将势 $\phi_1(x,y)$ 的泊松方程写成

$$\frac{d^2\phi_1(x,y)}{dx^2} = \frac{qn_i}{\varepsilon_{si}}\exp\left(\frac{\phi_1(x,y) - \phi_B - V_{ch}(y)}{v_{kT}}\right) \tag{10.6}$$

势 $\phi_2(x,y)$ 的泊松方程写为

$$\frac{d^2\phi_2(x,y)}{dx^2} = \frac{qN_b}{\varepsilon_{si}} \tag{10.7}$$

现在，如果 Fin 的厚度 t_{fin} 小于栅极耗尽区的宽度，那么对于特定的栅极偏压 V_{gs}，硅 Fin 被完全耗尽，因此，反型载流子将扩散到整个体区。在这种情况下，反型电荷 $Q_i \gg Q_b$（体电荷），因此，我们可以安全地忽略式（10.3）中包含 N_b 的项，并按照 5.4.1 节中描述的程序通过求解式（10.6）获得沟道电势。

接下来，我们将式（10.6）从中心点（$x=0$, y）到点（x, y）进行积分，以找到沿结构厚度的电势 $\phi_1(x,y)$，如图 10.2 所示。由于对于对称 DG – FinFET 结构，中心处的电场垂直分量 E_x 为零，即在 $x=0$, $d\phi_1/dx = 0$, $\phi_1(x=0,y) = \phi_0(y)$，我们使用以下边界条件对式（10.6）进行积分：

$$\begin{cases} \phi_1(x,y) = \phi_0(y), \dfrac{d\phi_1(x,y)}{dx} = 0, & x = 0 \\ \phi_1(x,y) = \phi_1(x), \dfrac{d\phi_1(x,y)}{dx} = \dfrac{d\phi_1(x,y)}{dx}, & x = x \end{cases} \tag{10.8}$$

然后使用式（10.8）中的边界条件，按照 5.4.1 节中描述的程序，通过将式（10.6）积分两次，得到 $\phi_1(x,y)$ 为

$$\phi_1(x,y) = \phi_0(y) - 2v_{kT}\ln\left[\cos\left(\sqrt{\frac{q}{2\varepsilon_{si}v_{kT}}\frac{n_i^2}{N_b}\exp\left(\frac{\phi_0(y) - V_{ch}(y)}{v_{kT}}\right)} \cdot x\right)\right] \tag{10.9}$$

式中，$\phi_0(y)$ 是图 10.2 所示的体区中心的势；ϕ_B 以 n_i 和 N_b 表示，采用式（3.49），$n_i\exp(-\phi_B/v_{kT}) = n_i^2/N_b$。

为了求解 $\phi_2(x,y)$，我们使用式（3.55）将式（10.7）表示为

$$\frac{d}{dx}\left(\frac{d\phi_2(x,y)}{\partial x}\right)^2 = 2\frac{qN_b}{\varepsilon_{si}}\frac{d\phi_2(x,y)}{dx} \tag{10.10}$$

类似地，我们可以通过两次积分并应用下式给出的边界条件来求解式（10.10）中的 $\phi_2(x,y)$：

$$\begin{cases} \phi_2(x,y)=0, \dfrac{\mathrm{d}\phi_2(x,y)}{\mathrm{d}x}=0, & x=0 \\[2mm] \phi_2(x,y)=\phi_2(x,y), \dfrac{\mathrm{d}\phi_2(x,y)}{\mathrm{d}x}=\dfrac{\mathrm{d}\phi_2(x,y)}{\mathrm{d}x}, & x=x \end{cases} \tag{10.11}$$

现在，利用式（10.11）中的边界条件对式（10.10）进行积分，我们得到

$$\int_0^{\frac{\mathrm{d}\phi_2}{\mathrm{d}x}} \mathrm{d}\left(\frac{\partial\phi_2(x,y)}{\partial x}\right)^2 = 2\frac{qN_\mathrm{b}}{\varepsilon_\mathrm{si}}\int_0^{\phi_2(x,y)}\mathrm{d}\phi_2(x,y) \tag{10.12}$$

经过积分和简化，我们由式（10.12）得到

$$\frac{\mathrm{d}\phi_2(x,y)}{\sqrt{\phi_2(x,y)}} = \pm\sqrt{\frac{2qN_\mathrm{b}}{\varepsilon_\mathrm{si}}}\cdot\mathrm{d}x \tag{10.13}$$

然后，从中心点 $x=0$，$\phi_2(x=0,y)=0$ 到 Fin 中的任意点 x，$\phi_2(x,y)$，对式（10.13）进行积分，简化后得到

$$\phi_2(x,y) = \frac{qN_\mathrm{b}x^2}{2\varepsilon_\mathrm{si}} \tag{10.14}$$

因此，通过计算表面（$x=-t_\mathrm{fin}/2$）处 $\phi_1(x,y)$ [式（10.9）] 与 $\phi_2(x,y)$ [式（10.14）] 的和，从式（10.5）中，可得出沿沟道表面任意点 y 处的表面电势 $\phi_\mathrm{s}(y)$，所以

$$\phi_\mathrm{s}(x=-t_\mathrm{fin}/2,y) \cong \phi_1\left(-\frac{t_\mathrm{fin}}{2},y\right) + \phi_2\left(-\frac{t_\mathrm{fin}}{2},y\right) \tag{10.15}$$

为了推导有关 $\phi_\mathrm{s}(y)$ 和栅极电压 V_gs 的表达式，我们使用式（5.53）给出的如下边界条件：

$$\varepsilon_\mathrm{ox}\frac{V_\mathrm{gs}-V_\mathrm{fb}-V_\mathrm{ch}(y)-\phi(x=\pm t_\mathrm{fin}/2)}{T_\mathrm{ox}} = -\varepsilon_\mathrm{si}\frac{\mathrm{d}\phi}{\mathrm{d}x}\bigg|_{x=\pm t_\mathrm{fin}/2} \tag{10.16}$$

式中，ε_ox 是栅氧化层的介电常数；V_fb 是栅氧化层 Fin 系统的平带电压；T_ox 是栅氧化层厚度。

现在，按照 5.4.1 节中使用的程序，并使用式（3.55），我们可以通过求解式（10.3）求出 $\mathrm{d}\phi/\mathrm{d}x$，对于 DG - FinFET 器件，可以得到

$$\frac{\mathrm{d}}{\mathrm{d}x}\left(\frac{\mathrm{d}\phi}{\mathrm{d}x}\right)^2 = \frac{2q}{\varepsilon_\mathrm{si}}\left[n_\mathrm{i}\exp\left(\frac{\phi(x,y)-\phi_\mathrm{B}-V_\mathrm{ch}(y)}{v_\mathrm{kT}}\right)+N_\mathrm{b}\right]\frac{\mathrm{d}\phi}{\mathrm{d}x} \tag{10.17}$$

我们使用如下积分范围从中心势 $\phi(x=0,y)$ 到任意点 $\phi(x,y)$ 对式（10.17）进行积分：

$$\begin{cases} \phi(x,y)=0, \dfrac{\mathrm{d}\phi(x,y)}{\mathrm{d}x}=0; & x=0 \\[2mm] \phi(x,y)=\phi(x,y), \dfrac{\mathrm{d}\phi(x,y)}{\mathrm{d}x}=\dfrac{\mathrm{d}\phi(x,y)}{\mathrm{d}x}; & x=x \end{cases} \tag{10.18}$$

因此，利用式（10.18），由式（10.17）得出

$$\int_0^{\frac{\mathrm{d}\phi}{\mathrm{d}x}} \mathrm{d}\left(\frac{\mathrm{d}\phi}{\mathrm{d}x}\right)^2 = \frac{2qn_\mathrm{i}}{\varepsilon_\mathrm{si}}\int_{\phi_0(y)}^{\phi(x,y)}\left[\exp\left(\frac{\phi(x,y)-\phi_\mathrm{B}-V_\mathrm{ch}(y)}{v_\mathrm{kT}}\right)+\frac{N_\mathrm{b}}{n_\mathrm{i}}\right]\mathrm{d}\phi \tag{10.19}$$

现在，由式（3.43）得到

$$\frac{N_{\mathrm{b}}}{n_{\mathrm{i}}} = \exp\left(\frac{\phi_{\mathrm{B}}}{v_{\mathrm{kT}}}\right) \tag{10.20}$$

然后将式（10.20）中的 $N_{\mathrm{b}}/n_{\mathrm{i}}$ 代入式（10.19），对式（10.19）进行积分并简化后得到

$$\left(\frac{\mathrm{d}\phi(x,y)}{\mathrm{d}x}\right)^2 = \frac{2qn_{\mathrm{i}}}{\varepsilon_{\mathrm{si}}}\left[v_{\mathrm{kT}}\exp\left(\left(\frac{\phi_{\mathrm{s}}(y)}{v_{\mathrm{kT}}}\right) - \exp\frac{\phi_0(y)}{v_{\mathrm{kT}}}\right)\exp\left(\frac{-\phi_{\mathrm{B}} - V_{\mathrm{ch}}(y)}{v_{\mathrm{kT}}}\right) + \exp\left(\frac{\phi_{\mathrm{B}}}{v_{\mathrm{kT}}}\right)(\phi_{\mathrm{s}}(y) - \phi_0(y))\right] \tag{10.21}$$

因此，沿沟道表面任意点 y 处的垂直电场由下式给出：

$$\left.\frac{\mathrm{d}\phi}{\mathrm{d}x}\right|_{x = \pm\frac{t_{\mathrm{fin}}}{2}} = \sqrt{\frac{2qn_{\mathrm{i}}}{\varepsilon_{\mathrm{si}}}\left[v_{\mathrm{kT}}\left(\exp\left(\frac{\phi_{\mathrm{s}}(y)}{v_{\mathrm{kT}}}\right) - \exp\left(\frac{\phi_0(y)}{v_{\mathrm{kT}}}\right)\right)\exp\left(\frac{-\phi_{\mathrm{B}} - V_{\mathrm{ch}}(y)}{v_{\mathrm{kT}}}\right) + \exp\left(\frac{\phi_{\mathrm{B}}}{v_{\mathrm{kT}}}\right)(\phi_{\mathrm{s}}(y) - \phi_0(y))\right]} \tag{10.22}$$

结合式（10.16）和式（10.22），得到

$$V_{\mathrm{gs}} = V_{\mathrm{fb}} + \phi_{\mathrm{s}}(y) + \frac{\varepsilon_{\mathrm{si}}}{C_{\mathrm{ox}}}\sqrt{\frac{2qn_{\mathrm{i}}}{\varepsilon_{\mathrm{si}}}\left[v_{\mathrm{kT}}\left(\exp\left(\frac{\phi_{\mathrm{s}}(y)}{v_{\mathrm{kT}}}\right) - \exp\left(\frac{\phi_0(y)}{v_{\mathrm{kT}}}\right)\right) \cdot \exp\left(\frac{-\phi_{\mathrm{B}} - V_{\mathrm{ch}}(y)}{v_{\mathrm{kT}}}\right) + \exp\left(\frac{\phi_{\mathrm{B}}}{v_{\mathrm{kT}}}\right) \cdot \left(\phi_{\mathrm{s}}(y) - \phi_0(y)\right)\right]} \tag{10.23}$$

式（10.15）和式（10.23）相当于一个自洽的方程组，在一组外部偏压下，可求解该方程组以获得全耗尽 DG – FinFET 结构的 $\phi_0(y)$ 和 $\phi_{\mathrm{s}}(y)$。

在部分耗尽 DG – FinFET 中，耗尽宽度 X_{d} 与偏置有关。在耗尽区边缘，$\phi_1(x = X_{\mathrm{d}}, y) = 0$。通过这些变化，与完全耗尽器件类似，可以推导出部分耗尽器件的表面势。可以证明，对于部分耗尽体区

$$\phi_1\left(x = \frac{t_{\mathrm{si}}}{2}, y\right) = -2v_{\mathrm{kT}} \cdot \ln\left[\cos\left(\sqrt{\frac{qn_{\mathrm{i}}}{2\varepsilon_{\mathrm{si}}v_{\mathrm{kT}}}\exp\left(\frac{-\phi_{\mathrm{B}} - V_{\mathrm{ch}}(y)}{v_{\mathrm{kT}}}\right)} \cdot \frac{X_{\mathrm{d}}}{2}\right)\right] \tag{10.24}$$

及

$$V_{\mathrm{gs}} = V_{\mathrm{fb}} + \phi_{\mathrm{s}}(y) + \frac{\varepsilon_{\mathrm{si}}}{C_{\mathrm{ox}}}\sqrt{\frac{2qn_{\mathrm{i}}}{\varepsilon_{\mathrm{si}}}\left[v_{\mathrm{kT}}\left(\exp\left(\frac{\phi_{\mathrm{s}}(y)}{v_{\mathrm{kT}}}\right) - 1\right) \cdot \exp\left(\frac{-\phi_{\mathrm{B}} - V_{\mathrm{ch}}(y)}{v_{\mathrm{kT}}}\right) + \exp\left(\frac{\phi_{\mathrm{B}}}{v_{\mathrm{kT}}}\right) \cdot \phi_{\mathrm{s}}(y)\right]} \tag{10.25}$$

式（10.15）与式（10.24）和式（10.25）中的 $\phi_1(x)$ 一起构成了部分耗尽 Fin 的自洽方程组，可求解该方程组以获得在一组外部偏压下部分耗尽 DG – FinFET 结构的 $\phi_{\mathrm{s}}(y)$。然而，为了数学公式的方便，我们按照 3.4.2.4 节中描述的程序推导出一个表面势函数。

表面势函数：为了获得端电流和电荷的连续表达式，必须以平滑的方式在完全耗尽和部分耗尽状态之间得到过渡。此外，由于 $\phi_2(x,y)$ 项复杂，解式（10.24）和式（10.25）的计算量很大。为了克服这些问题，使用简化表达式 $\phi_2(x,y) = \phi_{\mathrm{pert}}$ 作为小扰动项，其在部分耗尽和完全耗尽状态之间连续。因此，使用 ϕ_{pert}，通过单个连续方程计算两种状态下的表面势。如第 5 章所述，变换变量 β 是式（10.9）中的 $\phi_1(t_{\mathrm{fin}}/2, y)$ 余弦函数的参数

$$\beta = \frac{t_{\mathrm{fin}}}{2}\sqrt{\frac{q}{2\varepsilon_{\mathrm{si}}v_{\mathrm{kT}}}\frac{n_{\mathrm{i}}^2}{N_{\mathrm{b}}}\exp\left(\frac{\phi_0(y)-V_{\mathrm{ch}}(y)}{v_{\mathrm{kT}}}\right)} \tag{10.26}$$

根据式（10.14），$\phi_{\mathrm{pert}}\equiv\phi_2(t_{\mathrm{fin}}/2,y)$ 由下式给出：

$$\phi_{\mathrm{pret}}\equiv\phi_2\left(\frac{t_{\mathrm{fin}}}{2},y\right)=\frac{qN_{\mathrm{b}}}{2\varepsilon_{\mathrm{si}}}\frac{t_{\mathrm{fin}}^2}{4} \tag{10.27}$$

因此，通过改变变量并遵循 5.4.1 节中所述的程序，统一表面势 ϕ_{s} 方程可写成

$$f(\beta)\equiv\ln(\beta)-\ln(\cos(\beta))-\frac{V_{\mathrm{gs}}-V_{\mathrm{fb}}-V_{\mathrm{ch}}(y)}{2v_{\mathrm{kT}}}+\ln\left(\frac{2}{t_{\mathrm{fin}}}\sqrt{\frac{2\varepsilon_{\mathrm{si}}v_{\mathrm{kT}}}{qn_{\mathrm{i}}}}\right)+$$

$$\frac{2\varepsilon_{\mathrm{si}}}{t_{\mathrm{fin}}C_{\mathrm{ox}}}\cdot\sqrt{\beta^2\left[\frac{\exp\left(\frac{\phi_{\mathrm{pert}}}{v_{\mathrm{kT}}}\right)}{\cos^2(\beta)}-1\right]+\frac{\phi_{\mathrm{pert}}}{v_{\mathrm{kT}}^2}\left[\phi_{\mathrm{pert}}-2v_{\mathrm{kT}}\ln(\cos\beta)\right]}=0 \tag{10.28}$$

式（10.28）（隐含在 β 中）是用于模拟公共多栅 FinFET 的基本表面势方程[5,18]。首先使用初始猜测的解析近似解[17]，然后是两个 Householder 三次迭代（三阶 Newton-Raphson 迭代）；这些因素共同使得模型在数值上具有鲁棒性和精确性。通过分别设置 $V_{\mathrm{ch}}(y=0)=V_{\mathrm{s}}$ 和 $V_{\mathrm{ch}}(y=L)=V_{\mathrm{d}}$ 来计算源端表面势 ϕ_{s0} 和漏端表面势 ϕ_{sL}。对于轻掺杂体区，式（10.28）可进一步简化[19]以加速模拟，如下所示。

如果 ϕ_{pert} [由式（10.27）给出]≈0，我们得到$\left(\frac{\phi_{\mathrm{pert}}}{v_{\mathrm{kT}}}\right)=1$。然后在式（10.28）中

$$\left[\frac{\exp\left(\frac{\phi_{\mathrm{pert}}}{v_{\mathrm{kT}}}\right)}{\cos^2(\beta)}-1\right]=\frac{1}{\cos^2(\beta)}-1=\tan^2\beta \tag{10.29}$$

以及

$$\frac{\phi_{\mathrm{pert}}}{v_{\mathrm{kT}}^2}\left[\phi_{\mathrm{pert}}-2v_{\mathrm{kT}}\ln(\cos\beta)\right]\approx0$$

因此，对于 $\phi_{\mathrm{pert}}=0$，式（10.29）表明，式（10.28）给出的表面势函数与式（5.58）给出的无掺杂体 FinFET 相同，如下所示：

$$\ln(\beta)-\ln(\cos(\beta))-\frac{V_{\mathrm{gs}}-V_{\mathrm{fb}}-V_{\mathrm{ch}}(y)}{2v_{\mathrm{kT}}}+\ln\left(\frac{2}{t_{\mathrm{fin}}}\sqrt{\frac{2\varepsilon_{\mathrm{si}}v_{\mathrm{kT}}}{qn_{\mathrm{i}}}}\right)+2r\beta\tan\beta=0 \tag{10.30}$$

式中，r 是式（5.57）中定义的 FinFET 器件的结构参数，由下式给出：

$$r=\frac{\varepsilon_{\mathrm{si}}}{C_{\mathrm{ox}}t_{\mathrm{fin}}}=\frac{\varepsilon_{\mathrm{si}}T_{\mathrm{ox}}}{\varepsilon_{\mathrm{ox}}t_{\mathrm{fin}}} \tag{10.31}$$

圆柱形栅极几何结构使用单独的表面势表达式[20]。

10.3.1.2 漏极电流模型

在第 5 章中，从费米势漂移扩散方程的解出发，推导出了长沟道 DG-FinFET 漏源电流 I_{ds} 的表达式，由式（5.22）给出。因此，由式（5.22）可以写出

$$I_{ds} = \left(\frac{W}{L}\right)\mu(T)\int_{Q_{is}}^{Q_{id}} Q_i(y)\left(\frac{dV_{ch}}{dQ_i}\right)dQ_i \tag{10.32}$$

式中，$\mu(T)$是低场和与温度相关的迁移率；W是总有效宽度；L是有效沟道长度；Q_i是体区上半部单位面积的反型电荷；Q_{is}是$y=0$时沟道源端的反型电荷密度；Q_{id}是$y=L$时沟道漏端的反型电荷密度。

如果Q_b是体区中的体电荷密度，那么半导体中的总感应电荷密度$Q_s=Q_i+Q_b$。因此，利用式（3.30），得到

$$Q_{is} = C_{ox}(V_{gs}-V_{th}-\phi_{s0})-Q_b$$
$$Q_{id} = C_{ox}(V_{gs}-V_{th}-\phi_{sL})-Q_b \tag{10.33}$$

同样，根据高斯定律式（10.22），可以将 Fin 沟道中的总电荷表示为

$$Q_s(y)=\varepsilon_{si}\frac{d\phi}{dx}\bigg|_{x=t_{fin}/2}=\sqrt{2qn_i\varepsilon_{si}\left[v_{kT}\left(e^{\frac{\phi_s(y)}{v_{kT}}}-e^{\frac{\phi_0(y)}{v_{kT}}}\right)\cdot e^{\frac{-\phi_B-v_{ch}(y)}{v_{kT}}}+e^{\frac{\phi_B}{v_{kT}}}\cdot\left(\phi_s(y)-\phi_0(y)\right)\right]} \tag{10.34}$$

注意，方括号内的第二项是由于掺杂浓度N_b引起的体电荷［式（10.17）］。对于反型条件下的轻掺杂体，$Q_b \ll Q_i$，因此，忽略式（10.34）中的体电荷项，可以将反型电荷表示为

$$Q_i(y)\approx\sqrt{2qn_i\varepsilon_{si}\left[v_{kT}\left(e^{\frac{\phi_s(y)}{v_{kT}}}-e^{\frac{\phi_0(y)}{v_{kT}}}\right)\cdot e^{\frac{-\phi_B-V_{ch}(y)}{v_{kT}}}\right]} \tag{10.35}$$

式（10.35）可进一步简化为

$$Q_i(y)=\sqrt{2qn_i\varepsilon_{si}v_{kT}}\,e^{\frac{\left[\phi_s(y)-\phi_B-V_{ch}(y)\right]}{2v_{kT}}}\sqrt{1-e^{\frac{\phi_0(y)-\phi_s(y)}{v_{kT}}}} \tag{10.36}$$

在强反型时，$\phi_s(y)\gg\phi_0(y)$，因此，$\sqrt{1-e^{\frac{\phi_0(y)-\phi_s(y)}{v_{kT}}}}$接近1。在弱反型时，假设从$x=0$到$x=-t_{fin}/2$线性势分布，我们可以简化$\sqrt{1-e^{\frac{\phi_0(y)-\phi_s(y)}{v_{kT}}}}$。因此，如果$E_{avg}$是从$x=-t_{fin}/2$到中心势处$x=0$的平均电场，那么利用高斯定律，我们可以写出

$$E_{avg}=-\frac{d\phi(y)}{dx}=\frac{Q_i}{\varepsilon_{si}} \tag{10.37}$$

现在，假设表面势从中心势$\phi_0(y)$到表面势$\phi_s(y)$呈线性变化，则式（10.37）可表示为

$$-\frac{d\phi(y)}{dx}=\frac{\phi_s(y)-\phi_0(y)}{t_{fin}/2}=\frac{Q_i}{\varepsilon_{si}} \tag{10.38}$$

然后根据式（10.38），反型电荷由下式给出：

$$\phi_s(y)-\phi_0(y)=\frac{Q_i}{(2\varepsilon_{si})/t_{fin}}=\frac{Q_i}{2C_{si}} \tag{10.39}$$

式中，C_{si}是 FinFET 器件硅 Fin 的电容，$C_{si}=\varepsilon_{si}/t_{fin}$。

现在，将式（10.39）代入式（10.36），并使用 3.4.2.5 节中描述的泰勒级数展开式，

轻掺杂 DG – FinFET 的反型电荷给出如下：

$$Q_{i,LD}(y) \cong \sqrt{2qn_i\varepsilon_{si}v_{kT}} \cdot \exp\left(\frac{(\phi_s(y) - \phi_B - V_{ch}(y))}{2v_{kT}}\right) \cdot \sqrt{\frac{Q_{i,LD}(y)}{Q_{i,LD}(y) + 2C_{si}v_{kT}}}$$

(10.40)

式（10.40）是关于 $Q_{i,LD}(y)$ 的隐式方程，必须迭代求解才能从式（10.32）中获得漏极电流。在式（10.30）中使用 $Q_s \approx Q_{i,LD}(y)$，我们可以计算轻掺杂体区的 V_{gs} 与反型电荷密度的关系，$Q_{i,LD} = -C_{ox}(V_{gs} - V_{fb} - \phi_s)$。

类似地，按照 3.4.2.5 节中描述的程序，重掺杂 DG – FinFET 的反型电荷密度可以表示为

$$Q_{i,HD}(y) \approx \sqrt{2qn_i\varepsilon_{si}v_{kT}} \cdot \exp\left(\frac{(\phi_s(y) - \phi_B - V_{ch}(y))}{2v_{kT}}\right) \cdot \sqrt{\frac{Q_{i,HD}(y)}{Q_{i,HD}(y) + 2Q_b}}$$

(10.41)

从式（10.40）和式（10.41）中电荷表达式的相似性出发，使用统一的表达式来计算作为 Q_b 函数的各种器件的反型电荷密度，并由参考文献 [17] 给出

$$Q_i(y) = \sqrt{2qn_i\varepsilon_{si}v_{kT}} \cdot \exp\left(\frac{(\phi_s(y) - \phi_B - V_{ch}(y))}{2v_{kT}}\right)\sqrt{\frac{Q_i(y)}{Q_i(y) + Q_0}}$$

(10.42)

式中，$Q_0 = 2Q_b + 5C_{si}v_{kT}$；因子 "5" 用于精确模拟反型电荷。

报道的数据表明，在很广泛的体掺杂浓度范围内，统一的电荷密度模型与用精确公式计算的反型电荷密度非常吻合[15]。现在，为了由式（10.32）计算 I_{ds}，我们由 Q_i 的式（10.42）计算 $dV_{ch}(y)/dQ_i$ 为[15]

$$\frac{dV_{ch}}{dy} = \frac{d\phi_s}{dy} + v_{kT}\frac{dQ_i}{dy}\left(\frac{Q_0}{Q_i(Q_i + Q_0)} - \frac{2}{Q_i}\right)$$

(10.43)

然后，由式（10.33）可以看出：$(d\phi_s/dy) = (1/C_{ox})(dQ_i/dy)$。因此，我们得到

$$\frac{dV_{ch}}{dQ_i} = -\frac{1}{C_{ox}} + v_{kT}Q_0\frac{1}{Q_i(Q_i + Q_0)} - \frac{2v_{kT}}{Q_i}$$

(10.44)

现在将式（10.44）中的 dV_{ch}/dQ_i 代入式（10.32），我们得到以下 I_{ds} 的基本方程：

$$I_{ds} = \left(\frac{W}{L}\right)\mu(T) \cdot \left[\frac{Q_{is}^2 - Q_{id}^2}{2C_{ox}} + 2v_{kT}(Q_{is} - Q_{id}) - v_{kT}Q_0\ln\left(\frac{Q_0 + Q_{is}}{Q_0 + Q_{id}}\right)\right]$$

(10.45)

式（10.45）描述了对称公共多栅 FinFET 器件的连续漏极电流模型。模型方程预测了所有工作区域的漏极电流：全耗尽和轻耗尽沟道对称 DG – FET 的亚阈值、线性和饱和电流。图 10.3 显示了用公共多栅漏极电流模型获得的体 FinFET 模拟的和测量的 $I - V$ 特性[21]。

10.3.2　实际器件效应的建模

在 10.3.1 节中，考虑不受结构或物理现象影响的理想大几何 FinFET 器件，推导出了公共多栅 FinFET 器件的核心 I_{ds} 模型。然而，如第 6 章所述，不同的物理现象以及小尺寸效应显著地影响实际 FinFET 器件的性能。因此，在这一节中，我们将简要概述对公共多栅 Fin-

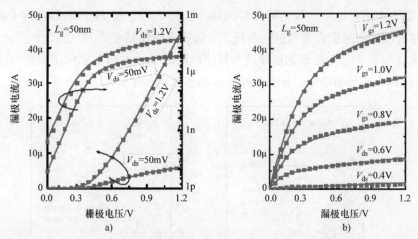

图 10.3　中等掺杂对称体 FinFET 器件的漏极电流建模：a）不同 V_{ds} 的 $I_{ds} - V_{gs}$ 特性；b）不同 V_{gs} 的 $I_{ds} - V_{ds}$ 特性。其中，$L = 50nm$，$t_{fin} = 25nm$，TiN 栅极等效 $T_{ox} = 1.95nm$；符号是测量数据，线条代表紧凑漏极电流模型[21]

FET 的真实器件效应建模，重点介绍关键的物理现象和几何尺寸效应。

10.3.2.1　短沟道效应

如 6.2 节所述，短沟道效应（SCE）起源于二维（2D）静电，其中漏极由于靠近短沟道器件中的源区而显著影响源极处的势垒。SCE 通过 V_{th} 滚降、漏致势垒降低（DIBL）和亚阈值斜率（S）退化等降低器件性能。有几种方法可以模拟 SCE[22-26]。然而，如第 6 章所讨论的，假设垂直于硅/绝缘体界面的抛物线势函数来求解 2D 泊松方程的方法显示出在模型精度和模型计算时间之间保持平衡[24,25]。

在 6.2.2 节中，我们表明，对于 SCE 模型，假设反型电荷可以忽略，电场 E_x 与 y 无关，而电场 E_y 与 x 无关，则 2D 泊松方程可在沿 Fin 厚度的 x 方向和沿沟道长度的 y 方向求解。然后假设沿 x 方向的抛物线型势分布，确定沟道中心的最小势 $\phi_c(y)$[26]。然后，用端电压 V_{gs} 和 V_{ds}、L 和式（6.20）中给出的特征场穿透长度 λ 表示最小电势 ϕ_{csl}[17]，λ 表示为

$$\lambda \equiv \sqrt{\frac{\varepsilon_{si}}{2\varepsilon_{ox}}\left(1 + \frac{\varepsilon_{ox}t_{fin}}{4\varepsilon_{si}T_{ox}}\right)t_{fin}T_{ox}} \tag{10.46}$$

如第 6 章所述，参数 λ 被称为特征长度，它定义了电场从漏极渗透到 Fin 沟道的程度，是物理参数 T_{ox} 和 t_{fin} 的函数，因此，晶体管中的 SCE 量如下所述。

V_{th} 滚降：如 6.2.3 节所述，由 SCE 引起的阈值电压 V_{th} 滚降由式（6.31）建模，并由下式给出：

$$\Delta V_{th,SCE} = -\frac{(V_{bi} - \phi_{st})}{\cosh\left(\dfrac{L}{2\lambda}\right) - 1} \tag{10.47}$$

式中，V_{bi} 是 2.3.2 节中描述的源漏极与体间的 pn 结内建电势；ϕ_{st} 是亚阈值区源端的表面势；L 是器件的沟道长度。

从 3.2.2 节中的讨论中，我们可以看出 $\phi_{st} \simeq E_g/2$，E_g 是 FinFET 器件硅 Fin 的禁带宽度。$\Delta V_{th,SCE}$ 项用额外的拟合参数进一步修正，以提高建模精度[27-30]。

图 10.4 显示了 ΔV_{th} 与栅氧化层厚度和硅体厚度的关系。随着氧化层厚度和体区厚度的减小，栅极对体区的控制增强，从而如预期的那样抑制 SCE[21]。

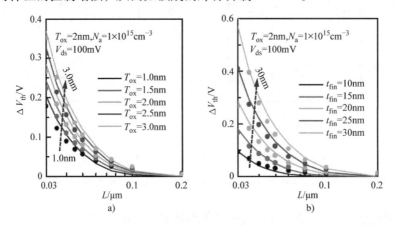

图 10.4　用于模拟轻掺杂 DG－FinFET 中 SCE 的漏极电流模型，对不同的 a）氧化层厚度（T_{ox}）

以及 b）DG－FinFET 的 Fin 沟道厚度 t_{fin}，分别给出了阈值电压滚降；

符号表示 TCAD 的结果，线条表示紧凑模型的结果[21]

DIBL 对 V_{th} 的影响：如 6.2.3 节所述，由于 DIBL 引起的阈值电压 V_{th} 劣化由式（6.32）建模如下：

$$\Delta V_{th,DIBL} = - \frac{V_{ds}}{2\left[\cosh\left(\dfrac{L}{2\lambda}\right) - 1\right]} \tag{10.48}$$

式中，V_{ds} 是施加在 FinFET 器件上的漏极电压。

同样，$\Delta V_{th,DIBL}$ 项可以用额外的拟合参数进一步修改，以提高建模精度[27-30]。

亚阈值斜率退化：平面 MOSFET 亚阈值摆幅模型可用于 FinFET 器件 S 的建模，由参考文献［2］给出

$$S \equiv \left(\frac{d\left[\log(I_{ds})\right]}{dV_{gs}}\right)^{-1} \cong \ln(10)v_{kT}\left(1 + \frac{C_d}{C_{ox}} + \frac{C_{IT}}{C_{ox}} + \frac{C_{dsc}(\lambda)}{C_{ox}}\right) \tag{10.49}$$

式中，C_d 是与耗尽区相关的耗尽电容；C_{IT} 是由界面态引起的电容；C_{dsc} 是 1.2.2 节所述的源漏极与沟道之间的耦合电容。

可以看出，类似于 ΔV_{th}，C_{dsc} 依赖于 L、λ 和 V_{ds}。然后定义

$$n \equiv \left(1 + \frac{C_d + C_{IT} + C_{dsc}(\lambda)}{C_{ox}}\right) \tag{10.50}$$

我们可以将式（10.49）写为

$$S \cong 2.3nv_{kT} \tag{10.51}$$

因此，亚阈值摆幅的退化可以通过式（10.51）中依赖于（L, λ, V_{ds}）的 nv_{kT} 项来建模。

10.3.2.2　量子力学效应

6.3 节中讨论了反型载流子的量子力学（QM）限制，并且长久以来在体 MOSFET 中已经是众所周知的了[31-33]。由垂直于沟道的栅极电压 V_{gs} 产生的较大电场导致硅表面的能带弯曲较大，并且反型载流子被限制在沿 DG – FinFET 厚度 t_{fin} 的尺寸内，如图 10.5a 所示。如 6.3.1 节所述，这种载流子限制，也称为电限制（EC），导致能带分裂为离散的子带，反映为晶体管阈值电压的增加和栅极电容的减少，两者都起到减弱晶体管电流驱动的作用[17,31]。

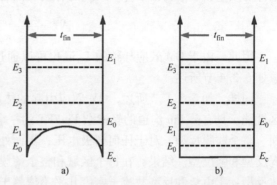

图 10.5　显示 DG – FinFET 中载流子限制和相关电子能级量子化的能带图：a）由于顶部和底部栅极硅/SiO₂ 界面处的能带弯曲而产生的电限制；b）由于在侧壁栅介质限定的超薄体引起的结构限制

在 DG – FinFET 的情况下，与体 MOSFET 不同的是，即使在低电场下也有很强的载流子限制，使得 QM 效应更加复杂[34]。载流子在两侧被栅绝缘层限制，类似于限制在矩形阱中的载流子[17,35-37]。这被称为结构限制（SC），因为它产生于 DG – FinFET 的物理结构，如图 10.5b 所示。为了解释 QM 效应，有必要对 EC 和 SC（图 10.5）对 DG – FinFET 性能的影响进行建模。一些研究小组报告了不同的分析和数值方法来得到 DG – FinFET 中的 QM 效应[35-37]。

反型载流子的 QM 限制增加了器件 V_{th}，降低了栅极电容，并由于反型电荷质心沿深度方向的移动而减小了器件的有效宽度，如 3.4.3 节（图 3.18）所述[17,18,31]。利用 SC 引起的导带底/价带顶的位移来修正源极和漏极表面势方程中的 $V_{ch}(y)$，并模拟 SC 引起的 QM 效应[17]。为了建立 EC 模型，使用与偏置有关的电荷质心厚度来修正 T_{ox}［式（3.101）］，并计算器件宽度的减小量[36]。

QM 对阈值电压的影响：如 6.3.3 节所述，由于 QM 效应导致的阈值电压增加由式（6.49）给出的方程建模如下：

$$\Delta V_{th,QM} = \frac{\pi^2 \hbar^2}{2qm^* t_{fin}^2} \tag{10.52}$$

式中，$\hbar$ 是约化普朗克常数；m^* 是电子的有效质量；q 是电子电荷量；t_{fin} 是 Fin 沟道的厚度。

QM 对漏极电流的影响：如 6.3.4 节所述，由于参考文献［38］给出的如下式所示的有效栅介质厚度增加，QM 效应影响了 FinFET 器件的漏极电流模型：

$$\delta t_{inv} = \left(\frac{7\varepsilon_{si} \hbar^2}{qm^* Q_i} \right)^{1/3} \tag{10.53}$$

由于 δt_{inv}，式（10.31）中定义的 DG – FinFET 的结构参数 $r \equiv \dfrac{\varepsilon_{si} T_{ox}}{\varepsilon_{ox} t_{fin}}$ 改变了 β 的边界条

件和式（10.30）中给出的表面势函数。为了建立适当的 QM 修正，式（10.31）中的边界
条件必须重新表示为由于 QM 效应的有效氧化层厚度如下：

$$r^{QM} \equiv \frac{\varepsilon_{si}(T_{ox} + \delta t_{inv})}{\varepsilon_{ox} t_{fin}} \tag{10.54}$$

因此，由于 QM 效应导致的 I_{ds} 退化可以通过修改的结构参数来建模，因此，表面势函
数如 6.3.4 节所述。

同样，如 6.3.1 节所述，QM 效应引起的体反型[17,20,21,39]会影响 FinFET 器件的亚阈值
区性能。具有薄 Fin 沟道的轻掺杂 FinFET 的一个独特特性是反型电荷不再受限于硅/SiO$_2$ 界
面，整个薄膜反型。对于任何栅极电压，界面处和薄膜体积中的静电势都会增加，从耗尽到
弱反型和强反型。结果，在每个区域和整个薄膜中，电势偏移或总能带弯曲超过 $2\phi_B$。由于
体反型：①电势和反型载流子密度几乎不依赖于体区内部的位置，因为体区表面和中心之间
的电势降可以忽略不计，如图 10.6a 所示。②电势和反型电荷密度对体区厚度的依赖性较
弱；亚阈值栅极电压的任何微小增加都会增加通过整个体区的电势，从而导致整个体区的反
型。③由于电势实际上与体区厚度无关，因此体区内的总积分电荷与体区厚度成正比。因
此，作为体反型的结果，亚阈值区漏极电流也与 t_{fin} 成比例，如图 10.6b 所示。

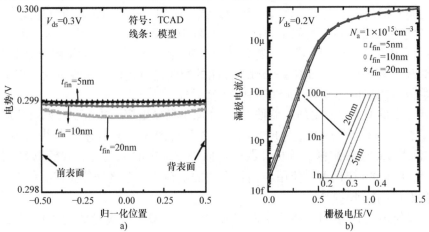

图 10.6   轻掺杂 FinFET 中的体反型：a）体反型中前表面和后表面之间的体内电势分布；b）不同体厚
t_{fin} 亚阈值下 $I_{ds} - V_{gs}$ 图，显示了由漏极电流模型和数值器件模拟（TCAD）模拟的体反型（平带电势分布）。
符号表示 TCAD 的结果，线条表示紧凑模型的结果。此处，体掺杂 $N_a = 1 \times 10^{15} \text{cm}^{-3}$，
栅氧化层厚度 $T_{ox} = 2\text{nm}$[21]

10.3.2.3   迁移率退化

与平面 MOSFET 中的表面迁移率退化类似[2]，FinFET 中载流子迁移率退化的发生也起
因于四种主要的散射机制：库仑散射、声学声子散射、表面粗糙度散射和光学声子散射。前
三种散射机制具有垂直（横向）场依赖性，它们分别在器件工作的不同区域占主导地位：
弱反型时的库仑散射、中反型时的声子散射和强反型时的表面粗糙度散射[2]。与平面 MOS-

FET 类似，这些机制通过一个称为低场迁移率退化的模型一起进行建模，并用于定义有效迁移率[2,27]，如第 6 章所述。

FinFET 中反型载流子的低场迁移率用式（6.70）建模，并由下式给出：

$$\mu_{\mathrm{eff}} = \frac{\mu_0}{1 + \mu_{\mathrm{a}} \left(E_{\mathrm{eff}} \right)^{eu} + \mu_{\mathrm{d}} \left[\frac{1}{2} \left(1 + \frac{q_{\mathrm{ia}}}{q_{\mathrm{b}}} \right) \right]^{-ucs}} \qquad (10.55)$$

式中，μ_0 是浓度相关的表面迁移率；μ_{a} 是描述迁移率退化的工艺相关参数；μ_{d} 是描述迁移率二阶效应的工艺相关参数；eu 是一个工艺相关参数，描述了 E_{eff} 对迁移率的主要影响；ucs 是一个工艺相关参数，描述了 E_{eff} 对迁移率的次要影响。

为了考虑体偏压 V_{bs}，迁移率对 FinFET 体衬底的依赖性由式（6.70）建模，并由下式给出：

$$\mu_{\mathrm{eff}} = \frac{\mu_0}{1 + \left(\mu_{\mathrm{a}} + \mu_{\mathrm{c}} V_{\mathrm{bs}} \right) \left(E_{\mathrm{eff}} \right)^{eu} + \mu_{\mathrm{d}} \left[\left(1 + \eta \frac{q_{\mathrm{ia}}}{q_{\mathrm{b}}} \right) \right]^{-ucs}} \qquad (10.56)$$

式中，μ_{c} 是一个与工艺相关的参数，描述了由于体偏压 V_{bs} 引起的迁移率退化。η 是一个常数，对于电子，定义 $\eta = 1/2$；对于空穴，定义 $\eta = 1/3$。

在强反型条件下推导出了迁移率式（10.55）和式（10.56）。在强反型条件下，反型载流子的迁移率是 V_{gs} 的函数。在亚阈值区，迁移率的准确性并不重要，因为 Q_{i} 随 V_{gs} 变化，无法精确建模。因此，在亚阈值区，迁移率通常被建模为一个恒定的浓度相关的迁移率。

从低漏极偏压 V_{ds} 下测量的 FinFET 器件 I_{ds} 与 V_{gs} 特性中提取了与工艺相关的参数集 $\{ \mu_{\mathrm{a}}, \mu_{\mathrm{d}}, eu, ucs \}$。

10.3.2.4　速度饱和

如 6.5.1 节所述，在漏极电流计算中，通过考虑高横向电场下 FinFET 器件的速度饱和，模拟了外加 V_{ds} 引起的横向电场对器件性能的影响。在外加高 V_{ds} 引起的高横向电场中，由于电子能够获得足够的能量发射光学声子，因此主要的散射机制是光学声子散射。这种高横向电场散射导致载流子速度饱和。如 6.5.1 节所述，速度饱和会导致 I_{ds} 的退化[27]，并使用式（6.78）进行建模如下：

$$I_{\mathrm{ds}} = \frac{I_{\mathrm{ds0}}}{\left[1 + \left(\dfrac{V_{\mathrm{ds}}}{E_{\mathrm{c}} L_{\mathrm{eff}}} \right)^{\alpha} \right]^{\frac{1}{\alpha}}} \qquad (10.57)$$

式中，I_{ds0} 是无速度饱和的漏极电流；L_{eff} 是器件的有效沟道长度；E_{c} 是载流子速度饱和时的电场；α 是精确预测漏极电流速度饱和效应的经验参数。

6.5.2 节和 6.6 节分别描述了 FinFET 的沟道长度调制（CLM）和输出电阻模型，以便准确预测实际器件效应。

10.3.2.5　源漏串联电阻

第 8 章给出了对源漏串联电阻的详细讨论和数学公式。在本节中，简要概述建模的要点。在薄体晶体管中，源漏串联电阻较高。为了降低 FinFET 中的寄生电阻，在器件制造中形成了选择性外延生长（SEG）的凸起源漏区（RSD），如 8.2 节[40]所述。因此，寄生源漏电阻模型包括分布接触电阻 R_{con}、扩展电阻和偏置相关源漏延伸（SDE）电阻 R_{sde}。

第 8 章讨论了接触电阻 R_{con}、扩展电阻 R_{sp} 和 SDE 电阻 R_{sde} 的详细模型公式[5,41]。因此，模拟总源极电阻 R_s 和漏极电阻 R_d 的表达式如下所示：

$$R_s = \frac{R_{S1}}{1 + R_{S2}(V_{gs} - V_{fbsd})} + R_{S3}$$

$$R_d = \frac{R_{D1}}{1 + R_{D2}(V_{gd} - V_{fbsd})} + R_{D3} \tag{10.58}$$

式中，$\{R_{S1}, R_{S2}, R_{S3}, R_{D1}, R_{D2}, R_{D3}\}$ 是从目标工艺的测量数据中获得的与工艺相关的一组模型参数。

10.4 动态模型

10.4.1 公共多栅 $C-V$ 模型

本节介绍用于电路 CAD 中器件瞬态分析的公共多栅 DG-FET 的动态模型。描述晶体管瞬态行为的本征电容模型由端电荷推导出。

对于 DG-FET，体区中的总电荷由顶部和底部栅极上的电荷来给出。通过沿沟道对电荷进行积分来计算总电荷。因此，考虑到具有 Fin 高度 H_{fin} 的两个栅极是电互连的，我们得到了栅极总电荷 Q_G 的表达式

$$Q_G = WC_{ox}\int_0^L \left(V_{gs} - V_{fb} - \phi(y)\right)dy \tag{10.59}$$

式中，L 是器件的沟道长度；W 是器件的沟道宽度，$W \cong 2H_{fin}$；C_{ox} 是电互连的公共栅的栅氧化层电容；V_{gs} 是外加的栅极电压；V_{fb} 是平带电压；$\phi_s(y)$ 是电流方向上任何点 y 的表面势。

现在，为了确定端口电荷，使用 Ward-Dutton 电荷分配方法在源端和漏端之间划分体区中的反型电荷[42,43]。那么源端上的总电荷（Q_S）由下式给出：

$$Q_S = -WC_{ox}\int_0^L \left(1 - \frac{y}{L}\right)\left(V_{gs} - V_{fb} - \phi(y) - \frac{Q_b}{C_{ox}}\right)dy \tag{10.60}$$

现在，利用电荷守恒原理，漏端（Q_D）上的总电荷可以表示为

$$Q_D = -WC_{ox}\int_0^L \frac{y}{L}\left(V_{gs} - V_{fb} - \phi(y) - \frac{Q_b}{C_{ox}}\right)dy \tag{10.61}$$

为了计算式（10.59）~式（10.61），使用电流连续性条件可获得表面势 $\phi_s(y)$，它是沿晶体管长度位置 y 的函数。因为电流连续性表明电流沿晶体管的长度是守恒的，所以我们可以写出

$$I_{ds}(L) = I_{ds}(y), \quad 0 \leqslant y \leqslant L \tag{10.62}$$

然而，式（10.45）中 I_{ds} 表达式非常复杂，不适合应用于电流连续性条件。因此，为简化 $\phi_s(y)$ 的数学公式，将式（10.45）简化如下[17,28]：

$$I_{ds}(y) = \mu(T)\left(\frac{W}{y}\right)\left[g(Q_{is}) - g(Q_{iy})\right] \tag{10.63}$$

其中

$$g(Q_i) \cong \frac{Q_i^2}{2C_{ox}} + 2v_{kT}Q_i \tag{10.64}$$

式中　Q_{is} 是源端的反型电荷密度；Q_{iy} 是沿沟道任意点 y 的反型电荷密度。

现在，由式（10.33）可以写出

$$Q_i(y) = -C_{ox}\left(V_{gs} - V_{fb} - \phi_s(y) - \frac{Q_b}{C_{ox}}\right) \tag{10.65}$$

式（10.64）中的函数 $g(Q_{iy})$ 是在忽略式（10.45）方括号内右侧的第三项后得到的。近似式（10.63）和式（10.64）在强反型区保持了较好的精度，但在亚阈值区高估了 I_{ds}。对端电荷使用数学上简单的解析表达式的优点超过了亚阈值区 $C-V$ 模型精度上的误差。因此，利用式（10.63），电流连续性方程（10.62）可以写成

$$\frac{g(Q_{is}) - g(Q_{id})}{L} = \frac{g(Q_{is}) - g(Q_{iy})}{y} \tag{10.66}$$

因此，利用式（10.65）和式（10.66），$\phi_s(y)$ 可表示为

$$\frac{(B - \phi_{s0} - \phi_{sL})(\phi_{sL} - \phi_{s0})}{L} = \frac{(B - \phi_{s0} - \phi_s(y))(\phi_s(y) - \phi_{s0})}{y} \tag{10.67}$$

式中，ϕ_{s0} 是源端的表面势；ϕ_{sL} 是漏端的表面势；B 由下式定义：

$$B = 2\left(V_{gs} - V_{fb} - \frac{Q_b}{C_{ox}} + 2v_{kT}\right) \tag{10.68}$$

端电荷可通过在式（10.60）～式（10.62）中替换 $\phi_s(y)$ 并计算积分获得[29,30]：

$$Q_G = 2H_{fin}LC_{ox}\left[V_g - V_{fb} - \frac{\phi_{s0} + \phi_{sL}}{2} + \frac{(\phi_{sL} - \phi_{s0})^2}{6(B - \phi_{sL} - \phi_{s0})}\right]$$

$$Q_D = -2H_{fin}LC_{ox}\left[\frac{V_g - V_{fb} - \frac{Q_b}{C_{ox}}}{2} - \frac{\phi_{s0} + \phi_{sL}}{4} + \frac{(\phi_{sL} - \phi_{s0})^2}{60(B - \phi_D - \phi_S)} + \right.$$

$$\left. \frac{(5B - 4\phi_{sL} - 6\phi_{s0})(B - 2\phi_{sL})(\phi_{s0} - \phi_{sL})}{60(B - \phi_{sL} - \phi_{s0})^2}\right]$$

$$Q_S = -(Q_G + Q_D + Q_B) \tag{10.69}$$

式中，Q_B 是总的体电荷，$Q_B = H_{fin}LQ_b$，其中 Q_b 是体电荷密度。

端电荷的表达式在工作状态下的亚阈值区、线性区和饱和区连续且有效。

式（10.69）构成电路 CAD 的 $C-V$ 模型[28]。在电路仿真中，端电荷作为状态变量。

所有的电容从端电荷推导出，以确保电荷守恒。电容定义为

$$C_{ij} = \frac{\partial Q_i}{\partial V_j} \qquad (10.70)$$

式中，i 和 j 表示多栅 FET 端口。

注意到由于电荷守恒，C_{ij} 满足

$$\sum_i C_{ij} = \sum_j C_{ij} = 0 \qquad (10.71)$$

图 10.7a 和图 10.7b 分别绘制了 $C - V$ 模型中的电容，它们是栅极电压和漏极电压的函数。

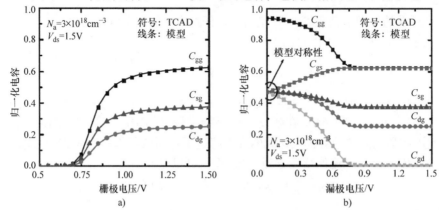

图 10.7　FinFET 动态模型：跨电容建模为 a）栅极电压的函数和 b）漏极电压的函数。模型对称性在 $V_{ds} = 0$ 时出现，其中 $C_{dg(gd)} = C_{sg(gs)}$；符号表示 TCAD 的结果，线条表示紧凑模型的结果[21]

10.5　阈值电压波动性

在 9.2.2.6 节中，概述了工艺引起的器件性能变化的不同来源。虽然在 FinFET 中可以避免沟道掺杂，但是源漏掺杂梯度的随机离散掺杂（RDD）还是会引起 $L_g < 10\text{nm}$ 的器件的掺杂涨落和变化。在沟道掺杂浓度为 $5 \times 10^{17} \text{cm}^{-3}$ 的 Fin 中，如在平面 MOSFET 中观察到的，阈值电压 V_{th} 变化的大约三分之一是由于 RDD 引起的[2]。因此，即使对于 FinFET 器件，V_{th} 波动性的建模也很重要。为平面 MOSFET 开发的 V_{th} 波动性模型适用于 FinFET，并适当考虑了器件宽度和沟道长度[44]。在本节中，由 RDD 引起的 V_{th} 波动性的数学公式按照已发表的程序给出[44-47]。

为了开发 Fin 沟道中由于 RDD 引起的 FinFET V_{th} 波动性的分析模型，我们考虑沟道掺杂 $\geq 5 \times 10^{17} \text{cm}^{-3}$ 的理想 FinFET 器件结构，如图 10.8 所示。如果我们假设 t_{fin} 比栅致沟道耗尽宽度更厚，那么在 $V_{gs} = 0 = V_{ds}$ 的偏置条件下，硅/栅-二氧化物界面下的 p 体区耗尽，器件处于关闭状态。在 $V_{ds} = 0$ 时，当 $V_{gs} > V_{th}$，如图 10.8 所示，在硅/栅氧化层界面附近形成从源极到漏极的 n 型反型层。在足够强的栅极偏压 $V_{gs} > V_{th}$ 下，称为强反型条件，硅/栅氧化层界面附近的硅表面包括：①反型层；②如图 10.8 所示的反型层之外的体耗尽区。

如图 10.8 所示，我们考虑 x、y 和 z 分别作为器件沿 Fin 厚度 t_{fin}、沟道长度 L 和 Fin 高

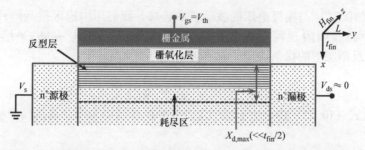

图 10.8　具有 n⁺ 源/漏区和 p 型衬底的理想 nFinFET 器件结构的 2D 截面图；(x, y, z)
是 x 沿 Fin 厚度 t_{fin}，y 沿沟道长度 L，z 沿垂直于表面的宽度 H_{fin} 的坐标系；
在硅/栅介质界面处 $x = 0$；图中，仅显示了图示顶栅 RDD

度 H_{fin} 方向的空间坐标，并且在硅/栅氧化层界面处 $x = 0$。在强反型时，$x = X_{\text{d,max}}$ 是对应于表面势 $\phi_s = 2\phi_B$ 的最大耗尽区深度，其中 ϕ_B 是体电位。为了简化数学公式，我们做以下简化假设：

1）考虑到 $t_{\text{fin}} > x_{\text{d,max}}$，在硅衬底表面附近的掺杂分布可用沿 x 方向的任意一维（1D）分布来表示，浓度为 N_{CH}/单位体积；

2）栅极下方的硅表面由厚度为 dx 和面积为 WL 的掺杂薄片组成，从硅/栅氧化物界面连续堆叠到 $X_{\text{d,max}}$ 以外的任意深度，其中 $W = 2H_{\text{fin}} + t_{\text{fin}}$；

3）N_{CH} 中的任何波动都会引起 V_{gs} 及由此的 V_{th} 中的相应变化，以维持 $\phi_s = 2\phi_B$ 及 $x = X_{\text{d,max}}$ 的强反型条件；

4）与平面 MOSFET 类似，FinFET 的 V_{th} 定义为 $V_{\text{ds}} \cong 0$ 和 $\phi_s = 2\phi_B$ 时的栅极偏置电压 V_{gs}；

5）掺杂薄片中的掺杂涨落意味着在薄片中发现掺杂数量的概率为 "1" 或 "0"。换句话说，薄片中掺杂涨落的方差（$\sigma_{V_{\text{th}}}^2$）是薄片中掺杂的总数（$N_{\text{CH}}WL\text{d}x$）。

再次，我们考虑 $V_{\text{ds}} \cong 0$，则仅对沿 x 方向的 1D 沟道掺杂分布使用假设 1，一掺杂薄片每单位深度的掺杂数量（假设 2）为 $N_{\text{sh}} = N_{\text{CH}}WL$，其中 N_{CH} 是 nFinFET 器件 Fin 沟道中的受主掺杂浓度，$N_{\text{CH}} = N_a$。

如果 d$N_{\text{sh}}(x)$ 是深度 x 处单位深度的 N_{sh} 波动，那么为了维持强反型条件（假设 3），根据高斯定律，给出了由于 V_{gs} 引起的 Fin 沟道中垂直电场的相应变化 d$E_{\text{inv}}(x)$，如下所示：

$$\text{d}E_{\text{inv}}(x) = -\frac{q}{\varepsilon_{\text{si}}} \frac{\text{d}N_{\text{sh}}(x)}{WL} \tag{10.72}$$

式中，q 是电子电荷量；ε_{si} 是硅 Fin 的介电常数。

类似地，由于厚度 dX_{d} 的耗尽区中的掺杂涨落 $N_{\text{CH}}(x)\text{d}X_{\text{d}}$，半导体中的垂直电场 d$E_{\text{dep}}(x)$ 的变化由下式给出：

$$\text{d}E_{\text{dep}}(X_{\text{d}}) = -\frac{q}{\varepsilon_{\text{si}}} N_{\text{CH}}(X_{\text{d}})\text{d}X_{\text{d}} \tag{10.73}$$

因此，由于薄片沟道和耗尽区中的掺杂涨落，半导体中垂直电场的总变化 d$E_{\text{s}}(x)$ 由下式给出：

$$\text{d}E_{\text{s}} = -\frac{q}{\varepsilon_{\text{si}}} \left(\frac{\text{d}N_{\text{sh}}(x)}{WL} + N_{\text{CH}}(X_{\text{d}})\text{d}X_{\text{d}} \right) \tag{10.74}$$

为了将式（10.74）与栅极电压的波动联系起来，我们用沟道区掺杂薄片中掺杂的波动表示 dX_d。因为硅表面附近深度 x 处的电场变化由 $dE(x) = -d\phi_s/x$ 给出，则根据式（10.72），由于反型层中的掺杂波动，ϕ_s 的变化由下式给出：

$$d\phi_s(\text{inv}) = \frac{q}{\varepsilon_{si}} \frac{dN_{sh}(x)}{WL} x \tag{10.75}$$

类似地，从式（10.73）中，由于反型层以外的耗尽区中的掺杂涨落而产生的 $d\phi_s$ 由下式给出：

$$d\phi_s(\text{dep}) = \frac{q}{\varepsilon_{si}} N_{CH}(X_d) X_d dX_d \tag{10.76}$$

因此，由于反型层和栅极下耗尽层中的掺杂涨落而导致的 ϕ_s 总变化由下式给出：

$$d\phi_s = \frac{q}{\varepsilon_{si}} \left(\frac{dN_{sh}(x)}{WL} x + N_{CH}(X_d) dX_d \right) \tag{10.77}$$

现在，为了保持强反型条件 $\phi_s = 2\phi_B =$ 常数，并因而 $d\phi_s = 0$（假设 3），由式（10.77）得出

$$\frac{dN_{sh}(x)}{WL} x + N_{CH}(X_d) X_{d,\max} dX_d = 0$$

或者

$$dX_d = -\frac{1}{WL} \frac{1}{N_{CH}(X_d)} \frac{x}{X_{d,\max}} dN_{sh}(x) \tag{10.78}$$

然后将式（10.78）中的 dX_d 表达式代入式（10.74），可以得到

$$dE_s = -\frac{q}{\varepsilon_{si}} \frac{1}{WL} \left(1 - \frac{x}{X_{d,\max}} \right) dN_{sh}(x) \tag{10.79}$$

式（10.79）显示了由于 Fin 沟道中掺杂波动而导致的体区电场的波动。为了找到相应的栅极电压波动来维持 $\phi_s = 2\phi_B$，我们在硅/栅氧化层界面处应用高斯定律，得到

$$\varepsilon_{si} E_s = \varepsilon_{ox} E_{ox} \tag{10.80}$$

式中，ε_{ox} 是栅氧化层材料的介电常数。

然后对式（10.80）进行微分，得到

$$dE_{ox} = \frac{\varepsilon_{si}}{\varepsilon_{ox}} dE_s$$

$$-d\left(\frac{V_{ox}}{T_{ox}} \right) = \frac{\varepsilon_{si}}{\varepsilon_{ox}} dE_s \tag{10.81}$$

式中，V_{ox} 是氧化层中的电压降；T_{ox} 是栅氧化层厚度。

因为对于特定的 CMOS 工艺，T_{ox} 是一个常数，所以由式（10.81）得到

$$dV_{ox} = -\frac{T_{ox}}{\varepsilon_{ox}} \varepsilon_{si} dE_s \tag{10.82}$$

然后将式（10.79）中的 dE_s 代入式（10.82），得到了由于沟道和栅极下耗尽区的掺杂涨落引起的 V_{ox} 的变化

$$dV_{ox} = \frac{T_{ox}}{\varepsilon_{ox}} \frac{q}{WL} \left(1 - \frac{x}{X_{d,\max}} \right) dN_{sh}(x) \tag{10.83}$$

我们知道，对于 FinFET 器件，栅极电压 V_{gs} 由下式给出：

$$V_{gs} = V_{fb} + 2\phi_B + V_{ox} \tag{10.84}$$

式中，V_{fb} 是平带电压，对于任何给定的工艺都是常数，因此，根据式（10.84），保持强反型条件（$2\phi_B$ 为常数）（假设 3）的栅极电压变化由下式给出：

$$dV_{gs} = dV_{ox} = \frac{T_{ox}}{\varepsilon_{ox}} \frac{q}{WL} \left(1 - \frac{x}{X_{d,max}} \right) dN_{sh}(x) \tag{10.85}$$

因此，使用假设 4，V_{th} 的变化由下式给出：

$$dV_{th} = \frac{T_{ox}}{\varepsilon_{ox}} \frac{q}{WL} \left(1 - \frac{x}{X_{d,max}} \right) dN_{sh}(x) \tag{10.86}$$

式中，dV_{th} 是 V_{th} 中的总涨落，对应于沟道和栅极下耗尽区中的总掺杂涨落。

由于 $dN_{sh}(x)$ 是深度 x 处的面积为 WL 的区域中的随机变量，因此，$dV_{th}(x)$ 是由于厚度为 dx 的任何薄片中的掺杂波动而引起的随机变量。那么 V_{th} 中的总变化是整个深度 $X_{d,max}$ 上的随机掺杂变化。因此，由式（10.86）写出

$$dV_{th}(X_d) = \int_0^{dV_{th}} dV_{th}(x) = \frac{T_{ox}}{\varepsilon_{ox}} \frac{q}{WL} \int_0^{X_{d,max}} \left(1 - \frac{x}{X_{d,max}} \right) dN_{sh}(x) \tag{10.87}$$

根据式（10.87），V_{th} 的方差由下式给出：

$$\mathrm{Var}\left(dV_{th}(X_d) \right) = \sigma_{V_{th}}^2 = \left(\frac{T_{ox}}{\varepsilon_{ox}} \frac{q}{WL} \right)^2 \mathrm{Var}\left(\int_0^{x_{d,max}} \left(1 - \frac{x}{X_{d,max}} \right) dN_{sh} \right) \tag{10.88}$$

我们知道，和的方差就是方差之和。因此，可以将式（10.88）表示为

$$\sigma_{V_{th}}^2 = \left(\frac{T_{ox}}{\varepsilon_{ox}} \frac{q}{WL} \right)^2 \int_0^{X_{d,max}} \mathrm{Var}\left[\left(1 - \frac{x}{X_{d,max}} \right) dN_{sh} \right]$$

$$= \left(\frac{T_{ox}}{\varepsilon_{ox}} \frac{q}{WL} \right)^2 \int_0^{X_{d,max}} \sigma_{N_{sh}}^2 \left(1 - \frac{x}{X_{d,max}} \right)^2 \tag{10.89}$$

由于 $\sigma_{N_{sh}}^2 = \mathrm{Var}\left(dN_{sh} \right) = N_{CH} WL$ 是每单位深度的薄片沟道掺杂的方差（假设 5），因此，对于厚度 dx 的薄片，可以将式（10.89）表示为

$$\sigma_{V_{th}}^2 = \left(\frac{T_{ox}}{\varepsilon_{ox}} \frac{q}{WL} \right)^2 \int_0^{X_{d,max}} \left(N_{CH} WL dx \right) \left(1 - \frac{x}{X_{d,max}} \right)^2$$

$$= \left(\frac{T_{ox}}{\varepsilon_{ox}} \right)^2 q^2 \frac{N_{CH}}{WL} \int_0^{X_{d,max}} \left(1 - \frac{x}{X_{d,max}} \right)^2 dx$$

$$= \left(\frac{T_{ox}}{\varepsilon_{ox}} \right)^2 q^2 \frac{N_{CH}}{WL} \frac{1}{3} X_{d,max} \tag{10.90}$$

根据式（10.90），由于 FinFET 器件沟道区域中的 RDD 引起的 V_{th} 的方差由下式给出：

$$\sigma_{th,RDD} = \frac{1}{\sqrt{3}} \frac{T_{ox}}{\varepsilon_{ox}} q \frac{\sqrt{N_{CH}}}{\sqrt{WL}} \sqrt{X_{d,max}} \tag{10.91}$$

现在，对于掺杂的 FinFET 器件，零偏压耗尽区的深度由参考文献 [2] 给出

$$X_d = \sqrt{\frac{2\varepsilon_{si}}{q N_{CH}} \phi_s} \tag{10.92}$$

式中，在 $X_d = X_{d,max}$ 处，$\phi_s = 2\phi_B$。

因此，由式（10.91）和式（10.92）得到

$$
\begin{aligned}
\sigma_{\mathrm{th,RDD}} &= \frac{1}{\sqrt{3}} \frac{T_{\mathrm{ox}}}{\varepsilon_{\mathrm{ox}}} q \frac{\sqrt{N_{\mathrm{CH}}}}{\sqrt{WL}} \sqrt[4]{\frac{2\varepsilon_{\mathrm{si}}}{qN_{\mathrm{CH}}} 2\phi_{\mathrm{B}}} \\
&= \frac{1}{\sqrt{3}} \frac{T_{\mathrm{ox}}}{\varepsilon_{\mathrm{ox}}} \frac{\sqrt[4]{N_{\mathrm{CH}}}}{\sqrt{WL}} \sqrt[4]{4q^3 \varepsilon_{\mathrm{si}} \phi_{\mathrm{B}}} \\
&= \sqrt{\frac{2}{3}} \left(\sqrt[4]{q^3 \varepsilon_{\mathrm{si}} \phi_{\mathrm{B}}} \right) \frac{T_{\mathrm{ox}}}{\varepsilon_{\mathrm{ox}}} \left(\frac{\sqrt[4]{N_{\mathrm{CH}}}}{\sqrt{WL}} \right)
\end{aligned}
\tag{10.93}
$$

现在，在式（10.93）中，用有效器件宽度 W_{eff} 和沟道长度 L_{eff} 分别代替 W 和 L 来表示实际器件尺寸，可以将 FinFET 器件中的 V_{th} 方差表示为

$$
\sigma_{V_{\mathrm{th,RDD}}} = C \left(\sqrt[4]{q^3 \varepsilon_{\mathrm{si}} \phi_{\mathrm{B}}} \right) \frac{T_{\mathrm{ox}}}{\varepsilon_{\mathrm{ox}}} \left(\frac{\sqrt[4]{N_{\mathrm{CH}}}}{\sqrt{W_{\mathrm{eff}} L_{\mathrm{eff}}}} \right)
\tag{10.94}
$$

式中，$C \cong 0.8165$，是一个数字。

在式（10.94）中，体电势由式（2.36）给出

$$
\phi_{\mathrm{B}} = v_{\mathrm{kT}} \ln\left(\frac{N_{\mathrm{CH}}}{n_{\mathrm{i}}} \right)
\tag{10.95}
$$

式中，v_{kT} 是任意环境温度 T 下的热电压；n_{i} 是 Fin 沟道中的本征载流子浓度。

如果我们忽略耗尽区的掺杂涨落，那么式（10.89）中的第二项为零（$x \ll X_{\mathrm{d,max}}$），因此我们得到 V_{th} 方差的表达式为

$$
\sigma_{V_{\mathrm{th}}}^2 = \left(\frac{T_{\mathrm{ox}}}{\varepsilon_{\mathrm{ox}}} \frac{q}{WL} \right)^2 \int_0^{X_{\mathrm{d,max}}} \sigma_{N_{\mathrm{sh}}}^2
\tag{10.96}
$$

同样，由于 $\sigma_{N_{\mathrm{sh}}}^2 = \mathrm{Var}(dN_{\mathrm{sh}}) = \overline{N_{\mathrm{CH}}} WL dx$（假设 5），其中 $\overline{N_{\mathrm{CH}}} = N_{\mathrm{CH}}/2$ 是反型层中的平均掺杂浓度，因此，可以由式（10.96）得出

$$
\begin{aligned}
\sigma_{V_{\mathrm{th}}}^2 &= \left(\frac{T_{\mathrm{ox}}}{\varepsilon_{\mathrm{ox}}} \frac{q}{WL} \right)^2 \frac{1}{2} \int_0^{X_{\mathrm{d,max}}} (N_{\mathrm{CH}} WL dx) \\
&= \frac{1}{2} \left(\frac{T_{\mathrm{ox}}}{\varepsilon_{\mathrm{ox}}} \right)^2 q^2 \frac{N_{\mathrm{CH}}}{WL} \int_0^{X_{\mathrm{d,max}}} dx \\
&= \frac{1}{2} \left(\frac{T_{\mathrm{ox}}}{\varepsilon_{\mathrm{ox}}} \right)^2 q^2 \frac{N_{\mathrm{CH}}}{WL} X_{\mathrm{d,max}}
\end{aligned}
\tag{10.97}
$$

我们知道，当本征能级 E_{i} 被拉到费米能级以下时，就会形成表面反型层。对于完全耗尽的 Fin，我们仅假定一个体势平均值以考虑反型层中的掺杂涨落。然后将式（10.92）代入式（10.97），可以得到

$$
\sigma_{\mathrm{th,RDD}} = \frac{1}{\sqrt{2}} \frac{T_{\mathrm{ox}}}{\varepsilon_{\mathrm{ox}}} q \frac{\sqrt{N_{\mathrm{CH}}}}{\sqrt{WL}} \sqrt[4]{\frac{2\varepsilon_{\mathrm{si}}}{q(N_{\mathrm{CH}})} \phi_{\mathrm{B}}/2}
$$

$$= \frac{1}{\sqrt{2}} \frac{T_{ox}}{\varepsilon_{ox}} \frac{\sqrt[4]{N_{CH}}}{\sqrt{WL}} \sqrt[4]{q^3 \varepsilon_{si} \phi_B}$$

$$= \frac{1}{\sqrt{2}} \left(\sqrt[4]{q^3 \varepsilon_{si} \phi_B} \right) \frac{T_{ox}}{\varepsilon_{ox}} \left(\frac{\sqrt[4]{N_{CH}}}{\sqrt{WL}} \right)$$

$$= C \left(\sqrt[4]{q^3 \varepsilon_{si} \phi_B} \right) \frac{T_{ox}}{\varepsilon_{ox}} \left(\frac{\sqrt[4]{N_{CH}}}{\sqrt{WL}} \right) \tag{10.98}$$

如果忽略耗尽区的掺杂涨落，注意 $C = 1/\sqrt{2} = 0.7071$。因此，式（10.98）适用于 $t_{fin} < X_{d,max}$ 的全耗尽 FinFET。现在，如果我们把 C_{vt} 定义为一个工艺相关参数，如下所示：

$$C_{vt} = C \left(\sqrt[4]{q^3 \varepsilon_{si} \phi_B N_{CH}} \right) \frac{T_{ox}}{\varepsilon_{ox}} \tag{10.99}$$

那么对于任何特定的 CMOS 工艺，式（10.94）和式（10.99）可归纳为

$$\sigma_{V_{th,RDD}} = C_{vt} \frac{1}{\sqrt{W_{eff} L_{eff}}} \tag{10.100}$$

注意，在式（10.99）中，$C = 0.8165$ 模拟了反型层和栅极下耗尽区中的掺杂涨落，而 $C = 0.7071$ 模拟反型层中的掺杂涨落，仅适用于完全耗尽的 FinFET。因此，式（10.100）可用于表征纳米节点处掺杂随机波动对非平面 CMOS 工艺的 FinFET 器件 V_{th} 的影响。

10.6　小结

本章概述了目前用于薄体公共多栅 FinFET 器件的最新紧凑模型。该器件模型由大尺寸器件的核心模型和实际器件的模型组成，用于分析物理和几何尺寸对器件性能的影响。该模型的基本特点是捕捉了超薄体多栅晶体管的重要物理特性，如体偏置的体反型和动态 V_{th} 偏移。这些模型适用于数字和模拟电路分析，具有模拟跨容的 $C-V$ 模型。本章旨在为读者提供目前最先进的薄体 FET 器件建模活动。

参 考 文 献

1. L. Nagel and D. Pederson, "Simulation program with integrated circuit emphasis," University of California, Berkeley, Electronics Research Laboratory Memorandum No. UCB/ERL M352, 1973.
2. S.K. Saha, *Compact Models for Integrated Circuit Design: Conventional Transistors and Beyond*, CRC Press, Taylor & Francis Group, Boca Raton, FL, 2015.
3. M.S. Lundstrom and D.A. Antonidis, "Compact models and the physics of nanoscale FETs," *IEEE Transactions on Electron Devices*, 61(2), pp. 225–233, 2014.
4. C.C. McAndrew, "Practical modeling for circuit simulation," *IEEE Journal of Solid-State Circuits*, 33(3), pp. 439–448, 1998.

5. Y.S. Chauhan, D.D. Lu, S. Venugopalan, *et al.*, *FinFET Modeling for IC Simulation and Design: Using the BSIM-CMG Standard*, Academic Press, San Diego, CA, 2015.

6. S.K. Saha, "Modeling process variability in scaled CMOS technology," *IEEE Design & Test of Computers*, 27(2), pp. 8–16, 2010.

7. N. Arora, *MOSFET Models for VLSI Circuit Simulation: Theory and Practice*, Springer – Verlag, Vienna, 1993.

8. S.K. Saha, N.D. Arora, M.J. Deen, and M. Miura-Mattausch, "Advanced compact models and 45-nm modeling challenges," *IEEE Transactions on Electron Devices*, 53(9), pp. 1957–1960, 2006.

9. S.K. Saha, M.J. Deen, and H. Masuda, "Compact interconnect models for gigascale integration," *IEEE Transactions on Electron Devices*, 56(9), pp. 1784–1786, 2009.

10. Y.S. Chauhan, S. Venugopalan, M.-A. Chalkiadaki, *et al.*, "BSIM6: Analog and RF compact model for bulk MOSFET," *IEEE Transactions on Electron Devices*, 61(2), pp. 234–244, 2014.

11. L. Chang, M. Ieong, and M. Yang, "CMOS circuit performance enhancement by surface orientation optimization," *IEEE Transactions on Electron Devices*, 51(10), pp. 1621–1627, 2004.

12. H.C. Pao and C.T. Sah, "Effects of diffusion current on characteristics of metal-oxide (insulator)-semiconductor transistors," *Solid-State Electronics*, 9(10), pp. 927–937, 1966.

13. J. Sallese, F. Krummenacher, F. Pregaldiny, *et al.*, "A design oriented charge-based current model for symmetric DG MOSFET and its correlation with the EKV formalism," *Solid-State Electronics*, 49(3), pp. 485–489, 2005.

14. Y. Taur, X. Liang, W. Wang, and H. Lu, "A continuous, analytic drain current model for DG MOSFETs," *IEEE Electron Device Letters*, 25(2), p. 107–109, 2004.

15. M.V. Dunga, C.-H. Lin, X. Xi, *et al.*, "Modeling advanced FET technology in a compact model," *IEEE Transactions on Electron Devices*, 53(9), pp. 1971–1978, 2006.

16. C. Auth, C. Allen, A. Blattner, *et al.*, "A 22-nm-high performance and low-power CMOS technology featuring fully-depleted tri-gate transistors, self-aligned contacts and high density MIM capacitors." In: *Symposium on VLS Technology*, pp. 131–132, 2012.

17. M.V. Dunga, "Nanoscale CMOS modeling," Ph.D. dissertation, Electrical Engineering and Computer Science, University of California, Berkeley, CA, 2008.

18. N. Paydavosi, S. Venugopalan, Y.S. Chauhan, *et al.*, "BSIM – SPICE models enable FinFET and UTB IC design," *IEEE Access*, 1, pp. 201–215, 2013.

19. Y. Taur, "Analytic solutions of charge and capacitance in symmetric and asymmetric double-gate MOSFETs," *IEEE Transactions on Electron Devices*, 48(12), pp. 2861–2869, 2001.

20. S. Venugopalan, D.D. Lu, Y. Kawakami, *et al.*, "BSIM-CG: A compact model of cylindrical/surround gate MOSFET for circuit simulations," *Solid-State Electronics*, 67(1), pp. 79–89, 2012.

21. M.V. Dunga, C.-H. Lin, D.D. Lu, *et al.*, "BSIM-MG: A versatile multi-gate FET model for mixed-signal design." In: *Symposium on VLSI Technology*, pp. 60–61, 2007.

22. X. Liang and Y. Taur, "A 2-D analytical solution for SCEs in DG MOSFETs," *IEEE Transactions on Electron Devices*, 51(9), pp. 1385–1391, 2004.

23. Q. Chen, E.M. Harrell, and J.D. Meindl, "A physical short-channel threshold voltage model for undoped symmetric double-gate MOSFETs," *IEEE Transactions on Electron Devices*, 50(7), pp. 1631–1637, 2003.

24. K. Suzuki, T. Tanaka, Y. Tosaka, and H. Horie, "Scaling theory for double-gate SOI MOSFETs," *IEEE Transactions on Electron Devices*, 40(12), pp. 2326–2329, 1993.

25. K. Suzuki, Y. Tosaka, and T. Sugii, "Analytical threshold voltage model for short channel n+/p+ double-gate SOI MOSFETs," *IEEE Transactions on Electron Devices*, 43(5), pp. 732–738, 1996.

26. K.K. Young, "Short-channel effect in fully depleted SOI MOSFET's," *IEEE Transactions on Electron Devices*, 36(2), pp. 399–402, 1989.

27. W. Liu, *BSIM4 and MOSFET Modeling for IC Simulation*, World Scientific, Singapore, 2011.

28. M.V. Dunga, C.-H. Lin, A.M. Niknejad, and C. Hu, "BSIM-CMG: A compact model for multi-gate transistors." In: *FinFETs and Other Multi-Gate Transistors*, J.-P. Colinge, (ed.), pp. 113–153, Springer, New York, 2008.

29. D. Lu, C.-H. Lin, A.M. Niknejad, and C. Hu, "Multi-gate MOSFET compact model BSIM-MG." In: *Compact Modeling: Principles, Techniques and Applications*, G. Gildenblat, (ed.), pp. 395–429. Springer, New York, 2010.

30. S. Khandelwal, J. Duarte, A.S. Medury, *et al.*, *BSIM-CMG 110.0.0 Multi-Gate MOSFET Compact Model Technical Manual*, University of California, Berkeley, CA, 2015.

31. S. Saha, "Effects of inversion layer quantization on channel profile engineering for nMOSFETs with 0.1 μm channel lengths," *Solid-State Electronics*, 42(11), pp. 1985–1991, 1998.

32. F. Stern, "Electronic properties of two-dimensional systems," *Reviews of Modern Physics*, 54(2), pp. 437–672, 1982.

33. R. Rios, N.D. Arora, C.-L. Huang, *et al.*, "A physical compact MOSFET model, including quantum mechanics effects, for statistical circuit design applications." In: *IEEE International Electron Devices Meeting Technical Digest*, pp. 937–940, 1995.

34. L.D. Landau and E.M. Lifshitz, *Quantum Mechanics*, Addison-Wesley, Reading, MA, 1990.

35. G. Baccarani and S. Reggiani, "A compact double-gate MOSFET model comprising quantum-mechanical and nonstatic effects," *IEEE Transactions on Electron Devices*, 46(8), pp. 1656–1666, 1999.

36. L. Ge and J.G. Fossum, "Analytical modeling of quantization and volume inversion in thin Si-film double gate MOSFETs," *IEEE Transactions on Electron Devices*, 49(2), pp. 287–294, 2002.

37. S. Venugopalan, M.A. Karim, S. Salahuddin, *et al.*, "Phenomenological compact model for QM charge centroid in multi gate FETs," *IEEE Transactions on Electron Devices*, 60(4), pp. 480–484, 2013.

38. F. Stern and W.E. Howard, "Properties of semiconductor surface inversion layers in the electric quantum limit," *Physical Review*, 163(3), pp. 816–835, 1967.

39. F. Balestra, S. Cristoloveanu, M. Benachir, J. Brini, and T. Elewa, "Double-gate silicon-on-insulator transistor with volume inversion: A new device with greatly enhanced performance," *IEEE Electron Device Letters*, 8(9), pp. 410–412, 1987.

40. Y.-K. Choi, D. Ha, T.-J. King, and C. Hu, "Ultra-thin body PMOSFETs with selectively deposited Ge source/drain." In: *Symposium on VLS Technology*, pp. 19–20, 2001.

41. D. Lu, "Compact models for future generation CMOS," Ph.D. dissertation, Electrical Engineering and Computer Science, University of California, Berkeley, CA, 2011.

42. D.E. Ward and R.W. Dutton, "A charge-oriented model for MOS transistor capacitances," *IEEE Journal of Solid-State Circuits*, 13(5), pp. 703–710, 1978.

43. S.Y. Oh, D.E. Ward, and R.W. Dutton, "Transient analysis of MOS transistors," *IEEE Journal of Solid-State Circuits*, 15(4), pp. 636–643, 1980.

44. P. Stolk, F. Widdershoven, and D. Klaassen, "Modeling statistical dopant fluctuations in MOS transistors," *IEEE Transactions on Electron Devices*, 45(9), pp. 1960–1971, September 1998.

45. T. Mizuno, J.-I. Okamura, and A. Toriumi, "Experimental study of threshold voltage fluctuation due to statistical variation of channel dopant number in MOSFETs," *IEEE Transactions on Electron Devices*, 41(11), pp. 2216–2221, 1994.

46. T. Mizuno, "Influence of statistical spatial-nonuniformity of dopant atoms on threshold voltage in a system of many MOSFET's," *Japanese Journal of Applied Physics*, 35(2B), pp. 842–848, 1996.
47. S.K. Saha, "Modeling statistical dopant fluctuations effect on threshold voltage of scaled JFET devices," *IEEE Access*, 4, pp. 507–513, 2016.

北京市版权局著作权合同登记　图字：01 – 2020 – 5229 号。

图书在版编目（CIP）数据

纳米集成电路 FinFET 器件物理与模型/（美）萨马·K. 萨哈（Samar K. Saha）著；丁扣宝译. —北京：机械工业出版社，2022.1（2024.11 重印）
（集成电路科学与工程丛书）
书名原文：FinFET Devices for VLSI Circuits and Systems
ISBN 978-7-111-69481-6

Ⅰ. ①纳… Ⅱ. ①萨…②丁… Ⅲ. ①纳米材料 - 集成电路工艺 - 系统建模 Ⅳ. ①TN405

中国版本图书馆 CIP 数据核字（2021）第 218108 号

机械工业出版社（北京市百万庄大街22 号　邮政编码100037）
策划编辑：刘星宁　责任编辑：刘星宁
责任校对：樊钟英　封面设计：马精明
责任印制：刘　媛
涿州市殷润文化传播有限公司印刷
2024 年 11 月第 1 版第 3 次印刷
184mm×240mm·16 印张·360 千字
标准书号：ISBN 978-7-111-69481-6
定价：119.00 元

电话服务　　　　　　　　网络服务
客服电话：010 – 88361066　机　工　官　网：www.cmpbook.com
　　　　　010 – 88379833　机　工　官　博：weibo.com/cmp1952
　　　　　010 – 68326294　金　书　网：www.golden – book.com
封底无防伪标均为盗版　机工教育服务网：www.cmpedu.com